Olli Jalonen

Die Himmelskugel

Zu diesem Buch

Mitten im Atlantik, auf der Insel St. Helena, träumt der achtjährige Angus einen großen Traum: Er will in die Fußstapfen des berühmten Sternenforschers Edmond Halley treten. Fleißig übt er sich in wissenschaftlichen Methoden, zählt Vögel und markiert die Position der Sterne. Als es auf der Insel zu Unruhen kommt, rückt die Erfüllung seines Traumes plötzlich in greifbare Nähe: Mit einem geheimen Brief wird er als blinder Passagier an Bord eines Schiffes geschickt, um im fernen London die Hilfe des geschätzten Herrn Halley zu erbitten. Eine außergewöhnliche Geschichte über die Anfänge der Aufklärung, über den Traum vom Wissen und die Freundschaft zwischen einem kleinen Jungen und einem großen Gelehrten.

»Der Roman gehört in die Tradition der ganz großen Namen und strahlt direkt in die Herzen der Leser.« *Deutschlandfunk Kultur*

»Dem Jungen in seiner Entwicklung zu folgen, ist atemraubend.« *FAZ*

Der Autor

Olli Jalonen (*1954 in Helsinki) ist einer der bedeutendsten Autoren Finnlands. Er studierte Sozial- und Literaturwissenschaften an der Universität Tampere und hat viele Jahre in Schweden und Irland gelebt und gearbeitet. Seine Werke wurden in verschiedene Sprachen übersetzt und vielfach ausgezeichnet, unter anderem zweimal mit Finnlands renommiertestem Literaturpreis Finlandia sowie dem Finnischen Staatspreis für Literatur.

Der Übersetzer

Stefan Moster (*1964) ist Schriftsteller und Übersetzer. Seine Übersetzungen wurden mit dem Finnischen Staatspreis für Übersetzer, dem Helmut-M.-Braem-Übersetzerpreis sowie dem Martha-Saalfeld-Förderpreis ausgezeichnet. Er übersetzte u. a. Werke von Petri Tamminen, Rosa Liksom und Selja Ahava.

Mehr über den Autor und sein Werk auf *www.unionsverlag.com*

Olli Jalonen

Die Himmelskugel

Roman

Aus dem Finnischen
von Stefan Moster

Unionsverlag

Die Originalausgabe erschien 2018 bei Otava Publishing Company Ltd.
Die deutsche Erstausgabe erschien 2021 im Mareverlag, Hamburg

Im Internet
Aktuelle Informationen, Dokumente und Materialien
zu Olli Jalonen und diesem Buch
www.unionsverlag.com

Unionsverlag Taschenbuch 941

Originaltitel: Taivaanpallo

Neptunstrasse 20, CH-8032 Zürich
Telefon +41 44 283 20 00
mail@unionsverlag.ch

Reihengestaltung: Heinz Unternährer
Umschlag: Sternenhimmel – Manuel Ploetz; Seekarte –
The New York Public Library; Globenprojektion – Historic Illustrations;
Segelschiff – Oldtime (alle Alamy Stock Foto)
Umschlaggestaltung: Phillip Hailperin
Druck und Bindung: CPI – Clausen & Bosse, Leck
ISBN 978-3-293-20941-1

Der Unionsverlag wird vom Bundesamt für Kultur mit einem
Verlagsförderungs-Strukturbeitrag für die Jahre 2021–2024 unterstützt.

* I *

Die Seiten aus dem Jahr 1679

Die von einem Schiff aus Stein erzählen,
das Reste des Paradieses befördert,
nach denen der Herr Pastor sucht,
und zum Glück und dank der Vorsehung
des Herrn nimmt er mich mit
und zeigt mir von den Bergen oben,
wie Relinglinien die Insel umgeben,
das ganze gewaltige Schiff Gottes,
das uns alle mit sich führt.

Ich habe keinen Vater, aber eine Mutter
und Ann und zwei Brüder,
für einen von ihnen bin ich der Onkel.
Es ist komplizierter, diese Verwandt-
schaftsangelegenheiten zu begreifen,
als die Sterne richtig zu sehen.

ICH, ANGUS VON DER TOTHOLZEBENE, sitze fast regungslos in einer Astgabel der Araukarie und sehe nach oben zu den Kohlbaumbergen hinauf und nach unten über die Rupertschlucht hinweg auf die zerklüfteten Uferfelsen und den Kragen der im Nirgendwo endenden offenen See. Ich habe meinen Kopf noch nicht mit dem Lederriemen festgebunden, darum kann ich in alle Richtungen blicken und sämtliche grünen Pflanzungen in der Ebene sehen.

Herr Clarke hat mit Säge und Messer ein Aufzeichnungsloch in die Äste geschnitten, in der Größe, wie Herr Hawley es befohlen hat, zwei Ellen breit, sechs Ellen hoch.

Herr Hawley hat mir die Vögel als Tagesaufgabe gegeben. Die vermerke ich jeden Tag getrennt mit Kürbiskernen und Körnern, besonders mit Reiskörnern und Weizenkörnern, und mit trockenen Erbsen.

Für alles, was am Aufzeichnungsloch vorbeiflattert, wie Grasvögel, braune Tauben und besonders die Felsentauben, lasse ich ein Korn in die Tonschale fallen. Für die Sausenden, wie Schwalben, Falken und ganz selten vom Meer her und vom Wind getragen ein Fregattvogel, lasse ich einen Kürbiskern fallen, das ist ein ovales Auge.

Für alle Schwirrenden, wie die Fadenbeinvögel aus der Ebene, lasse ich ein Reiskorn fallen. Für die sonderbaren Arten, die sich aus dem Dickicht nach unten verirren, sind die hart getrockneten Erbsen im Lederbeutel da.

Es ist eine Aufgabe, ein Befehl, eine Anweisung und eine Lehre. Herr Hawley hat mir als Tagesaufgabe die Vögel gegeben und als Nachtaufgabe einen anderen Auftrag. Der Nachtauftrag ist noch wichtiger. Beides sind Aufzeichnungsbefehle, und Herrn Hawley hat mir alles darüber beigebracht. Er hat zu Herrn Clarke gesagt, dass solche einfachen Sachen auch für einen Dummen leicht sind (und Angus ist nicht dumm, ein Kind ist nie dumm, Clarke, sondern voller Raum, der mit allem gefüllt werden kann, und darum möge dieser kleine Versuch eine Übung des menschlichen Geistes sein).

Sie sind zusammen mit der *Unity* gekommen, Herr Clarke als Herrn Hawleys Gehilfe. Herr Clarke ist nur für Herrn Hawley Clarke (aber für dich und euch alle hier Herr Clarke).

Bei Tag vermerke ich die Vögel, die an der Öffnung vorbeifliegen. Bei Nacht vermerke ich alles, was ich am Himmel sehe, den Kopf immer in derselben Position festgebunden und immer zur selben Stunde.

Ich kann nicht falsch schauen, weil um den Stamm herum ein Riemen befestigt ist und am Ende des Riemens als Platz für den Kopf eine enge Schlaufe aus dem gleichen Halfterriemen. Wenn ich auf den Baum steige, setze ich mich auf meinen Platz und ziehe mir die am Stamm festgenagelte Lederschlaufe über die Stirn und bis zu den Ohren, weil es bis über die Ohren herunter nicht geht, so ist meine Position immer dieselbe und die richtige, und man sieht immer in derselben Größe in dieselbe Richtung.

Ist das nicht leicht?, hat Herr Hawley gefragt.

Doch, geradezu genial, das kann auch ein Yamsbengel nicht verderben, hat Herr Clarke geantwortet.

Herr Hawley hat mich am Ohr gezwickt und geprüft, wie straff der Riemen ist, am Ohr tut so ein Zwicken nicht weh, Herr

Hawley hat daheim auch meine Mutter und meine Schwester gezwickt, und niemandem hat das Zwicken wehgetan, meine Mutter hat angefangen zu lachen und meine Schwester den Kopf abgewandt.

Bei Nacht schaue ich genauso mit festgebundenem Kopf durch die Öffnung und steche die Plätze der Sterne mit einem Kaktusstachel in ein dünn geschnittenes Aloe-Blatt. Daheim drücke ich dann mit der Spitze einer Feder Tintentropfen durch die Löcher der Blattscheibe auf ein Stück Papier, und daneben schreibe ich aus dem Kalender, den Herr Hawley dagelassen hat, die Zahl des Tages ab. Im Kalender folgen die Tage aufeinander, man darf keine einzige Nacht zwischen den Tagen weglassen. Wenn es regnet oder wenn Nebel herrscht oder wenn der Himmel ganz bewölkt ist, muss man trotzdem ein Bild machen, aber ein leeres und ohne Tintentropfen, und die Zahl des Tages danebenmalen.

Dies sind die Aufgaben eines Aufzeichners, aber die Tage sind mehr für das Lernen da, hat Herr Hawley gesagt und mir gezeigt, wie man sich mit den Augen üben und sie an den Rändern noch sehender pressen kann. So kann ich bei klarem Wetter über das Trauerweidental hinweg die Hühner auf dem grünen Gras erkennen.

Herr Hawley hat mich innerhalb eines Jahres zum Aufzeichner ausgebildet. Er hat die Körner, Erbsen, Samen und die Schale ausgesucht und mir gezeigt, was und wie, denn so schnell, wie die Schwalben manchmal über die ausgesägte Öffnung hinwegsausen, kann man nicht zählen, aber man kann Kürbisaugen in die Schale fallen lassen.

DIE MAINAS SIND SCHULD, denn einmal kann man die Tonschale schon in der Astgabel vergessen, wenn man vor dem Mittagessen hinunterklettert, und dann ist es wahrscheinlich so, dass zuerst ein Maina angeflattert kommt und prüfend nach oben fliegt, sich begeistert, zwitschert und die anderen Mainas aus den Büschen lockt. Wenn die kommen, picken sie im Nu alles weg, außer den bunten, für die Sonderbaren fallen gelassenen Erbsen, weil Erbsen zu groß und zu hart sind für einen Maina und nach Trockenrauch riechen. Vielleicht haben sie in Indien keine Erbsen gesehen, von wo aus sie in Käfigen auf den Schiffen hergebracht werden, falls sie nicht von sich aus die ganze lange Fahrt im Laderaum mitgekommen sind.

Dadurch stimmt nur die Anzahl der Sonderbaren, aber ein Teil der Schwirrenden, der Sausenden und der Flatternden fehlt in der Endabrechnung des Tages.

(Ich erziehe dich zur Genauigkeit und zum Wissen, so wirst du besser, als du bist. Du wirst scharfe Augen bekommen und ein Himmelsspäher für höhere Aufgaben werden. Zuerst jetzt auf der Insel, und dann kann es sein, das hängt von dir selbst ab, dass es mehr wird und weiter weg. Jenseits des Meeres, in der Richtung dort, warten womöglich größere Aufgaben auf dich, aber jetzt darfst du bleiben und Zinsen tragen.)

(Lüge nie. Vermerke nicht die Stellen neuer Sterne, wenn du dir nicht vollkommen sicher bist, dass du sie siehst. Glaube nicht, wenn du es nicht weißt.)

(Habe keine Angst, dass man dich schlägt. Auch ein Pferd lernt den Stadtwagen nicht ziehen, wenn ihm das Blut aus der Kruppe läuft. Ein Pferd lernt neben einem anderen Pferd den Wagen zu ziehen, denn es wagt nicht, schlechter zu sein als das andere.)

Als mir einfällt, dass die Schale oben geblieben ist, bin ich schon im Hof des Hauses auf der Totholzebene. Meine Mutter brät Fische über dem Steinfeuer. Ich sage ihr, dass ich bei Herrn Hawleys Befehl und Auftrag etwas vergessen habe, mache kehrt und renne die ganze Strecke wieder hinauf. Die Mainas machen auf den Ästen Radau, ich schreie sie an und klettere sofort in die Sitzgabel, greife nach dem Rand der Schale, und erst da fliegt der letzte zum Himmel hinauf, mit einem Kern quer im Mund.

Wie kann so ein Tag ein guter Tag sein? Aber ich lüge nicht. Ich trage die Zahl der Vögel heute überhaupt nicht ein, sondern lasse im Kalender eine leere Stelle neben den Nummern IV 22° 1679. Im Kalender gibt es für jeden Tag nur eine richtige Zahl, und bei den Nächten kommt die Zahl von dem Tag, der untergegangen ist.

Ich kann nicht schreiben, aber die Zahlen hat mir Herr Hawley beigebracht, sodass ich alle kann, so weit hinauf, wie Ziffern auf der Welt geschaffen worden sind. Es gibt zwei Arten von Ziffern, die römischen und die unsrigen, die unsrigen kann ich bis ganz nach oben, weil man davon so viele aneinanderreihen kann, wie man will. Auch die römischen Ziffern kann ich bis ziemlich weit hinauf, aber ich will schreiben lernen. Wenn man schreiben kann, kann man daneben hinschreiben, warum die Stelle an dem Tag leer bleibt.

Weil ich nicht schreiben kann, hat mir Herr Hawley Zeichen für die Klarheit des Himmels beigebracht. Ein großer Bogen ⋂ ist ein hoher Himmel und ein kleiner Bogen ∩ ein niedrigerer

Himmel, drei Regentropfen ''' bedeuten Nebel oder dass Wolken im Weg sind. Kommen gleichartige Nächte hintereinander, kann man daneben die passende Zahl malen.

Unter dem Baum verstecke ich die Schale in einem starken Korb, der Korb steht auf einem hohen Stein, und auf dem Deckel des Korbs und an den Seiten verteile ich, als Gewicht und um Ratten und Vögel abzuhalten, Schiefersteine. Dann laufe ich zum zweiten Mal nach Hause und sage schon im Hof zu meiner Mutter, dass ich schreiben lernen will.

Zuerst muss man lesen lernen, sagt sie.

Ich will lesen lernen.

Sie nimmt das Baby vom Boden auf, weil es Erde an der Hand und im Mund hat. Wenn der Pastor bereit ist, dir zu helfen. Herr Hawley war ein Freund des Pastors, sagt meine Mutter und wischt dem Baby Erde und kleine Würmer aus dem Mund.

Wenn man Erde oder Sand ganz aus der Nähe betrachtet, ist da wer weiß was an Beweglichem und Unbeweglichem drin.

(Wie weit gibt es in etwas Kleinem noch Kleineres, bis in welche Tiefe kann man Unterschiedliches erkennen, was glaubst du, Clarke? Ist irgendwo das Ende, oder kommt es erst im Unendlichen? So würde ich die Frage jetzt stellen. Die Ewigkeit, sagt Herr Clarke. Vermenge die Dinge nicht mit Gott, sagt Herr Hawley.)

BEIM MITTAGESSEN sind wir neuerdings zu fünft. Das Baby meiner Schwester kommt mir viel kleiner vor als das Baby meiner Mutter, obwohl es nur zwei Monate jünger ist, aber so viel magerer und kleiner, dass es in zwei Monaten nicht so viel wachsen wird, und es krabbelt und sitzt auch nicht so gut wie das Baby meiner Mutter.

Wir essen Bohnen zum Fisch und heißes Yamsmus, die Babys essen nicht mit, weil sie keine Zähne haben, aber sie dürfen weiches Mus vom kleinen Finger lecken. Ansonsten trinken sie Milch. Das Baby meiner Schwester trinkt zwischendurch auch Muttermilch.

Sie sind beide so etwas wie meine kleinen Brüder, aber nicht ganz, weil das Baby meiner Mutter wirklich mein Bruder ist, ich aber für das Baby meiner Schwester der Onkel bin. Auch für meine Schwester sind sie beide wie kleine Brüder, aber nur das eine ist ihr Bruder, das andere Kind ihr Sohn. Und das Baby meiner Mutter ist für das Baby meiner Schwester ein Onkel, wie ich. So etwas ist kompliziert, und Ann versteht es noch schlechter als ich.

Gus, warum bist du zum Beobachtungsbaum zurückgerannt?, stellt meine Mutter schließlich die unangenehme Frage, auf die ich nicht antworten möchte, die ich aber beantworten muss, weil man immer antworten muss und nicht lügen darf, weil man sich das Lügen angewöhnt und Lügen überprüft werden können.

Ich schiebe die Schuld für mein Zurückrennen ganz auf die Mainas. Das ist wahr. Ich erzähle von den Körnern und Samen, die sie geholt und gefressen haben. Meine Mutter hört erschrocken zu, weil das Herrn Hawley nicht gefallen wird.

Herr Hawley ist ein Wohltäter für uns, aber jetzt jenseits des Meeres. Herr Hawley ist ein gescheiter und gebildeter Mann, der mir alles Neue, was ich weiß, beigebracht hat. Im Können und Wissen gibt es Neues und Altes, das Neue sammelt sich über dem Alten an. Die Gelehrten stehen auf den Schultern der jeweils anderen, hat Herr Hawley zu Herrn Clarke gesagt. So ist man von Anfang an weiter oben im Wissen, weil man von den Schultern der Vorigen weiter in die Ferne sieht.

Ich will auf den Schultern von Herrn Hawley stehen.

Herr Hawley hat ein gutes Jahr lang bei uns gewohnt. Herr Clarke ebenfalls. Auf den mit Federhalter geschriebenen Kalendern 1677 und 1678, die Herr Hawley mir als Vorlage überlassen hat, kann man an den Eintragungszeichen sehen, an welchen Tagen sie bei uns gewohnt und sich im Zimmer einquartiert und oben Himmelsbeobachtungen gemacht haben, und fast immer haben sie bei uns gegessen, wenn sie kein Abendessen im Amtshaus des Gouverneurs hatten oder in den vornehmen Häusern anderer Herrschaften im Kapellental der Niederung und in Jamestown, oder wenn sie alles Mögliche zu tun hatten, was alles Gründe sein konnten, sie am Kommen zu hindern.

Als Herr Hawley und Herr Clarke nach England zurückgekehrt sind, als die *Golden Fleece* sich vor Jamestown zur Abfahrt bereit gemacht hat und die Reisetruhen und Beobachtungsinstrumente mit Booten hingebracht worden sind, da hat etwas anderes und Seltsames angefangen. Eine Wolke ist über uns gekommen und ein Wolkenschatten, eine Vorahnung des Bösen und das Ende des Guten.

Auch ich habe ein bisschen geweint, aber ich habe mich gleich abgewandt. Weinen steckt an, so wie Gähnen ansteckt, wenn drinnen schlechte Luft herrscht oder man müde ist, aber Herr Hawley hat nicht geweint, sondern nur uns dreien sehr würdevoll vom steinernen Steg aus zugenickt, meiner Mutter und Ann und mir.

Kluge Männer weinen nie. So einer wie Herr Hawley will ich werden, und ein bisschen bin ich jetzt schon so, wenn auch noch eine Armlänge und etwas weiter entfernt.

Man kann mit seinem kurzen Arm messen, was von vorne auf einen zukommt, so wie man auf diese Weise auch die Entfernungsgrade vom Himmel messen kann. Selbst ein großer Stein ist nur so groß wie ein Fingernagel, wenn man ihn am Arm entlang anpeilt. Der Mond am Himmel ist genau daumennagelgroß, außer am Horizont und dicht über dem Meer. Wenn er niedrig steht, ist er durch die Dämpfe der Erde faustgroß aufgequollen, aber wenn er weiter aufsteigt, wird er leer und schrumpft zu dem, was er eigentlich ist, daumennagelgroß, und die Farbe geht vom Orange des Horizonts und vom Gelb des Unterhimmels ins Fingernagelweiß des Mittelhimmels über.

Am letzten Abend hat mich Herr Hawley ins Ohr gezwickt und gesagt, er lässt mich auf der Insel, damit ich Zinsen trage und meinen Augen beibringe, segelnadelscharfe Falkenaugen zu werden, und wenn das passiert, oder falls das passiert, dann wird er mich, wenn ich groß bin, nach London einladen und dafür sorgen, dass ich auf dem großartigsten Schiff der Handelskompanie anheuern kann, wenn es vorbeikommt, um die Reissteuer aus Indien zu liefern, und die Matrosen frisches Wasser aus der Quelle in die Eichenfässer füllen und als Proviant für den Rest der Reise Schweine zum Braten und über Wacholderrauch gegartes Ziegenfleisch und Zitronen und allerlei sonstiges Frisches an Bord holen.

So ein Versprechen an mich ist in Kraft. Die Mainas und ein verdorbener Tag werfen so ein sicheres Versprechen nicht um. Aber damit das Versprechen in Kraft bleibt, muss an die Stelle des leeren Tages eine Erklärung geschrieben werden. Dann kann man die leere Stelle in den Berechnungen weglassen, und es kommt nicht zu einem allgemeinen Irrtum, zu einer Abweichung und einer Verfälschung. Über all das hat Herr Hawley mit Herrn Clarke gesprochen.

Wenn man, um schreiben zu können, lesen lernen muss, dann lerne ich es. Einige Buchstaben kenne ich, weil sie Teil meines Namens sind (den Namen muss man gleich können, es wird für dich, Angus, im Leben nicht reichen, nur die Hausmarke zu kennen), und andere sehen wie Zahlen aus. X ist zehn, I ist eins und V fünf. Zusammen und getrennt, an verschiedenen Stellen und in der richtigen Reihenfolge bilden sie auch die Zahlen sämtlicher Monate, und auch die größeren römischen Zahlen sind wie Buchstaben.

Seid Ihr der Ansicht, dass mir der Herr Pastor schnell das Lesen beibringen würde?

Meine Mutter antwortet, dass sie nicht weiß, wie schnell, weil sie nicht weiß, wie schwer es ist. Sie sagt, sie kann auch nicht wissen, ob der Pastor überhaupt damit einverstanden ist, aber sie fragt um Erlaubnis, wenn der passende Moment kommt, weil man bei einer solchen Lernsache nichts verlangen kann, man kann nicht hingehen und direkt bitten, sondern nur, wenn zufällig der richtige Moment kommt und vielleicht niemand zuhört, in so einem Moment kann man höflich und demütig fragen, so wie es sich für einen geringeren Menschen gehört.

JA, ICH BRINGE ES DIR GERN BEI, weil mir Herr Halley hier ein äußerst angenehmer und in intellektueller Hinsicht guter Gesprächspartner war, wenn auch ein junger, aber er ist eifrig im Diskutieren und kennt wichtige Dinge, wenngleich andere als ich, ganz und gar andere, sehr sonderbare und solche vielleicht, die bislang kaum in den Gedanken von anderen vorkommen dürften. Und in den Gedanken und Werken des guten Allmächtigen Gottes natürlich.

Und sage nicht Herr Hawley, Angus, weil das nicht stimmt, alle hier sagen es falsch, Angus, hier hört man falsch und versteht das Gesagte schlecht. Hier kann man nicht lesen, wie es geschrieben steht, weil man hier nicht lesen kann, sondern alles sagt, wie man es für richtig hält. Vielleicht ist das ganz allgemein ein Fehler und Symptom der Menschheit, aber hier ist es in ganz besonderem Maße so. Auf dieser Seite der Welt fließt sogar das Wasser falsch herum in die Löcher. Herr Halley hat große Pendelexperimente durchgeführt, und am Ende drehten sich auch alle Pendel falsch. Auf dieser Seite drehen sich die Winde schief, an diesem Himmel sind die Sterne andere.

Also sage nie mehr Herr Hawley, so wie die anderen hier, sondern male mir jetzt genau diese sechs Buchstaben nach. Zähle sie zuerst einzeln laut auf und sage dann alle zusammen in einem Wort: H und A und L und L und E und Y. Das heißt Halley.

Das ist es. Das ist das Lesen, Angus, damit fängt es an, von da aus kommt alles, was Gott für die Welt vorgesehen hat, in

Form von Buchstaben und Wörtern in dich hinein, sagt und lehrt der Herr Pastor.

Ich lerne es, obwohl es zuerst sonderbar ist und viele Sachen anders sind, als ich geglaubt habe. Wie kann es zum Beispiel sein, dass ein H ausgesprochen fast dasselbe ist wie eine 8 und ein A allein gesagt anders als zusammen mit anderen gesagt, aber ein L fast immer gleich, das E nicht, und das Y ist wieder ganz etwas anderes und fällt auch noch am Ende weg? So muss ich mir über jeden Buchstaben Gedanken machen, aber schon in der zweiten Woche sind zwischen fremden Wörtern bekannte Wörter zu erkennen.

Wenn man fast die ganze Zeit übt, wenn man nicht auf dem Feld ist oder seine Tagesaufgabe in der Araukarie erfüllt, tragen die fremden Buchstaben nicht den Sieg davon, sondern verwandeln sich, einer nach dem anderen, in bekannte. Am nächsten Morgen sind sie dann gewöhnlich, und ziemlich bald sind alle Buchstaben beisammen, alle sechsundzwanzig hintereinander in einer Schlange. Danach stehen nur noch bekannte Buchstaben auf den Buchseiten, allerdings mit fremden Wörtern dazwischen, aber auch bei denen weiß man fast schon, was sie sagen, selbst wenn man nicht weiß, was sie bedeuten. Wörter und Namen gibt es fremde und bekannte. Sehr gewöhnlich sind *er* und *sie* und *und*.

Im Kalender lerne ich die Namen der Monate lesen. Beim Herrn Pastor bekomme ich seine eigenen Papiere zum Lesen, aber vorher das kleine, in Leder gebundene Andachtsbuch. So lerne ich lesen und durch das Lesen schreiben. Ich schreibe meinen Namen in den Sand und kann ihn noch am nächsten Tag lesen, falls die Tiere nicht über ihn hinweggelaufen sind oder Regen und Wind ihn verwischt haben.

Der Herr Pastor lobt mich, er habe noch nie so schnelles Lernen gesehen, obwohl er immerhin die Kinder des Herrn Gouverneurs unterrichtet und als junger Mann in der größten Gemeinde von Kent, der Heimatgemeinde seines Vaters, des Herrn Propstes, für herrschaftliche Töchter Zirkel im Lesen und in Bibelkunde abgehalten hat.

Was ein Zirkel ist? Ziemlich das, wie man es sagt, ein Kreis, ein Halbkreis. Keine echte Schule, sondern ein Zirkel, die Eltern schicken die Zirkelmitglieder hin, sie kommen zu mir und vor mich und lernen, weil sie selbst etwas lernen wollen, weil ihre Eltern wollen, dass sie etwas lernen, weil Gott es so vorherbestimmt hat.

Jetzt herrscht eine neue Zeit, es kommt die bleibende große Zeit Gottes, die goldene Zeit des Dürstens nach Lernen. Hier befinden wir uns wohl, Angus, inmitten aller guten Gelehrsamkeit oder erst ganz am Anfang. Uns kommt dabei eine Aufgabe zu, ich habe meine, und du hast deine, für jeden ist ein Platz vorgesehen, aber man muss ihn selbst finden.

Wir machen morgen weiter. Danke deiner Mutter für die köstliche Pastete und die süße Beerensoße.

Frage bis morgen, aus welcher Beere oder vielleicht aus welchen mehreren Beerensorten die Soße gepresst und gekocht worden ist. Wenn deine Mutter die Namen nicht kennt, dann bringe, falls das möglich ist, einige Beeren mit, oder wenn keine Beeren, dann ein Blatt und ein Stück Stiel. Mich interessieren alle Tatsachen auf der Insel, ich kann dir verraten, dass ich an einem Pamphletbuch über unsere kleine Welt schreibe.

Weil alles gerade erst begonnen hat, kann man hier noch immer bis zum reinen Anfang blicken. Seit der Zeit des Paradieses ist auf unserer Insel nicht mehr als ein Jahrhundert vergangen. Du kannst doch die Zahlen? Herr Halley hat sie dir beigebracht, vor den Buchstaben und dem Lesen, ein interessanter Versuch übrigens, Herr Halley muss sich etwas dabei gedacht haben, es ist nie die Rede darauf gekommen, es gab so viel anderes, ich muss irgendwann in einem Brief danach fragen, gewiss wird er sich an seinen Hilfsjungen erinnern. Ich muss ihm auch schreiben, dass ich dich das Lesen und Schreiben gelehrt habe. Herr Halley wird sich darüber freuen, weil er schnelles Lernen zu schätzen weiß, dafür, dass er ein so junger Mann ist, ist er ein guter Denker, schnell in seinen Gedanken, und vor allem einer, der sie weiterentwickelt und in der Praxis überprüft.

Ja, Angus, es ist so, dass etwas mehr als hundert Jahre in der Zeit Gottes eine unwahrscheinlich kleine Zeit und Spanne ist. Selbst in der Zeit des Menschen ist es nicht mehr als drei Generationen, vier, fünf oder höchstens sechs, wenn die Menschen sehr jung fortpflanzungsfähig und sündig sind. Als Menschenalter kann ein Jahrhundert höchstens ein Mensch von der Geburt bis zum Tod sein, das ist nichts.

So dürfen wir auf St. Helena noch immer am reinen Anfang von allem leben, auch wenn anderswo die Zeit schon viel weiter gelaufen ist. Gott hat in seiner großen Güte beschlossen, hier für uns ein Guckloch auf den Anfang der Welt offen zu lassen.

Denke daran, deiner Mutter Grüße zu bestellen. Das Mischmus letzte Woche war sehr gut. Von der Pastete ist noch etwas da. Frage deine Mutter nach der Soße, nach den Beeren und bringe ein paar mit, um sie mir zu zeigen. Deine Mutter backt gutes Brot, denke daran, ihr einen besonderen Dank auch für das Brot auszurichten. Es ist bald aus. Mir kommen immer die Sommermorgen in Kent in den Sinn, so frisch hat das Brot deiner Mutter wieder geschmeckt.

AUF DER HOCHEBENE SIND SECHS HÄUSER sichtbar und drei verdeckt weit hinter den Zitronenbäumen. Der Herr Pastor geht oben selten irgendwohin, weil er im Untertal wohnt, und darum gehe ich zu ihm, wenn er Zeit hat und wie es beim vorigen Mal genau abgemacht worden ist.

Auf der Hochebene lebt man sein Leben anders als im Untertal, das in Jamestown Kapellental genannt wird, obwohl es nicht ganz stimmt, weil das Kapellental nur der bewohnte Rand des Untertals ist, der sich geradewegs bis nach Jamestown fortsetzt, sodass sie eigentlich eins sind, und Jamestown ist nur eine Ecke des Kapellentals und liegt direkt am Meer. Ich fürchte mich nicht mal mehr davor, nach Jamestown zu gehen, obwohl es dort viele fremde Menschen gibt, manchmal zehn zusammen.

Ich lerne das Lesen beim Herrn Pastor zu Hause, aber ich muss so oft hingehen, dass sich vom Rennen in den Beinen harte und starke Knollen bilden. Von den Knien abwärts sind meine Beine die von einem Laufhund, doch jedes Mal fällt es mir leichter, zu rennen, und das Lesen wird immer leichter, je mehr man lernt.

Auf der gesamten Totholzhochebene gibt es nicht viele, die so gut lesen können, wie ich es bald kann. Ich weiß das, weil der Herr Pastor es sagt, denn er ist mit jedem Erwachsenen auf der Insel die Sache mit dem Lesen durchgegangen. Der Herr Pastor muss alle kennen, weil alle seine Gemeindemitglieder sind, außer ein paar Soldaten, die gerade erst in James Fort angekommen sind, aber auch von ihnen weiß er, dass sie dort sind. Der Herr Pastor sagt, er will für sein Pamphlet alle Dinge der Insel kennen, die Menschen, die großen Pflanzen und die sonderbaren Tiere, die sich in ihren Schlupfwinkeln verbergen.

Auf dieser Seite der Zitronenbäume ist unser Haus das kleinste der sechs Häuser und mehr halb fertig geblieben als alle anderen, weil mein Vater es allein gebaut hat und mittendrin gestorben ist. Es fertig zu machen, erwartet mich, doch ich werde an Weihnachten erst acht, und das reicht nicht, es ist nicht wenig, aber nicht genug.

Meine Mutter sagt es mit diesen Worten: Es langt nicht, es ist nicht wenig, aber noch nicht ausreichend. Letzten Sommer hat meine Mutter mit dem Geld, das Herr Halley dagelassen hat, das undichte Dach reparieren lassen und unseren Nachbarn Adam Dennison dafür bezahlt, dass Dennisons Sklave Hof-Oliver von weit weg Schiefersteine herbeigetragen und sie stabil als neue Unterlage auf dem Dach verteilt hat.

Meine Mutter nennt Dennison bloß Dennison und befiehlt weder Ann noch mir, ihn Herr Dennison zu nennen, obwohl es richtiger wäre. Hof-Olivers Name wiederum war früher Feld-Oliver, aber jetzt ist er alt und nicht mehr so schnell und stark auf den Anpflanzungen, und Dennison hat ihn auf dem Anleger von Jamestown für den Preis von nur drei Ziegen gekauft.

Niemand sonst auf der ganzen Hochebene außer Dennison und Herrn Greenacre im Zitronenbaumdorf hat sich einen Sklaven leisten können. Der Sklave von Herrn Greenacre heißt John. John ist erst auf der Insel getauft worden, der Herr Pastor hat ihn in der Kapelle nach Johannes dem Täufer und Jesu Jünger Johannes getauft.

Hof-Oliver ist zu allen freundlich und eigentlich klug und

darum überhaupt nicht wie ein Sklave. Nicht einmal Dennison schlägt Hof-Oliver noch, sondern erteilt ihm nur Befehle, obwohl Dennison sonst und für alle anderen ein beängstigender und großer Mann ist, der leicht böse wird.

Dennisons Frau heißt Rachel. Rachel Dennison ist dünner als dünn und älter, als sie ist, und spricht nicht mehr mit meiner Mutter so wie früher, weil Dennison meine Mutter zur Zeit der Dachreparatur auf einen Spaziergang mitgenommen hat. Meine Mutter wollte nicht mitten am Tag spazieren gehen, und Dennisons Frau wollte nicht, dass Dennison meine Mutter mitnimmt, aber sie gingen, obwohl niemand außer Dennison es wollte, und sie gingen so lange über das flache Land der Hochebene, dass man nur noch zwei fremde Menschen gehen sah, bis man sie nicht mehr erkennen konnte, weil die Stechpalmen höher wurden als sie und sie dahinter verschwanden, als wären sie ins Innere der Erde gefallen.

Ich habe am Weg auf den Fersen gesessen und gewartet, dass sie zurückkommen. Der Weg führt schnurgerade über das Rückgrat der Hochebene und macht erst in der Ferne einen Knick, aber man kann ihn bis zum Ende hell auf dem Braun erkennen. Ich sehe das Ende, weil ich weiter sehen kann als jeder andere, der von den Häusern der Hochebene gleichzeitig in dieselbe Richtung guckt.

MEINE MUTTER VERLANGT NICHT, DASS ICH MORGENS AUFS FELD GEHE, weil ich (an jedem einzelnen Tag, ob es regnet oder ob die Sonne scheint, zuerst vom Morgen bis zum Mittagessen und dann vom Mittagessen bis zu dem Zeitpunkt, wenn deine Mutter dich für die Arbeit braucht, Angus) Herrn Halleys Aufgabe erledige und meine Mutter auch findet, dass Herr Halleys Aufgabe wichtig ist. Meine Mutter weiß nicht, warum die Vögel und die Sterne wichtiger als die Feldarbeit sind, aber sie kennt Herrn Halley und hat Trauer getragen, als er von der Insel nach England zurückgefahren ist. Das Trauertragen hat man nach außen hin dadurch gesehen, dass sie stiller war als sonst. Noch mehr hat man es gesehen, als Ann angefangen hat, ihr Frühstück auszukotzen, aber dann haben sich beide über andere Dinge Gedanken machen müssen, und Herr Halley ist für meine Mutter wichtig geblieben, aber nicht mehr bis zur Trauer.

Wenn man viel Arbeit hat (erst die Arbeit hält den Menschen am Leben, kleiner Angus), passt nicht so viel Trauer dazwischen, weil das Trauern im Kopf sitzt. Oder ich weiß nicht, wo es sitzt, und man kann auch niemanden danach fragen, weil so etwas zu fragen sonderbar wäre und falsch. Zumindest Herr Halley hätte schon allein bei der Frage Bescheid gewusst, weil er klug ist und viel weiß. Vielleicht sitzt es im Kopf und in der Brust und im Hals gleichzeitig.

Meine Mutter verlangt auch dann nie, dass ich aufs Feld gehe, wenn ich zum Leseunterricht beim Herrn Pastor ins Untertal muss. Dadurch bin ich nicht einmal jeden Nachmittag eine Hilfe, obwohl es auf den Anpflanzungen genug Arbeit gibt und manchmal fast zu viel, weil Yams und Maniok in der Bodensenke wachsen und weiter oben an der trockenen Stelle im Eselsdung Kürbisse und neben dem Haus alles, was in die Beete zwischen den Trampelpfaden passt.

Vor der Geburt und nach der Geburt sind Ann und Mutter beide langsam und groß wie Schildkröten gewesen und haben nicht mehr geschafft als das Nötigste, und nach der Geburt sind noch mehr und andere Arbeiten und das Wachsein nachts dazugekommen. Obwohl ich kleiner war, habe ich damals mehr gearbeitet als jetzt, weil ich an den Lesenachmittagen keine Zeit habe, aber auch damals haben Herrn Halleys Vormittagsaufgabe und Nachtaufgabe an erster Stelle gestanden, vor allem anderen.

Wenn ich von weiter weg, vom Rand der Hochebene, Brennholz geholt und den zusammengebundenen Haufen mit Riemen auf dem Holzgitter hinter mir hergezogen habe, ist Hof-Oliver gekommen und hat mir geholfen und den Karren gebracht und zehn von meinen Fuhren auf einmal geschoben. Aber Dennison hat es gesehen, und Hof-Oliver hat den ganzen hohen Haufen vor Dennisons Haus bringen müssen, als hätte Hof-Oliver die Zweige gesammelt und nicht ich.

Das habe ich meiner Mutter gesagt. Meine Mutter ist böse geworden, hat sich aber nicht getraut, zu Dennison zu gehen. Ich bin hingegangen, aber Dennison hat mir einen Schlag auf die Stirn gegeben, und als ich mich umgedreht habe, um davonzulaufen, hat er versucht, nach mir zu treten, wie er seine Hunde tritt.

Seit der gestohlenen Ladung wünsche ich Dennison alles

Böse, auch wenn man das nicht darf, aber ich tue es trotzdem, und die Male, die er meine Mutter unter Zwang zum Spaziergang mitgenommen hat, haben den Wunsch nur verstärkt.

Wenn es viel Arbeit gibt, bekommen wir Hilfe von anderen, und das Ernten und das Umgraben werden zusammen gemacht, je nachdem, wie die Senken weiter unten und die Felder auf der Hochebene der Reihe nach trocken und feucht werden, aber Dennisons Frau hat angefangen, die Meinung der anderen zu vergiften, sodass wir schlechtere Gemeinschaftshilfe haben als die anderen. Meine Mutter findet, es sei die Schuld von Dennisons Frau. Männer würden alle Lügen glauben, dann würden sie bei ihrem Glauben bleiben und nicht mehr zuhören und alle auffordern, so zu sein, wie sie es sind. Es wäre ebenso schwer, den Kopf eines Mannes in eine andere Richtung zu drehen, wie zu versuchen, einen betrunkenen Esel zu führen, sagt meine Mutter und bringt es Ann bei, aber wenn ich dazukomme, hört sie sofort auf. Ein Esel wird betrunken, wenn er aus dem Kübel Maische frisst, die zu sehr gegoren hat, ich habe das einmal gesehen und den Esel mit einem Trauerweidenstock in die Seite gestoßen, sodass er den Kopf geschwenkt hat und schwankend und kreischend im Kreis gegangen ist.

Ich möchte schneller lesen lernen, damit ich mehr arbeiten kann, aber gleichzeitig möchte ich besser lesen lernen, und besser lesen lernt man, indem man übt, und darum muss ich noch zum Herrn Pastor in die Lehre gehen. Lesen ist nicht bloß lesen. Lesen ist verstehen, zuerst so, dass man die Buchstaben versteht, dann so, dass man die Wörter versteht, dann so, dass man die Wörter zusammen versteht, und nach den Wörtern und Sätzen (ein Satz besteht aus Wörtern hintereinander, aber so, dass sie zusammen einen Sinn ergeben) dann noch, dass man die Dinge versteht. Das ist ein sehr langer Weg.

WIR SIND GESEGNET, ANGUS, weil wir in dieser großen Zeit leben dürfen. Wir sind in so reichem Maße mit Gottes-Gut bedacht worden, dass wir nicht mehr erhoffen können. Sichtbare Spuren des Paradieses sind für uns zurückgelassen worden, und der gute himmlische Gott hat unsere Insel mit einer hellen Kristallglocke überdacht. So werden uns an jedem einzelnen Tag und jede Nacht die Beweise für den Kristallhimmel der Ewigkeit wie auch für den Anbeginn unserer Zeit präsentiert.

Hast du letzte Nacht gesehen, wie die Feuer Gottes wieder ganz hell von einem Rand des Horizonts zum anderen zogen? So ist es nicht oft, aber wenn die Wolken aufreißen und gleichzeitig der Nebel von den Höhenzügen verschwindet, ist der ganze silberne Himmel nah und bietet sich uns dar.

Am Samstag habe ich eine Wanderung zu dem Hang hinauf unternommen, der jetzt Halley-Berg genannt wird. Nicht von ungefähr wird er so genannt. Dort verzeichnete Herr Halley sämtliche Sterne, die er mit exakter Genauigkeit feststellen konnte. Es sind 341. Woher weiß ich jetzt auf einmal ihre genaue Zahl? Das sage ich dir gleich.

Es traf sich, dass am Samstag gute Sicht herrschte, und so saß ich lange für mich allein dort oben, aß meinen Proviant und betrachtete die Wälder und Gefilde unter mir. Ich hatte noch nie so deutlich gesehen und war auch nicht auf den Gedanken gekommen, dass es von dort, von den Schultern der

Insel, so aussieht, als befänden wir uns inmitten eines uferlosen Meeres auf einem großen, bemoosten Stein. Auf diesem sitzen, stehen und gehen wir, Angus, um uns herum der große Horizontkreis und über uns der sich wölbende, von Gott zu durchscheinendem Kristall gemachte Himmel. Nur das Land unter uns gehört ein wenig uns, aber auch das nur durch die Gnade des Allmächtigen, es ist uns für einen flüchtigen Moment geborgt.

Jetzt verrate ich dir, woher ich so genau die Zahl unserer Sterne weiß. Gestern kam ein Brief von Herrn Halley. Zum Glück war das Schiff der Handelskompanie gezwungen, schon auf der Hinfahrt hier vorbeizukommen, ohne die Mastreparatur hätte der Brief lange unterwegs gewesen sein können.

In diesem Brief berichtet Herr Halley, in London halte man seine Sternkarte für eine große Leistung und für den Beweis persönlicher Kompromisslosigkeit und unbestreitbarer Begabung sowie englischer Unnachgiebigkeit. Es ist eine große Errungenschaft, und daraus hat sich mit der Zeit viel Gutes für ihn ergeben.

Der Titel seines Kartenbuchs lautet ausgeschrieben so: *Catalogus Stellarum Australium sive Supplementum Catalogi Tychonici.* Du kannst die Buchstaben auf dem Deckblatt später zur Übung abschreiben, auch wenn du von dem Titel nichts verstehst.

Ich hoffe, dass ich es einmal ganz sehen darf, dass ein solcher Tag kommen wird. Ich könnte es lesen und wenigstens zum Teil verstehen. Es ist Latein, und Latein spricht man völlig anders aus als Englisch. Auf der Welt gibt es bestimmt hundert verschiedene Sprachen, und diejenigen, die die einen beherrschen, beherrschen die anderen nicht, außer durch Zufall und harte Arbeit, durch Lernen und mühsames Üben.

Herrn Halleys *Catalogus Stellarum* ist natürlich auf Latein, weil es wichtiges Wissen für alle enthält. Ich kann es lesen, schreibe es aber nicht gern, weil ich nicht für alle neuen Dinge die Wörter kenne und es im Lateinischen eher alte Wörter gibt. Darum ist Englisch die Sprache meines Pamphlets.

Herr Halley merkt in seinem Brief an, er werde bald zu einer langen Reise auf den Kontinent aufbrechen, zu einem Ort namens Danzig, zum Observatorium des Herrn Hevelius. Dort hat er eine wichtige Kontrollaufgabe zu erfüllen. Die klugen Männer der *Royal Society* haben ihn gebeten, zu überprüfen, wie es Herrn Hevelius gelungen ist, seine Beobachtungen mit einer so eigentümlichen Genauigkeit zu machen, aber ohne die modernsten Messinstrumente. Herrn Hevelius steht angeblich nicht einmal ein so gutes Fernrohr zur Verfügung, wie es Herr Halley hier auf dem Berg aufgestellt hat.

(24 Fuß vom Auge aus bis ans Ende des Eichenrohrs genau, nur Zahlen sind genau, Angus, nur was mit Maßen gemessen wird, ist genau, Ahnungen und Vermutungen sind es nie. Hier entspricht das Maß des Maßstabs dem eines Königsfußes, vom Auge aus vierundzwanzig Maßstablängen Messing.)

Herr Halley schreibt auch, er sei jetzt offiziell akzeptiertes Mitglied der *Royal Society*. Des Weiteren teilt er die große Nachricht mit, der König selbst habe *per literas regias* bestimmt, dass er seine Studien nicht mehr fortsetzen muss, sondern nun auf Geheiß des Königs offiziell die Universität Oxford absolviert hat.

Es ist eine Ehre für unsere kleine Insel, einen solchen Brief zu erhalten. Ich hatte als Erster die große Freude, diese unwahrscheinlich großartigen Neuigkeiten zu lesen.

Würde ich in London wohnen, oder meinetwegen in irgendeinem sympathischen Dorf in der näheren Umgebung, würde ich ihn in der Winchesterstraße aufsuchen und ihm die wärmsten Glückwünsche überbringen. Ein so begabter junger Mann und gut im Disputieren, und das mit nicht einmal zweiundzwanzig Jahren. Wir waren Gesprächspartner, und darum ist mir nach seiner Abreise manchmal ein wenig einsam zumute gewesen. Nicht immer mag man bloß über gewöhnliche Dinge reden. Wie man die Ernte vor den Ratten in Sicherheit bringt und warum sich die Katzen angeblich nicht mehr trauen, sich auf sie zu stürzen und sie zu fressen. Ist es der Mond, der den Ratten einen furchterregenden gelben Umhang verleiht? Ist mein Leben dazu bestimmt, mir solches abergläubisches Geschwätz anzuhören?

Gewiss kann man sich stets Gott zuwenden und beten und mit Ihm und bei sich die Dinge der Bibel bedenken, über diesen Teil beklage ich mich selbstredend nicht, es ist ein guter Teil, der beste, der einem Menschen gegeben wird. In Gott dem Allmächtigen liegt unsere Bestimmung. Und mit den Soldaten kann ich über nasses Musketenpulver reden und eine Kreidepfeife rauchen, aber wenn man etwa über die Sterne oder das Alter der Welt sprechen will, fragt sich, wer dazu hier imstande ist.

Allmählich kommt es mir so vor, als könnte ich besser mit dir reden, Angus, als mit jenen Torfköpfen.

Die hiesigen Leute mischen sich in die Angelegenheiten anderer ein, weil sie keine eigenen haben. Und beschweren sich beim Gouverneur über das Leben der anderen, weil sie von ihrem eigenen enttäuscht sind. Das ist böse formuliert und auch nicht die volle Wahrheit, aber wenn ein Siebenjähriger so schnell lesen lernt, wie du es gelernt hast, und hier nicht einmal die Soldaten von James Fort mehr können als mit Müh und Not ihr Namenszeichen, dann muss im Vergleich zu dieser Hoffnungslosigkeit deine Denkfähigkeit in der Entwicklung begriffen sein, und du bist eine seltene Ausnahme hier. Etwas in der Richtung hat auch Herr Halley gesagt. Und damals dürftest du erst sechs gewesen sein. Er sagte, wenn man ein gefügiges Kind von klein auf nur mit dem Besten füllt, und zwar Tag für Tag und so, dass nichts Überflüssiges es füllt, dann kann daraus etwas ganz Besonderes und für viele Zwecke der Naturphilosophie Wichtiges entstehen.

Ich fügte die Bestimmungen Gottes hinzu. Herr Halley nickte und stimmte mit einem Nicken zu. Obschon er nicht im Ruf des allerfrommsten Gläubigen zu stehen scheint und nicht so oft in die Kirche geht, wie es wünschenswert wäre, will ich ihn nicht tadeln. Er wird sich schon noch fügen und gewöhnen, jeder neigt das Haupt vor Gott, sobald die Jahre sich etwas häufen, wenn Erfahrungen gemacht werden, die bereut werden müssen, oder wenn man merkt, dass man in schweren Zeiten Kraft benötigt oder auch nur den schieren Glauben neben allem Wissen.

Wir unterhielten uns darüber, ob der Geist eines Kindes bei der Geburt von ganz und gar dröhnender Leere sei und wie lange es dauere, bis er sich so weit gefüllt habe, dass nichts Großes und Neues mehr hineinpassen will. Ich erinnere mich nicht, zu welchem Schluss wir kamen. Auf jeden Fall waren wir uns darüber einig, dass das Lernen nicht mit einem bestimmten Alter ins Stocken gerate, sondern dass der Grund Faulheit und Faulheit eine Sünde sei. Weder Jung noch Alt können sich vor dem Neuen verstecken, wenn sie es nicht eigens und halsstarrig wollen und sich weigern, auf diejenigen zu hören, die klüger sind als sie.

Die Schärfe deiner Augen ist etwas, was du üben musst, aber dich in deinen Gedanken zu üben, ist etwas anderes. Ich beabsichtige, Herrn Halley bei diesem Versuch zu helfen, auch wenn er mich nicht direkt darum gebeten hat.

Darum darfst du anfangen, die Blätter des von mir geschriebenen Pamphlets zu lesen, aber unter der Bedingung, dass du niemals und unter keinen Umständen jemandem erzählst, was du gelesen hast; dass der Herr Pastor etwas geschrieben hat; ja, du darfst nicht einmal erzählen, dass du etwas gesehen hast.

Wer bald acht ist, der kann schon sein Wort aufs Schweigen geben. Lege die Hand auf die Bibel und versprich und schwöre!

Weißt du, wie die Portugiesen solche bestrafen, die etwas ausplaudern? Sie ziehen dem Verbrecher die Zunge mit der Kneifzange heraus und schneiden sie am Ansatz ab. Die Portugiesen sind von Natur aus Rohlinge und Bestien.

Ich erzähle dir das nicht, um dir Angst einzuflößen. Aber jetzt, da du geschworen hast, niemals mit jemandem über deine Leseübungen zu sprechen, verstehst du auch, dass Gott den Eidbrüchigen ebenfalls straft. Seine Strafen sind stets gerecht, aber wenn Er straft, tut Er es mit noch schrecklicheren Mitteln als die Portugiesen, aber nur wenn Er es für richtig erachtet, denn in Seiner Gerechtigkeit ist der Allmächtige über uns absolut und vollkommen.

Angus, wir sind beide gleichermaßen gesegnet. Wir dürfen auf Gottes großem Schiff leben. Am Samstag sah ich es von oben. Auf allen Seiten das uferlose Meer und unsere Insel ein Schiff aus Stein, nirgendwo befestigt, sondern ein auf dem Meer treibendes riesiges Schiff und nur durch den guten Willen Gottes an seinem Platz.

»DIESE CHRONOLOGIE UNSERER INSEL
UND UNSERER ZEIT, UNTER BESONDERER
BERÜCKSICHTIGUNG DER ÜBERRESTE
VON GOTTES PARADIES IN UNSERER MITTE,

HAT VERFASST UND
DIE BEWEISE DAFÜR GESAMMELT

PASTOR MARTIN BURCH

Es heißt, am Tag der heiligen Helena im Jahr des Herrn 1502 hätten portugiesische Seefahrer unsere Insel zufällig mitten im leeren Ozean entdeckt.

Das mag sein, aber es ist in besitzrechtlicher Hinsicht nicht die entscheidende Grundlage. Was Gott geschaffen, mit seiner Absicht gemacht und seinem Willen gemäß geformt hat, kann niemand mit alleinigem Recht entdecken. Es hat ebenso gut auf uns gewartet wie auf die Portugiesen oder die Holländer.

Die Insel ist durch den Willen Gottes seit Anbeginn an ihrem Platz gewesen. Er hat sie dorthin gerückt, als hätte er ein Schiff an seinen Ankerplatz geleitet. Kein anderer als der Allmächtige hat im Voraus wissen können, was an dieser Stelle aus dem uferlosen Meer aufragt.

Jetzt sind wir dauerhaft hierhergezogen, Gottes großer Bestimmung entsprechend. Die Insel hat auf uns gewartet, nicht wir auf die Insel. Jemand kann aus Versehen einen unbekannten Ort entdecken, aber erst diejenigen, die mit einer Absicht kommen, sind von Gott erwählt.

In dieser Sonderstellung hätten wir das volle Recht und allen Grund, den Namen der Insel in Neu-Karlsland abzuändern, aber das würde nur unnötige Streitigkeiten provozieren. Darum möge der Name weiterhin St. Helena bleiben, nach der Mutter des ersten zum christlichen Glauben bekehrten römischen Kaisers.

Es heißt, der Name sei der Insel an jenem Tag V 21° 1502 gegeben worden, als sich ihre Ufer zum ersten Mal einem menschlichen Auge zeigten, oder aber die Portugiesen haben auch in dieser Angelegenheit eine ihrer Lügen erzählt. Ob gelogen oder nicht, möge es vorerst so bleiben. Als Name möge St. Helena taugen, denn man weiß, dass Flavia Iulia Helena Augusta eine fromme und gute Christin war, und auch deshalb, weil ihr Sohn Konstantin der Große in York zum Kaiser ausgerufen wurde, auf unserem Boden.

In einem so abgelegenen Winkel der Welt müssen kriegsähnliche, zerstörerische Kämpfe vermieden werden. Die Entfernungen sind zu groß und Hilfskräfte nicht einmal innerhalb von vier Monaten zu bekommen. Lassen wir unnötige Namensstreitigkeiten also bleiben. Selbst eine dünne Suppe ist besser als ein blutiger Streit. Möge Gott uns hier vor allem Übel bewahren.

Kriege und Querelen wollen wir an unseren Ufern nicht mehr haben. Gott möge die Lusitaner und ihre Verbündeten wissen und auf immer glauben lassen, dass dieses Land uns gehört, von uns besiedelt wird und für uns bestimmt ist. Möge unser Besitzrecht wohlweislich im Gedächtnis aller Völker erhalten bleiben!

In meiner Jugend durfte ich in meinem geliebten Heimatland in der Bibliothek unseres ehrwürdigen Bischofs im *Atlas Universalia* blättern. Darin waren bereits die Inseln St. Helena und Ascension an den richtigen Stellen verzeichnet, obwohl der Atlas 1519 in Amsterdam gedruckt worden war.

Dies allein ist schon ein sicherer Beweis dafür, dass die Entdeckungsgeschichten der Portugiesen Gerüchte und absichtliche Verfälschungen sind. Ebenso gut kann der Entdecker unserer Insel ein Holländer gewesen sein oder noch wahrscheinlicher ein Engländer. Von den ersten Besuchern in den Anfangsjahrzehnten sind nur keine schriftlichen Zeugnisse erhalten geblieben.

Die Geschichte der Entdeckung unserer Insel ist jedoch nicht das eigentliche und in keiner Weise das wichtigste Thema dieses Pamphlets, obschon man bereits aufgrund dieser nachweislichen Umstände versteht, dass St. Helena untrennbar zu den Domänen unseres guten Königs Karl II. zählt.

Mit meiner Schrift will ich einige andere Tatsachen ans Licht bringen. Ich habe vor, mich darauf zu konzentrieren, von den noch immer sichtbaren Spuren des Paradieses zu berichten. Desgleichen lege ich von mir in großem Umfange gesammelte Beweise vor.

Ich glaube nämlich fest, dass es Gott in seiner Allmacht gewollt, bestimmt und sichtbar gemacht hat, dass wir auf der Insel St. Helena in der Lage sind, bis in die goldene Zeit der Schöpfung zurückzublicken.

Einen kürzeren Weg ins Paradies und zum Anbeginn der Zeit kann es auf Erden nicht geben. Der menschliche Fuß hat gerade eben erst den hiesigen Ufersand berührt. Seit kaum hundert Jahren besiedelt das menschliche Geschlecht dauerhaft unsere Insel. Zuvor haben erwiesenermaßen nur wenige arme Menschen Besuche abgestattet und verweilt.

Erst wir sind auf die Art und Weise hergekommen, wie es bestimmt ist, dass ein Volk weiterrückt und wächst. Weil unsere Insel von Gott für uns vorgesehen worden ist, hat Er offen und sichtbar das Paradies genau für uns hinterlassen. Auf diese Aufgabe, auf dieses Land haben wir das heilige Recht und die demütige Pflicht.«

DURCH DAS VOM HERRN PASTOR VERFASSTE PAMPHLET lerne ich gut und flüssig lesen (gut heißt richtig, aber flüssig heißt schnell). Ich lese sowohl für mich als auch laut, das sind zwei Arten des Lesens, und sie belehren einander.

Lesen ist Sehen, aber auch Hören. Schreiben ist kurzes Zeichnen. Die Buchstaben sind verschieden, obwohl es gleiche gibt, große und kleine und in einem Buch andere als in einem Brief, bei unterschiedlichen Menschen jeweils etwas anders, je nachdem, wie die Hand es kann und was sich an Alter angesammelt hat. Einen Brief schreiben ist Zeichnen, aber auch Sprechen. Wenn man lesen lernt, lernt man, lautloses Sprechen zu hören. Wenn man schreiben kann, kann man sprechen, ohne dass man etwas laut sagt.

Die dritte Art des Lesens ist die, dass man alle Arten gleichzeitig kann und ganz versteht, was man gelesen hat. Wie gut ich das lerne, überprüft der Herr Pastor, indem ich ihm am nächsten Tag, ohne die Seiten vor mir zu haben, erzählen muss, was ich am Tag zuvor gelesen habe.

Das vierte Lesen ist dann, dass man im Kopf noch einmal liest, was man gelesen hat. Das hilft sehr, wenn man erzählen muss, was was ist und was man gelernt hat.

Der Herr Pastor schaut zu und passt die ganze Zeit auf. Er bleibt auch dann im Raum, wenn ich still für mich lese, und er geht so gut wie nie hinaus, ohne jedes Blatt seines Pamphletes mitzunehmen.

Einmal muss er jedoch so schnell austreten gehen, dass der ganze in schöner Handschrift geschriebene, Dutzende Seiten dicke Stoß Blätter auf dem Tisch liegen bleibt. Jeder Bogen ist auf beiden Seiten gefüllt, und dies auch noch so genau, dass an leeren Stellen andere Schrift hinzugefügt worden ist, und sei es quer oder senkrecht, wenn es nicht anders gepasst hat. Der Herr Pastor lässt mich nicht alle Seiten lesen, und vor den in die Zwischenräume geschriebenen Stellen hat er mich eigens gewarnt und mir verboten, auch nur einen Blick darauf zu werfen.

Zuerst schaue ich überhaupt nicht hin. Aber dann kann es sein, dass Gott selbst es will, denn beinahe wie aus Versehen werfe ich einen Blick auf den obersten Bogen und sehe den Namen meiner Mutter. Zuerst stehen oben mehrere geduckte Zeilen:

»Warnung. Muss überprüft werden.«

»Wurde sich von jemandem bei einer Versammlung der Sektierer eingeprägt und mir dann am Donnerstag berichtet.«

»Sie haben gesagt: Wir sind zusammen nicht so viele, wie der Sand Körner hat. Aber auch der Pfeil hat nur eine Spitze, dennoch kann man mit einem Pfeil viele Häute durchbohren.«

»John Bushell, Edwin Thorne, Martin Burch, Witwe Hodges hinter Longwood, Totholz-Stevens Witwe Catherine und ihr Bankert sowie Witwe Catherines Tochter Ann und deren Bankert, die erwachsene Hurentochter Mary der beim Weißen Tor wohnenden Mary Gallagher.«

»Die Sektierer haben gesagt: Wir müssen sie zum Jüngsten Gericht schicken. Aber damit sie auch eine irdische Strafe erhalten und dadurch wissen, dass das Jüngste Gericht für sie kommt, sollen sie zuerst wegen ihrer Kinder und Bankerte leiden. Darum machen wir uns daran, die in Sünde Gezeugten auszumerzen.«

»Über deren Namen sind bereits im Himmel Messer und Strick gezeichnet worden. Geht im Schutz der Nacht hin oder bei Tag, wenn niemand es sieht. Fangt mit den Wickelkindern an. Empfindet nicht unnötig Mitleid. Das Fleisch des Sündigen ist nichts als aus Asche gekochte Lauge. Was von Falschgläubigen gezeugt worden ist und genährt wird von einer, die vom Glauben abgefallen ist, ist nicht mehr als eine Ratte, die von einem Handelsschiff geflohen ist.«

Unter der Namensliste hat der Herr Pastor, damit es hinpasst, in sehr kleiner Handschrift angemerkt:

»Ich wundere mich über die Anzahl der Frauen. Sie sind verhasst.«

Als der Herr Pastor zurückkommt, tue ich so, als hätte ich nur gewartet, und versuche so zu sein wie vorher, obwohl ich das Gefühl habe, etwas falsch gemacht zu haben und zu lügen. Als ich mit dem Lautlesen weitermache, verbessert er mich geduldig, wenn ich ein Wort oder eine Stelle schlecht ausspreche. Eine Stelle ist mehr als ein Wort, denn bei einer Stelle muss man verstehen, welche Wörter dazugehören.

»Der erste Langzeitbewohner auf unserer Insel trug den Namen Fernáo Lopes beziehungsweise Fernando Lopez. Es heißt, er sei ein Adliger gewesen und habe im indischen Goa einen hohen militärischen Rang innegehabt. Aufgrund seiner angeborenen Gutherzigkeit und Gerechtigkeit kämpfte er an der Seite der Inder gegen die Tyrannei Portugals, aber sie verloren, und Fernando Lopez wurde von den rohen Untergebenen des Gouverneurs Afonso de Albuquerque gefoltert und verstümmelt.

Man band ihn zwischen Pfählen fest, schlug ihm mit einem krummen Messer Ohren und Nase ab, seine Lippen wurden beschnitten, Kopf und Gesicht wurden mit Muschelschalen abgeschabt, der rechte Arm wurde abgetrennt und von der linken Hand der Daumen.

Erst als Tyrann Albuquerque starb, durfte der in den Dschungel verbannte Fernando Lopez an Bord eines nach Portugal fahrenden Schiffes gehen. Dieses machte auf seiner langen Reise halt auf St. Helena, und Fernando Lopez beschloss, auf der Insel zu bleiben, weil er nicht wollte, dass seine Frau und seine Verwandten ihn als grausam verstümmelten Taugenichts sahen.

Er lebte auf der Insel in der Einsamkeit eines Eremiten. Nur hin und wieder konnte die Besatzung von vorbeikommenden Schiffen zuerst nur seine Spuren und sein Strohlager und dann ihn selbst weit weg auf den Anhöhen bei den Ziegen sehen. Sie ließen ihm Geschenke, Käse, Getreide und Reis da, und man ging dazu über, ihn für einen Heiligen zu halten, der freiwillig auf die unnütze Hast und die irdischen Freuden der Menschen verzichtete. Er fastete, betete und lebte in Frömmigkeit.

Sein einziger Begleiter war ein ins Meer gefallener junger Hahn, den er schwimmend herausholte. Dieser verließ seinen Retter nie mehr, sondern schlief des Nachts auf einer Stange in der Höhle. Die Höhle hatte sich der einarmige Fernando Lopez als Heimstatt und Schlafplatz mit Mühe in einen porigen Fels gegraben, und tagsüber folgte der Hahn seinem Herrn treuer als der beste Hund.

Fernando Lopez' Ruf als heiliger Mann gelangte in die Handelshäfen wie auch bis weit in den Norden. Jedes Handelsschiff, das vorbeikam, um sauberes Trinkwasser zu holen, ließ etwas für ihn zurück, Brot und Essen, die Samen vielerlei Ackerpflanzen, Kleider, Briefe und Gelöbnisse, Enten, Hühner und Rebhühner, Schweine und Ziegen, Rosenkränze und Bitten für die Heilung von Kranken. Er dankte den Überbringern der Gaben aus der Ferne vom Felsen herab, sehr höflich, aber von so weit weg, dass die Seeleute sein verstümmeltes Gesicht nicht sehen konnten.

So dauerte es elf Jahre, bis der portugiesische König bestimmte, er habe nach Hause zurückzukehren. Fernando Lopez gehorchte, fühlte sich in Lissabon aber nicht mehr wohl und ertrug die Menge der Menschen und ihre Neugier und ihr Entsetzen nicht. Er versuchte, in der Stille eines Klosters zu leben, aber auch dort war ihm der Lärm zu viel.

Er bat darum, in den Vatikan zu dürfen, um dem Papst zu begegnen, denn ihn hatte eine Botschaft hinsichtlich einer solchen Möglichkeit erreicht. Nachdem er die Absolution erhalten hatte, fühlte er sich für kurze Zeit frei und zog durch die ganze Stadt Rom, ohne sein Gesicht zu verhüllen. Er pries die Güte Gottes und erzählte den Mächtigen des Landes von seinem abgelegenen Wohnort, den Gott gerade erst den Menschen der Erde habhaft gemacht hatte.

Aber schon bald ersuchte er darum, auf die Insel zurückkehren zu dürfen, und er erhielt eine zustimmende Antwort und die Erlaubnis und vom Papst eine Empfehlung an den König. So kehrte er mit dem ersten Indien-Schiff auf unsere Insel zurück, wo er bis zu seinem Tod ein gutes, einsames Leben führte.

Fernando Lopez wurde ein großer Gärtner Gottes. Die Sonne versengte ihn nicht, und es peitschte ihn kein kalter Regen. Er pflanzte Bäume und Beerenranken, gelbe Kürbisse und süße Granatäpfel, Erntegetreide über der Erde und im Innern der Erde vielerlei Wurzelgemüse. Um ihn herum breiteten sich dichte Wälder aus, in denen Gummibäume und mannshoher Farn wuchsen, Kohlbäume und ein gewaltiger, lodernder Strauch mit roten Früchten, welcher in allen anderen bewohnten Ländern bereits vollkommen verschwunden war. Er lebte im Paradies und zerstörte es nicht, sondern pflanzte darin nur neue Arten und hegte und pflegte sie mit der großen Weisheit, die Gott der Allmächtige ihm durch all seine Leiden geschenkt hatte.«

Diese Seiten versuche ich mir zu merken und auf vier Arten zu lesen, damit ich am nächsten Tag davon erzählen kann. Der Herr Pastor hört genau zu und sagt dann, das ist nicht schlecht gewesen, Angus, gar nicht schlecht, dir ist durch Gottes Gnade von Geburt an ein gutes Gedächtnis gegeben worden, und du verstehst, was wichtig ist und was nicht.

So kann es sein, so ist es einen guten Moment lang, obwohl ich mich vor allem daran erinnere, dass ich die Namen von meiner Mutter und von Ann gesehen habe. Aber wenn er mich lobt, bekomme ich das Gefühl, dass ich innerlich größer werde und dass der Totholz-Angus schon anderswo ist als hier. Das ist ein so seltsamer Zustand, dass sich die Hauthärchen auf dem Arm vor Angst aufrichten. Oder vor Größe, ich weiß nicht, was es ist, als gäbe es im Kopf fertige Momente und größere Zeiten, die noch nicht gekommen sind, vielleicht noch nicht einmal annähernd.

Ich habe auch früher schon innerlich Bilder gesehen, wenn ich mich Dingen hinterhererinnert habe, aber seit ich lesen gelernt habe, sehe ich vom Gelesenen fast jede Stelle und manchmal jedes Wort als etwas, das es nicht gibt, aber doch gibt. Jetzt blicke ich auch geradewegs nach vorn, und es ist, als würde ich mich selbst an einem Ort sehen, den es noch gar nicht gibt. Das ist beängstigend, geht aber vorbei, und ich rede mit niemandem darüber, damit man es mir nicht wegnimmt.

Wir machen mit einem neuen Blatt weiter, ich lese, und der Herr Pastor schaut meinem Lesen zu, und es kommt mir vor, als wären wir beide gesegnet. Ich darf hier sein und muss nicht den ganzen Nachmittag Wasser aus der Quelle holen und Yams an Stützstangen und abgeschnittene Äste binden, damit die Pflanzen nicht abbrechen, wenn die Knollen tief aus der feuchten Erde gegraben werden. Und der Herr Pastor ist gesegnet wegen seiner Güte und seiner Weisheit. Alles, was er in seinem Pamphlet geschrieben hat, präge ich mir ein und weiß, dass ich es mir merken werde, als wäre es mir widerfahren und nicht den fremden Menschen, die über hundert Jahre vor uns auf der Insel gelebt haben.

ICH LESE LAUT, weil der Herr Pastor zuhören und das Selbstgeschriebene hören will. Er nickt und summt laut, wenn ihm eine Stelle besonders gut gefällt.

»Es heißt, dass Gott nach dem Tod von Fernando Lopez beschloss, als Nächstes dürften sich zwei männliche Sklaven aus Mosambik, ein Sklave von der fernen Insel Java und mit ihnen zwei Sklavinnen auf St. Helena niederlassen. Diese fünf flüchteten und versteckten sich vor denen, die sie suchten, im Dickicht der Insel, bis das Schiff abgefahren war. Sie bewohnten die Insel und lebten, wie Menschen leben, und ihr Geschlecht wuchs auf zwanzig Personen an. Ihre Kinder waren die ersten Menschen, die auf unserer Insel geboren wurden, und die Nachkommen ihrer Nachkommen leben noch immer unter uns.

Aber sie waren keine Gärtner Gottes wie Fernando Lopez, sondern lebten so, wie Unverständige leben. Sie brannten Lichtungen in die Wälder und fällten große Bäume, wenn sie ein paar reifere Früchte aus deren Wipfeln wollten. Zu ihrer Zeit wurden die verwilderten Ziegenherden riesig, und die Ziegen fraßen und benagten oben auf dem Kamm und auf der Hochebene Schösslinge und Gras und die Blätter von Sträuchern. Ratten, die von den Schiffen entkommen waren, vermehrten sich und machten sich überall breit, und die Katzen, die zu ihrer Abwehr mitgebracht wurden, fraßen Vögel, die nie eine Katze zu Gesicht bekommen hatten und darum nichts von deren Sitten wussten und sie nicht als Mörder erkannten.

So gerieten die von Gott vorgesehenen Tiere in die Zähne und Klauen derjenigen, die von Menschen mitgebracht worden waren. Aber entspricht nicht auch das der göttlichen Absicht? Ist es eine Züchtigung oder eine Bewegung im Räderwerk von Gottes Getreidemühle? Kann es sinnloses Geschehen geben, gibt es etwas, das nicht im großen Plan vorgesehen wäre?

Gott ist gut. Gott ist der Allmächtige auf der Erde wie im Himmel. Aber warum wollte Er das Paradies auf Erden niederreißen und nur Bruchstücke davon übrig lassen? Und warum wollte Er die letzten Winkel des Paradieses ausgerechnet auf unserer wunderbaren Insel bewahren?«

Diese Insel gehört uns und Gott, sagt der Herr Pastor und verbessert sofort, dass diese Insel Gott und uns gehört. Mit uns meint er uns und die Engländer, weil er selbst ganz Engländer ist, auch wenn er jetzt auf der Insel ist, aber er ist hier ebenso zufällig, wie es den größten Teil aller Inselbewohner irgendwann durch Zufall herverschlagen hat.

So sagt er es und fragt dann, ob meine Familie durch Zufall oder mit Absicht hergekommen ist. Darauf kann ich nicht antworten, und ich tue es auch nicht, denn wenn ich antworte, obwohl ich es nicht weiß, breche ich das Versprechen, ehrlich zu sein, und werde ein Lügner.

Ich habe es so verstanden, Angus, dass deine Familie mehr aus einem bestimmten Grund als durch Zufall hergezogen ist, nach dem Großen Brand von London, gleich als damit begonnen wurde, die Anbauflächen zu verteilen. Ein solches entsetzliches Unglück hat euch hierhergeführt. Deine gute Mutter war erst knapp über zwanzig und dein Vater nicht viel älter. Damals hatten sie schon zwei Kinder, deine Schwester Ann und einen männlichen Säugling, der auf der Überfahrt starb.

Jetzt, da jeder Inselbewohner auf meine Veranlassung in ein Buch eingetragen ist, kann man das leicht überprüfen, und ich habe es überprüft. Aus Interesse habe ich mir gerade gestern erst euren Eintrag angesehen. Du wurdest hier vier Jahre nach der Übersiedlung als Halbwaise geboren, und deine Schwester war damals acht, so alt, wie du heute bist.

Es war ein trauriges Unglück, als dein Vater starb, noch als ich hierherkam, wurde viel darüber geredet. Man zog Steine aus dem Steinbruch zur Festung hinauf, und das Seil der Winde war an der Spule durchgescheuert.

Deine Mutter wurde sehr jung Witwe, das ist menschlich betrachtet traurig, aber alles ist von Gott vorgesehen, die Trauer wie die Freude. Du kannst dich an deinen Vater nicht erinnern. Redet deine Mutter noch von ihm?

Nie, antworte ich, und das stimmt. Ich weiß genau, wo mein Vater begraben liegt, und Ann sagt manchmal etwas über ihn, als würde sie sich erinnern, und bestimmt erinnert sie sich auch.

Ann ist sechzehn Jahre alt, aber fast siebzehn. Das ist bald genau zweimal mein Alter, wenn ich acht werde und Ann noch sechzehn ist, doch zwei Jahre später wird es nie mehr so sein, denn wenn ich zehn bin, ist Ann zuerst achtzehn und dann neunzehn und kann nie mehr zweimal so alt sein wie ich, weil ich von da an immer schneller älter werde.

Herr Halley hat mir gezeigt, wie man mit Zahlen rechnen kann, mit Buchstaben aber nicht. Man kann die Buchstaben in einem Wort zählen, aber Buchstaben kann man nicht zusammenrechnen, weil aus zwei A nicht B wird und auch nicht C und nicht D, und E ist keine Drei und auch sonst keine Zahl.

Eine Sechzehnjährige ist schon erwachsen, selbst wenn unsere Mutter Ann manchmal noch Mädchen nennt und ihr den

Kopf streichelt. Ann ist zweimal so alt, wie ich bald bin, ich habe dann das halbe Alter eines Erwachsenen, aber woher weiß man, dass man erwachsen wird und ist? Gibt es jemanden, der alles über alles weiß, oder wenigstens jemanden, der alles über eine Sache weiß?

Das frage ich den Herrn Pastor. Durch die Leseübungen bin ich mit ihm vertraut geworden, und er hat gesagt, dass ich Fragen stellen darf. Der Geringere lernt, indem er den Klügeren und Älteren fragt. Wer fragt, verirrt sich auf dem Weg nach London nicht, selbst wenn er über große Heiden kommt und im Moor das grüne Irrlicht brennt, hat der Herr Pastor gesagt.

Gibt es jemanden, der alles weiß?, frage ich.

Wie kommst du darauf? Wie bist du nur darauf gekommen, denn ich habe gerade das Gleiche gedacht, nämlich weshalb Gott wollte, dass das Hanfseil zerfaserte und dein Vater genau an der Stelle unter der Steinlast auf der Holzpritsche stand.

Oder gibt es jemanden, der wenigstens über eine Sache alles weiß?, frage ich dann.

Gott weiß alles. Daran darf niemand den geringsten Zweifel haben. Gott durchschaut uns, unsere Gedanken, unsere Gebete, unsere Stunden des Zweifels in der Dunkelheit der Nacht. Strenge deinen Kopf noch nicht mit solch großen Gedanken an, gutes Kind, überlasse sie den Erwachsenen als Bürde. Auch wenn man aus dem Mund des Kindes die Wahrheit hört, wie man sagt und wie es natürlich auch ist, und das Denken durch Denken wächst. Das kann man einem Kind nicht verbieten, aber ist es so richtig? Nun weiß ich gar nicht, was ich dir raten soll, sagt der Herr Pastor.

Ich habe ihn noch nie so gesehen. Er runzelt die Stirn und redet wirr. Die Lesestunde hat erst angefangen, aber er legt die Seiten seines Pamphlets schon wieder auf den Stoß.

Da fallen mir zum Glück die Beeren und der Krug mit der Soße ein. Die Frage des Herrn Pastors an meine Mutter liegt schon so lange zurück, dass ich damals erst lesen lernte und es jetzt schon kann. Der Herr Pastor hat mir aufgetragen, meine Mutter zu fragen, aus welchen Beeren die süße Soße zur Mangopastete gemacht ist, aber ich habe nicht daran gedacht, und als ich daran gedacht habe, hat meine Mutter nicht daran gedacht oder nicht mehr die richtigen Beeren gefunden, weil Juni und Juli und August kältere Monate sind und es dann nicht alle Sträucher schaffen, zu wachsen und reife Beeren zu machen.

Ich entnehme dem Leinenbeutel einen sehr kleinen Tonkrug mit Mus und, eingerollt in die großen Blätter des Kastanienbaums, ein Stück Zweig von einem Stachelbeerstrauch. Entschuldigung, meine Mutter hat mich gebeten, dies dem Herrn Pastor zu geben und um Entschuldigung dafür zu bitten, dass sie nicht früher daran gedacht hat, sage ich und reiche ihm über den Tisch hinweg den Krug und das Stück Zweig. Der Herr Pastor hebt den Deckel des Krugs an und probiert mit der Fingerspitze das Eingekochte und öffnet dann ein Kastanienblatt nach dem anderen, bis der dornige Zweig der Stachelbeere zum Vorschein kommt.

Den kenne ich. Sage deiner Mutter Danke für den Geschmack und für die Information. Der Geschmack mag etwas anders sein, als ich ihn aus der Kindheit zu Hause erinnere. Alles hier kann anders sein, uns jedoch an das Vergangene und Verlorene erinnern. Sage deiner Mutter Danke. Betrauert sie das Schicksal deines Vaters noch immer sehr?

Auf diese Frage des Herrn Pastors kann ich nicht antworten, und ich traue mich auch nicht. Es ist nicht alles auf einmal da. Es ist die Wolke da oder der Schatten der Wolke.

Ich drehe den Kopf leicht von einer Seite zur anderen, weil

ich nicht weiß, was ich wissen sollte, und nicht lügen will. Die Zeiten liegen übereinander. Ich kann mich nicht daran erinnern, dass meine Mutter meinen Vater betrauert hat. Ich kann mich an meinen Vater überhaupt nicht erinnern, weil ich nicht einmal geboren war, als er gestorben ist. Ich erinnere mich an alle anderen Zeiten und an andere Trauern. Laut antworte ich nichts.

So ist das, Angus. Hier haben wir das Leben von Inselbewohnern, die anderen kommen zu uns und verlassen uns wieder, wenn sie abfahren, aber wir bleiben. Die Schiffe der Kompanie bringen Leute und nehmen Leute mit, neuerdings bringen sie mehr, weil es so beschlossen wurde. Der Raubzug der Holländer ist ein Weckruf, und darum halten sich hier inzwischen reichlich Männer des Königs und der Kompanie auf. Das sollte eigentlich dasselbe sein, aber das ist es nicht, sagt der Herr Pastor, geht dann aber dazu über, von den Soldaten zu erzählen, die schon weggeschickt oder an andere Stützpunkte abkommandiert worden oder mitten in ihrer Dienstzeit gestorben sind, und dann fängt er an, von den Witwen der Soldaten und von anderen Frauen zu erzählen, die einen Appell an Gouverneur Blackmore geschrieben haben, er möge sie gnädig von der Insel entlassen, weil sie zur Abreise keine andere gesetzliche Möglichkeit haben, als einen Seemann zu finden, der auf einem Schiff in Jamestown haltmacht und bereit ist, sie zu heiraten und mitzunehmen, und so etwas passiert nicht oft.

Deshalb, Angus, falls du dich gefragt haben solltest, warum, deshalb herrscht am Hafenanleger immer so viel Betrieb, wenn Schiffe kommen, und die jungen Frauen tragen ihre besten Kleider. Ein solches eitles Umherspazieren und Stehenbleiben nennt man Kokettieren, das sind Erwachsenendinge, du brauchst davon nichts zu wissen und dich nicht darum zu kümmern. Sie wollen einfach so sehr fort von hier und bezeichnen die Insel als ihr Gefängnis. Ich verurteile sie nicht und glaube auch nicht, dass Gott es in aller Strenge tut.

Die Seiten meines Pamphlets über die jüngsten Zeiten lasse ich dich noch nicht lesen, weil sie noch nicht fertig sind und auch nicht ganz ungefährlich. Wenn man die ganze Wahrheit berichtet und aufschreibt, begegnet man auf der geraden Straße der Ehrlichkeit falschen Geboten und Vorschriften, wie auch der Dummheit und Unwissenheit der Menschen. Wenn immer nur mehr solcher falschen Vorschriften diktiert werden und dieselben Menschen mit dem Diktieren weitermachen, was hat derjenige, der die Wahrheit spricht, dann zu erwarten?

Darum überlege ich ein bisschen, ob ich überhaupt noch weiter von unserer Insel berichten kann. Vielleicht nicht bis zum heutigen Tag. Über Fernando Lopez sind alle einer Meinung, dass er ein guter Mann und ein Gärtner des Paradieses war, aber von uns Menschen gibt es und wird es bis zur zweiten Ankunft Jesu Christi so vielerlei geben, Starke wie Schwache, Ehrliche wie Gauner, und selbst der Stärkste unter uns ist nicht vollkommen frei von Versuchung.

So ist das, Angus. Die Erwachsenen haben untereinander Angelegenheiten, die nicht einfach sind. Der Mensch sehnt sich immer nach etwas, auch wenn er alles schon hat.

DIE *UFER-BANSHEE* HAT IHRE KLEIDER AUSGEZOGEN und auf die offene See gelegt, denn solche Kleiderflecken sehe ich weit draußen zwischen den Wellen. Niemand sonst kann sie sehen, weil kein anderer von dieser Stelle auf den Felsen aufs Meer schaut. Gibt es sie überhaupt, wenn niemand sie sieht? Aber weil ich sie sehe, gibt es sie. Die von der *Banshee* ausgezogenen Kleider sind ein schlechtes Omen, und am Rücken fühlt es sich an, als wäre es auf einmal kalt, und an den Fußsohlen, als würde ich über einem noch tieferen Abgrund stehen.

Die *Ufer-Banshee* haben schon manche gesehen, normalerweise nachts. Sie zieht nicht in Lumpen umher und ruft nach dem Tod, wie es die *Berg-Banshee* tut, sondern hat wenig an und watet in scheinbar flachem Wasser, lockt aber die Menschen zu sich ins Tiefe, vor allem Männer und Jungen. Meine Mutter hat erzählt, dass sie sie vielleicht einmal aus der Ferne gesehen hat, und darum hat sie mir verboten, allein auf die Uferfelsen zu gehen oder sogar in flachen Buchten zu schwimmen.

Du hast schon Verstand im Kopf, sagt meine Mutter, dabei trauert sie bereits jetzt um die Zeit, wenn Adam und Thomas wachsen und anfangen, durch die Gegend zu ziehen. Adam kann schon stehen und laufen. Thomas wird im August ein Jahr und fängt dann vielleicht an zu laufen. Thomas ist Adams Schatten, er sieht fast gleich aus, ist aber an jeder Stelle kleiner und dünner.

Als ich nach Hause komme, sage ich nicht einmal Ann, dass

ich weit draußen auf dem Meer die ausgezogenen Kleider der *Banshee* gesehen habe. Man kann Ann nichts sagen, was man Mutter nicht sagen will.

Mutter ist in den Beeten, etwas zu essen holen, und Ann ist mit den Zwillingen im Garten, Zwiebelstängel sammeln. Thomas liegt auf der Seite und kratzt im Sand. Adam übt an der Wand tappeln. Laufen, das noch nicht Laufen ist, nennt man Tappeln. Wer so klein ist, hat den größten Teil noch vor sich und muss alles lernen. Ein Küken lernt es sofort, aber Adam und Thomas nicht, auch nicht in einem Jahr. Ein kleiner Mensch hat nicht einmal Zähne, sondern nur Hellrot im Mund.

Warum ist der Mensch am Anfang so jämmerlich?, frage ich Ann. Ann antwortet auf solche Fragen normalerweise nicht, aber jetzt steht sie aus der Hocke auf und bricht dabei trockene Spitzen von Zwiebelstängeln ab und lässt sie auf die Erde fallen.

Das ist so, weil man auf die Babys aufpassen muss, sogar mitten in der Nacht, sagt Ann. Das ist ungefähr das Gleiche, was Mutter gesagt hat, und auch wieder nicht, weil Ann es sagt. Das stimmt, sage ich und dann nichts weiter, obwohl es noch mehr gäbe, aber selten ist sich Ann bei etwas so sicher und schaut mich direkt an, normalerweise guckt sie nur kurz und blickt zumindest vor Fremden auf den Boden (weil sie eingeschüchtert wurde, sage nie etwas Böses zu Ann und nichts Lautes, Angus). So rede ich nie auch nur ein bisschen weiter.

Die Ankunft von Thomas hat Ann außer von außen auch von innen verändert. Sie ist jetzt oben dicker, aber an den Beinen und Armen dünner, und manchmal redet sie nur sehr wenig. Über das mit dem Reden ist Mutter traurig, aber auch darauf darf man nicht achten, damit nicht noch Schlimmeres passiert. Ich habe versprochen, dass ich jedenfalls nichts sage, sondern Ann helfe, wie ich Zeit habe und es kann. Bei den Fütterangelegenheiten der Zwillinge habe ich es bis jetzt nicht richtig gekonnt, weil das Frauensache ist, und auch Ann ist eine Frau.

Ich helfe Ann, wenn ich es kann und merke, dass sie Hilfe braucht. Das muss ich auch, denn ich bin der älteste Mann in der Familie (auch wenn man das nicht immer merkt, ach, Angus, was bildest du dir ein, sammle Holz und wälze keine leeren Gedanken, wir können uns nicht mehr leisten als das, was die Aufgaben von Herrn Hawley dir jetzt schon an Zeit wegnehmen und dir in den Kopf setzen, sogar Ann hat sich davon anstecken lassen, obwohl es sein kann, dass Herr Hawley nie wiederkommt, und damit müssen wir uns zufriedengeben, so viel ist sicher, und mehr kann man nicht tun, wir haben niemanden als uns).

Ich habe meine Mutter und Ann und seit einem Jahr Adam und fast genauso lang Thomas. Das ist nicht ganz wenig, und dann ist da noch alles andere.

IN DEN UNTERRICHTSSTUNDEN lese ich bald eigenartig unbemerkt und schnell und ohne zu überlegen (so muss das auch sein, Angus. Du bist ein sehendes Auge und ein hörendes Ohr, du bist ein Stoff, der das Wasser des Lernens sammelt. Jetzt, da du das Lesen in dir hast, wartet das Lernen auf dich. Das Verstehen liegt in den Gedanken, und im Herzen und in der Seele liegt der von Gott gegebene reine Glaube und alles grenzenlos Gute) und so, dass ich auch nach den Unterrichtsstunden für mich die ganze Zeit dazulerne.

Ein paarmal besucht der Herr Pastor die Hochebene, um Gemeindemitglieder zu treffen, oder geht weiter auf die Höhen hinauf, um Pflanzen und Einzelheiten der Natur zu studieren. Dann isst er bei uns. An zwei Abenden dauern seine Untersuchungen so lange, dass er bei uns übernachten muss. Es ist wie eine ehrenvolle Aufgabe, den Herrn Pastor zu beherbergen. Meine Mutter zieht ihre besten Kleider an, und ich höre sie im anderen Zimmer über alle möglichen wichtigen Dinge sprechen, der Herr Pastor erzählt, und meine Mutter hört zu, aber auch Mutter erzählt, und der Herr Pastor hört zu, antwortet mit Ratschlägen und meint es gut.

Wenn der Herr Pastor bei uns Quartier nimmt, geht es so feierlich zu wie seit Langem nicht mehr oder wie vielleicht noch nie. Mutter und Ann beziehen die Strohmatratze im Hinterzimmer mit zwei sauberen Laken übereinander. Es wird gelüftet, die Zwillinge werden draußen müde gemacht, damit sie die ganze Nacht schlafen, und Mutter backt warme Brote im Steinofen.

In der ersten Quartiersnacht darf der Herr Pastor allein im Hinterzimmer auf der Strohmatratze schlafen, und wir fünf schlafen im Vorderzimmer auf dem Fußboden und versuchen, still zu sein und nicht zu stören.

Beim zweiten Mal ist der Herr Pastor nicht mehr damit einverstanden, dass die Frau des Hauses, Frau Catherine, wie der Herr Pastor meine Mutter höflich nennt, wegen des Gastes unbequem auf dem harten Fußboden im engen Vorderzimmer schlafen muss, sondern er verlangt, dass Mutter auf dem Strohbett übernachtet, und empfindet es selbst schon als großes Privileg, die Nacht unter einem Dach und auf gutem, trockenem Boden verbringen zu dürfen. So ist Mutter einverstanden, weil es unhöflich wäre, abzulehnen, und sie gehen zusammen ins Hinterzimmer, und man hört, dass sie sehr lange wach bleiben.

ZUSÄTZLICH ZUM VIERFACHEN LESEN lerne ich aus Versehen die vierte Art zu rechnen. Ich lerne sie ganz allein, indem ich kleine Steine verschiebe und verschiedene Ordnungen ausprobiere.

Herr Halley hat mir das Zusammenzählen und das Abziehen beigebracht, weil ich es bei der Aufzeichnungsarbeit ständig brauche, und bevor er die Insel verließ, hat mir Herr Halley noch das Malnehmen gezeigt. Das ist die dritte Art des Rechnens, und Herr Halley hat sie mir so beigebracht, dass Malnehmen eigentlich Zusammenzählen in gleich großen Stücken ist (5×5 ist 5+5+5+5+5, wie kann das eine Schwierigkeit für jemanden darstellen? Sollte die Mathematik nicht von Geburt an für alle klar sein? Was glaubst du, Clarke, ist sie in unserem Denken fertig vorhanden, oder liegt sie erst in winzigen Samen unter den Gedanken? Sodass aus ihnen heraus erst Können und Verständnis erwachsen, und nur dann, wenn der Grund und Boden für das mathematische Denken geeignet ist und, bildhaft gesprochen, genügend Sonne und Wasser vorhanden sind).

Die vierte Art ist das Teilen, und das ist Malnehmen falsch herum, und weil das Malnehmen Zusammenzählen in Stücken ist und das Abziehen Zusammenzählen falsch herum, ist das Teilen Abziehen in Stücken. Zuerst lerne ich es, indem ich in der Bibel von den Fischen und den Broten lese, vom Wunder des Teilens von fünf Fischen und zwei Broten, sodass sie für alle reichen, aber noch mehr lerne ich, als ich nach dem Lesen selbst überlegen darf und mit einem Stock Zahlen in den Sand male. Ich nehme Steine zu Hilfe und denke mir, dass die Steine und die Zahlen gleich sind.

Ich lerne, die Acht in zwei Vierer zu teilen, in vier Zweier und acht Einer. Keine andere Zahl geht bei den acht Steinen auf, aber diese tun es. So ist es mit allen Zahlen. Auf diese Weise sind sie als Stücke oder Teile ineinander drin. Ich lerne sie eine nach der anderen bis Hundert, auch wenn es bei so hohen Zahlen schrecklich viele Teilungen gibt und man zig Haufen kleiner Steine braucht.

Ich weiß überhaupt nicht, wo man eine solche sonderbare Kunst anwenden könnte, aber ich übe sie weiter.

Ich gehe auch weiterhin zum Lesen zum Herrn Pastor. Er fragt mich nicht mehr und befiehlt mir nicht mehr, zu erzählen, was ich vom früher Gelesenen noch weiß. Seitdem ich die schwierigen Papierstöße des Pamphlets kann, lobt er mich, es gebe keinen Zweifel daran, dass ich alles verstehe.

Er lässt mich nicht mehr sein Pamphlet lesen, obwohl ich weiß, dass er noch immer daran schreibt, aber er sagt, dass er zuerst seine Gedanken skizzieren und feste Beweise sammeln will, damit niemand etwas dagegen sagen kann und Grund zur Rache hat. Ich möchte es trotzdem noch einmal lesen und auch nachsehen, ob es von den Inselbewohnern neue Namenslisten gibt.

Obwohl ich die Seiten des Pamphlets nicht mehr sehen darf, spricht der Herr Pastor trotzdem über seine Gedanken oder sagt mitten im sonstigen Reden etwas, was er sich am Abend zuvor oder in der Nacht überlegt hat. Einmal erwähnt er die Möglichkeit, dass das Meer gar keinen Boden hat. Er erzählt, dass er am Morgen davon aufgewacht ist, dass sich der Fensterladen mit einem Schlag geöffnet hat. Er ist aufgestanden, um ihn zu schließen, aber dann auf der Stelle erstarrt. Im Hof hat ein weiß erleuchtetes Wesen gestanden, das mit beiden Händen zuerst nach oben zum Sternenhimmel und dann nach unten aufs Meer gewiesen hat, und aus den Bewegungen der Hände und den leisen Worten hat der Herr Pastor verstanden, dass das Wesen gekommen ist, um ihm zu sagen, dass es zwei Himmel gibt. Oben über unserer Insel ist der Kristallhimmel zu sehen, aber Gottes Himmel ist überall und noch mehr unter den Meeren und Inseln, weil Er uns von dort aus auf seinen Händen trägt.

So befinden wir uns zwischen zwei Himmeln, und das Meer ist der Vermittlungsstoff beider Himmel. An dieser Himmelsgrenze leben wir und wohnen wir und merken nicht, ob wir noch immer im Hafen vor Anker liegen oder ob wir schon langsam weitersegeln oder ob das Schifflein nur in sehr kleinen Bewegungen hin und her treibt.

Wir dürfen das Leben von Auserwählten führen. Wir sind einzeln herausgepickt und auf verschiedenen Wegen auf die Insel geleitet und gebracht worden. Das Deck unseres steinernen Schiffes ist uns Zeichen und Geschenk direkt vom Gott der beiden Himmel, sagt der Herr Pastor. Dann erzählt er, dass er vorhat, jetzt endlich bis ganz auf die höchsten Berge hinaufzusteigen, um nach endgültigen Beweisstücken zu suchen.

Er ist schon mehrere Male allein in die Gegend gewandert, noch nicht tief hinein, aber er hat gesehen, dass an den Mittelhängen riesige Urbäume gefällt worden sind, indem man ihre Stämme durchgebrannt hat. Die mit ein, zwei Ellen hohen Unterrockblüten überzogenen Strauchdickichte sind gerodet und den Ziegen als Futter überlassen worden.

Und jetzt befiehlt der Gouverneur, die oberen Täler zu Feldern zu schwenden und das Wasser der Quellen von den Bergen über Betten und Holzrinnen als Trinkwasser ins Untertal zu leiten, sagt der Herr Pastor, und dass man jetzt schnell die Beweise ans Tageslicht holen muss, damit sie nicht endgültig unter den Veränderungen verloren gehen.

Darum werde ich schon bald zu den höchsten Erhebungen aufbrechen, bis über die Nebel hinaus. Ich habe vor, Tage oder auch Wochen dort oben zu bleiben, lang genug jedenfalls, dass ich die Zeichen des Paradieses finde. Dann kehre ich zurück, fasse alles als bewiesenes Wissen zusammen und erzähle in Jamestown davon. Ich werde ins Amtshaus gehen, um Blackmore zu fragen, ob es auf St. Helena noch Platz für Gottes wahren Willen gibt oder ob nur noch die Zerstörung erlaubt ist.

Was für eine Zerstörung?, werden sie fragen, oder auch wenn sie es nicht fragen, werde ich zu ihnen sagen: Geht über die Insel und seht selbst. Lauscht dem rauschenden Wind über der Leere. Riecht nach dem Duft des in der Erde versickerten Baumsafts, der vom Geruch nach trockener Asche und Ruß überdeckt wird.

Löcher hat man in unser Land gebrannt. Man hat nach Gold und Schätzen gesucht, aber deswegen, und ohne Schätze zu finden, sind Schäden in die Erde gegraben worden. Rotfellige Katzen, die zu fetten Bestien herangewachsen sind, fressen die Vögel aus den Nestern, und Ziegen, die sich in zottige Wildtiere verwandelt haben, beißen alles Grün ab. Schweine, die man in die Wälder gelassen hat, wühlen die Erde bis zum Kies auf und werden bald, wenn sie wachsen, auf Menschen losgehen. Es gibt in der Bibel kein Gebot, nach Gold zu suchen. Und unsere losgelassenen Tiere sind nicht durch Gottes Willen hier, sondern durch die Dummheit der Menschen, die Geldgier der Kompanie und wegen der törichten Vorschriften der früheren Gouverneure wie auch des jetzigen.

Gott ist gut, Gott ist groß, der Herr möge uns unsere Sünden vergeben.

Denke daran, Angus, kein Wort darüber an niemanden, nicht einmal an deine gute Mutter, nicht einmal an sie! Aber sie möchte ich treffen. Richte es ihr aus, du kannst es mit diesen Worten sagen. Der Herr Pastor sähe sie sehr gern an diesem Samstag, nachdem die Abendglocken geläutet haben, bei sich.

ZUR GROSSEN PARADIESSUCHE nimmt mich der Herr Pastor mit. Es ist eine Reise in die inneren Teile der Insel, um Beweise zu suchen.

(Ich habe es so geplant, Angus: Wir bewegen uns vorsichtig über die allerhöchsten Höhenzüge voran und von dort mit gewissen Klettermethoden noch weiter über die Hänge zu den Bergen hinauf. So habe ich es mir überlegt, weil genau jene Gegenden sehr wahrscheinlich vollkommen sichtbare Beweise bergen, es muss sie nur jemand suchen und, wenn er sie findet, verstehen. Mir scheint, Gott hat seinem treuen Diener versprochen, sie nun zu zeigen und ans Licht zu bringen.)

Der Herr Pastor sagt den Grund nicht, aber ich glaube, er nimmt mich mit, weil er weiß, dass ich sehr scharfäugig und für Sehaufgaben besser geschult bin als jeder andere auf unserer gesamten Insel. Weil ich seit Herrn Halleys Abreise an jedem einzelnen Tag und in jeder Nacht in die Astgabel der Araukarie gestiegen bin, haben bald schon fünfhundert Tage und Nächte meine Augen segelnadelscharf geschliffen, und der Herr Pastor weiß das sehr wohl.

Es ist eine schwierige Sache, denn ich will nicht von meinem Platz weg und bei meiner Aufgabe keinen Tag und keine Nacht auslassen. Ich sage dem Herrn Pastor, dass ich nicht weg sein will, dass ich eine leere Stelle eintragen muss, wenn ich nicht zum Aufzeichnungsbaum komme. Der Herr Pastor hält das für kein großes Hindernis, das mich abhalten müsste, als Träger mit ihm zu kommen, er verspricht, die Suchwanderung persönlich zu erwähnen, wenn er das nächste Mal einen Brief an das Haus von Herrn Halley in der Winchesterstraße schreibt.

(Hier auf dem südlichsten Splitter der Krone inmitten des Nichts muss das Kreuzbanner der Gelehrtheit wehen und die Botschaft weitergetragen werden. Darum hat man mich hierhergebracht und die Kosten dafür übernommen, und dich natürlich als Helfer, Clarke, deinen Beitrag bei der praktischen Organisation und als Kamerad vergesse ich nicht. Meinem guten Vater gebührt die Ehre dafür, dass er unsere Kosten übernommen hat. Und unserem hochverehrten König und selbstverständlich auch Herrn Moore und der *Royal Society*, ich will nicht, dass von diesen Förderern auch nur einer von meiner Arbeit und meinem tadellosen Leben enttäuscht ist, daran erinnern wir uns, Clarke, welche Verlockungen uns auch immer begegnen werden. Seien wir den anderen ein Beispiel, Clarke, so müssen wir hier auf dieser rückständigen Insel unter einfachen, beinahe dummen Menschen leben.)

Wir gehen von uns aus los, weil der Weg von der Hochebene aus kürzer ist als vom Untertal. Mir wird ein Jutesack auf den Rücken gebunden, der verschiedenes Zubehör enthält und getrocknetes Ziegenfleisch und von meiner Mutter am Morgen gebackenes Brot, das der Herr Pastor so mag (ein herrlicher warmer Duft, das erinnert mich an Sommermorgen und die Küche im Pfarrhaus, danke, Catherine, jetzt wird mich der warme Duft an dich erinnern). Der Herr Pastor trägt eine Tasche aus hellem, erstaunlich weichem Leder, an den gleichfarbigen Seitenriemen hängt eine schwarze Botanisiertrommel und auf der anderen Seite am Gürtel ein breites Messer in einer Lederscheide, außerdem hat er einen Spazierstock und als Kopfbedeckung einen breitkrempigen Hut mit einer kleinen Wildvogelfeder.

Der Herr Pastor hat mir befohlen, bei der Wanderung still zu sein, als wäre ich stumm, aber wenn uns jemand entgegenkommt und in den Häusern, die wir besuchen, erzählt er selbst wortreich, er wolle oben auf den Höhenzügen nach Gewürzkräutern und anderen interessanten Pflanzen suchen. (Bestimmte Arten, ja, genau, die interessieren mich stark, und womöglich kann ich ein Körnchen Wissen und eine Probe zu Sammelzwecken nach London schicken. Wir sind hier schließlich auch auf einem Vorposten der Suche nach dem Neuen und verteidigen die erstrangigen Bestrebungen unseres Landes. Gerade weil wir derzeit einen beträchtlichen Vorsprung in der Weisheit wie in der Stärke besitzen, müssen wir an unserer Größe wohlweislich festhalten, damit uns weder die Franzosen noch sonst jemand je einholen.)

Immer wenn der Herr Pastor mit anderen redet, sage ich nichts. Ich trage die Sachen und halte den aus Rosenholz geschnitzten Wanderstab, wenn der Herr Pastor ihn nicht braucht, um sich darauf zu stützen. Mit den Offizieren von James Fort raucht er Kreidepfeifen und erzählt jetzt auch von mir, dass ich der Sohn von Totholz-Stevens Witwe Catherine bin. Er sagt, er kümmert sich ein bisschen um den Jungen und hat ein Auge auf den Vaterlosen, weil Catherine ihn darum gebeten hat. Die Offiziere sehen mich und dann sich gegenseitig an, aber keiner sagt etwas zu mir, und sie sagen auch zum Herrn Pastor nichts, obwohl er meine Mutter vielleicht versehentlich nur Catherine genannt hat, und das ist nicht ganz richtig und höflich, aber über alles mögliche andere reden sie, über Schießübungen und den Mann aus Briars, der sich wieder geprügelt hat und mit blauen Flecken im Gesicht in die Zelle der Festung musste.

Wir machen viele Male halt, nicht nur, um zu reden, sondern auch, weil der Herr Pastor verschnaufen muss. Er erzählt immer das Gleiche über die Kräuter und die seltenen Pflanzen. Mir sagt er, dass er schon im Voraus von der Exkursion erzählen will, damit sich im Hinblick auf das, was kommt, auf der Insel die Nachricht verbreitet, dass er sich hoch auf die Berge und tief in die Wälder gewagt hat, dass er keine Angst hat, weil Gott seine treuesten Diener am besten behütet.

Wenn ich dann zurückkehre und meine unangreifbaren Beweise vorlege, erinnern sie sich, dass unser guter Herr Pastor Burch ein mutiger Gottesmann ist und es daher auch kein Wunder ist, dass ausgerechnet ihm ein solch großer Auftrag und Erfolg vergönnt wurde. Darum rede ich mit den Leuten, übertrage Kenntnisse für die Zukunft und gebe ihnen Hinweise und Gesprächsthemen, sage aber noch kein Wort darüber, was ich eigentlich suche.

Ist es so nicht gut, Angus? Dass auf diese Weise die Neugier in Umlauf kommt und sich von der Hochebene aus bis in die wichtigsten Häuser des Kapellentals verbreitet. So erfahren es alle und sind dann bereit.

Die Siedlungen sind bei uns spärlich. Darum muss der Lauf der Mitteilung beschleunigt werden. Nicht einmal Jamestown würde ich als Stadt bezeichnen, auch wenn es für viele von euch das Größte ist, was es gibt. Für mich nicht. Eine ungepflasterte Straße und zwei Quergassen machen noch keine Stadt, ein Möwenjunges ist kein Albatros.

Du müsstest einmal London sehen, du müsstest die Brücke von London sehen, wenn einem dort auf zwei Bahnen unentwegt Menschen und Wagen entgegenkommen, Schweineherden, die zur Schlachterei getrieben werden, und voll beladene Fuhrwerke. Der Leute sind so viele, dass die Beamten für enge Stellen die Verkehrsrichtung und Reihenfolge festlegen mussten. Dort sieht man zwischen den Brückenhäusern auf einen

Blick mehr Menschen und Pferde, als wir auf der ganzen Insel haben.

Als wir die letzten Siedlungen passiert haben, ist der Tag schon über die Hälfte. Wir sind in Kurven aufgestiegen, auf einem ziemlichen Umweg, weil der Herr Pastor auch die fernen Häuser und Anpflanzungen besuchen wollte (wenn ich schon einmal hier bin, sage ich ihnen auch Guten Tag und erkundige mich nach der Stimmung, das darf man ihnen nicht sagen, aber das alles gehört zu meiner Arbeit und noch ein bisschen mehr als das, und ganz besonders müssen wieder Vereinbarungen über die Spenden getroffen werden, also wann etwas von der Ernte gebracht wird und was von wem und wann kommt, damit ich weiß, welche Lebensmittel als Nächstes knapp und für den Hirten der Gemeinde notwendig werden, sodass ich Andeutungen machen kann, was ich jetzt für meine Vorräte möchte, und ich bedanke mich schon im Voraus und verkünde, wie es geschrieben steht, dass Gott den generösen Geber segnet).

Bald nachdem der schmale Weg zum Pfad wird, biegt er seitlich ab und führt steil den ersten buschigen Hang hinauf. Auch von diesem Pfad weichen wir weit ab, hin zu einer Stelle, wo Herr Halley und Herr Clarke jede Nacht Beobachtungen gemacht haben, wenn es klar und nebellos war. Hier ist es immer so feucht, dass ihre Papiere nass gewesen sind und die Tinte nicht gehaftet hat, sondern verschmiert worden ist, und sie bloß mit der Messerspitze kleine Zeichen in eine Holzscheibe ritzen und sie erst später ordentlich auf Papier übertragen konnten. Herr Halley hat die Beobachtungen gemacht, und Herr Clarke hat geholfen und die Bogenmaße notiert, wenn Herr Halley durch das Rohr auf den Nachthimmel geschaut und die Plätze der Sterne gemessen hat.

Sie sind abends von uns aufgebrochen und hinaufgestiegen,

aber bis zum Morgen wieder zum Schlafen zurück gewesen. Ich bin mit ihnen oben gewesen und erinnere mich mit den Füßen an den steilen Pfad und an die Schlammstelle, wo man bis zu den Knöcheln einsinkt.

Der Herr Pastor weiß nicht, dass ich deshalb weiß, was ein Observatorium ist, dass es genau das ist, was sich mitten in der Öffnung, die man in den Wald am Rand des Hangs gehauen hat, befindet, aber weil er es nicht weiß, erklärt er es mir und zeigt mir an der Mauer, an welcher Stelle das große 24-Fuß-Teleskop und die anderen Teleskope und der Quadrant und der aus Eisen und Messing gemachte Sextant von der Höhe eines großen Mannes gestanden haben. Ich erinnere mich an sie und auch an ihre Namen, obwohl schon Gras über die Befestigungsstellen gewachsen ist.

Woran ich mich nicht erinnere, ist, wie sie in Holzkisten hinaufgetragen worden sind, das habe ich nicht gesehen, und in dem Fall erinnert man sich nicht, denn Erinnern ist Sehen. Hier haben sie befestigt dauerhaft an ihren Plätzen gestanden, tagsüber wegen des Regens mit Lederhauben zugedeckt.

Wir machen beim Observatorium Rast und essen ein bisschen Proviant, damit der Herr Pastor das Keuchen vom Aufstieg ausschnaufen kann, denn er ist nicht mehr besonders jung und schnell (aber gutherzig, denke immer daran, den Herrn Pastor hoch zu achten, was immer auch hinter seinem Rücken geredet wird, er hat uns geholfen und ist gut zu uns).

Beobachtungen machen ist eine große Arbeit, sagt der Herr Pastor. Ich weiß das, ich bin als kleines Teilchen mit dabei, aber so etwas kann man nicht laut sagen, weil man sich dann erhöhen würde und nicht mehr an seinem richtigen Platz in der Reihe der Menschen wäre (für uns genügt es, dass wir schweigen und die guten Sitten kennen, denkt daran, Ann und Angus, wenn nichts sonst, dann die Sitten und das Schweigen vor den Herrschaften, höfliches Schweigen, aufmerksames Zuhören und ein wacher Blick).

Mit dem Wanderstab ziele ich von der Mauer aus auf das Meer und die Küste. Die Luft ist klar, und vom Regen der Nacht und des Morgens ist nichts mehr übrig als die Feuchtigkeit an den schattigen Stellen und die großen, glänzenden Tropfen, die von den Blättern der Schattengebüsche fallen.

Trinkwasser müssen wir nicht tragen. Oben gibt es überall Bäche und Wasserlöcher in der Erde, die wie Quellaugen aussehen. Das Wasser ist kälter als die Luft, und auch diese kleine, aber bemerkenswerte Tatsache hält der Herr Pastor für einen Beweis für die Anwesenheit des Paradieses, sagt er.

Ich beobachte genau die Vögel, die nur zum Teil die gleichen sind, die am Aufzeichnungsloch der Araukarie vorbeifliegen. Dies hier sind Vögel der Dickichte und Berge. Ich weiß nicht, ob eine solche Veränderung ein Zeichen für das Paradies ist, weil ich die Bibel nicht ganz gelesen habe. In der Bibel müssen alle Kennzeichen des Paradieses angegeben sein. Wie könnte der Mensch sonst wissen, wie man es von einem gewöhnlichen Wald unterscheidet und warum es etwas anderes ist als eine gewöhnliche Ebene, auf der zum Beispiel gute Obstbäume stehen.

Was für Überreste muss man im Auge behalten, könnte ich fragen. Weil ich weiter und genauer sehe als der Herr Pastor, könnte ich die Zeichen früher erkennen. Ich setze die Frage im Mund zusammen, und dann frage ich. Der Herr Pastor dreht sich auf dem steilen, rutschigen Hang um und gönnt seinen Beinen Erholung, steht nach vorn gebeugt zum Anstieg hin da und scheint nachzudenken.

Ja, Angus, antwortet er und atmet in den Pausen sein Keuchen weg, ja, Angus, ich glaube, ich bin sicher, dass Gott es so eingerichtet hat, dass wir ... dass wir seine Spuren und seine Absicht nicht übersehen können.

So muss es bestimmt sein, weil der Herr Pastor es sagt. Ich mache mir nicht länger Sorgen, sehe mich jetzt aber genauer um als sonst.

Als wir noch weiter hinaufkommen, ist die Luft klar, und es glänzt in den Bächen wie Blech. Ich muss dem Herrn Pastor an allen schlimmen Stellen helfen. Er konzentriert sich auf den Aufstieg und blickt sich nicht um, sondern nur auf den steilen Hang, damit er nicht ausrutscht.

Wir machen es so, dass ich vorangehe und probiere, ob sich keine Erdschollen lösen, und dann nehme ich an einer guten Stelle eine feste Haltung ein, und der Herr Pastor streckt den Wanderstab in meine Richtung und stützt sich darauf wie auf ein Geländer, und mit der anderen Hand sucht er Halt am Boden, und so kommt er den Hang hinauf, immer ein kurzes Stückchen auf einmal.

Weiter oben gibt es stellenweise nur einen Grat von einer Spanne Breite, aber auch da wachsen Bäume mit starken Wurzeln, Farne und Kohlbäume, die aussehen wie knorrige, blühende Lilien. Der Herr Pastor setzt sich auf die Erde, ohne sich darum zu kümmern, dass seine Hosen Flecken bekommen. Ich setze mich daneben. Unsere Beine hängen über der Leere, weil der Hang an dieser Stelle als grüne Lianenwand abfällt.

Man sieht das Meer und über dem Meer den Himmel. So ohne Hindernisse sind beide unendlich groß und weit wie nichts.

Als ich mich auf dem Grat vorsichtig umdrehe, die Fußsohlen fest auf der Erde, kann ich auf die Seite der Insel schauen, auf der ich noch nie gewesen bin. Auch dort endet das Land an Buchten mit steinernen Rändern und an Abgründen, und dahinter setzt sich dieselbe fleckige grüngraue offene See fort, aus der heraus sich der blaue, an den Wolkenstellen weiße Himmel wölbt. Die ganze Insel ist wie ein gemaltes flaches Bild in einem Buch, die anderen Bergrücken unterhalb dieses Gipfels als Schultern der Insel und das Land mitten im Meer eine gestreifte Glocke und ein grüner Stein.

Es ist so klar, dass ich unser Haus am Rand der Hochebene erkenne. Wenn ich die Augen zusammenkneife und an den Winkeln ziehe, sind die Farben die richtigen und die Fensterlöcher schwarze Punkte. Obwohl man von dort so gut wie nie bis hierher sehen kann, sehe ich von hier aus nach dort, weil kein Dunst dazwischen liegt und keine Wolken an den Hängen haften, nicht einmal eine Schicht gestauter Nebel, so wie sonst fast immer.

Angus. Würde es dir leidtun, wenn deine Mutter damit einverstanden wäre, umzuziehen? Wenn ihr alle fünf in meine Nähe ziehen würdet, in das Haus nebenan?, fragt der Herr Pastor und schaut nicht mich an, sondern die Steilwand hinunter.

Sieht man deshalb besser, weil man weiter oben ist? Sieht Gott darum am meisten, weil er am allerhöchsten wohnt? Ist die Luft immer so geschichtet, dass von oben nach unten nicht die gleiche Trübe dazwischen liegt wie von unten nach oben? Warum ist das so?, frage ich plötzlich dagegen, damit ich nicht auf eine Frage antworten muss, die eine Erwachsenenangelegenheit ist, und weil ich überhaupt nicht weiß, was meine Mutter mir zu antworten befehlen würde.

Wir sitzen nebeneinander, die Füße über der Leere. Auf den Ästen der Kletterbäume, die am Hang hängen, knirren kleine, schmetterlingsgroße Vögel. Für solche hat Herr Halley keine Kerne oder Körner bestimmt, darum müsste man bei ihnen nach Rauch riechende trockene Erbsen für sonderbare Arten in die Tonschale fallen lassen.

Ich meine es so ernst mit dem, was ich möchte, es ist meine Aufgabe hier, ich möchte die Spuren finden, bevor sie ganz von der Erde verschwunden sind, sagt der Herr Pastor mit leiser Stimme, aber man muss auch nicht laut reden, weil es rundum keine anderen Geräusche gibt als ein paar von den Vögeln und die gleichmäßige Windwand, kein böiges Brausen und nichts Hartes und Geräuschvolles wie oft am Ufer und manchmal am Rand der Hochebene, sondern bloß einen Druck, von dem es scheint, als würde er für immer an dieser Stelle am Rand der Höhe bleiben.

Der Herr Pastor fängt mitten in seinem Suchthema von eben an zu erklären, oder mitten im vorigen Fragethema, oder vielleicht kann man auch zu beiden dasselbe erklären, dass jede Gegebenheit einen Grund in Gott und einen Grund im Menschen hat, sie sind Gottes Absicht und des Menschen Bestrebung.

Dann fragt er mich wieder. Er fragt, ich wäre doch nicht erschrocken durch den guten Plan, dass wir zu ihm ziehen.

Nein, sage ich.

Gut dann. Und du bist ja auch noch ein Kind, kleiner Angus, und kannst nicht alles wissen. Der Herr Pastor zeigt mit dem Fingernagel auf den Hang unten und auf die Bäume und sagt, er habe letzte Woche in seinen Gebeten Gott ausnahmsweise auch um etwas für sich selbst gebeten.

Wenn man wenigstens zwei sichere Überreste finden würde, zum Beispiel eine biblische Pflanze, die im Untertal oder auf der Hochebene nicht wächst, oder ein Tier, ein sehr sonderbares und allen unbekanntes, oder eine farbige Feder oder ein noch in der Botanisiertrommel leuchtendes Stück Zweig oder Blatt von Moses' brennendem Dornbusch, dann könnte man damit allen beweisen, zuerst dem Gouverneur, dann dem Garnisonskommandanten und allen anderen der Reihe nach, dass unsere Insel Gottes Absicht trägt und dass Gott nun durch seinen treuen Diener eine Botschaft über diese seine große Absicht sendet.

Ich würde die Reste in meinen Händen tragen und sie einem Ungläubigen nach dem anderen zeigen. Dabei würde ich erzählen, was Gott sagen will. Was für einen kurzen Weg zur ursprünglichen Heimat haben wir, aber wir gehen nicht den von Gott gemeinten Weg und führen nicht das von Gott gemeinte Leben.

Einen üppig wachsenden Baum darf man nicht fällen, indem man ihn am Wurzelstock durchbrennt, aus dem nichtigen Grund, dass man dann leichter die Zitronen oder die großen Nüsse sammeln kann. Zerstörung ist keine Bestimmung, sondern eine Dummheit des Menschen, die Dummheit entströmt der Gedankenlosigkeit und der Willkür falscher Vorschriften, sagt der Herr Pastor.

Ich kann zu solchen Streitigkeiten zwischen Erwachsenen, die wie zwischen Gott und den Menschen sind, nichts antworten.

Der Herr Pastor zeichnet mit der Hand einen weiten Bogen um die Insel und fragt mich, ob ich sehe, wie auf dem Deck des von Gott gesegelten Paradiesschiffes das Leben sich regt und grünt. Und das Schifflein ist nicht fest mit dem Grund verbunden, sondern liegt exakt an der von Gott gewollten Stelle im größten und tiefsten Weltenmeer vor Anker. Gott selbst kann unsere Insel lösen und sie mit dem Südostwind an ihren neuen Platz treiben lassen. Die höchsten Landrücken und Berge und die großen Bäume darauf sind das stärkste Segeltuch, und die Felsen sind die Deckplanken. Auf dem Deck befinden sich Erde und Bäche, grüne Wiesen und die Tiere. Wir können Gottes

Schiff nicht lenken und es auch nicht mit berggroßen Ankern am Meeresgrund festmachen. Siehst du das Steuerbordufer auf der Seite dort und das Backbordufer auf der Seite von Lots Frau und dem Teufelsgarten?, fragt der Herr Pastor und sagt, erst von hier oben aus, auf dem halben Weg des Menschen in den Himmel, sehe man das ganze steinerne Schiff und die Relinglinien aller seiner Ufer.

BEI EINEM SO KLEINEN Huschen im Gras kann man nichts Sicheres sagen, auch wenn ich glaube, dass es eine gewöhnliche Maus ist. Der Herr Pastor befiehlt es mir aber trotzdem auf eine Art, dass ich hinrennen und nachsehen und mit den Füßen aufstampfen muss, um es noch einmal dazu zu bringen, aus seinem Versteck zu kommen.

Weil auf der kantenschmalen höchsten Höhe keine gründliche Suche gemacht werden konnte, hat der Herr Pastor beschlossen, wieder ein Stück abzusteigen, aber auf die andere Seite in ein anderes faltiges Tal. Dort suchen wir vor allem nach Früchte tragenden hohen Bäumen, denn in der Bibel heißt es, dass man sich dann in den mittleren Bereichen des Paradieses befindet.

Es gibt viele Vögel, auch die beobachten wir, aber mehr suchen wir nach fremden Landtieren. Eine Maus ist keines, aber ich stampfe dem Herrn Pastor zuliebe auf und bin bereit, mit den Händen zu schnappen, was immer auch hervorschießt.

Wir finden nichts Besonderes, und der Hunger kommt. Das Brot, das meine Mutter am Morgen gebacken hat, ist im Tuch gut geblieben. Der Herr Pastor kostet erstaunt die erhaltene Wärme, und auch ich koste davon, merke aber nicht das Gleiche, doch der Herr Pastor bricht ein Stück ab und betrachtet es gegen das Licht.

Ist das überhaupt Brot oder ein Umsorgen aus reinem Herzen? Schickt Gott seinem Diener durch deine gute Mutter eine

Botschaft? Was müssen wir uns um die anderen Menschen kümmern, wenn Gott durch seine Zeichen Ja sagt, Ja und Ja?

Der Herr Pastor kostet ein Bröckchen und schöpft mit der hohlen Hand kaltes Wasser aus einem Wasserloch, das in einer Senke des feuchten Bodens entstanden ist, trinkt einen Schluck und blickt vor sich hin und hinauf zum Grat, der von unten wieder wie ein Berg aussieht. Er verliert sich in seinen Gedanken, aber ich esse, und der Herr Pastor isst dann auch, als er es sieht.

Er fängt an, etwas Sonderbares zu erzählen. Dass das Wort Gottes nicht für alle Völker, nicht einmal für alle Menschen innerhalb der Völker gleich ist. Das ist eine erschreckende Feststellung, aber der Herr Pastor merkt vielleicht, dass ich Angst bekomme, er tröstet mich und sagt bestimmt, dass Gott der Allmächtige sehr wohl das Richtige vom Falschen unterscheidet und wir deshalb keinen Grund zur Sorge haben.

Wir haben als Schutz die himmlischen Heerscharen, und überdies haben wir als starke Rückendeckung unser eigenes Land und unseren König. Wir haben unser Gebetbuch, wir haben unsere Bibel. Die Irrwege sind verlassen worden, um auf dem rechten Weg zu Gott zu gehen, die Sekten und die katholischen Andersgläubigen sind nur noch Spreu, die der Wind hinwegblasen wird.

Das beruhigt mich, aber dennoch geht mir die Sache im Kopf herum. Warum sind sich nicht alle im Glauben einig, Angus?, fragt der Herr Pastor, aber vielleicht nicht mich, sondern sich selbst, und sagt, als er jünger war, habe er anders gedacht. Dass es verschiedene Menschen gebe, verschieden in Charakter und Rang, höhere und niedrigere, aber ich glaubte fest, dass für uns alle die allergrößten Dinge ein und dasselbe seien. Gott und der König, in dieser Reihenfolge, der König von Gott an seinen jeweiligen Ort befohlen, der König in jeder Hinsicht

Seiner Ehre und Größe huldigend sowie die Gemeindearbeit Seiner treuen Diener unterstützend.

Aber ganz ist es nicht so, war es nicht und ist es nicht, nicht in allem und für jeden, das habe ich zu meiner Enttäuschung im reiferen Alter erkennen müssen. Nicht einmal für alle unsere Inselbewohner ist dasjenige das Größte und Gemeinsame, das es sein sollte. Das Gemeinsame ist nicht absolut und lückenlos. Ich habe Echos von etwas ganz anderem vernehmen müssen. Ich habe Stücke von falschen Reden gehört. Ich habe angefangen, einen Anflug von Unfreundlichkeit auf den Gesichtern gewisser Gemeindemitglieder zu sehen.

Und was das Schlimmste ist, nicht einmal die guten Absichten des Königs und die administrativen Verordnungen gelangen immer so, wie sie sind, bis zu uns, sondern werden unterwegs verfälscht.

Ein Gouverneur sollte als Hand, Ohr und Mund nicht nur der Handelskompanie, sondern auch des Königs dienen. Hinter dem Gouverneur steht die Garnison, die Stütze der Garnison ist der Gouverneur. Beide sollten die guten Taten unseres guten Königs überbringen und verteilen. Aber ist es so immer gewesen? Ich frage dich das nicht, Angus, ich sage nur, erinnere dich daran.

Erinnere dich und vergiss. Jetzt vergisst du, dass ich so gesprochen habe, du vergisst es vollständig, als hätte es diese Worte nie gegeben. Dir muss man kein weiteres Mal erzählen, was die Portugiesen mit Plappermäulern machen. Du kannst mir glauben, dass die menschliche Zunge entsetzlich aussieht, wenn sie herausgezogen und abgeschnitten worden ist. Was antwortest du mir jetzt?

Der Herr Pastor fragt das so mittendrin und plötzlich und dreht sich zu mir um, dass ich erschrecke und mir die Hände vors Gesicht halten würde, aber das kann ich nicht, denn das wäre das Zeichen für einen Lügner und Verräter. Ich weiß nicht, was ich antworten soll, ich antworte nichts, ich versuche nur die Augen auf die Augen des Herrn Pastors zu richten, weil es so höflich ist, wenn man mit einem Höheren spricht und besonders genau zuhören muss.

Nein, ich erwarte nicht, dass du etwas sagst. Du bist ja noch ein Kind, wenn auch in deiner Klugheit wachsend, am Baum der Weisheit zum Wachsen gebracht. Herr Halley hat in dich genau den richtigen Samen der Gelehrsamkeit gelegt. Darum spreche ich zu dir, obschon ich über solche Dinge mit jemandem wie ihm sprechen möchte. Bisweilen kommt es mir so vor, als wäre ich in die öde Wüste verbannt worden und mein Glaube werde in der Einsamkeit ohne meinesgleichen auf die Probe gestellt.

Auch ich will, dass Herr Halley zurückkommt, sage ich.

Der Herr Pastor hört mich und kehrt aus seinen Gedanken zurück und legt mir die Hand auf die Schulter.

Ja, Angus, mein Junge. Das wünschst du dir gewiss, aber er wird nicht kommen. Warum sollte er hierherkommen, er erforscht bereits den nördlichen großen Sternenhimmel, und unter diesem befindet er sich näher an allem wichtigen Wissen und größerer Bildung. Er ist in der Lage, sich neue Instrumente zu beschaffen, und darf in viele Länder reisen, um Gelehrte zu treffen. Er ist vollständiges Mitglied der *Royal Society* und zu deren Gesprächen und Treffen berechtigt. Er kommt nicht hierher zurück.

Und ich bin mir auch nicht mehr ganz sicher, ob ich ihn gern als dauerhaften Bewohner unserer Kolonie haben möchte. Es ist sicher am besten, wenn er dort ist, wo die anderen seinesgleichen sind.

Wir haben unser kleines Leben. Wir können seine Richtung sehr wenig und am Ende nur durch gute Taten selbst verändern und drehen, aber immer bestimmt Gott allein, sagt der Herr Pastor. Dann fängt er nach Schweigen und Seufzern wieder mit der Umzugssache an, von der ich nichts hören will.

Ja, Angus, so habe ich es mir gedacht, dass ich deiner Mutter und eurer ganzen Familie die Möglichkeit anbiete, in das Haus neben meinem Haus zu ziehen. Das ist nur eine kleine gute Tat, die Gott billigt. Ich habe in schlaflosen Nächten darüber nachgedacht, ich habe gebetet und für meine Sünden um Vergebung gebeten. Jetzt bin ich ganz sicher, dass Er mir eine Antwort gesandt hat. Nicht ein Mal, sondern jedes Mal, wenn ich gebetet habe. Deine Mutter Catherine ist das Licht meines Lebens geworden.

Der Herr Pastor steht auf und nimmt ein zusammengefaltetes Blatt Papier aus seiner feinen Ledertasche. Er klopft mit dem Wanderstab auf die Erde. Weil ich noch auf dem Stamm der umgestürzten Eiche sitze, sieht er größer aus, als er ist, und stark. Er faltet das Blatt auseinander und fängt an, laut zu lesen, was er am Abend zuvor daraufgeschrieben hat:

»An Catherine«

»Sperlingsflug und Blütenduft.
Deine Schönheit ist der Quell des Lebens.
Des süßen Sommers ew'ge Wonne,
der Frühlingsströme Lauf, des Herbstes klare Luft.«

Ich weiß nicht, ob ich etwas sagen soll. Ich blicke nur zu Boden und warte, ob er weitermacht, aber als er es nicht tut, stehe ich neben ihm auf, bereit, ihm in die Richtung zu folgen, in die Gott die Exkursion führt. Drinnen bleibt ein reibendes Gefühl zurück, weil ich nicht weiß, was richtig ist, und nicht weiß, was für meine Mutter richtig ist und was sie dem Herrn Pastor antworten wird. Ich erinnere mich an das Nebenhaus im Hof des Pastors, und es ist kein schlechtes Haus, aber ich weiß einfach nicht, und das Nichtwissen ist als eine Stelle im Inneren zu spüren.

Der Herr Pastor geht in Kurven, aber sicher durchs Dickicht, weil er eine Aufgabe hat. Er ist Gottes Bote, darum zaudert er nicht und hat keine Angst. Ich trage trotzdem seine Sachen, damit er nicht zu müde wird oder außer Atem kommt. Er nimmt den großen Hut ab und trocknet sich mit einem dünnen Tuch die Haare.

Als wir an eine Lichtung gelangen, ist diese zuerst am anderen Licht zu erkennen. Die Sonne fällt so aufs Gras, dass es blendet, wenn man aus dem Dunkeln kommt. Es ist eine vollkommene Lichtung, um die herum die hohen Bäume abgestorben sind. An den Stämmen sieht man schwarze Kohle.

Der Herr Pastor kniet sich hin und betet. Guter Gott, ist es das?, fragt er und breitet die Arme aus.

Ich ziehe vorsichtshalber die Schultern hoch, für den Fall, dass Gott antwortet, denn seine Stimme müsste größer als der Donner sein. Ich erinnere mich an die Bibel, dass der Vorhang im Tempel von oben nach unten entzweiriss, die Erde bebte und die Felsen zersprangen, die Gräber sich öffneten und die darin schlafenden heiligen Leiber aufstanden und ihre Gräber verließen. Diese Taten hat die Stimme Gottes auf Golgatha vollbracht.

Gott antwortet mit keiner Stimme und mit keiner sichtbaren Tat. Nach dem Gebet des Herrn Pastors ist es ebenso still wie zuvor. Weiter weg hört man Mainas und Finken, vielleicht, ich kann sie nicht genau auseinanderhalten, sodass es auch die Dickichtvögel sein können, von denen ich die Stimme nicht kenne und den Namen auch nicht.

Der Herr Pastor geht auf der Lichtung hin und her und klopft mit dem Stab auf die Erde, stößt aber nirgendwo auf etwas Hartes oder wenigstens Steiniges. Es ist kein Deckel einer vergrabenen Truhe zu finden und auch kein verschlossener Krug. Wir begegnen keinen fremden Tieren, und die Pflanzen sind nicht mehr als Grashalme.

Alles ist sehr grün, aber nicht sonderbar grün, sondern nur hellgrün auf die Art, wie es an Sonnenstellen ist und nie im vollen Schatten.

Wir gehen weiter. Hier sind noch nicht alle Zeichen beisammen, es wachsen keine großen Obstbäume, entscheidet der Herr Pastor.

ICH MUSS DEN ESEL weit die Hänge hinaufführen, weil der Herr Pastor beim Abstieg in einem Zwischenpass ausgerutscht und die schlammige Kluft hinuntergerollt und gegen Bäume geprallt ist und sich das linke Bein und die Seite verletzt hat. Sonst habe ich nichts tun können, ich habe ihn auf der Erde liegen lassen und bin allein hinunter, um in den nächsten Häusern Hilfe beim Tragen zu holen.

Es ist schon dunkel geworden, und ich habe bloß leihweise einen zottigen Esel bekommen. Niemand hat sich getraut, im Stockfinstern auf den Bergrücken zu gehen. Im Hoheweidendorf haben sie Angst vor den nächtlichen Lehrjungen des Satans, aber vor allem vor der *Banshee*, die im Dunkeln die Todesankunft ausruft, sie hat in ihren Lumpen auch Ratten auf die Berge hinaufgebracht, die gelbes Licht abstrahlen.

Ich versuche, zwischendurch zu reiten, damit meine Beine über dem Boden sind und nichts im Gras an mir hängen bleiben kann, aber auch wenn ich ihm in die Seiten trete, kriege ich keine Geschwindigkeit in den Esel hinein. Er trottet, wie er trottet, und es ist leichter, ihn am Halfter in die richtige Richtung zu ziehen.

Ich kann und will nicht umkehren, weil dies ein Auftrag ist, den man mir gegeben hat. Ich versuche, nicht auf das Rascheln in der Finsternis zu hören, und denke immer nur, dass es jetzt meine wichtige Aufgabe ist, den Esel zu führen, und es keine Rolle spielt, ob es Tag ist oder Nacht. So lasse ich die *Berg-Ban-*

shee und auch die *Morrígan* weder durch die Ohren noch durch die Augen ganz in meinen Kopf hinein und beruhige mich. Ich gehe einfach weiter und führe den Esel, weil ich weiß, dass ich, der Totholz-Angus, allein dem Herrn Pastor in der Dunkelheit Hilfe bringen muss, und ich kenne die Strecke zu den Hängen auch mit geschlossenen Augen.

So innerlich gestärkt sehe ich keine einzige Ratte, die ihr gelbes Licht gestohlen hat, ich sehe nicht einmal Katzenkreise, wie sie sich an diesen Stellen der Insel gehören. Nachts versammeln sich die Katzen in großen Kreisen, die schwarz-weißen in ihrem eigenen und die buntscheckigen in einem anderen, und niemand hat je eine schwarze oder schwarz-weiße in den Kreisen der rötlichen und braunen und gemischten gesehen und umgekehrt.

Als ich den Hang erreiche und an der leeren, trockenen Felsstelle keine Bäume mehr als Hindernis vor mir habe, öffnet sich über meinem Kopf der ganze Sternenhimmel. Ich halte den Esel neben mir an und suche nach der kleinen Stelle am Himmel, von der aus ich jede Nacht zur gleichen Zeit durch das Aufzeichnungsloch die Sterne vermerke (vergiss nicht, den Baum einmal im Monat auszuästen, Angus, miss mit dem Ellenholz nach). Die Luft ist am Hang so klar, dass mehr Sterne und Silberfarbe den Himmel bedecken, oder aber die Augen sind durch die Übung schon zu Falkenaugen geworden.

Als ich die Stelle am Himmel finde, ist da mehr als sonst, und ich kann nichts vermerken, weil ich die Aloe-Scheibe nicht mitgenommen habe. Weil sie nicht da ist, darf ich hinsehen, wo ich will. Es gibt mehr einzelne Sterne, am mittleren Himmel ist mehr silberner Nebel. Und Flecken gibt es auch, von denen sehe ich ebenfalls viele, hier und dort über die Himmelskuppel verstreut, aber die meisten so, dass ich sie nicht direkt anschaue, sondern dass sie sich mehr an den Seiten des Schauens zeigen. Vielleicht schwimmen sie irgendwo so tief, dass man sie selbst nicht sieht, sondern nur ihre Schatten.

(Mir ist aufgefallen, Clarke, dass es in der Erinnerung Flecken gibt, ich bin dazu übergegangen, sie Flecken zu nennen. Sie sind ebenso nebelhaft wie die Flecken zwischen den hellen Sternen. Und über Flecken wiederum habe ich zu denken begonnen, dass sie in der Dimension des Himmels irgendwie verhüllt sind, sodass sie weit entfernt erscheinen. Wäre das möglich, was meinst du? Sind sie verhüllt oder weiter weg? Aber was folgt daraus, sag mir das, Clarke. Wenn sie verhüllt sind, dann womit, dann kann es viele Lösungen geben, wir wissen darüber nichts. Aber wenn sie nur deshalb getrübt und nebelhaft sind, weil sie sich in größerer Ferne befinden, dann muss der Himmel sehr tief und aus Tiefenschichten gebaut sein.)

Unter einem solchen Himmel ist es für einen Moment so, als würde ich die anderen an ihren Orten sehen und mich selbst anderswo als jetzt, und dort, anderswo, fragt mich Herr Halley, wie viele Flecken am Himmel sind. Er will wissen, an welchen Stellen genau sie stehen, und schraubt das Maß auf das Glas des Fernrohrs, aber dann führe ich den Esel weiter und gucke an den schwierigen Stellen kein einziges Mal mehr nach oben und denke nichts Unnützes, sondern schaue nur mit Augen, die sich ans Dunkel gewöhnt haben, nach vorn und zwischendurch auf meine Füße, damit die Ratten nicht aus dem Gras heraus angreifen und mir die Zehen abbeißen oder die Lehrjungen des Satans weiter oben auf dem Pfad warten und lauern.

Zwischen den Bäumen ist es schlimmer, aber ich gehe immer weiter und finde schließlich am Hang die richtige Stelle, wo der Herr Pastor an der Seite hinuntergerollt ist und sich verletzt hat.

Schon von Weitem höre ich, wie er das Vaterunser betet. Ich huste, damit er nicht erschrickt, wenn im Dunkeln der Brocken von Esel auftaucht, und es ist gut, dass ich huste, weil gleich danach der Esel kreischt, und das klingt entsetzlich in der düsteren, schwarzen Schlucht.

Danke, guter Gott, dass du Angus zurückgebracht hast! Danke, Angus, Gott segne dich, wiederholt der Herr Pastor mehrere Male.

Es hilft nicht, lange nachzudenken. Ich helfe dem Herrn Pastor auf die Beine und setze mich auf die Erde, sodass er meine Schulter als Treppe benutzen kann und auf den Esel kommt, obwohl sein linkes Bein kaputt ist. Dem Esel gefällt das fremde Gewicht nicht, er zerrt und wiehert, aber ich nehme ihn hart am Zügel und führe ihn die Schlucht hinunter.

Als wir auf die andere Seite des Dickichts kommen, ist es im Sternenlicht, als wäre es überhaupt nicht dunkel. Ich habe vor nichts mehr Angst, aber beim Herrn Pastor bin ich mir nicht sicher, weil er ständig Achtung sagt und ganz oft fragt, woher ich im Dunkeln die Richtung weiß, dabei ist es gar nicht dunkel. Es ist nicht stockfinster und nicht pechschwarz. Meine Augen sind jetzt schon besser. Sie haben die Dunkelheit geübt, wie die Beine das Rennen geübt haben. Für mich gibt es kein Schwarz und nichts Undurchsichtiges mehr, außer wenn mir die Augen mit einem dicken Tuch verbunden werden oder im lichtstreifenlosen Bodenloch des Erdkellers.

Ich führe den Herrn Pastor auf dem Esel an einer Stelle mit trockenem Boden über das leere Fischertal und von dort direkt nach Hause an den Rand der Totholzebene. Meine Mutter wacht vom Gepolter auf und kommt an die Tür, erkennt uns an den Stimmen, geht aber zuerst wieder hinein, um sich mehr Kleider anzuziehen und Feuer zu holen.

Im Licht sehe ich genau, und meine Mutter sieht es auch und schüttelt den Kopf darüber, wie sich der Herr Pastor im Schlamm gewälzt hat. Die schöne Tasche aus hellem Leder ist gerissen, und der Hut ist ganz verloren gegangen, im Gesicht hat er trockenen Schlamm, an den Händen Blut und in den Kleidern Risse.

Verzeihung, Frau Catherine, es ist ein Missgeschick und fast ein kleiner Unfall passiert. Zum Glück hat Gott mir Angus als Schutz und Begleiter mitgegeben, sodass wir durch die Finsternis zurückgefunden haben.

Auch meine Mutter spricht höflich, wie man es tun muss, gibt aber Befehle. Ich stütze den Herrn Pastor und helfe ihm hinein. Ann wacht zuerst auf, dann Adam und Thomas. Ann beruhigt sie, damit sie nicht weinen, und verlegt die Schlafplätze von allen ins Vorderzimmer, damit der Herr Pastor sich im Zimmer säubern kann. Meine Mutter reißt Lappen in Verbandsstreifen und mischt in einer Tonschale grünen Aloe-Matsch mit Schaffett. Sie zieht eine Schürze über ihren Rock, streicht sich die Haare glatt und geht zum Herrn Pastor, um ihn zu versorgen.

Wir anderen warten im Vorderzimmer. Die Zwillinge schlafen bald wieder ein. Ann gähnt, und ich bedeute ihr, sich auf dem Boden auszustrecken. Gehört sich das denn?, fragt sie aus der Nähe, damit man es im Zimmer nicht hört, und ich nicke, und Ann legt sich neben Adam und Thomas auf die Seite, sucht eine Weile nach der richtigen Haltung und schläft dann ein.

Ich bleibe auf der Bank sitzen. Einmal geht Mutter in den Hof, um das Wasser im Eimer zu wechseln. Ein anderes Mal holt sie den Weinkrug und zwei Becher ins Zimmer. Ich höre durch die Tür überhaupt keine Geräusche und auch nicht, was dort geredet wird.

Draußen schreit der Esel, aber dagegen kann man nichts tun. Es ist sinnlos, ihm zu erklären, du kommst schon wieder zurück an deinen eigenen Pflock, aber nicht jetzt und nicht bevor der Herr Pastor vielleicht morgen schon nach Hause reitet oder, falls es mit dem Bein schlimm ist, eine längere Strecke zum Feldscher von James Fort.

* II *

Seiten aus den Jahren 1681 und 1682

Über Thomas,
aber mehr über Adam und über Vögel,
die größer sind als ein Mensch,
über den Abgrund über dem Meer,
über böse Reden und darüber,
was Thomas zustößt.

Aber vorher und dazwischen über das
ganz gewöhnliche Leben unten im Untertal
nach dem Umzug. Dort wohnen wir
im Zweihäuserhof im kleineren Haus,
und zwischen dem Haus und dem größeren Haus
des Herrn Pastors gibt es einen Schweinestall
und ein Habichtdach für die Hühner.
Zuerst sind wir fünf, aber eigentlich sechs,
und dann nur noch vier, aber eigentlich fünf,
und wir müssen immer zusammenhalten.

»ALS ERGÄNZUNG ZUR CHRONOLOGIE
UNSERER INSEL UND UNSERER ZEIT,
BETREFFEND DIE GLAUBENSVORSTELLUNGEN
DER HIER DAUERHAFT LEBENDEN FRAUEN

AUCH DIESE ZU PAPIER GEBRACHT
VON PASTOR MARTIN BURCH

Dass man am Freitag kein Yams setzen darf.

Dass nur bunte Katzen mit Sicherheit lebende Jungen auf die Welt bringen. Die Jungen von schwarzen Katzen verschwinden oft. Aber auch die schwarze Katze ist nicht vom Teufel geschickt worden, weil sie die Ratten und andere schädliche kleine Tiere vernichtet.

Dass beim Kauen der Rinde von rötlichen Bäumen diese das Blut kräftig färbt und stärkt, gleichzeitig kann es auch eine Krankheit wegnehmen, Fieber und Schüttelfrost lindern.

Dass, wenn man Kopfschmerzen hat, diese üblicherweise von einer Wetterveränderung herrühren, entweder weil es heißer wird oder nach langer Trockenheit wieder regnerisch. Aus dieser Erkenntnis kann man folgern, wann die besten Pflanzzeiten sind. Genau teilt der Beginn des Kopfschmerzes allerdings nicht mit, wann sich das Wetter ändert.

Dass man ein männliches Kind, das mit roten Haaren geboren wird, genauer im Auge behalten muss, weil in ihm der Hauch des Bösen stecken kann. Man muss mehr beten.

Dass man durch Befühlen des Schädels an den Dellen unter den Haaren die Dauer des Lebens vorauswissen kann.

Dass es auch ungewollt die Lust weckt, wenn man etwas Muskatblüte unter gewärmten Wein mischt. Dies ist ein Zaubermittel.

Dass die Reinheit des Körpers einer Frau von der Reinheit der Seele kündet. Vom Gleichen künden die Kleidungsstücke, die dem Körper am nächsten sind.«

ICH BIN ZEHN GEWORDEN. WEIHNACHTEN LIEGT MITTEN IM SOMMER, und zu der Zeit kommt es auch noch zu einer außergewöhnlich heißen und klaren Periode. Es regnet überhaupt nicht, nicht einmal oben in den Bergen, weil man selbst dort tagelang keinen Nebel in Kringeln sieht und auch nicht den üblichen weißen Wolkenkragen auf Actaeon und Diana.

Weihnachten ist das Geburtsfest von Gottes Sohn, also feiert jetzt auch die Natur mit ihrer Schönheit die Geburt Jesu, versuche ich den Zwillingen die allerleichtesten Sachen über die Religion beizubringen, aber sie sind erst drei, oder Adam ist gerade dreieinhalb und Anns Thomas drei Jahre und vier Monate alt. Bei so Kleinen kann man eigentlich noch nicht alt sagen, aber man sagt es trotzdem.

Ann ist 19, und das ist ziemlich viel, aber noch nicht sehr viel. Meine Mutter ist 35 und bald 36 und der Herr Pastor 52. Das sind hohe Zahlen für ein Menschenleben. Darum wird zumindest über das Alter des Herrn Pastors nicht geredet, weil eine hohe Zahl im Alter bedeutet, dass das Sterben zu Gott schon nahe ist.

Wenn ich mithilfe des schriftlichen Teilens von Jesu Geburt an rechne, 1681 Jahre geteilt durch 52 Jahre, ergibt das nur 32 Menschen und kleine Reste vom Teilen, und 32 kommt einem nicht sehr viel vor, auch wenn man sie sich als echte Menschen hintereinander vorstellt, sodass immer, wenn einer stirbt, ein neuer geboren wird.

Von Mamas Alter passen 48 hinein. Von solchen in Anns Alter würden 88 in der Reihe stehen und ein Teilungsrest aus Menschenteilchen.

Als zehnjährige Tote sind seit Jesu Geburt 167 in der Reihe, und ich bin der Hundertachtundsechzigste und noch am Leben.

Es ist schön, sich solche Sachen zu überlegen, und sie sind leicht zu rechnen, weil ich schon viel schwerere kann. Herr Halley hat mit dem letzten Aufzeichnungskalender das von S. Taylor geschriebene Buch *Einige einfache mathematische Problemaufgaben und ihre Lösungen aus dem Blickwinkel der üblichen Rechenarten* geschickt. Herr Halley hat das Paket an den Herrn Pastor geschickt und dazu in einem Brief geschrieben, das Buch sei zur Lehre und zum Nutzen der Jungen und vielleicht auch der Soldaten auf der Insel gedacht, aber vor allen anderen dürfe Angus es lesen und die Übungen machen.

»Richtet Angus, dem Sohn von Frau Catherine, meine Grüße aus, der seine Aufgaben gut erfüllt und fleißig und genau die Himmelskörper aufgezeichnet hat«, hat in dem Brief auch gestanden. Der Herr Pastor hat mir die Stelle gezeigt und mir die Monatsseiten des etwas schmutzig mit Tinte geschriebenen neuen Kalenders und das richtig gedruckte Buch von S. Taylor gegeben. Das war ein großartiger Moment, solche möchte ich noch mehr in meinem Leben haben.

Aus dem Übungsbuch habe ich gelernt, dass es noch mehr Rechenarten gibt als die vier normalen, die ich schon kann, aber über die anderen wird in dem Buch kein bisschen mehr gesagt, obwohl ich sie kennen möchte. Es wird nur gesagt, dass so, wie es auf der Welt verschiedene Sprachen gibt, in letzter Zeit auch für die Familie der Mathematik neue, unbekannte Mitglieder gefunden worden sind und sich vielleicht noch weitere finden, wenn das Wissen wächst und sich die Begeisterung für die Beschäftigung damit ausweitet wie Wellen um einen Stein, der ins Wasser gefallen ist.

Herr Halley hat mich die Zahlen gelehrt, als ich erst sechs war. Darum habe ich angefangen, auch den Zwillingen zuerst die Ziffern beizubringen, nicht die Buchstaben vom A an, sondern die Ziffern von eins nach oben und langsam genug.

Es reicht nicht, dass ich den Strich der 1 oder den Vogelhals der 2 in den Sand male und es laut sage, weil zumindest Adam leicht lernt, es nachzusagen, so wie er alles nachahmt, was ich sage. Wichtiger ist es, ihnen beizubringen, was in einer Zahl drin ist. Der Strich ist ein kleiner Stein, der Vogelhals zwei kleine Steine.

Vielleicht sind Dreijährige für mathematische Problemaufgaben doch noch zu klein. Ich versuche ihnen mehrmals dasselbe zu erklären, aber beide verwischen den Ziffernsand, schieben ihn zu Haufen und Häufchen zusammen und laufen mittendrin davon.

Wären Adam und Thomas schon sechs, hätte der Lehrer es leichter, aber man muss geduldig sein. Man muss von Jesu Geburtsfest erzählen. Man muss ihnen die Namen von ein paar gewöhnlichen Vögeln beibringen, sodass sie sie an der Farbe der Federn erkennen. Man muss die Ziffern von eins bis zehn immer wieder auflisten und ihre Zeichen malen, sodass man sie sieht. Durch Wiederholung lernt letztendlich jeder.

Und die Zwillinge sind nicht aus Schlechtigkeit wild, sondern weil sie sich so gern bewegen und jede Woche stärker werden. Auch Thomas kann schon rennen, ohne zu schwanken, und zwar ziemlich schnell. Je größer sie werden, desto mehr werden sie zu Menschen und desto mehr kommen sie mir wie Brüder vor.

Ich bringe ihnen gern die Zahlen, die Vögel und das Rennen bei, weil das im Leben nützliches Wissen und Können ist. Viele von uns können ihre eigene Aufgabe haben, so wie Herr Halley sie mir gegeben hat, und die kann man nicht erfüllen, wenn man nichts weiß und nichts kann.

Wenn ich zu Hause bin, sind die Zwillinge oft mit mir zusammen. Oft sind sie natürlich auch mit Mutter und Ann allein, aber seit wir ins Untertal gezogen sind, können sie nicht mehr mit anderen zusammen sein.

Den Kindern des Untertals ist nämlich verboten worden, mit uns zu reden. Das ist seltsam, weil es früher nie so war, auf der Hochebene haben alle mit uns geredet, außer Dennisons Frau, und alle waren dort fast gleich. Auch ich hatte Freunde, zumindest Rebecca vom Schmied, und auch andere, selbst wenn ich mir aus ihrer Gesellschaft nicht immer etwas gemacht habe, weil die Gleichaltrigen kindisch waren und die Älteren mich für ein Kleinkind und für verrückt hielten, sie haben es sogar laut gesagt, obwohl ich ihnen wer weiß wie oft erklärt habe, dass ich zum Baum hinauflaufe, weil es eine von London aus aufgetragene, sehr wichtige Arbeit ist.

Seit dem Tag, an dem wir umgezogen sind, hat man uns gezeigt, dass es um den Zweihäuserhof herum sehr still und leer sein wird. Als Mutter und Ann zum Begrüßungsbesuch zu den nächsten Nachbarn gegangen sind, so wie es höflich und gute Sitte ist, hat man ihnen die Tür vor der Nase zugemacht. Ich habe davon noch nichts gewusst und bin zur gleichen Zeit für mich allein umhergelaufen und habe die neuen Orte im Untertal erkundet. Ich habe niemanden gestört, habe mich nur umgesehen, aber hinter dem Haus von Sheridan sind drei Jungen gekommen, die größer waren als ich, und haben angefangen, mich mit Kaktusstücken zu bewerfen. Alle hatten Schleudern, weil man die stachligen Dinger mit bloßen Händen nicht fest werfen kann. Ein Stück hat mich am Unterarm getroffen, und das hat wehgetan, und ein anderes auf der Kleidung am Rücken, als ich mich umgedreht habe und weggerannt bin. Am Anfang sind sie mir noch hinterher und haben ihre Schamlosigkeiten gerufen, aber sie sind so viel langsamer, dass ich leicht entkommen bin.

So sind vom Umzugstag und von vielen anderen Tagen schlechte Erinnerungen zurückgeblieben. Als ich gelernt habe, die neue, längere Strecke zum Aufzeichnungsbaum zu laufen, habe ich mich im Untertal die ganze Zeit umblicken müssen, ob mir auch niemand folgt. Es hat nicht einmal geholfen, dass der Herr Pastor zum Reden in die Häuser gegangen ist und unseren Umzug und alles richtig erklärt hat. Nichts hat geholfen, eine Woche, ein Monat, viele Monate sind dahingegangen. Es ist, als wäre um unseren Hof herum ein tiefer Graben gezogen und eine Grenze gegen uns gemacht worden.

Im Untertal ist alles anders, und die Menschen leben auf andere Art als auf der Hochebene. In Jamestown vor allem gibt es Menschen von sehr hochstehend bis zu niedrigen Dienern und Sklaven hinunter.

Die Sklaven, die man hergebracht hat, sind die untersten. Jedes Schiff muss auf der Rückfahrt von Indien immer einen als Steuer mitbringen und hierlassen, damit es genug Männer für die Pflanzungen gibt und für die Steinbrüche zum Steinetragen und Frauen für alle anderen Arbeiten und als Hausdienerinnen.

Der Herr Gouverneur darf entscheiden, wann der Steuer-Sklave ein Mann und wann eine Frau sein muss, aber zwischendurch wird eine Pause eingelegt, damit nicht zu viele Unzuverlässige und Aufständische auf einmal auf der Insel versammelt sind. Einige von den Hergebrachten sind vollkommen schwarz, aber die meisten sind Braune aus Madagaskar und von noch viel weiter als Madagaskar, aus solchen abgelegenen Winkeln und von großen Urwaldinseln, wie sie weit weg in der Welt versteckt sind.

Wir sind selbst hergekommen. Mein Vater und meine Mutter und Ann sind gekommen, ich nicht. Mein Vater und meine Mutter sind nicht mit Zwang dazu bestimmt worden, London zu verlassen, und auch darum sollten die anderen nichts gegen uns haben, aber so ist es mir vorgekommen, als wir in das kleinere Haus gezogen sind, das der Herr Pastor für uns frei gehalten hat.

Bis zum Umzug hat es so lange gedauert, dass er erst am letzten Tag endgültig sicher war, als die Sachen eilig im Wagen heruntergebracht wurden und auf der Hochebene grauer Regen fiel (das sind eben Erwachsenenangelegenheiten, mische dich nicht in unser Verhältnis ein und höre nicht auf das, was die anderen sagen. Dein Vater hat damit überhaupt nichts zu tun, dein Vater liegt unter der Erde).

(Und ihr grüßt dort unten alle so höflich, wie ihr könnt, neigt den Kopf, wie es ein Fremder tut. Angus, noch tiefer, und mache ein unterwürfiges Gesicht und grinse nicht. Und leiste niemandem Widerrede. Und du, Ann, verbeugst dich und machst einen Knicks. Wenn ihr das immer und allen gegenüber tut, sollte niemand etwas auszusetzen haben, also denkt daran und achtet auch auf die Jungen.)

Mutter hat lang gebraucht, ich habe noch länger gebraucht, Ann hat nicht gesagt, welcher Meinung sie ist, die Zwillinge haben keine Meinung gehabt. Nur der Herr Pastor ist sich über den Umzug vollkommen sicher gewesen, weil Gott es so beschlossen und meine Mutter für den Herrn Pastor reserviert hat, so wie er Eva für Adam gemacht hat, aber trotzdem hat die Umzugsentscheidung lange gebraucht, über das ganze lange Jahr hinaus, und in der Zeit hat uns der Herr Pastor jede Woche besucht und aus dem Laden in Jamestown Stoffe mitgebracht und Mutter im geschlossenen Zimmer Sonette vorgelesen.

Im Untertal regnet es weniger als auf der Hochebene. Darum ist der Boden härter, und alles wächst nicht so grün. Es gibt mehr Menschen, und manchmal sind sie überall, aber niemand ist so freundlich wie oben fast alle und hilft, oder sie können zueinander freundlich sein, aber nicht zu uns, und sich gegenseitig helfen, aber nicht uns.

Trotzdem gewöhne ich mich langsam ein, alle haben sich eingewöhnt, Mutter hat sich am meisten eingewöhnt und sagt, das Leben ist leichter, und die Hände sind nicht mehr bloß schaufelnde Spaten.

Nur einmal ist einer von den Jungen aus dem Nachbarhaus in den Zweihäuserhof gekommen. Ich habe durch den Fensterladenspalt gesehen, dass jemand neben dem Schweinestall steht, und mich beeilt, nachzusehen. Als der Junge mich gesehen hat, hat er sich weggedreht, aber ich bin einfach näher hingegangen und habe gefragt, was er will.

Nichts, außer von Herrn Pastor Burch.

Der Herr Pastor ist in die Kirche gegangen, habe ich geantwortet, und der Junge hat sich zu mir umdrehen müssen, weil er in keine andere Richtung gehen konnte, und hat genau aufgepasst, als er um mich herumging.

Ich nenne den Herrn Pastor immer noch jedes Mal Herr Pastor, weil es so richtig und höflich ist, auch wenn meine Mutter sagt, sag Onkel Pastor, so wie Adam und Thomas auch, das ist schön gesagt, und das kannst du auch sagen, wenn du es mit

Respekt tust und ansonsten daran denkst, dich so zu benehmen, wie es sich gehört, und nicht glaubst, mehr zu sein, als du bist.

Eine gute Seite am Umziehen ist jedoch die, dass man den Herrn Pastor leichter und schneller fast alles fragen kann, weil wir nebeneinander auf demselben Hof in verschiedenen Häusern wohnen. Dazwischen ist ein Dach wegen der Habichte und ein Stall für die Schweine, und der Herr Pastor ist öfter in unserem kleinen Haus als in seinem.

Man kann Dinge fragen, bei denen man im Überlegen nicht weiterkommt, aber die allerschwierigsten Dinge kann man den Herrn Pastor nicht fragen. Die Zeit ist das, was sie ist, weil sie irgendwie ein Korn Gottes ist, so wie das Brot und alles andere Essen. Darum darf man eigentlich über die Zeit auch nicht genau nachdenken, damit man nicht aus Versehen etwas Falsches denkt.

Aber trotzdem denke ich oft, wenn ich im Aufzeichnungsbaum sitze und keine neuen Vögel vor der Öffnung zu sehen sind und sich bei Nacht die Stellen der Sterne nur so weit geändert haben, wie sie sich nun einmal ändern, darüber nach, was zurückliegt und was vorne noch kommen kann. Zurück liegt fast alles, aber vorne ist vieles weniger sicher.

Nur dann hat man viel Zeit vor sich, wenn man davon träumt, wie es wäre, wenn, und plant, was, falls. Dann kann man sich in etwas hineinbegeben, was es noch nicht gibt, aber ist es am Ende doch wahr und so, dass man sich die kommende Zeit selbst macht? Dass man, wenn man nicht überlegen würde, was, falls oder wie, wenn, etwas anderes vor sich hätte als das, was man sich überlegt und wünscht. Ich möchte Klügere danach fragen, weil es etwas Unheimliches ist. Denn wenn es so ist, müsste man nach vorne hinaus ständig nur Gutes planen, damit sich nichts anderes und Böses ins Künftige schieben kann.

Als ich den Herrn Pastor einmal gefragt habe, ob der Mensch die Zeit, die er vor sich hat, selbst machen kann, hat er sanft geantwortet, wir kleinen Erdenbewohner können für das, was kommt, nichts tun, sondern Gott unser Herr entscheidet über die Anzahl unserer Tage und verfügt mit unerschütterlicher Ruhe über ihren Lauf.

Ich weiß, dass es so ist, aber ich bin mir nicht sicher, weil manche Sachen, die ich vorausgeplant habe, auch passiert sind. Wenn ich fertig gedacht habe, dass ich morgen auf einem anderen Weg zur Hochebene und von dort zum Aufzeichnungsbaum laufe, dann bin ich auch diese andere Route gerannt.

Über dieses sichere Wissen der kommenden Dinge habe ich nie ein Wort sagen können, weil das Zweifeln ist und der Herr Pastor böse werden würde, wenn ich ihn fragen würde, warum es so gekommen ist, dass ich diese Route gerannt bin. Er würde böse werden und sagen, ich zweifle an Gottes Allmacht und lästere, und im schlimmsten Fall würde er es Mutter erzählen, und sie müsste mir mit dem Rohrstock so lange auf die Kniekehlen und die Oberschenkel und die Handflächen schlagen, bis sich blutende Streifen bilden würden und ich wüsste, was richtig ist, und den Herrn Pastor und Gott den Allmächtigen um Verzeihung bitten würde.

Ich weiß, wie es richtig sein sollte, aber ich weiß es nicht mehr sicher. Darum möchte ich jemand anderen als den Herrn Pastor fragen, warum ich trotzdem die nächsten Tage so planen kann, dass es dann auch so passiert.

Ich kann niemanden fragen. Kluge Leute gibt es auf der Insel wenige, zu viele sind Holzköpfe in der Herde des Gouverneurs, habe ich den Herrn Pastor leise zu meiner Mutter sagen hören. Der Herr Gouverneur sollte der klügste Mann auf der Insel sein, aber er ist der Letzte, den ich fragen könnte, weil er mit dem Herrn Pastor überhaupt nicht mehr gut auskommt.

Aus dem, was geredet wird, habe ich so viel verstanden, dass unser Umzug in das Haus neben dem Haus des Herrn Pastors nicht allen recht ist. Das Zweite, was nicht allen gefällt und deshalb auch dem Gouverneur nicht (weil er schwach ist und auf die Meinung der anderen hört und sie zu seiner eigenen macht, glaub mir, liebe Catherine, so ist es), sind die Zwillinge.

Ich habe es mir so überlegt, dass es für die Menschen seltsam ist, dass von den Zwillingen Adam der Onkel von Thomas ist. Das kann ich mir selbst nicht leicht merken, weil es auf andere Art kompliziert ist als eine schwere mathematische Aufgabe im Buch. Wenn ich versuche, die beiden zu unterrichten, kommt mir nicht in den Sinn, dass Adam mein Bruder ist, aber Thomas mein Neffe.

Ann kapiert manchmal überhaupt nicht, dass Adam ihr Bruder ist, während Thomas ihr Sohn ist. Ann ist nicht unbedingt ein kluger Mensch und wird auch nie einer werden, obwohl sich der Mensch, wenn er heranwächst, verändert und groß und klug wird, wenn es so sein soll.

Der Herr Pastor hat von Kindheit an in Weisheit und Liebe aufwachsen dürfen. So hat er es uns erzählt. Solche Erzählabende sind gut. Wir haben Feuer gemacht und auf Stoffen auf dem Boden gesessen und zugehört, der Herr Pastor und Mutter haben auf Stühlen gesessen und zwischendurch vom Wein gekostet, Ann und ich haben Minzeblätter und heißes Wasser in den Bechern gehabt, aber die Zwillinge nur Nüsse oder sonst etwas zu essen und kaltes Wasser, damit sie sich nicht den Hals verbrennen.

Der Herr Pastor hat von seiner Kindheit und Jugend im Pfarrhaus und von der Weisheit seines Vaters, des Herrn Propstes, und von der sanften Natur seiner Mutter erzählt. An nichts hat es gefehlt, und die Bediensteten waren gut und durften bis in die letzten Jahre ihres Lebens im Pfarrhaus wohnen. Der Herr Propst, der Vater des Herrn Pastors, hat sich in seiner Freizeit mit Bienen beschäftigt und ihre Sitten so gut gelernt, dass er beim Öffnen der Nester keinen anderen Schutz brauchte als Lederhandschuhe mit langen Schäften.

Solche Erzählabende hat es nach dem Umzug nach unten und mitten in all dem Neuen und Verworrenen gegeben, es sind die besten Abende gewesen, und nicht einmal die Zwillinge haben dann getobt, sondern dagesessen oder sich still auf dem Boden gewälzt und fast schon zugehört.

Ich bereue es nicht, auf die Insel gekommen zu sein. Ich bereue nur die Tage, die aus dem Leben davongeglitten sind, als wären es gar keine Tage gewesen, hat der Herr Pastor einmal am Ende eines solchen Abends gesagt, aber mehr zu meiner Mutter als zu uns anderen. Ich sehne mich nicht nach Kent und nicht nach sonst etwas aus der Vergangenheit, hier ist jetzt Wohlsein, hat er zu Mutter gesagt und dann ihre Hand genommen.

Ist es das wirklich?, hat Mutter gefragt.

Ja. Ich bin eure Stütze, und Gott ist unsere Stütze, weil der Herr sieht, wer ein rechter und demütiger Diener ist. Ich werde so lange zu allen sprechen, bis sie es schließlich verstehen, hat der Herr Pastor gesagt, und so muss es sein, weil auch Mutter es glaubt und gleicher Meinung ist.

Aber obwohl uns der Herr Pastor verteidigt und für uns spricht und erklärt, dass das Haus leer gestanden hat und man denjenigen helfen muss, die in Not sind, und wenn das jemand ist, dann die Familie einer armen Witwe, sind wir für einen Teil der Leute Luft (Luft und ein leeres Fenster, leere Augen zumindest, weil sie nie ganz den Kopf drehen, sagt Mutter), und zu Mutter und Ann sagt ein Teil der Frauen unschöne Sachen, und damit ist auch der gute Ruf des Herrn Pastors dahin. Das macht Mutter am traurigsten, und sie fragt den Herrn Pastor bei Nacht leise danach, und ich kann nicht weghören, wenn sie ihn fragt, ob es nicht doch ein Fehler war, weg- und herunterzuziehen.

»AUFZEICHNUNGEN BETREFFEND MEINE EINSCHÄTZUNG DES TREIBENS DER SEKTIERER

Ihre geheimen Gespräche über Beschuldigungen und die Namen der Beschuldigten sind in den wichtigsten Punkten so niedergeschrieben worden, wie ich sie von meinen diversen Gewährsleuten gehört habe. Ihre irrigen Lehrauffassungen haben sie auf Bogen zusammengestellt, die sie unter sich als *Handbuch* bezeichnen.

Ernsthafte Gleichgültigkeit und Gesetzlosigkeit beweist die Tatsache, dass sie untereinander Eide schwören und bindende Verbrechensgelübde ablegen. Unverzeihliche Lästerung ist es, dass sie vom Heiligen Unbenannten sprechen, weil man ihrer Meinung nach, jedoch vollkommen falscherweise, Gottes Namen nicht laut aussprechen könne, da Gott kein Name, kein Bild und kein anderes Maß als alles sein könne.

Auf der Grundlage meiner Jahrzehnte messenden theologischen Erfahrung vermute ich, dass ihr *Handbuch* als Werkzeug der Rache abgefasst worden ist. Sie wünschen sich irrigerweise die Rückkehr in die Zeiten der katholischen Alleinherrschaft. Im Namen des *Handbuchs* reden sie untereinander vornehm und geheim über ihre wirren Bogen, obwohl sie nichts anderes sind als ein dünner, grotesker Stoß Papier, auf dem sie aus dem Zusammenhang gerissene heilige Sätze und ihre eigenen abartigen Lehren kopiert haben.

Folgende Stellen haben sie auf ihren Bogen notiert. Ich habe sie gemäß den Aussagen meines ungezwungenen Gewährsmannes niedergeschrieben:

1 Denn so sagt der Herr durch Jeremias, der Herr sagt so: Enthalte deine Stimme des Weinens und deine Augen der Tränen, denn deine Arbeit wird belohnt werden. Der Herr hat uns befohlen, seine Diener zu sein, die erbarmungslos ihre Arbeit zu Ende bringen. Und höre: Da ist eine Stimme, ein Klagen, ein bitteres Weinen, Rahel weint um ihre Kinder, die es nicht gibt.

2 Denn schon im zweiten Buch Mose steht der Befehl geschrieben, dem zufolge alle neugeborenen männlichen Kinder in den Fluss geworfen werden müssen. Dann erfüllt sich, was der Herr einst schon durch Jeremias gesagt hat. Denn der Herr hat gesagt: In Rama hat man ein Geschrei gehört, viel Weinen und Wehklagen; Rahel beweinte ihre Kinder und wollte sich nicht trösten lassen, denn es war aus mit ihnen.

3 Unter Gottes Blick hier haben wir Namen, deren Träger ihrer Sünden wegen leiden müssen und nach der Strafe des Leidens vernichtet werden müssen wie Schädlinge.

4 Durch uns erklärt Gott, welche unter uns Rechtgläubige und welche Abtrünnige vom Glauben sind.

Auf den Rückseiten der Bogen haben sie ihre unbegründeten Anschuldigungen auf folgende Art vermerkt:

John Bushell, allgemein sündiger Widersprecher.

Witwe Hodges, treibt in Gedanken Unzucht und ist auch in ihrem sonstigen Wirken zweifelhaft.

Noch schlimmer haben sie indes über mich geschrieben, obschon ich der treue Diener der Gemeinde und in Glaubensdingen die höchste Autorität auf der Insel bin.

Die verzerrten, verfälschten Anschuldigungen sind nichts anderes als die Vorbereitung und Anstachelung zu verbrecherischen Taten. Das Aufwiegeln zum Fanatismus, die Trennung von der Gemeinde und das Wirken in Isolation, die Verachtung der geistlichen wie der weltlichen Obrigkeit und das verwerfliche Geheimbündlerische künden von ihrer in jeder Hinsicht verzerrten Rechtschaffenheitsvorstellung sowie von falsch verstandenem und gefährlich verdrehtem Glaubenseifer. Wenn man in geistlicher Hinsicht schmal wie eine Messerklinge ist, bedeuten Gottes wahre Absichten, Seiner Worte Trost, Gnade und Rettung nichts.

Gott hat nicht zu ihnen gesprochen. Zu ihnen spricht Gott nicht. Eine falsche und in bestimmter Absicht vorgenommene Auswahl aus den Worten der Heiligen Schrift ist schlimmste Ketzerei.

Auf einer so kleinen Insel verschlingen sich Nachbarhass, Pläne zur persönlichen Rache und ein verzerrter Glaube zu einem Dickicht mit dornigen Zweigen. Der Herr bewahre uns vor allem Bösen und führe uns durch die düsteren Wälder auf helle Lichtungen.«

DU BIST NICHT MEHR der Totholz-Angus, du bist jetzt der Zweihäuserhof-Angus, du bist im Zweihäuserhof zu Hause wie Ann und Adam und Thomas und wir alle, weil wir sonst nichts mehr haben. Dies ist ein Zufluchtsort von Gottes Gnaden und durch den guten Willen unseres Wohltäters, sagt meine Mutter und befiehlt mir, von nun an Zuhause zu sagen und nicht das zweite Haus des Herrn Pastors, weil wir jetzt hier wohnen und dies unser Zuhause ist, das gemeinsame von uns und dem Herrn Pastor.

Und du bist jetzt der Zweihäuserhof-Angus und nicht mehr der Totholz-Angus, sagt meine Mutter und befiehlt mir, es von nun an immer so weiterzusagen, wenn ein Fremder fragt, wer ich bin. Aber ich sage es nicht, weil ich nicht dies bin, sondern das. Ich sage weder so noch so, damit ich nichts Falsches sage, denn so ist es nicht falsch, und der Herr Pastor ist nicht beleidigt, weil er nicht hört, dass ich es nicht sage, sondern glaubt, dass ich es sage.

Meine Mutter erklärt mir die Redepflicht auch auf andere Art, nämlich dass es jetzt so ist und dass es gut um uns steht. Auch wenn wir ab und zu schlecht behandelt werden und wie Fremde, die von anderswo hergezogen sind, so geht das vorbei, und weil jetzt alles gut ist oder wenigstens viel besser, als wir es haben könnten, darf nichts Früheres dazwischengeraten und alles kaputt machen, es dürfen keine Zweifel von früher und keine gemeinen Erinnerungen ans Ehemalige aufkommen.

Alle schlechten Dinge wie die Gerüchte gehen davon aus, dass absichtlich falsch in vergangenen Sachen gewühlt wird. Hinter dem Rücken kann man alles sagen und im Vergangenen etwas finden, über das man böse reden kann. Das darf uns nie mehr passieren, sagt meine Mutter, und ich habe das Gefühl, dass sie es am meisten zu mir sagt, dass es mehr meine Schuld ist als die der anderen.

ICH RENNE MIR DIE FÜSSE hart wie Schuhsohlen, wie Tierleder, obwohl die Haut des Menschen dünner ist, aber sie wächst und wird hart, wenn man sie lang genug drillt und zum Aufzeichnungsbaum hinauf und wieder zurück rennt, bei Tag zwei Mal, bei Nacht ein Mal, jedes Mal hin und zurück. Wenn das so weitergeht wie bis jetzt, ist alles gut.

Ich drille die Fußsohlen zu tierlederharten Sohlen, aber so, dass ich es nicht einmal merke und auf die gleiche Art, wie ich meine Augen zu schärferen Augen gedrillt habe, als sie sonst jemand hat. Auch die Veränderung der Augen merkt man erst, wenn man sie lange Zeit nicht bemerkt hat, so wie in der Nacht, die heller als alle vorigen Nächte sein muss, weil ich fast gleich, als ich auf die Araukarie klettere und meinen Kopf festbinde, im Aufzeichnungsloch neue kleine Sterne erkenne, so klein, dass man sie nicht sieht, wenn man direkt hinschaut, sondern nur, wenn man ein bisschen vorbeischaut.

Die Nacht rundum ist blauschwarz und hoch, der Himmel ist tief, und durch all das zusammen sehe ich mehr als je zuvor. Obwohl ich neue Sterne sehe, steche ich sie nicht sofort mit dem Kaktusstachel an ihren Platz in die Aloe-Scheibe, und dann schafft es der Rand einer Wolke oder eines Nebels, sich darüberzuschieben, sodass das am wenigsten sichtbare und dünnste Licht hinter einem Schleier verschwindet und nur die Sterne bleiben, die immer in klaren Nächten zu erkennen und in den Kalendern verzeichnet sind.

Das ärgert mich ein bisschen, aber trotzdem ist es ein gutes Gefühl, dass ich fähig gewesen bin, sie zu finden. Wenn Herr Halley hier wäre, wenn er noch ein zweites Mal mit der *Unity* zur Insel gesegelt käme, würde ich ihm als Erstes von den neuen Objekten berichten. Ich würde ihm zeigen, an welcher Stelle am Himmel sie standen und wo ich ihre Tintenpunkte ungefähr richtig auf das Aufzeichnungsblatt gedrückt habe.

Herr Halley wäre zufrieden und könnte mich ins Ohr kneifen. Er würde mich vielleicht loben und sagen, jetzt hat Angus seine Aufgabe als Aufzeichner der südlichen Himmelskugel großartig erfüllt.

Niemand auf der Insel ist derselbe wie ich, und niemand sieht den Himmel besser als ich durch das Loch in der Araukarie. Immer öfter kommt es mir so vor, als ob ich etwas sicher weiß, obwohl ich es nicht dürfte, aber ich weiß, dass es bald so sein kann, dass der Totholz-Angus nicht mehr hier ist, sondern anderswo und dort, wo Herr Halley und Herr Flamsteed die Sterne voneinander unterscheiden und vielleicht noch besser sehen als Angus, weil sie aus Messinghülsen und Glas und Eichenholzröhren gebaute Apparate auf Hausdächern an erhöhten Stellen befestigt haben, wo sie nicht wackeln.

Wenn es einem so vorkommt, hat man ein hohes Gefühl in sich und kann keinen Moment still stehen und nichts denken. Selbst wenn die Füße sich nicht rühren, spürt man in ihnen doch, dass sie schon gehen und rennen. Auch wenn der Kopf mit dem Lederriemen festgebunden ist, bewegen sich darin Pläne und Überlegungen, was, falls, und noch sicherer, was, wenn.

Aber wenn sich in der Nacht mehr Wolken oder Nebel zusammenballen, legt sich das Gefühl und wird wieder normal. Eigentlich hat der Mensch ein Meer in sich. Es gibt ähnliche große Wellen und Wind, und am Abend geht die Dünung zurück. Macht die Dunkelheit sie im Meer kleiner, oder hat der Wind keine Kraft mehr zu blasen, wenn die Sonne untergegangen ist? Ein paarmal im Jahr ist es so windstill, dass man am Ufer sein eigenes Herz hören kann.

DIE MONATE SIND SEILE, die am Früheren festhängen, wie in der Rupertschlucht die Brücke an der Stelle hängt, wo die Ränder zu steil sind und man nicht mehr auf die andere Seite kommt, indem man durchs Gebüsch auf den Grund hinabsteigt. Alle nennen sie Brücke, obwohl es nur zwei dicke Seile mit dazwischen festgebundenen Brettern sind. Trotzdem verbinden sie die Ränder so, dass man an der Stelle vorsichtig darübergehen kann.

Wir kommen nicht recht vom Alten los und an den Anfang des Neuen. Die Menschen gewöhnen sich nicht daran, dass wir heruntergezogen sind. Ich höre aus dem, was meine Mutter und der Herr Pastor reden, dass der Herr Pastor nun für unpassend für sein Amt gehalten wird, und darum muss er immer kraftvollere Predigten halten und die geistige Schlaffheit und die heimlichen Sünden verurteilen, obwohl er lieber über den großen Plan des guten Gottes reden würde.

Wer bin ich, dass ich über Heather Gabriels Leben etwas Absolutes sage, jedenfalls so, dass die anderen es hören, warum sollte ich als Höherer urteilen, was richtig und was falsch ist, und den Stein des Urteils zum Fallen bringen. Nein, Catherine, ich will keines meiner Gemeindemitglieder vor den anderen beschämen. So etwas ist nicht die Aufgabe eines Dieners des Herrn, vielmehr sollte er denjenigen trösten, der sich schämt, und die Wunden waschen, die durch die geworfenen Steine der Anschuldigungen im Gesicht aufplatzen.

Sie verlangen von mir, einzugestehen, dass sich Gottes Absichten geändert haben, und sie jagen mich mit Hunden wie einen Fuchs. Man versucht, mich in eine immer engere Ecke zu drängen, damit ich aufgebe und freiwillig weggehe. Aber so hat es Gott nicht gemeint, und Er spricht mich nicht mit den Worten der Irrlehre an, sondern Er hat mir die Gewissheit gegeben, nach Seinem Willen zu handeln und auf der Insel die Falschheit, das Lügen und jeglichen Widerhall von Hass, der aus der Vergangenheit hervorquillt, auszurotten.

Wenn ich das getan und Gottes Werk in dieser Hinsicht zu Ende geführt habe, erst dann, liebe Catherine, erwarten uns die sanften sonntäglichen Sommermorgen von Kent, der Buchenwald und die Amseln, dort sind wir ganz und gar akzeptiert, dort werden wir für den Rest unseres Lebens gute Tage unter unseresgleichen verleben. Ich werde die heimische Flora studieren, vom kleinsten Riedgras bis zur größten, uralten Eiche. Das habe ich immer tun wollen, mich frei in der Natur bewegen. In meiner Heimat werde ich geachtet, und dich wird man Frau Propst nennen und dich überallhin einladen, wo man auch die anderen Frauen deines Ranges zu Besuch bittet und zur Organisation der wichtigen Ereignisse in der Gemeinde. Vertraue mir, alles wird sich fügen.

Es gibt selten Tage und Nächte, in denen der Herr Pastor meine Mutter nicht trösten und lange Rede führen muss. Meine Mutter ist ängstlich geworden. Vor dem Umzug hat die Wahrsagerin auf der Hochebene zwischen kleinen Steinen einen schwarzen umgedreht. Ich weiß, dass meine Mutter ihn unter ihrer Bluse trägt, und wenn ihr der Herr Pastor einen solchen Aberglauben noch so verbietet.

Meine Mutter bekommt schöne Worte zu hören. Der Herr Pastor ist ein belesener Mann und blättert auch abends nicht immer nur in seinen geliebten Andachtsbüchern, sondern sagt für meine Mutter Verse auf, dass sie sich mit dem bestickten Tuch, das er ihr geschenkt hat, die Augen wischen muss.

Wenn der Herr Pastor früh am Abend vorliest und nicht erst, wenn die Zwischentür schon geschlossen ist, werden wir Kinder nicht weggescheucht, sondern der Herr Pastor sagt im Gegenteil, es gebe keinen Grund, die Anwesenheit von Bildung und Schönheit vor den Kleinen zu verbergen.

Der Herr Pastor ist ein guter Mensch, das weiß ich ganz sicher. Inzwischen habe ich Angst, dass meine Mutter das nicht immer ganz versteht. Manchmal antwortet sie ihm schnippisch und achtet seine Meinung nicht in allem, und es kann sein, dass sie Ann gegenüber schnaubt, heute Abend darfst du dem Träumer das Wasser für seinen Grog warm machen.

Der Herr Pastor glaubt normalerweise an das Gute im Menschen und nur selten an das Schlechte, aber wenn er Betrug, Unzuverlässigkeit und Geheimkatholizismus entdeckt, hindert er seinen berechtigten Zorn nicht daran, aufzusteigen. So habe ich ihn sagen gehört, weil er sich auch selbst erforscht.

Diese auffahrende Seite an ihm fürchtet meine Mutter und versucht, sie zu vertreiben. Ihrer Meinung nach ist es immer besser, sich von Streitigkeiten fernzuhalten und möglichst unsichtbar zu bleiben, aber der Herr Pastor sagt, in einem Diener Gottes müsse auch ein Leu des Rechts wohnen.

Zuerst ist das kein ernster Unterschied, aber auch in dieser Sache kommt es mir so vor, als würde ich schon weiter sehen. Die Monate unten vergehen, lassen aber das Frühere nicht los. Die Nachbarn sind immer noch unfreundlich, und manchmal höre ich ein Stück von einem Gerücht. Wenn sie mich bemerken, verstummen sie.

Dann wird durch mich auf schlimme Weise eine Botschaft

und Warnung gesandt. Ich habe beim Saubermachen der Kapelle geholfen und bin zwischendurch hinaus ans Licht gegangen, um die Stoffe auszuklopfen. Ein Stück weiter weg stehen zwei Männer und rufen mich näher heran.

Bist du nicht der einzige Sohn des gestorbenen Totholz-Steven?, fragt der eine.

Ich habe beide Männer schon einmal gesehen, aber ich weiß nicht, wie sie heißen. Ich antworte höflich, dass ich es bin.

Richte dem Pastor einen schönen Gruß aus, sag ihm, dass dies eine Botschaft und eine Warnung ist. Sag es so. Dass derjenige, der sich vom Herrn lossagt, sich von seiner Gemeinde lossagt. Darum möge er sich ganz von der Gemeinde lossagen. Dass derjenige, der in Sünde lebt, aufs Schwerste verurteilt werden möge, so wie auch alle seine Mitbeteiligten.

Ich würde weglaufen, aber ich kann nicht, weil ich dann nicht wäre, wie man zu sein hat. Darum stehe ich nur da und starre in meiner Angst auf die Hand des einen Mannes, an der Finger fehlen.

Merkst du dir, wie du es sagst?

Nein, Herr, antworte ich, weil ich es mir nicht merke.

Da deutet einer der Männer auf die Tür der Kapelle. Der Herr Pastor ist herausgekommen, steht aber mit dem Rücken zu uns da. Die Männer verschwinden schnell hinter den Häusern. Ich blicke ihnen nach. Dann gehe ich zum Herrn Pastor und will ihm sofort berichten, aber er kommt mir zuvor und fängt von den Spatzen an, das sind kleine braun-graue Vögel, auf der Insel gibt es wohl nicht allzu viele davon, zu Hause gibt es sie in herrlichen Schwärmen, sagt der Herr Pastor.

Ich will gerade von den Männern anfangen und von der Warnung, aber dann kann ich es nicht. Würde ich es sagen, würde ich es auf die falsche Art sagen und falsch über Mutter reden, denn das ist es, was die Männer gemeint haben, obwohl sie nicht über Mutter geredet, sondern befohlen haben, es nur dem Pastor zu sagen und ihm die Botschaft und Warnung zu überbringen.

Woran denkst du, Angus, mein Junge?

An die Vögel, antworte ich, obwohl es nicht einmal zur Hälfte wahr ist.

Ja, dort in der Ferne zwitschern sie. Keine Schönheiten, bescheiden, aber in ihrer Bescheidenheit sehr schön und wohlproportioniert, Vögel Gottes, sagt der Herr Pastor mit sanfterer Stimme als sonst.

Der Spatz ist der Vogel Gottes, ich weiß, dass ich mir das merken werde. Ich weiß sicher, dass ich noch einmal welche sehen werde: Sie füllen den Himmel braun-grau, sind keine Wolke und kein Nebel, sondern an einem fremden Himmel so viele nebeneinander, dass man einen nicht von den anderen unterscheiden kann. Ich könnte kein einziges Korn fallen lassen.

ZU UNS KOMMEN JETZT NACHTS fremde Menschen zu Besuch, aber nie ins Haus vom Herrn Pastor, sondern immer zu uns, obwohl unser Haus viel kleiner und in schlechterem Zustand ist. Der Herr Pastor ist bei den Versammlungen dabei, aber meine Mutter und Ann und Adam und Thomas müssen im Hinterzimmer bleiben, dort, wo meine Mutter und der Herr Pastor schlafen, und die Tür bleibt zu.

Ich muss wegen meiner Aufzeichnungsaufgabe jede Nacht raus und kann deshalb nicht mit den anderen im geschlossenen Zimmer sein, sondern kehre im Gegenteil immer im Dunkeln zurück, wenn die Versammlung gerade im Gange ist. In den meisten Nächten sind keine Besucher da, aber manchmal schon, man kann es nie im Voraus wissen, und der Herr Pastor sagt es vorher nie.

Aber fast immer sind es dieselben Männer. Der lauteste ist Adam Dennison, den der Herr Pastor beschwichtigen und mäßigen und manchmal auch tadeln muss, weil Dennison eine rohe Sprache im Mund führt, die Gott nicht gutheißt. Ich finde es unschön, dass der Herr Pastor Dennison zu uns kommen lässt, weil er die Sitzungen irgendwie falsch und gefährlich macht.

Von den anderen freien Farmern der Höfe auf der Hochebene sind normalerweise drei oder vier da, ein bisschen je nach Nacht, aber Soldaten können im Dunkeln nichts ins Tal kommen, weil es in James Fort und auf den Wachen am Ufer eine genaue Kontrolle und feste Runden gibt. Der Höhere kontrolliert den Niedrigeren, und die Gleichrangigen kontrollieren sich gegenseitig. So kann nicht einmal Dennisons jüngerer Bruder zu den Versammlungen kommen, von dem es heißt, er sei ebenso stark und ebenso hochfahrend wie sein großer Bruder, aber manchmal kommt Allen Dennison tagsüber, um heimlich mit dem Herrn Pastor zu sprechen, weil der Umgang in der Garnison wieder strenger geworden ist, nachdem sich einige über ihren Dienst beschwert haben, weil sie nicht von der Insel wegkommen, sondern dort angebunden und eher Gefangene sind.

Nur bei den ersten Nachtversammlungen scheucht mich der Herr Pastor aus dem Vorderzimmer, aber dann hat er keine Lust mehr dazu und lässt mich bleiben. Den anderen erklärt er, dass ich der junge Beobachtungshelfer von Herrn Halley bin, der Aufzeichner des himmlischen Sternenzelts und der Gefiederten, und dass Herr Halley vor vier Jahren die Wahrheit über den damaligen Gouverneur Field erzählt hat und bestimmt auch jetzt gegen den neuen Gouverneur Blackmore aussagen und bei hohen und wichtigen Männern in London vorsprechen würde, wenn er nur die richtige Information bekäme.

Also darf ich dabei sein. Ich darf nicht reden, aber ich darf zuhören. Ich bin wie ein Mann, wenn auch noch kleiner als die anderen. Ich weiß, als würde ich es sehen, weil Sehen Wissen ist, dass ich einmal noch größer sein werde als sie alle. Ann hat erzählt, dass mein Vater ein großer Mann war. Söhne werden die Abbilder ihrer Väter, aber oft so, dass sie ein bisschen dicker und größer sind. So ist es vor allem auf dem Stamford-Hof, wo Herr Stamford drei Söhne hat und alle breiter, länger und dickbäuchiger sind als er.

Bei den Sitzungen werden schlimme Sachen geredet. Vor dem Herrn Gouverneur hat keiner Respekt, und der Garnisonskommandant wird gehasst. Es ist viel Wut da, und der Herr Pastor muss die anderen zwischendurch daran erinnern, dass Gott letzten Endes nie Unrecht geschehen lässt, sondern die Rechnungen zwischen den Menschen ausgleicht und die Streitigkeiten auf der Goldwaage des Rechts auswiegt. Was wiegt der Schatten gegenüber dem Licht, nicht einmal so viel wie ein Senfsamenkorn, nicht das Geringste, die Güte des Allmächtigen beseitigt das Unrecht, wie das Meer den schmutzigen Staub von den Steinen am Ufer wischt, sagt er und erhebt sich.

Auch der Herr Pastor ist nicht ohne Wut und Kränkung. Wenn er den anderen erzählt, was für Schmähungen und Drohungen er wegen meiner Mutter und wegen seiner Gedanken ertragen muss und was für Fetzen von Irrlehren seiner Vermutung nach auf der Insel im Innern der heimlichen Katholiken versteckt sind und wachsen, nicken die anderen zwar, als wären sie einer Meinung, aber das sind sie nicht. Ich sehe das von der Seite, der Herr Pastor sieht es nicht. Zumindest Adam Dennison würde ich nicht trauen, weil er meine Mutter zum Spazierengehen mitgenommen und Holz gestohlen hat und weil ich sehe, dass er den Kopf dreht und heimlich in Richtung Robert Thorton das Gesicht verzieht, der aber kein Gesicht zurück macht.

Jeder hat seine eigene Angelegenheit, aber bei den Farmern sind die Angelegenheiten eher gemeinsame. Zu welchem Preis man Fleisch und Yams an die Garnison und die Schiffe der Handelskompanie verkauft, sollte kein Fremder entscheiden dürfen. Das Brennen von Schnaps und die Herstellung von Arrak kann nicht nur Sache des Gouverneurs sein, und die höchsten Offiziere dürfen keinerlei Privileg besitzen, volle Krüge für sich zu verlangen.

Viel wird über das Gesetz und über Bestimmungen geredet. St. Helena sollte heute mehr sein als früher, seit dem Erlass des

Königs sind bald zehn Jahre vergangen, und darin wird der Insel der gleiche Rang und Status zugesprochen, wie sie Ost-Greenwich in der Grafschaft Kent innehat.

Auch wenn die Insel einst noch so der Handelskompanie unterstellt worden ist, können solche einstweiligen Bestimmungen niemals höher und mehr sein als die in London beschlossenen Gesetze und Verordnungen. Über dieses Thema wird immer gesprochen, und der Herr Gouverneur wird als Windbeutelmajor und Majorgouverneur (hat sich den Kommandantenrang beschafft, indem er Unschuldige peitscht, nicht indem er ehrliche Schlachten geschlagen hat, er hat überhaupt keine Schlachten geschlagen, sondern übers Tischtuch hinweg bestochen und sich bestechen lassen) und Diktator und Tyrann beschimpft und mit noch schlimmeren Namen, bei denen der Herr Pastor denjenigen, der sie laut ausspricht, rügen muss.

Herr Thorton hat einen Sonderkummer wegen seiner Töchter, die höchst respektlos behandelt worden sind. Man hat versucht, sie im Dunkeln zu schänden. Seiner Meinung nach machen die starken Getränke die Säufer zu Bestien, und das Schnapsbrennen raubt den Häusern das letzte Brennholz, sodass die aus Steinen aufgeschichteten Katen nach Regen und Nacht feucht und kalt sind und Krankheiten in ihnen wachsen und alles Übel sich ausbreitet und grassiert.

Der Herr Pastor ist über den Fluch des Schnapses gleicher Meinung, aber Adam Dennison nicht, er fordert Herrn Thorton auf, seine Töchter im Haus zu behalten, hinter den beheizten Steinmauern, sodass sie versteckt in ihren eigenen vier Wänden alte Jungfern werden. Herr Thorton wird böse und stößt Dennison gegen die Schulter, aber Dennison stößt oder schlägt sofort fester zurück, sodass die anderen dazwischengehen müssen.

Bei den nächtlichen Versammlungen wird es ab und zu so laut, dass der Herr Pastor die anderen bändigen und warnen muss, es könnten draußen Spitzel herumschleichen und lauschen. In einer so kleinen Domäne und auf einer abgeschlossenen Insel bleibt nichts lange geheim, sagt der Herr Pastor, und das ist bestimmt wahr.

Vielleicht passiert genau das, denn die Sitzungen hören plötzlich auf. Ich weiß nicht, warum, ich kann nicht nach dem Grund fragen, aber sie hören in der Woche auf, als an mehreren Tagen fremde Männer ins Haus des Pastors kommen, Offiziere aus der Garnison mit Waffen und Militärwache und die düsteren Männer des Gouverneurs. Der Herr Pastor sieht wochenlang besorgt aus und setzt sich abends nicht mehr ans verglaste Fenster, um in den Andachtsbüchern zu lesen.

Spätestens wenn es dunkel wird, kommt er zu uns und schläft neben Mutter an der Wandseite. Sein eigenes Haus ist über Nacht mit dicken Querriegeln verschlossen worden, und jeden Morgen geht er in den Hof, um nachzusehen, ob man im Schlamm neue fremde Spuren sieht.

Der Herr Pastor hat auch seine Pamphletschrift in einem hohlen und rissigen Querholz über dem Schweinestall versteckt, und vorläufig hat er die Suche nach den Spuren des Paradieses eingestellt. Seitdem er in die Schlucht gefallen ist, geht er nicht mehr so gut wie zuvor, und er ist kein junger Mann mehr.

Ich könnte für ihn auf den Berg gehen, aber er hat mich nicht darum gebeten, und ich bin auch noch nicht dazu gekommen, die ganze Bibel so genau zu studieren, dass ich jede Stelle so verstehen würde, dass ich zwischen den Versen und Zeilen die in den Wörtern versteckten Zeichen Gottes finden könnte. Darum kenne ich nicht alles, was man oben suchen müsste, und würde nicht sehen, was die übrig gebliebenen Teile sind.

Aber auch ohne die Paradiesaufgabe habe ich das Gefühl, zu wachsen und älter zu sein, als ich es bin. Ich wäre schon zu wer weiß was fähig, aber da es noch nichts Großes gibt, muss ich auf meinem Platz abwarten und einfach sein, wie ich bin.

DIE BÖSEN ZEICHEN sieht man wochenlang auf dem Horizont liegen. Ich sehe sie immer abends, aber ich kann sie einfach nicht zu Zeichen zusammensetzen, erst im Nachhinein, auch wenn es mir dann sofort einfällt.

Zu der Zeit habe ich die Angewohnheit, jeden Abend, wenn die Sonne untergeht, zur Mundenhalbinsel zu gehen. Ich gehe durch Jamestown dorthin, am Hafenanleger vorbei und den Rest der Strecke auf einem schmalen und hohen Wachweg, sodass ich es, genau kurz bevor die Sonne im Meer untergeht, zum besten Aussichtspunkt schaffe. Nie berührt sie als sauberer Ball das Meer, sondern stößt in den letzten Momenten auf einen Wolkenkragen, der wie aus dem Nichts hinterm Horizont aufsteigt, als hätte Gott ihn mit der Hand als Schutz dorthin gewischt. Es kann ja auch sein, dass Gott in Seiner großen Vernunft den brennenden Scheiterhaufen der Sonne daran hindert, direkt aufs kalte Wasser zu treffen. Der Wolkenkragen ist manchmal wie ein lederner Handschuh, mit dem man heiße Glutstücke aus dem Ofen in die Kohlenpfanne legen kann.

(Nein, Angus, es ist nicht so, wie es aussieht. Die Sonne kreist nicht und dreht sich nicht, die Erde unter uns dreht sich. Die Sonne ist ein Stern unter Sternen. Wie ein Phänomen sich in den Augen des Menschen zeigt, so sind normalerweise nicht sein Wesen und seine Konsistenz. Darum, kleiner Angus, darum ist alles nur fast so, oder fast alles ist so. Auch die Anziehungskraft zwischen den Menschen, Clarke, darum ist es so, dass man die Unvernunft und plötzliche Lust nicht recht erklären kann, das Phänomen packt einen, obwohl einem die Vernunft noch so sagt und befiehlt, zuerst darüber nachzudenken, was das Wesen auch dieser Angelegenheit ist. Ist es nicht so, Clarke? Darum kann es passieren, dass wir die Folgen unserer Taten bereuen, wenn wir von einem Phänomen und unserer Lust mitgerissen werden, aber jetzt reißen wir uns wieder zusammen.)

So ist der Wolkenkragen kein Handschuh aus Leder, und der Scheiterhaufen senkt sich nicht vom Himmel, sondern die irdische Kugel kreist in täglicher Unerschütterlichkeit auf ihrer Bahn, das weiß ich, weil ich auch diese wichtige Sache von Herrn Halley gelernt habe. Aber soviel man auch gelernt hat, man mag den Augen nicht immer sagen, ihr seht nicht alles richtig, so scharf und geübt ihr auch seid.

Am Rand des Horizonts, ganz unten, kurz bevor es tieforangerot wird, ist eine Reihe schwarzer Kritzel. Am ehesten sehen sie den obersten Baumkronen auf den Höhen ähnlich, aber weil mitten im Meer kein Waldrand wachsen kann, muss es etwas anderes sein.

Die *Ufer-Banshee* kann Lockfäden ausgestreut haben. Weil ja alle *Banshees* letztendlich die Bestimmung haben, die Menschen einzuwickeln und dann ins vollkommene Verderben zu führen.

Ich komme trotzdem nicht auf die Idee, Angst zu haben, weil an einem so hellen Ort keine *Banshee* in der Nähe zu sein scheint. Ich gehe einfach jeden Abend zur Mundenhalbinsel, das ist eine Angewohnheit und ein Zwang geworden, ich kann mich nicht daran hindern. Würde die Sonne einmal direkt ins Meer fallen und nicht in Wolken und Dunst sinken, wenn es zu einem solchen Sonnenuntergang käme, käme mir das wie ein Sieg vor, und ich müsste danach kein weiteres Mal mehr gucken kommen.

Ich erinnere mich an die kleinen schwarzen Zacken und zur Seite schwebenden Schräglinien über dem Horizont und verstehe sofort, dass es vorausgeschickte Zeichen sind, als der Herr Pastor in den Zweihäuserhof gelaufen kommt. Er ist schlimm verschwitzt, und an seinem staubigen Übergewand sieht man, dass er in seiner Eile hingefallen ist.

Wo ist Catherine?

Das ist das Erste, was der Herr Pastor wissen will. Mutter und Ann sind zur Parzelle gegangen, die Ernte holen, und Adam und Thomas haben sie mitgenommen. Das kann ich gerade noch sagen, dann fängt der Herr Pastor an zu erklären, dass es eine Hausdurchsuchung geben wird, ein Denunziant hat behauptet, dass Pastor Burch heimlich eine Aufklärungsschrift erstellt hat und darin das Leben und die Umstände des Menschen falsch erklärt.

Ich esse das Pamphlet meinetwegen auf, wenn ich nicht dazu komme, es zu verbrennen, aber es muss in Sicherheit gebracht werden. Du weißt, wo die Bogen sind. Hol sie aus dem Spalt im Balken und verstecke sie ganz. Vergrabe sie von mir aus im Schweinestall, aber so, dass sie nicht schmutzig werden, grabe unter dem Schweinestall ein Loch in die Erde und schütze das Pamphlet mit einem trockenen Beutel. Falls die Kontrolleure kommen, bevor du fertig bist, sagst du, dass du Mist schaufelst. Oder noch besser ist es, wenn du es ganz fortschaffst, weit weg von hier, befiehlt der Herr Pastor und eilt in sein eigenes Haus, um die Schrift verschwinden zu lassen, was immer es auch für eine ist, denn ich habe ihn nichts anderes mehr als Gemeindesachen schreiben sehen und das Wichtige notieren, von dem er will, dass es die Gemeindemitglieder bei der Predigt in der Kapelle hören. Falls er etwas geschrieben hat, dann hat er es auch vor meiner Mutter geheim gehalten. Das glaube ich sicher, weil ich nichts gehört habe, und ich versuche auch durch die Wand hindurch zu hören, was der Herr Pastor und meine Mutter untereinander reden, weil es immer besser ist, zuzuhören und im Voraus zu wissen, was ist und kommt, als wenn es überraschend kommt.

Ich fange sofort an, die Aufgabe zu erfüllen. Ich renne ins kleinere Haus. Die bösen Zeichen waren Striche der Warnung. Ich habe nichts aus ihnen herauslesen können, sie können *Banshee*-Sprache und falsche Buchstaben gewesen sein, aber jetzt weiß ich, was zu tun ist. Ich leere den aus einem Schweinemagen genähten Beutel, in den Mutter die hart geräucherten Ziegenstücke gepackt hat, lasse diese aber nicht offen liegen, sodass sie Tiere anlocken, sondern schütte sie in einen leeren Tonkrug und verschließe ihn mit einem passenden Stück Holz.

Dann eile ich in den Schweinestall und ziehe vorsichtig die Papierbogen aus dem halb hohlen Deckenbalken und packe sie in den grauweißen Beutel, und den Beutel stecke ich mir in den Hosenbund, sodass ich beim Rennen nicht darauf achten muss. Ich spähe hinter dem kleinen Haus hervor auf die Straße und in die andere Richtung zum oberen Weg, und weil niemand zu sehen ist, gehe ich rasch auf den Weg zu und blicke mich nicht mehr um.

Der Herr Pastor hat seine Aufgabe, und ich habe meine, denke ich immer denselben Gedanken hin und her, und sobald ich kann, fange ich an, bergauf zu rennen, und meine Beine sind sofort bereit wie die Beine eines Jagdhundes. Ich komme nicht außer Atem und nicht ins Schwitzen, und der Schweinebeutel und die Blätter im Beutel hindern mich kein bisschen, und auf dem Weg kenne ich jeden Stein, sodass die Beine wissen, wie sie darüberzuspringen haben.

Um den Aufzeichnungsbaum herum sind die anderen Bäume gewachsen, aber er ist noch immer der höchste auf dem Kamm. Er ist die einzige Araukarie dort, und auch er muss gewachsen sein, jedenfalls nach innen, weil ich jeden Monat neue Triebe abschneiden muss, die wie schuppige Schwänze aussehen und sich vor das Aufzeichnungsloch recken.

Ich klettere den Stamm hinauf wie immer, bald werden es fünf Jahre, fünf Kalender sind es, der erste war nur das Ende eines Kalenders, und Herr Halley hat bis zu seiner Abreise das Ausfüllen überwacht. Jetzt habe ich den sechsten und beim sechsten noch keine einzige Nacht ausgelassen.

Ich klettere in die Aufzeichnungsgabel, aber dort kann man das Pamphlet des Herrn Pastors nicht verstecken, weil der Schweinebeutel eklig grau sichtbar bliebe und man in diese Höhe in der Mitte der Araukarie noch leicht heraufsteigen kann. Darum klettere ich weiter durch ein richtig schwieriges Astgestrüpp, sodass an Armen und Beinen Schrammen entstehen. Dann ist es mehrere Ellen lang wieder astlos, und man kann sich nur am Stamm festhalten und muss sich gleichzeitig nach oben recken, damit man mit der Hand die nächste Aststelle erreicht.

Von oben ist es schlimm, nach unten zu schauen. Es fängt an, in den Fußsohlen und Zehen zu zwicken, und man muss sich mit beiden Händen festhalten, weil sich der ganze Baum zu bewegen scheint. Sein Kronenstamm und die Schuppenäste, aus denen die Asttische bestehen, schwanken im Wind, und man kriegt das Gefühl, der Stamm kann schon dadurch abbrechen, dass man sich ein bisschen bewegt, obwohl man nichts weiter tut, als besseren Halt zu suchen.

Ich bleibe, so gut ich kann, an einer Stelle und versuche, nicht nach unten zu schauen. Den Beutel mit den Bogen binde ich mit Schnüren am Stamm und an Ästen fest, und um ihn herum und über ihm biege ich Zweige zu einem dichten Schild und zum Schutz vor Regen und pickenden Vögeln zurecht. Das Zweiggeflecht binde ich mit den gleichen langen Schnüren zusammen, sodass der Beutel im Versteck bleibt und die Bogen darin doppelt versteckt sind und so weit oben dicht an der Krone, dass kein anderer mehr hinaufklettern wird.

Durch das Erfüllen der Aufgabe fühle ich mich groß und stark. Ich schaue nicht nach unten, sondern blicke nach oben und seitlich in die Ferne. Von diesem Punkt aus ist der Himmel fast leer und sichtbar ohne Hindernisse dazwischen.

Hätte Herr Halley als Aufzeichnungsort die Krone der Araukarie gewählt und nicht die stärkste Astgabel weiter unten und hätte Herr Clarke dann auf Befehl mit der Säge und dem Messer den Zugang bis nach oben frei gemacht, wäre ich nicht an ein Aufzeichnungsfenster gebunden, sondern alles wäre die ganze Zeit auf einmal sichtbar. Man würde tagsüber die Vögel in allen Richtungen erkennen, und bei Nacht könnte man zusehen, wie die Sterne über den runden Rand des Horizonts und an ihm entlang ziehen.

Da fängt der Himmel erst an. Von so weit oben würde man in den besten Nächten alle Flecken finden, wenn man nur Nacht für Nacht mit den Augen den Himmel durchkämmen würde. Aber dann verstehe ich sofort, dass Herr Halley den Ausguck vollkommen richtig gewählt hat, denn wenn ich von der Krone aus spähen würde, würde der Himmel zu sehr hin und her schaukeln, und man könnte die Augen nicht auf einen Punkt und genau auf den richtigen heften.

Ich möchte nicht hinunterklettern und fange gar nicht erst

an zu denken, dass ich bald hinabsteigen muss. An so etwas Unnützes denke ich erst gar nicht, weil der Totholz-Angus sich schon an einem höheren, leeren Punkt befindet und weiß, dass er etwas wirklich Wichtiges und für die Welt Notwendiges tun wird.

Auf der Haut bilden sich kleine Noppen, die meine Mutter Gänsehaut nennt, aber Gänsehaut entsteht durch Kälte oder wenn es auf der Hochebene lange geregnet hat und alle Kleider bis auf die Haut klitschnass sind und ein Wind geht. Also sind die Noppen keine Gänsehaut, denn sie kommen nicht vom Kalten, sondern vom Wissen.

VIELE TAGE UND SOGAR EINE WOCHE fühle ich mich leicht, weil das Haus des Herrn Pastors nicht durchsucht worden und niemand mit Augen voller Hass in den Zweihäuserhof gekommen ist. Aus keinem der beiden Häuser ist etwas herausgerissen und hinausgeworfen worden, aber die ganze Woche und den ganzen Monat ist der Herr Pastor auf der Hut und ängstlich.

Immer öfter kommt es mir so vor, dass ich schon halb fort bin. Alles wird sich ändern, und ich muss die Insel verlassen. Über das Künftige weiß ich jedoch nicht mehr als beinahe nur so viel, dass Herr Halley mich lobt, weil ich es fertiggebracht habe, eine so große Arbeit zu machen, fast ohne einen Tag auszulassen. Über die Brücke von London fahren Karren und Wagen, und Herr Halley legt die Hand auf meine Schulter und zeigt in die Richtung, wo die hohen Observatorien gebaut worden sind.

Dass man auf diese Art in seinem Kopf und ohne Augen nach vorne sehen kann, ist vielleicht das Gleiche, wie wenn der Herr Pastor nach dem Angstmonat nach langer Zeit wieder fähig ist, ein neues Sonett für meine Mutter zu schreiben. Auch die müssen aus einem Versteck im Inneren des Kopfes kommen, weil es sie sonst nicht geben kann. Das neue handelt von einer Schafherde auf dem grünen Gras der Weidewiese, vom anbrechenden Abend und vom sanften Wind, der über der Heide weht. Hier gibt es so etwas nicht, sondern steinige Ufer und harten Wind, an den Hängen wachsen Kakteen, und nur an den Bächen und auf der Hochebene ist es etwas grün und auf den Anhöhen richtig grün, aber dort ist das Gestrüpp fast zu dicht.

Darum müssen die Weidewiese und der sanfte Wind aus dem Kopf des Herrn Pastors kommen.

Er will nicht hören, wo ich das Pamphlet versteckt habe. Als ich anfange, es zu erzählen, hält er sich die Ohren zu und verbietet mir, weiterzusprechen.

Wenn einen jemand fragt und verhört, wie könnte man da ehrlich antworten, dass man es nicht weiß, denn wenn man es weiß, ist man gezwungen zu lügen. Lüge nie, Angus, und erhebe dich nicht gegen die Obrigkeit, lehrt mich der Herr Pastor.

Obwohl es nicht zur Hausdurchsuchung und zur Zerstörung von Sachen gekommen ist, hält er sich lange nur in der Nähe auf. In die Kapelle muss er natürlich gehen, aber er geht auf seiner Runde kein bisschen weiter.

Zu Hause weiß er bei den Essensdingen und Anbaudingen und beim Versorgen von Schweinen und Hühnern nicht, wie man es macht, und das ist ja auch nicht seine Sache, aber manchmal passt er auf die Zwillinge auf, wenn Mutter und Ann auf die Hochebene müssen und es bloß Anstrengung wäre und Geschrei gäbe, Adam und Thomas bis nach oben zu tragen.

Der Herr Pastor weiß eigentlich nicht, wie man sich richtig um sie kümmert, und hat auch keine Lust dazu, aber wenn ich vom Vögelaufzeichnen zurückkomme, sorge ich dafür, dass alle zu Mittag etwas zu essen haben. Wenn ich Fisch brate, hebe ich die Schwimmblasen auf und gebe sie Adam und Thomas, damit sie sie in der Luft schweben oder auch platzen lassen können, weil man ja immer neue bekommt, und dann denke ich mir allerlei an Beschäftigung und Unterricht für sie aus, damit der Herr Pastor seine Ruhe hat und das Wort Gottes studieren und zwischendurch mal ein Schläfchen machen kann.

ICH WÄRE ZU ALLEM bereit gewesen, aber nicht dazu, dass meine Mutter oder Ann oder Adam oder Thomas verschwinden und verloren gehen und vermutlich sterben.

Wir haben abwartende stille Monate verlebt. Der Herr Pastor hat in Briefen Nachrichten von seinen Verwandten in London und in der Provinz erhalten. Darin wird berichtet, dass im Land weiterhin die gleiche Wirrnis herrscht, man hat die Katholiken noch immer nicht von allem Wichtigen ausschließen können, und die Wütendsten stellen Strafpatrouillen gegen sie zusammen.

Der Sinn des Königs ist flatterhaft wie ein Schmetterling, hat der Herr Pastor einmal Mutter zugeflüstert, ich habe es durch die Tür gehört und bin erschrocken und es nicht mehr losgeworden, im Aufzeichnungsbaum ist es in meine Gedanken zurückgekehrt. Der Sinn des Königs hat sich gelöst und flattert über seinem Kopf wie ein zerfetzter Stoff, in dem ein Vogel schreit. So habe ich meinen Gedanken gesehen, und das ist schwer zu ertragen, weil darin das Wissen steckt, dass der Herr Pastor unseren guten König nicht mehr in allem verteidigt.

In den Monaten nachdem die nächtlichen Zusammenkünfte plötzlich aufgehört haben, ist es mir so vorgekommen, als könnte alles passieren. Jederzeit kann jemand an die Tür klopfen, bei keinem Besucher kann man sich sicher sein, sagt der Herr Pastor.

Dennoch hätte man nicht geahnt und aus keinem der auftauchenden Vorzeichen ersehen können, dass Thomas eines Tages ganz und gar verschwinden würde.

So geschieht es aber, und es ist ein gewöhnlicher sonniger Tag, in der Nacht ist es wieder klar gewesen. Obwohl im Baum starker Wind gegangen ist und die Krone und die Äste geschwankt haben, habe ich fast sofort nach der Befestigung des Stirnriemens neben einem Fleck etwas wie den Schatten des Flecks gesehen. Ich habe ihn jedoch nicht vermerken können, weil er nur einmal kurz geschimmert hat und dann wieder verschwunden ist.

Als ich nach der Vormittagsaufzeichnung der Vögel wieder hinunter ins Tal laufe, wird schon nach den Zwillingen gesucht, und man findet sie nicht. Meine Mutter hat Angst und läuft im Kapellental umher und ruft die Namen von Adam und Thomas. Ich sehe mich weiter weg nach ihnen um. Ich klettere auf die Spitze eines Uferfelsens, von wo aus man das Tal und die halbe Schlucht überblickt.

Ich erkenne Vögel auf der Erde und fliegende Vögel oben bis zum Rand der Hochebene. Alles ist so, wie es vielleicht immer ist. Ich sehe über die Dächer der Häuser hinweg und auf den leeren Hafenanleger von Jamestown. Seit vielen Wochen ist kein einziges Schiff vorbeigekommen, und es dürfte kein einziger fremder Mensch da sein. Auch liegen keine Segel, die repariert werden müssen, zum Trocknen aus. Auf dem Anleger kann man zwei schwarze Fässer vor dem hellen Hintergrund erkennen. Als ich von meinem Platz aus zuschaue, wie ein Sack Reis vom Magazin zum Lastwagen des Gouverneurs getragen wird, kann ich fast die Ziffern auf dem zugebundenen Reissack sehen.

Wenn man genau schaut, versucht man, die Falten in der Erde zu öffnen, um dahinterzusehen. Aus der Ferne kann man nichts aufdecken, so wie man aus der Nähe in Büschen nachsehen kann oder hinter Felsen, ob sich die Zwillinge dort verstecken, aus der Ferne muss man mit den Augen die Versteckfalten sichten und raten und sich vorstellen, was sich in den Einschnitten befinden könnte.

Ich sehe einen auffliegenden Schwarm Vögel, sie steigen alle auf einmal auf, als wären sie erschrocken und würden fliehen. Ich schaue mir die Stelle genau an. Aus der Entfernung kann ich nicht erkennen, welcher Art sie angehören, aber ich weiß, dass der Felsen hinter den vertrockneten Bäumen senkrecht ins Meer abfällt.

Ich bleibe reglos stehen. Der Schwarm kreist um sich selbst und beruhigt sich und lässt sich erneut nieder. An der Stelle, auf die ich schaue, regt sich zunächst nichts.

Dann sehe ich Adam. Er kriecht auf allen vieren zwischen den Steinen hervor, als wäre er noch ein Krabbelkind, und ich sehe über die große Entfernung hinweg, dass er den Mund offen hat, wie ein schwarzes Loch im Weiß.

Ich klettere die Felsspitze hinunter und verlasse den Geröllhang, so schnell ich kann. Beim Rennen schaue ich abwechselnd nach vorne und vor meine Füße, so wie die Ziegen oben auf dem Berg, weil man so den Hindernissen ausweichen und über die schärferen Schneidesteine hinweglaufen kann.

Lange bevor ich ihn höre, sehe ich Adams weinenden offenen Mund und die geschlossenen Augen. Ich klettere die Ufersteilwand hinauf und renne über den getrampelten Wachweg der Soldaten auf dem Wall.

Adam weint schreiend und hört überhaupt nicht auf, obwohl ich zu ihm komme. Ich versuche ihn zu fragen, was ist, aber Adam antwortet nicht und steht nicht auf. Als ich versuche, ihn auf den Arm zu nehmen, schreit er noch lauter und drückt mir die Nägel in die Hand, sodass Blut herauskommt. Ich kümmere mich nicht darum, sondern trage und ziehe Adam weiter vom Rand weg und lasse ihn schreiend auf der Erde liegen und renne weiter den Weg entlang, aber ich kann Thomas nicht finden. Unter der Steilwand schlägt das Meer hohe Wellen gegen den Inselrand und über die Steinzacken.

Ich mache mich daran, Adam wegzuschaffen, und er hilft mir überhaupt nicht, sondern schreit und tritt und versucht, von meinem Arm herunterzukommen, und ich muss ihn mit Gewalt vom Wall tragen, und auch dort, wo es eben ist, geht er keinen Schritt, sondern hört auf zu schreien und weint nur noch. Ich frage ihn mindestens zehn Mal, aber er antwortet nicht.

Ich bin schweißnass, bevor ich Ann finde, und Ann weiß, wo Mutter ist. Beide fragen nur nach Thomas, ich weiß nichts, und Adam sagt kein Wort, obwohl er zwischendurch aufhört zu weinen, aber er will nicht reden, obwohl Mutter ihn auf die Wange schlägt und an den Haaren zieht, sodass er wieder weint.

Der Herr Pastor geht nach James Fort, um den Garnisonskommandanten dazu zu bringen, dass Soldaten wenigstens zum Wachweg am Ufer zum Suchen kommen. Mutter bittet die Nachbarn um Hilfe, aber keiner will helfen. Adam wird zum Weinen ins Zimmer gesperrt, damit man sich um ihn keine Sorgen machen muss, Ann geht in die eine Richtung, und ich gehe in die andere, und Mutter versucht, in Jamestown noch jemanden zu finden, der mitsucht.

Doch Thomas wird nicht gefunden. Es dämmert, und nach dem Sonnentag fängt es an zu regnen. Ich renne zum dritten Mal an die Stelle, wo ich Adam gefunden habe. Vom Ufer unten erkennt man nur noch etwas wie ein Schimmern, und man hört das dumpfe Aufschlagen der Wellen.

Von da an ist alles für lange Zeit wirr und schrecklich.

Es gibt nichts, was es nicht schon immer gegeben hätte, aber trotzdem ist alles anders und voll und leer. Dass Thomas fort ist, ist schlimmer, als wenn er an einer Krankheit gestorben wäre. Thomas ist irgendwo und will zurück, versuche ich zu denken, aber ich habe nicht das Gefühl, dass es so ist, sondern dass Thomas auf einen Stein gefallen und im Meer umgekommen ist.

Als ich nach Hause zurückkehre, sind der Herr Pastor, meine Mutter und Ann beim Beten. Die Zimmertür steht offen, Adam liegt quer auf der Strohmatratze, er weint nicht und rührt sich nicht. Der Herr Pastor und meine Mutter und Ann brechen ihr Gebet ab und drehen sich zu mir um, fragen aber nicht. Ich sage nichts, sondern drehe den Kopf einmal von der einen Seite auf die andere und zurück.

Der Abend ist seltsamer als jeder zuvor. Die Kerze darf länger brennen, und Mutter ist nicht aufs Sparen bedacht. Der Herr Pastor und sie gehen noch einmal hinaus, um im Dunkeln zu suchen. Ann schläft neben Adam auf der Bodenmatratze ein.

Ich gehe zum Lauschen auf den Hof und sehe mir den Himmel an, so wie ich es jeden Abend tue, weil es ein Teil meiner Aufgabe ist, die Wolken und den Dunst zu kennen. Jede Nacht muss ich die ersten Stunden vor der Aufgabe wach bleiben, damit ich nicht im Tiefschlaf bin, wenn ich losmuss, oder zu spät aufwache. Selbst wenn ich sehen würde, dass es im Tal bewölkt ist, darf ich mich darauf nicht verlassen, weil es oben anders sein und eine Lücke in die Wolken kommen kann, und darum muss ich auch beim schlimmsten Wetter los.

Ein Regenschauer hat den Himmel erneut rein gewaschen. Ich muss einfach los, weil es mir auch nicht verboten worden ist, aber ich renne nicht. Ich gehe durchs Tal und versuche, im Dunkeln ein Weinen oder eine Stimme zu hören. Hätte ich das

Hören so gut gedrillt wie das Sehen, könnte ich jetzt etwas hören, aber das habe ich nicht, und darum ist es meine Schuld, dass ich Thomas nicht finde.

Der Weg nach oben dauert, wenn man geht, so lange, dass ich beinahe zu spät zur richtigen Aufzeichnungszeit komme. Ich kann die Zeit daran ablesen, wie die Sterne stehen, weil sie mit den Nächten und dem Kalender gleichmäßig im Kreis gehen wie die Esel am Brunnen des Steinbruchs in ihren Halshölzern. Weil es knapp wird, renne ich den Rest der Strecke und klettere schnell auf die Araukarie. Ich befestige meinen Kopf mit dem Zügelriemen, damit er sich nicht bewegen kann, und versuche, durch das Aufzeichnungsloch tiefer als je zuvor in die Himmelsöffnung hineinzusehen.

ADAM, was ist passiert? Wo warst du?, frage ich viele Male, und meine Mutter und Ann fragen es auch, und sogar der Herr Pastor fragt es, obwohl er zu uns über Gottes großen Plan spricht und uns damit tröstet, dass Thomas' Los ein gutes ist und wir sein Schicksal nicht betrauern sollen, weil er in unschuldiger Reinheit zu Gott gekommen ist, ohne in seinem kurzen Leben gegen ein einziges Gebot Gottes verstoßen zu haben, und für seine Himmelfahrt hat es keine Bedeutung, dass er vielleicht nie in geweihter Erde begraben wird.

(Das Meer ist wie das Land, beide gehören zum Feld Gottes, die Wellen und die Dünung sind lange Furchen und Reihen von Setzlingen. Hör zu, Angus, die Fische schwimmen nach dem Plan des guten Gottes im Meeresfeld als Wasserwild und schöne Ernte, die für uns Menschen bestimmt ist. Und unter dem Uferwasser sind immer auch Muscheln versteckt, die du leichter von den Steinen und zwischen ihnen pflücken kannst, wenn es flach ist.)

Der Herr Pastor spricht nicht von Neuem über die Erntedinge des Meeres, aber ich erinnere mich von den früheren Malen her daran. Darum und vielleicht von diesen Dingen angetrieben, gehe ich allein hin und laufe die Ufer ab. Meiner Mutter sage ich, dass ich suche und gleichzeitig das Fischen lerne, und das könnte auch sein, obwohl außer den Fischern hier niemand fischt, die Leute können es nicht und trauen sich nur, in den wenigen flachen Buchten ins Wasser zu waten, alles andere ist schwer, die Brandung schlägt ans Ufer, und die Uferfelsen sind hohe Wände.

Man kommt den Steilhang nicht an vielen Stellen hinunter, aber ich suche Pfade und Furchen und folge ihnen, und mit diesem Trick finde ich ziemlich oft Fische, die zwischen die Steine an der Wassergrenze getrieben und vor so kurzer Zeit erst gestorben sind, dass sie noch nicht verdorben sind und die Vögel sie noch nicht kaputt gehackt haben. Und nach dem starken Wind bilden sich hinter den Steinen und in ihren Löchern Pfützen und Taschen, in denen man sich leicht ein paar zuckende Kleinfische schnappen kann. Viel ist es nicht; wenn man einen oder zwei von ihnen ausnimmt und gart, reicht es kaum als Happen für Adam, aber wenn man zum Beispiel genügend Flugfische auf einmal findet und gleichzeitig fleißig Muscheln von den Steinen sammelt, dann wird aus allem zusammen mindestens eine Mahlzeit für alle.

Aber von Thomas finde ich keine Spur, obwohl ich viele Wochen lang jeden Nachmittag das Ufer ablaufe, manchmal bis zur Felshalbinsel hinauf und manchmal sogar bis hinter die Zitronentalbucht, ich finde keinen einzigen Kleiderfetzen und nichts. Trotzdem muss ich immer los, weil mir beim Gehen und Klettern auf den Felsen besser zumute ist. Wenn ich gehe und müde werde, zehrt das den Kloß in mir auf. Abends kommt er dann zurück, sobald ich Adam sehe.

Meine Mutter verbietet mir nicht mehr, an die Ufer zu gehen, außer an Sonntagen, und der Herr Pastor nimmt mich einmal auf dem Hof zur Seite und sagt mit leiser und ernster Stimme, wenn ich etwas finde oder Fremde über Thomas reden höre, dann soll ich es zuerst ihm sagen. Das verspreche ich, aber ich finde und höre nichts.

Als ich einmal zu einer der schwierigsten Stellen am Ufer

hinuntersteige und im langsamen Zickzack schon fast am Ziel in der Senke des Bergsturzes angekommen bin, die Genickbruchschlucht genannt wird, gerate ich in eine kleine Bucht, die an drei Seiten von Felswänden eingefasst wird, in denen es bis in zig Ellen Höhe Fächer im Stein gibt.

Ich muss so vorsichtig und leise den steilen Hang herunterkommen, dass mich kein Fregattvogel bemerkt und erschrickt. Auf allen Steinfächern liegen und sitzen sie, schwarze, aus der Nähe schrecklich große Vögel mit gebogenen Schnäbeln, die Flügel zusammengefaltet, sodass sie am ehesten wie riesige Fledermäuse aussehen. Sie trocknen ihre Bürzel, die wie Schwänze aussehen, und ihre menschengroßen Flügel, und manche liegen auch noch auf dem Rücken, sodass die Sonne als orange-blutroter Fleck von ihren Kehlsäcken widerscheint. Es sind Vögel des Teufels, Kriegsvögel, Teufelsbrut, die dort ihre Häute trocknen. In einem so großen Schwarm können sie jedem lebendigen Wesen gefährlich werden, sie bringen Blut und Tod, sie sind das Vorzeichen für Verheerung und eine schreckliche Zeit. All das weiß ich, aber ich kann mich einfach nicht sofort davonmachen, sondern ducke mich reglos hinter einen Stein und schaue hin, weil der Anblick so erstaunlich ist.

Ich habe sie nie zuvor im Schwarm und aus solcher Nähe gesehen und auch nicht so, dass sie fast auf dem Rücken fläzen wie ein Mensch und sich wälzen und die Flügel, die wie nasses Leder glänzen, ein- und ausklappen. Bis dahin habe ich sie nur selten dicht über dem Meer fischen gesehen und drei oder vier Mal welche, die sich bis zum Aufzeichnungsbaum oben verirrt hatten (ein Kürbiskern, wie für Schwalben und alle anderen plötzlich Vorbeisausenden).

Wenn auch nur eines dieser Ungeheuer Thomas bemerkt hat, dann hat es sich auf ihn gestürzt und ihm mit seinem Schnabel im Nu das Fleisch aufgerissen und die Knochen ins Meer fallen lassen.

Sie fangen an, die Kehlen dröhnen zu lassen, als würden sie ein bisschen trommeln. Das sind keine gewöhnlichen Vögel, da bin ich mir sicher, der Teufel hat sie geschickt, als Zeichen für das, was kommen wird. Sie stammen aus der schwarzen Erde und dem Schlamm darunter oder sind gerade tief unter dem Atlantik hervorgetaucht und lassen den Meeresschleim trocknen. Wenn es von ihnen einen Schwarm mit tausend Vögeln gäbe, könnten sie den ganzen Himmel über der Insel verdunkeln.

Ganz vorsichtig steige ich wieder die Furche hinauf, aber ich blicke mich oft um, damit sie mich nicht überraschen können. Sicherheitshalber habe ich einen scharfen Handstein in der Tasche, weil man damit wenigstens versuchen könnte, einen aufzuschlitzen.

Als ich, ohne anzuhalten, den Steilhang hinaufgeklettert bin, habe ich nur noch die Kraft, um es an eine sichere Stelle zu schaffen, wo es einen Flecken Gras gibt, und dort bleibe ich. Mein Herz hämmert vom Klettern, und ich ziehe alle Kleider aus, damit der Schweiß darin trocknet, weil einem sonst kalt wird, wenn der Wind über das Feuchte geht. Schwarze und rote Ameisen rennen über die Erde, aber ich liege trotzdem nackt auf den Halmen und keuche. Als ich die Augen aufmache, wische ich die Ameisen weg, die mir auf die Haut geklettert sind.

ES GIBT VIELE DINGE, von denen nur Wenige etwas wissen. Das ist mir schon so oft aufgefallen, dass ich angefangen habe, mich zu fragen, wie diese Menschen ohne Wissen leben können. Sie können nicht einmal die Anzahl der Tage richtig zählen. Obwohl sie es sollte, kann meine Mutter die Zeiten nicht, und Ann weiß noch weniger. Nur der Herr Pastor kennt die Mengen und Ziffern und alles Wichtige über die Zeit, weil er bis auf die Stunde genau wissen muss, wann Ostern kommt und wann die anderen heiligen Tage sind, aber die meisten wissen darüber nichts.

Würde Herr Halley nicht das mit Tinte handgeschriebene Jahresverzeichnis der Tage und Monate schicken, wüsste ich es auch nicht. Hätte ich keine Aufgaben, hätten die Ziffern der Tage und die Namen der Monate und Tage keine Bedeutung. Man würde sie irgendwie kennen, weil man sich von den früheren Jahren her an sie erinnern würde, aber die Tage und die Ziffern wären getrennt voneinander, obwohl sie es nicht sind, weil sie genauso fest miteinander verbunden sind, wie der Sonnenaufgang mit der Nacht verbunden ist und mit dem Licht und dem Morgen ebenso.

Wenn man viel allein ist, hat man Zeit, lange einen Gedanken zu denken, und so lernt man etwas Neues, obwohl einen niemand unterrichtet. Trotzdem hat man das Gefühl, im Wind zu treiben, wenn man alleine denkt.

Ich weiß, dass ich schon wichtige Dinge beherrschen würde, wenn ich bei klugen Menschen in die Lehre gehen dürfte. Im Mutterland und bestimmt auch in anderen Ländern gibt es vornehme Schulen, aber die sind nicht für uns, und die gibt es nicht hier. Unsere Insel liegt an einer leeren Stelle im Weltenmeer und muss, am Meeresgrund verankert, dort warten. Das Warten endet erst, wenn im Moment der Auferstehung die Zeitrechnung einer neuen Ewigkeit beginnt, hat der Herr Pastor gesagt, und ich glaube ihm, weil er über komplizierte Fragen nachsinnt.

Wegen Thomas denke ich über den Tod nach. Meiner Mutter ist auf dem Weg hierher ein Kind gestorben. Das weiß ich, darüber wird manchmal gesprochen wie über irgendetwas anderes aus der vergangenen Zeit. Jetzt, da Thomas nicht mehr da ist, ist mir das auf dem Schiff gestorbene Kind wieder eingefallen.

Es wäre ein großer Bruder für mich geworden oder nicht geworden, weil es ja schon fertig gewartet hätte, als ich geboren wurde, es wäre vier gewesen und so klein wie Adam, aber es wäre immer vier Jahre älter als ich und nun schon bald fünfzehn.

Über solche Sachen allein nachzudenken, ist seltsam. Als würde man sich zwischendurch auf der Seite der Toten bewegen, und das darf man nicht. Auch auf der Insel leben Zauberer und Hexen, meine Mutter ist sicher, dass jemand von denen Thomas mitgenommen hat. Sie können sich für lange Zeit in der Gestalt ganz gewöhnlicher Menschen verstecken. Weil man sie in ihrer Verkleidung nicht erkennt, kommen sie unbemerkt an einen heran, und dann können sie sich mit ihren Klauen leicht die Seele schnappen. Wenn man irrtümlich falsche Gedanken hat, kann man im Nu verloren sein, das kleinste Stückchen Abkehr von Gott genügt ihnen.

Der Herr Pastor hat gesagt, dass solche zum Geständnis gezwungen und gehenkt werden, damit sie fort sind aus dieser Welt und ihrem Himmelsteil. Aber es werden immer neue gezeugt und wachsen als Erwachsene in die falsche Richtung, in der Kindheit ist jeder eine leere Tafel und noch nicht vom Satan verseucht. Wir können nicht jeden dieser Verirrten mit unseren Augen sehen. Um sie zu erkennen, braucht man geistliche Gaben und die Erfahrung von Jahrzehnten. Deshalb hüte ich meine Herde und behalte sie im Auge, das ist meine Arbeit und die Pflicht, die mir auferlegt worden ist, ich scheide das Falsche vom Richtigen, das schwarz gewordene Mutterkorn von Gottes reinem Getreide, das sich fürs Brotmehl eignet, hat der Herr Pastor kraftvoll in einer Predigt gesagt, die ich mir anhören durfte.

Zu der Zeit ist viel darüber geredet worden, dass auf drei Höfen gleichzeitig die Schweine die Furunkelkrankheit gekriegt haben. Man hat Gallaghers Witwe beschuldigt, sie mit Zaubersprüchen angesteckt zu haben. Der schwarze Vogel kann auf einen Menschen zufliegen, aber er kann sich auch in der Richtung irren, hat der Herr Pastor gesagt, als man bei der Witwe nach Zeichen des Satans gesucht hat. Es ist ihm gelungen, Robert Thorton und die anderen, die unter der Furunkelkrankheit zu leiden hatten, mit dem Versprechen zu beruhigen, dass er den Seelenzustand von Gallaghers Witwe und die Redlichkeit ihrer Gedanken untersuchen werde.

Wegen dem, was der Herr Pastor gesagt hat, weiß ich über Hexerei so viel, dass ich versuche, nichts Falsches zu denken, damit nicht das kleinste Stück meiner Seele in Gefahr gerät.

Den Tod gibt es immer, aber dass jemand spurlos verschwindet, ist sehr selten. Würden wir auf dem Festland leben, so wie die Franzosen, oder auf einer großen Insel wie England, könnte man ein kleines Kind stehlen. Man könnte das gestohlene weit wegbringen und zu seinem eigenen machen oder es in irgendeiner anderen Stadt verkaufen, aber auf unserer Insel kann man nichts verbergen, was verschwunden ist.

Darum weiß ich, dass Thomas tot ist. Als Erster wusste es der Herr Pastor. Dann wusste ich es. Meine Mutter hat angefangen, es zu wissen und hinzunehmen, weil der Herr Pastor lange und milde über Thomas' gutes Los gesprochen hat. Mutter betet öfter als früher, und der Herr Pastor ist darüber glücklich, weil der Mensch in der Stunde des Gebets nicht ruhelos ist.

Nur Ann weiß es nicht und hofft auf ein Wunder. Manchmal geschehen Wunder. Es kann zum Beispiel ein Feuer in einem Steinhaufen ausbrechen oder ein Stern am Himmel aufgehen, so wie jetzt ein neuer Stern zu sehen und heller geworden ist, oder im Felsen kann sich durch Klopfen mit dem Stab eine Quelle öffnen, aber Anns Thomas wird nicht wiederkommen.

Im Untertal sind wir immer noch allein, obwohl uns ein paar Nachbarn nach Thomas' Verschwinden etwas Kleines zu essen gebracht haben und jetzt antworten, wenn ich höflich grüße. Dennoch dürfen immer noch keine anderen Kinder zu uns kommen, und wenn die Erwachsenen etwas mit dem Herrn Pastor zu besprechen haben, tun sie es lieber in der Kapelle als hier.

Auf der Hochebene hat man fast mit allen reden dürfen. Am meisten wünsche ich mir, dass Rebecca von Schmied Arnold hier wäre, die fast genauso alt ist wie ich und immer alles verstanden hat, was ich gesagt habe. Nicht einmal Herrn Halleys Berechnung der Sterne war für Rebecca unmöglich zu begreifen, so wie für die anderen, sondern sie hat brav zugehört, als ich es ihr in solchen Wörtern erklärt habe, dass ich es selbst verstanden habe. Zum Schluss hat Rebecca immer gesagt, so muss es wohl sein.

Der Herr Pastor ist ein guter und kluger Mann und ein großer Wohltäter für uns, aber trotzdem kommt es mir manchmal so vor, dass wir ein leichteres Leben hätten, wenn alles wie früher wäre und normal und wir noch oben auf der Ebene wohnen würden und der Herr Pastor allein oder wie früher mit seiner ehemaligen Haushälterin zusammen, aber so ist es nicht mehr. Wir wohnen nicht mehr in dem Haus, das mein Vater gebaut hat, und es ist schon lange her, dass die Haushälterin des Herrn Pastors dick wurde und aus diesem Grund die Erlaubnis erhielt, nach England zurückzukehren.

Mit den Schiffen werden Sklaven gebracht, aber mehr noch andere Freie aus dem Norden. Wieder abreisen geht nicht so leicht, weil man dafür eine Einwilligung, eine Empfehlung, eine Genehmigung oder einen amtlichen Grund braucht.

Ich habe oft gehört, wie der Herr Pastor meiner Mutter solche Dinge erklärt hat und warum trotzdem immer mal jemand gleich mit dem nächsten Schiff der Kompanie abreisen darf. Alle Genehmigungen und Gründe kann nur der Herr Gouverneur Blackmore erteilen und billigen, weil er auf Befehl der Kompanie und des Königs hier ist und wir Untertanen des Königs sind und darum auch direkte Untertanen des Gouverneurs und zuerst ihm und durch ihn dem König treu sind, den Gott beschützen und segnen möge.

Und der deshalb auch Blackmore segnen möge, obwohl dessen richtiger Platz in der Hölle wäre, sagt der Herr Pastor einmal in der Nacht zu meiner Mutter, die sich entsetzt und anfängt zu weinen und sich die Decke über den Kopf zieht, damit wir anderen nicht aufwachen, aber ich bin wach und höre es.

Wenn ich bei Tag nach Hause komme, ist Adam oft allein und sicher im Hinterzimmer eingesperrt. Mutter und Ann sind

Yams sammeln gegangen. Bei der Arbeit braucht man immer zwei, eine hält die Stiele und stellt die Stöcke auf, um sie zu stützen, und die andere gräbt die Knollen aus der feuchten Erde und wischt mit Grasbüscheln den nassen Dreck ab.

Adam hat seit dem Verschwinden von Thomas kein einziges Wort gesagt, außer zweimal bei Nacht. Jedenfalls habe ich es zweimal gehört, als ich vom Aufzeichnungsbaum kam und noch nicht eingeschlafen war.

Vorsichtshalber stelle ich Adam immer Fragen, weil er das Sprechen ja nicht endgültig verlernt haben kann. Der beste Beweis dafür ist sein Sprechen im Schlaf.

Hast du etwas gegessen? Hörst du, Adam? Hast du noch Hunger? Haben Mutter und Ann versprochen, zurückzukommen, bevor es dunkel wird? Mit solchen und allen möglichen gewöhnlichen und leichten Fragen versuche ich es immer wieder, aber Adam scheint sie nicht mal richtig zu hören.

Eine Sache, die sich wiederholt, ist mir aufgefallen, nämlich dass Adam nur noch weint, wenn man ihn auf den Arm nimmt. Dann fängt er an zu schreien und zu weinen, strampelt, weil er runterwill, und macht sich so steif, dass zumindest ich ihn nicht mehr richtig so, wie man ein Kleines auf dem Arm hält, halten kann.

Ich habe angefangen, mir Gedanken über dieses Weinen und Runterwollen zu machen, aber nicht mit den anderen darüber geredet, und vielleicht ist es ja auch gar nichts.

NIEMAND SCHREIT SICH KRUMM, ohne dass es einen Grund und Zweck dafür gibt. Anders kann es nicht sein, beide muss es irgendwo geben. Der Grund ist weiter weg als der Zweck und versteckt. Man kann vom Grund etwas sehen, aber das Wissen über ihn hält sich verborgen.

So habe ich mir das mit Adam ziemlich klar durchdacht. Auf diese Art muss man über die schwierigen Dinge nachdenken, man muss sie in Stückchen teilen und eines nach dem anderen bedenken.

Trotzdem ist noch alles durcheinander. Ich habe versucht, es zu entwirren, aber nichts Sicheres fertiggekriegt. Warum Adam sofort anfängt zu weinen und zu schreien, wenn man ihn anfasst, das wäre wichtig zu wissen, aber das Wissen steckt noch ganz in Adam drin.

Ich glaube nicht, dass viel mehr dazugehört, schwierige Dinge zu lösen. Sie werden in Stücke geteilt, dann macht man sich Gedanken darüber, dreht sie immer wieder hin und her, und dann macht man Beobachtungen, genau wie Herr Halley es im Observatorium getan und mich gelehrt hat, es in der Araukarie zu tun.

Weil man ohne Sehen nicht zum Wissen kommt (ja, Clarke, zum Beobachter kann man jeden ausbilden, keinen Fisch und keinen Vogel, aber so dumm ist der Inselbewohner vielleicht nicht, und wenn man jemanden von Kind auf geduldig unterrichtet, dann kann das Resultat überraschend gut ausfallen, auch ein Holzkopf kann seine Stunde haben, vor allem, wenn der Klügere die Stunden wählt und zu ihnen hinführt), verbringe ich jetzt mehr Zeit mit Adam. Ich gehe mit ihm hinaus und mache auf dem Boden kindische Spiele mit ihm. Ich krieche auch auf allen vieren und ahme mit watschelndem Zwergengang den beschädigten Sklaven von Stonecraft nach. Zum Spaß füttere ich Adam mit grünen Blattraupen, weil er immer anfängt zu lachen, wenn sie sich in seinem Mund ringeln.

Ich versuche erst gar nicht mehr, ihn auf den Arm zu nehmen. So fängt er schon ziemlich bald an, hinter mir herzulaufen und mich zutraulich an der Hand zu ziehen, dass ich mit ihm spielen und Quatsch machen soll.

Der Mensch ist eigentlich ein großer Hausvogel, so wie es die Hühnerküken sind. Zuerst sind sie scheu und laufen piepend hinter ihren Müttern her unter den Habichtschutz. Dann gewöhnen sie sich und kümmern sich bald schon nicht mehr um einen, sondern holen und picken sich ihr Futter, wo sie es finden.

Ich mache immer weitere Spaziergänge mit Adam und bringe ihm auch wieder das Rennen bei. Wir rennen über Pfade und am trockenen Rand der Hochebene entlang. Andere Menschen sind fast nie zu sehen, außer weit weg auf den Anpflanzungen. Adam rennt wie ich, ich muss nur langsam neben ihm herlaufen. Wenn er müde wird, führe ich ihn an der Hand nach Hause zurück, aber ich versuche noch immer nicht, ihn auf den Arm zu nehmen. Auch das ist Teil des Versuchs.

Dann fange ich an, Adam unter Leute zu bringen. Ich führe ihn mit Zwang durch Jamestown und an das Ufer, das überhaupt keine Steilwand ist, sondern aus Kies und flachen Steinen besteht. Die Wellen schlagen dagegen und zischen beim Zurückrollen ins Tiefe und lassen die Steine klappern.

Weil Adam an die Menschen wie an das Ufer wieder neu gewöhnt werden muss. Das ist das Erste. Während er beim Rennen auf den Pfaden schon fast wieder ist wie früher, so ist er es unten und bei Fremden noch gar nicht, sondern hat Angst.

Ich halte ihn an der Hand, damit es leichter geht, aber ich mache nicht kehrt, wenn uns Menschen entgegenkommen, obwohl Adam an meiner Hand zerrt und versucht, stehen zu bleiben. So klein, wie er ist, hat er nicht die Kraft, zu verhindern, was ich geplant habe.

Gleichzeitig schaue und höre ich hin. Angeblich herrscht eine Zeit, in der wir noch genauer aufpassen müssen. Die anderen sind unruhig und bereit, habe ich gehört, als es der Herr Pastor zu Mutter gesagt hat. Es sind nicht mehr alle einer Meinung mit dem Herrn Gouverneur. Das ist ein Verbrechen und dürfte nicht sein. Aber Gott bestraft es nicht, hat der Herr Pastor gesagt und beteuert, dass alles gut ist, für uns besteht keine Gefahr, das Absenden der Beschwerdeschrift kann für den Absender nur Dank zur Folge haben. Der Gouverneur ist nicht der König, sondern bloß ein Mann der Kompanie.

Als ich Adam fest an der Hand halte und mit halbem Zwang durch Jamestown führe, sehe ich keinen einzigen unruhigen Menschen. Keiner ist auf der Hut und guckt sich nach allen Seiten um. Alles ist so, wie es immer gewesen ist.

Die schwarz gestrichene Tür der Kapelle scheint offen geblieben zu sein, und von innen quillt Dunkelheit heraus. Aus dem Magazin werden geflickte Warensäcke getragen. Hinter dem Anleger repariert der einarmige alte George Seile, und auch anderswo bereitet man Künftiges vor. Man sieht keine einzige herausgeputzte Frau, weil kein Schiff da ist.

Als ich Adam weiterführe, versucht er, stehen zu bleiben und sich umzudrehen, aber ich drücke seine kleine Hand noch fester und ziehe. So muss Adam an vielen Leuten vorbei, weil ich schon fast die Kräfte eines Mannes habe und Adam erst die Kräfte eines Kindes hat.

Am Ufer versucht Adam nicht mehr, zu entkommen. Er setzt sich hin und geht zwischendurch umher und guckt, stochert Muscheln aus dem Kies und stellt die Füße ins Wasser, wenn eine Welle weit genug nach oben schlägt.

Bei diesem einfachen Versuch sehe ich und stelle ich sicher, dass er keine Angst vor dem Meer und vor dem Ufer hat, sondern vor fremden Menschen. Das ist eine vollkommen sichere Beobachtung und erforschtes Wissen aus Adams Inneren. Ich bin richtig zufrieden mit mir, aber für das Finden der Wahrheit ist es erst der Anfang.

ICH FANGE AN, ADAM DAS SPRECHEN OHNE SPRECHEN BEIZUBRINGEN, nämlich das Schreiben, weil auch ein Stummer schreiben und durch das Schreiben sagen kann, was er sagen würde, wenn er sprechen könnte. Adam hat es gekonnt und kann es immer noch, weil ich es nachts gehört habe, aber bei Tag kann er es nicht mehr.

Ich habe ihm schon die Zahlen beigebracht und oft ausprobiert, ob er sie auch wirklich kann und nicht nur mich nachahmt. Wenn ich sieben sage, nimmt Adam sieben Steine vom Haufen, und wenn ich drei sage, nimmt er drei. Wenn ich eine 7 auf die Erde male, schaut Adam hin und weiß genau, dass er sieben kleine Steine vom Haufen klauben muss.

Die Zahlen zu können, ist leichter als Schreiben. Zahlen gibt es nur neun verschiedene, weil die 0 keine Zahl ist, sondern ein leeres Loch. Für die größeren Zahlen hängt man kleinere aneinander, so wie Buchstaben zu Wörtern, aber unterschiedliche Wörter gibt es riesig viel mehr, so viele wie Sand am Meer.

Obwohl ich ihn oft unterrichte und auf strenge Disziplin achte, scheint Adam es nicht zu lernen, nicht das Lesen und nicht das Schreiben, nicht einmal die Buchstaben, er verwechselt sie und bringt alles durcheinander, ist unruhig und bleibt nicht auf seinem Platz. Ich versuche, ruhig zu denken, dass er vielleicht doch noch zu klein und das Lesen und Schreiben normalerweise erst für Größere vorgesehen ist. Darum schlage ich ihm auch kein einziges Mal auf die Finger, auch wenn er die

Buchstaben falsch schreibt, sie sofort vergisst und verwechselt. Erbärmlich und kindisch ist es auf jeden Fall.

Denn wenn man lange genug und jeden Tag ernsthaft übt, lernt man alles, alles Wissen und alle Kunst, die es auf der Welt gibt. Das hat Herr Halley zu Herrn Clarke gesagt, und auch zu mir, weil ich danebengestanden habe und sie über mich geredet haben. So versuche ich es mit Adam, damit er wieder sprechen lernt, auch wenn er nicht laut sprechen würde, sondern schreiben, aber vielleicht ist er für alles noch zu klein.

Dass er einfach nicht mehr fähig ist, zu sprechen, kann einem Stummen wie ein Gefängnis vorkommen. Es kann ihm so vorkommen, als würde er mitten im Meer leben und käme nicht fort, obwohl er es möchte.

St. Helena ist ein Gefängnis, das der Herr Gouverneur betreibt. So haben es die Farmer zum Herrn Pastor gesagt, und der Herr Pastor hat nur still genickt, obwohl das schlimm und gefährlich gesagt war. Als der Herr Pastor zu meiner Mutter gesagt hat, dass der Gouverneur ein Tyrann ist, der glaubt, die Ländereien des Königs gehören ihm, und der von den Einwohnern verlangt, dass sie für ihn schuften, hat Mutter geflüstert, dass es jetzt besser ist, leise zu sein.

Aber wenn es nun mal eine Zwangsvorstellung ist, dass sich die Leute vermehren und man weitere Neusiedler bekommen muss, damit sie die Windseite bewohnen und an den trockenen Stellen nach Plätzen für Minen suchen, weil man Gold fast immer irgendwo finden kann, zumindest hier, wo die Sonne zwischendurch sengt und der Kies gelb ist, hat der Herr Pastor gesagt. Es ist für den Gouverneur eine Ehrensache, dass die Zahl der Einwohner nicht weiter sinken darf. Bei der Bevölkerung und bei der Stärke der Garnison muss es die ganze Zeit aufwärtsgehen, damit der Zwischenhafen der Kompanie stärker wird, als er es jetzt ist. Wenn man in England lebt, hat man wenigstens die Möglichkeit, anderswohin zu ziehen, aber hier ist der Mensch an seinen Platz gebunden, obwohl er kein Sklave und kein Diener ist.

Weder dem Herrn Pastor noch den Farmern gefallen die Siedlungspläne des Gouverneurs, weil nicht genug üppiges ebenes Land und Brennholz für alle da ist, selbst wenn man die Berge leer hacken und die Stümpfe zu Kohle und die Kohle zu Asche brennen würde. Und laut dem Herrn Pastor ist es auch noch so, dass unter den Neuankömmlingen alle möglichen Leute sein können, Träger von Krankheiten und faule Schnapstrinker, Menschenmörder und katholische Aufwiegler.

Man hat als Hilfe für den Herrn Pastor einen zweiten Kirchenmann auf die Insel geschickt, aber die entsprechende Anweisung und Mitteilung hat es nicht vor ihm hergeschafft. Der Kaplan kommt einfach mit dem Schiff an, und auch aus diesem Grund hat der Herr Pastor von Anfang an Zweifel und will ihm nicht helfen, außer dass er ihm ein Nachtlager im Amtshaus anbietet.

Der Kaplan ist ein jüngerer Mann mit wehenden und feuerfarbigen Haaren. An den Anfangstagen erforscht der Herr Pastor seine Gedanken über Gott und die Gemeinde, und bald kommt es so, dass der Kaplan ins Sandbuchttal zieht, als Seelsorger der dort Land rodenden Neusiedler, und den Herrn Pastor nie mehr aufsucht.

Ich weiß, dass der Herr Pastor von der Insel wegziehen möchte, aber die Gelegenheit dafür hat sich noch nicht ergeben. Er hat oft mit meiner Mutter darüber gesprochen, wohin sie gehen könnten oder wohin wir alle irgendwann von hier ziehen. Früher hat er vom Frieden der Provinz gesprochen, von kleinen Vögeln in den Eichen und auf den Wiesen und von Schafherden auf grünen Weiden, aber zuletzt hat er gesagt, vielleicht doch nicht in eine kleine Ortschaft, denn im Dorf kennt jeder jeden und redet schlecht hinter dem Rücken des anderen.

Und in armen Gemeinden hält das Neue immer langsamer Einzug, und jetzt bricht eine große neue Zeit an, bei der ich dabei sein will. Darum vielleicht nach London oder Southampton, vielleicht in eine der beiden Großstädte, hat der Herr Pastor versprochen und schön Mutters Hand gehalten und mit der anderen Hand ihre Finger gestreichelt.

In den Träumstunden scheint meine Mutter nichts zu bedrücken, sondern sie macht beim Ausmalen mit und fängt an, zu planen, was dort nicht alles. Dann ist sie mehr so, wie sie früher einmal war. Ich erinnere mich fast genau daran. Ich denke inzwischen oft rückwärts. Da hat man das Gefühl, dass man schon alt ist, obwohl ich es nicht bin und obwohl ich bald die Hälfte meines Lebens die Aufgaben des Aufzeichners erfüllt habe, aber nach vorne hin kommen alle Aufgaben erst, und darum muss es bis dahin noch viel mehr künftige Zeit geben.

Aber hier geht alles immer nur weiter. Nach Thomas wird nicht mehr gesucht, aber man kann ihn auch nicht einsegnen, so wie man Tote einsegnen muss. Vom Wegziehen kann man abends träumen, aber der Herr Pastor tut nichts dafür, es voranzubringen, obwohl er es vielleicht könnte, weil er noch immer ein wichtiger Mann auf der Insel ist.

Meine Mutter sieht immer mehr vom Leben enttäuscht aus. Ich weiß, wie das aussieht. Sie hat es über andere ältere Frauen gesagt, und jetzt hat sie es selbst im Gesicht. Es ist bloß eine Miene, ein Augenkneifen und ein Strich im Augenwinkel. Obwohl man das sieht, ist es eigentlich kein Sehen, sondern Wissen.

DER HERR PASTOR ERHÄLT EINEN BRIEF von Herrn Halley, nach so langer Zeit, dass er schon geglaubt hat, ein Teil seiner eigenen Briefe würde gelesen und verbrannt oder als Beweisstücke gesammelt, und das kann auch sein, weil die Post nicht mehr auf dem Anleger verteilt wird, sobald ein Schiff gekommen ist und die leichteren Lasten der Ladung von der Reede an Land gerudert worden sind, sondern die Briefe und die bestellten Waren erst Tage später im Kontor der Handelskompanie ausgeteilt werden. Das ist besonders verdächtig.

Der Herr Pastor vermutet, dass sein Tun und Reden überwacht wird, aber über so etwas kann man sich nicht sicher sein, sondern man muss auf der Hut bleiben und schauen, was man sagt. Es hilft nicht, über die Angelegenheiten der Insel zu reden und die Zustände zu beklagen, doch man kann auch nicht über Naturdinge reden, weil es sich für einen Mann Gottes nicht gehört, sich dafür stark zu interessieren, auch wenn Herr Wallis aus dem engeren Umkreis des Königs persönlich sowohl ein Mann Gottes als auch des Königs ist, aber auch Mathematiker und Löser neuer Probleme.

Erst wenn wir umgezogen sind, wird alles anders, oder fast alles, liebste Catherine, alles Wichtige jedenfalls, du wirst noch sehen, dass dieser Tag für uns kommen wird, hat der Herr Pastor zu meiner Mutter gesagt.

Letztendlich kann er niemandem außer Mutter trauen. Auch wenn die Frau von Natur aus ein schwächerer Krug ist und nicht alles Schwere und Schwierige aushält, so wie ein Mann es auszuhalten hat, und insbesondere ein Diener Gottes, hat der Herr Pastor gesagt, aber trotzdem ist meine Mutter ihm die Nächste, das hat er auch gesagt, die Vertraute seiner Gedanken und die Auserwählte seines Herzens.

Auch ich finde, dass es so gut ist, aber wenn ich manchmal richtig über das mit Mutter und dem Herrn Pastor nachdenke, über die bösen Reden, die ich mitanhören muss, sticht mich ein spitzer Dorn, und ich fange an zu zweifeln und Angst zu haben, als wüsste ich schon die Hälfte und könnte nichts tun.

Als Herrn Halleys Brief trotzdem eines Tages mit der *Barnardisto* kommt, ist der Herr Pastor auf der Stelle froh. Weil man mich doch noch nicht aus der Diskussion herausgeschnitten hat und London näher ist, als ihr glaubt, sagt er und will sofort einen Becher Wein haben, und am Abend liest er den Brief auch Mutter und Ann und mir vor, ich habe das Gefühl, vor allem mir, aber ich bin mir nicht sicher.

»An den verehrten Pastor Burch, St. Helena

Islington, 22. Okt., 1682

Sehr geehrter Herr Pastor,

Ihr werdet Euch, und zwar aus gutem Grund, bereits gewundert haben, warum ich es so lange verabsäumt habe, Euch einen Brief zu schreiben und nach der südlichen Insel unserer Kompanie zu schicken, in die Mitte des großen Meeres und der regelgemäß stetig blasenden Winde. Der Grund, welcher als solcher freilich keinesfalls völlig zu billigen und somit verzeihlich und eine Erklärung wäre, besteht in meiner üblichen wie in der vom Üblichen abweichenden Vielbeschäftigung sowohl beim Machen von Beobachtungen als auch bei deren Niederschrift wie beim Übertragen selbiger in diverse wichtige Aufsätze.

Des Weiteren gibt es in meinem Leben nach wie vor reichlich zeitraubende Vorgänge und Veränderungen. Von meiner Grand Tour nach Frankreich und Rom, die mehr als ein Jahr in Anspruch genommen hat, sind noch immer wichtige Arbeiten nicht erledigt, Briefe sind nicht verschickt worden, und es ist unterblieben, diverse englische Werke im Gegenzug auf den Kontinent zu schicken. Als besonders interessant habe ich den beidseitigen Austausch von Erkenntnissen mit Herrn Cassin vom Pariser Observatorium empfunden.

Wie Ihr Euch vielleicht erinnern werdet, hegte ich die Absicht, mich nach meiner Rückkehr baldigst zu vermählen. In dieser Angelegenheit nahm ich mir ein Beispiel an meinem guten Reisegefährten Robert Nelson, der während unseres Aufenthaltes in Rom eine höchst entzückende weibliche Person kennenlernte und infolge dieses glücklichen Ereignisses noch für eine gewisse Zeit in Rom blieb, worauf ich die Heimreise allein antrat.

Nun habe auch ich die Freude, Euch mitteilen zu dürfen, dass ich mich vermählt habe. Meine Braut Mary Tooke und ich wurden im April in der Kirche St. James am Duke Place getraut. Der Vater meiner Frau war zeit seines Lebens ein einflussreicher und hoch geschätzter Beamter und diente Ihrer Majestät als Revisor bei der Steuereintreibung. Er ist begütert und von einwandfreiem Charakter.

Ich habe uns ein Haus in Islington gekauft. Es liegt am Stadtrand, etwa zwei Meilen in nördlicher Richtung vom Zentrum entfernt, aber das Außerordentliche daran ist der Umstand, dass ich mir im Zusammenhang mit dem

Wohnhaus ein gut ausgestattetes Observatorium errichten lassen kann. Briefe an mich gehen von nun an also nach Islington, und das Haus meines Vaters in der Winchesterstraße gehört den schönen Erinnerungen an. In diesem Zusammenhang muss ich berichten, dass auch mein verehrter Vater erneut geheiratet hat. Seit dem Verscheiden meiner geliebten Mutter ist bereits ein Jahrzehnt verstrichen. Diese für meinen Vater neue und, so hoffe ich, glückliche Lebenswendung mag freilich in gewissem Maße nicht ohne Auswirkungen auf mich bleiben, insbesondere, was die Finanzierung von Instrumenten betrifft, die für mein Observatorium angeschafft werden müssen.

Im Spätsommer und Frühherbst habe ich in jeder geeigneten Nacht fleißig Beobachtungen gemacht. Neben anderen Objekten verfolgte ich mit großem Interesse einen neuen Kometen. Ich sah ihn zum ersten Mal Ende August und konnte seine Bahn noch im September in manchen Nächten messen. Ich habe gewisse Gedanken über Kometen im Allgemeinen und über diesen nun bereits aus meinem Blick verschwundenen im Besonderen, aber ich bin mir nicht sicher, ob ich sie jemals gesondert und ausführlich darlegen werde, weil man auch seine besten Gedanken zunächst mithilfe der Zeit und richtig gewählter Messwaagen testen muss.

Neue Ansichten auf neuen Gebieten scheinen bei mir neuerdings jede Woche zu entstehen, aber man muss sich mäßigen und geduldig nach Methoden suchen, um sie zu beweisen. Im November werde ich bereits sechsundzwanzig Jahre alt. Dennoch scheint mir, dass ich meine besten Jahre im Dienste des Verständnisses der Natur noch vor mir habe.

Verehrter Herr Pastor, ich will Euch die beste erdenkliche Zeit auf Eurer schönen, freilich so oft (?) von Nebeln und Wolken dicht bedeckten Insel wünschen. Übermittelt, wenn möglich, meine Grüße auch an die anderen freundlichen Menschen, die mir in vielfacher Weise in der Zeit behilflich waren, in der ich mich mit meinem Gehilfen Clarke bei Euch aufhielt. Seit die *Golden Fleece* in der Jamesbucht die Segel setzte, sind bald fünf Jahre vergangen, und in meinem Sinn verblassen die Erinnerungen an St. Helena, so wie es stets geschieht, wenn neue Dinge, Fügungen und Menschen in unser Leben einströmen. In diesem immer reißenderen Strom des Erlebens neuer Dinge nimmt jene wichtige Zeit meiner Jugend jedoch nach wie vor einen besonders bedeutenden Platz in meinem Inneren ein.

Euch, verehrter Herr Pastor, will ich für unsere vielen sehr ergiebigen Gespräche danken, die einen gewissen jungen Mann lehrten, das Leben und die Welt auch von einer Warte aus zu sehen, die den exakten Versuchen und Beobachtungen unerreichbar bleibt.

Hochachtungsvoll Euer demütiger Diener
Edm. Halley«

Nachdem der Herr Pastor uns den Brief vorgelesen hat, hält er inne, um darüber bestimmt zum wiederholten Mal nachzudenken, und trinkt einen Schluck bläulich roten Wein. Meine Mutter füllt seinen glänzend gebrannten Tonbecher, und der Herr Pastor hält den Brief zwischen Daumen und Zeigefinger und denkt über ferne Dinge nach. Dann wendet er sich mir zu.

Ja, Angus, so leben und denken die klügsten Männer unserer

Zeit. England und der Kontinent und das Sternenzelt sind für sie wie der heimische Garten. Sie müssen nicht immer am selben Ufer entlangschreiten und auf der einen schlecht gepflasterten Straße hin und her gehen, sondern sie sind frei in Körper und Geist. Gott möge die Naturphilosophie beschützen. So offen will ich es sagen, Angus. Auch du bist als kleines Körnchen mit dabei, indem du Erkenntnisse sammelst.

Es tut gut, als der Herr Pastor so redet, weil der Brief von Herrn Halley diesmal nichts über meine Aufzeichnungsaufgabe enthält, keine neuen Kalenderseiten, nichts. Das müsste er auch nicht, bis zum Jahreswechsel dauert es noch, ich denke es mir so, dass ich weitermachen muss wie bisher, wenn keine neuen Anweisungen kommen, und alles ist gut.

Meine Mutter will noch einmal den Schluss des Briefes hören und die Grüße. Der Herr Pastor liest, und danach sagt Mutter, dem Herrn Halley ist so vieles und so Großes passiert, ob er sich wohl trotzdem noch an uns erinnert.

Doch, ganz bestimmt, an seine Jugend erinnert man sich, man erinnert sich daran, wie das Mannsein gekommen ist, antwortet der Herr Pastor sofort und nickt vor sich hin und blättert die zwei Bogen Briefpapier hin und her.

Herr Halley ist für uns ein Wohltäter von jenseits des Meeres gewesen. Noch ein Jahr nach seiner Abreise hat er kleine Geschenke an Mutter und an Ann geschickt und mir außer den Seiten des Aufzeichnungskalenders zweimal echte Tinte in einer kleinen Flasche aus Glas.

Jetzt ist unser Wohltäter der Herr Pastor, der sein Eigen teilen will, damit unser Leben leichter wäre. Das hat gute und schlechte Seiten. Vielleicht sind es mehr gute Seiten, aber die Menschen auf der Totholzhochebene waren freundlich zu uns, während sich die Dinge unten noch immer nicht auf gute Art geordnet haben. Noch immer wird schlecht über Mutter geredet und als Lüge verfälscht behauptet, sie habe den Diener Gottes verdorben und mit ihren sündigen Haaren eingewickelt.

Der Herr Pastor ist ein kluger und nachdenklicher Mann. Niemand, und Mutter am wenigsten, will und könnte ihn einwickeln. Wir achten den Herrn Pastor mehr als jeden anderen auf der ganzen Insel. Früher dachte ich, der Herr Gouverneur muss der Klügste hier sein, aber ich habe so viele unschöne Sachen und Grausamkeiten gehört, dass es stimmen muss, dass unter der Haut des Gouverneurs Blackmore derselbe Major zum Vorschein gekommen ist, der an seinem vorigen Dienstort freie Männer auspeitschen ließ wie Sklaven und befahl, einem, der ihm widersprach, die Finger der linken Hand und die Zehen des rechten Fußes zu verstümmeln.

Das Erstarken des Tyrannen auf St. Helena kann der Herr Pastor nicht mehr dulden. Durch ihn spürt man die Gerechtigkeit und Güte Gottes. Gerade darum kann der Herr Pastor die Taten und Unterlassungen der anderen mit einer von Gott gegebenen Waage abwägen.

Ich möchte nicht so alt sein wie er, aber ich möchte von meiner Natur her genauso gerecht und milde sein. Früher habe ich mir gewünscht, ebenso viele Bücher lesen zu dürfen, aber jetzt ist es eine wichtige Sache und ein Traum für sich, dass ich lernen möchte, Latein zu lesen und zu schreiben, wie der Herr Pastor es kann. Dann würde ich verstehen, was in den großen Büchern gemeint ist, und die richtigen Wörter lernen.

Ein Mann Gottes, wie es der Herr Pastor ist, kann aus mir nicht werden, und auch nie ein hoher Herr, der über andere regiert, weil ich vaterlos bin und nicht aus einem großen Geschlecht, aber ich will so ähnlich werden wie Herr Halley. Als er auf den Berg stieg, um Beobachtungen zu machen, hatte er keine prächtigen, teuren Kleider an, sondern fast so welche, wie sie alle auf der Hochebene tragen. Und als er hungrig und müde zurückkam und bei uns wohnte, gab er meiner Mutter nie Befehle wie einer Dienerin, sondern sprach höflich und wie mit einer ihm Gleichgestellten zu ihr, obwohl er immerhin von der Universität Oxford kam und vielleicht über alle Dinge mehr wusste als fast alle anderen.

So ähnlich wie er im Verstand, aber so ähnlich wie der Herr Pastor in der Güte will ich werden. Sie sind meine Väter, und zum Glück sind sie Freunde, die sich gegenseitig schätzen.

* III *

Seiten vom Ende des Jahres 1683
und aus dem Jahr 1684

Auf denen berichtet wird,
wie ein Mensch in einen Sack gesteckt wird,
und von einer Zeit,
in der es keine Kalender mehr gibt.
Man muss leise leben,
aber unter dem Gewöhnlichen brennt die Erde,
bis schließlich als zeichenhaftes
Geschenk Gottes die *Berkeley Castle*
in der Bucht auftaucht.

Zum Schluss wird von Reiskörnern und
Kürbiskernen berichtet, auf die das Regenwasser
auf zwei verschiedene Weisen einwirkt,
und wegen denen ich das wichtige Prinzip
brechen muss, dass man Resultate nicht
im Nachhinein verändern darf.
Das verdrießt mich, aber spätestens
bei der Bootsmannsinsel erweist es sich
als sehr kleiner Verdruss.

VON DER BEINKRAFT HER BIN ICH EIN GANZER MANN, ich bin so viel gerannt, dass ich lange Strecken schaffe, ohne außer Atem zu kommen, und wenn man für etwas einen guten Läufer braucht, habe ich immer noch mehr Kräfte als nötig.

Wegen meiner zu Hundeläufen gewachsenen Beine bin ich bei all meinen Arbeiten zäh wie ein Eibenast oder wie ein Fassreif, der aus einem schmalen Kastanienstiel gedreht worden ist. Ich arbeite jeden Morgen vor dem Aufzeichnen, und den Rest mache ich am Nachmittag, bis es dunkel wird, weil es auf dem oben zurückgebliebenen Land viel zu jäten und zu ernten gibt.

Mehr als die Hälfte der Arbeit ist jetzt meine, weil meine Mutter sich den Arm ausgerenkt hat, als sie mit Planke und Hebelsack Randsteine auf die Umwallung hob, dabei aber die Planke von der Stütze rutschte und ihr die Hand wegschlug. Der Feldscher von Jamestown hat die Hand zurückgedreht und Mutter dabei schlimm wehgetan. Sie hat so laut geschrien, dass man es durch die Türen hindurch bis auf den Hof der Festung gehört hat. Auch danach ist die Schulter krank geblieben, und auf der Vorderseite der Achselhöhle ist eine Halbkugel angeschwollen, wie der dritte Hubbel einer Frauenbrust.

Als wir zu zweit von der Festung nach unten gingen, habe ich zu meiner Mutter gesagt, wenn ich nach dem Mittagessen keine Vögel mehr zählen würde, könnte ich mehr von unseren eigenen Arbeiten machen. An den Nachmittagen hat es sowieso schon Pausen gegeben, weil Herrn Halleys Anweisung lautet: keine Vögel zählen, wenn deine Mutter dich braucht.

Weil Mutter als Einarmige daheimbleibt, um auf Adam aufzupassen und zu erledigen, was auf dem Hof zu erledigen ist, und Essen für den Herrn Pastor und uns zu machen, habe ich als Hilfe auf der Hochebene normalerweise Ann. Alles hat sich so umgedreht, dass ich Ann jetzt sage, was zu tun ist, und sie nicht mehr frage. Wenn ich etwas noch nicht kann, gehe ich zu den Parzellen nebenan und frage diejenigen um Rat, die sich auskennen. Ann kann, was sie von Mutter gelernt hat, aber wie Ann einem etwas beibringt, ist ein bisschen wirr, und auch darum gehe ich mich bei anderen vergewissern.

Oben sind die Leute nicht schweigsam, sondern geben gern Ratschläge, und wenn Hof-Oliver noch einmal zur Feldarbeit bis auf Dennisons Parzelle kommt, hilft er zwischendurch auch uns ein bisschen.

Die Hilfe von Hof-Oliver kommt einem nicht wie die Hilfe eines Sklaven vor, und was er redet, ist auch nicht das Reden und Stillschweigen eines Sklaven, sondern das Reden eines höheren Menschen. Mir erzählt er gern von Sachen, und ich rede auch und frage, wie es anderswo auf der Welt ist.

Bevor Dennison ihn am Anleger von Jamestown aus der Ladung eines Schiffs herausgekauft hat, ist Oliver ein anderer Mann gewesen. Auf Madagaskar ist sein Schritt verkürzt worden, und man hat ihn mit gefesselten Füßen vom Schiff gebracht. Bevor der Herr Pastor ihn beim Tauffest der Sklaven in der Kapelle auf den Namen Oliver getauft hat, hat er einen ganz anderen Namen gehabt und ist so auch ein anderer Mann gewesen, weil der Mensch ist, wie er heißt.

Hof-Oliver ist ein Schatten aus seinen früheren Zeiten. Er

nennt sich selber einen Schatten und erzählt von seinen Kindern und von der großen Sippe seines Vaters und von den Häusern auf einem komischen hohen Hügel, wo das Wasser zum Gießen über einen kreisförmig gegrabenen Fluss den Hang hinauf auf die Felder befördert worden ist.

Aus jener Gegend der Welt werden die Sklaven normalerweise geholt oder Ganzschwarze aus dem Inneren von Afrika. Sie sind mit Brandeisen auf der Stirn mit rötlich grauem R, A und C markiert. Die Engländer sind schon auf Geheiß des Königs freie Männer, aber die Vorschriften und Gesetze erstrecken sich nicht auf andere Länder. Darum ist es so gekommen, dass Oliver zu seinem Unglück, aber gleichzeitig nach dem Willen des gütigen Gottes zur falschen Zeit an den falschen Ort geraten und geschnappt, zu Boden geworfen und an Händen und Füßen mit Hanfschnüren gefesselt und von seiner Heimat wegverkauft worden ist.

So kann die Bestimmung eines Menschen von einem einzigen Augenblick abhängen. Wenn die holländischen Räuber und Verbrecher mit ihren Schiffen noch einmal St. Helena angreifen, wenn der Verräter William Cox erneut die Gelegenheit erhält, mit Feuerzeichen die Landungsstelle zu markieren, können die Holländer siegen und uns alle in den Frachträumen ihrer Schiffe bis ins ferne Batavia mitnehmen. Auch darum ist es gut, wenn man wie ein Tier auf Lederfüßen davonrennen kann und die Verstecke der Insel in den düsteren Senken und oben in den Bergen kennt. Dort ist noch nie jemand gefunden worden, habe ich im Pamphlet des Herrn Pastors gelesen. Ich kann es lesen, wann immer ich will, weil ich es selbst so gut versteckt habe, dass nicht einmal der Herr Pastor wissen will, wo es ist.

Man muss für alles bereit sein. Auch wenn alles jetzt so ist, wie es ist, und wir bestimmt auf ewig siegreich sind, garantiert das nichts. Unter Umständen versammeln die Holländer oder die spanischen und französischen Papstgläubigen bereits versteckt in einer tiefen Bucht ihre Flotten und warten bloß ab.

Kein Mensch sieht wirklich in die graue Zukunft, weil zwischen dem, was jetzt ist, und dem Künftigen wie zwischen den Augen und dem Himmel immer etwas wie schmutzige Luft ist, zitternder und schwankender wasserloser Regen, der Nebel und die Flusen des Himmels. Nicht einmal in vollkommen wolkenlosen Nächten scheinen die Augen bis in die Tiefe zu reichen, wie sie es ansonsten könnten, auch wenn man noch so mit den Fingerspitzen auf die Augenwinkel drückt und die Haut straff zieht.

Seine eigenen Tage kann man ein kleines Stück vorausplanen, aber die Taten von Fremden normalerweise nicht einmal erraten. Darum kann man einfach nicht voraussehen, wer sich plötzlich in einen Feind und Übeltäter verwandelt.

OBWOHL ICH, DER TOTHOLZ-ANGUS, von der Beinkraft her ein ganzer Mann bin und vor jedem davonrennen und die Verfolger in die Irre führen könnte wie eine Ziege die Hunde und mich in den Dornbuschsenken zwischen den Höhenzügen verstecken könnte, sodass kein einziger Fremder mich finden würde, nicht bei Nacht und nicht bei Tag, bin ich von der Kraft in den Armen her Angus, und wegen der Schwäche meiner Armkraft passiert es, dass ich eines Nachts ungewollt und durch Zwang in eine schlimme Lage gerate.

Ich werde auf dem Weg zum Aufzeichnen meines Himmelsstücks ergriffen. Ein grober Jutesack wird mir über den Kopf gezogen, die Hände werden mir schmerzhaft an den Daumen auf dem Rücken gefesselt, an den Schultern und am Rücken werde ich in eine Richtung gestoßen, man zerrt mich vom Laufweg und befiehlt mir, schneller zu machen, obwohl ich es, ohne zu sehen, nicht kann, sondern mit den Zehen gegen Steine stoße und stolpere.

So geht es eine lange Strecke weit. Die dunkle, schweißige Haube über den Augen riecht nach alten Yamswurzeln. So ist vielleicht auch Hof-Oliver von seiner Heimat wegentführt worden und Thomas weg von uns. Ich höre, dass es mindestens zwei Männer sind, durch das Rascheln werde ich mir über die Stimmen nicht ganz klar und erkenne nicht, wer sie sind. Ich traue mich nicht mehr, zu schreien, und nicht einmal, zu reden, weil mir gleich beim ersten Mal mit der Hand der Sack auf den Mund gedrückt worden und gedreht worden ist, dass es Wangen und Nase verschrammt hat. Ich halte die Augen geschlossen, damit keine trockene Erde hineinrieselt, und versuche möglichst schnelle Schritte zu machen, aber ich passe auf, dass ich den vorderen Fuß nicht direkt mit vollem Gewicht auf den Boden setze, damit ich nicht auf schlimme scharfe Brocken trete.

Die Richtung weiß ich nur ungefähr durch den Wind und den Aufstieg. Wäre ich blind, wäre es immer so. Wäre ich taub, würde ich nicht hören. Wären die Beine abgehackt, könnte ich nicht gehen.

Lange geht es in fast dieselbe Richtung, bevor ich durch den Sack das Brausen des Meeres direkt unter mir höre und zwischen den Geräuschen der Wellen, wie die Steine zurückrollen. Ich werde an den Schultern gestoßen und an den gefesselten Händen grob festgehalten, sodass die Schnur in die Daumen schneidet.

Dann werde ich mit einem Wisch auf die Erde geworfen und an den Füßen gepackt, und man zieht mir den Sack vom Kopf, schiebt mich über den Rand des Abgrunds, hält mich aber an den Füßen fest, sodass ich mit dem Kopf nach unten über der Leere hänge, und unter mir donnern im Dunkeln die großen Wellen, am Ufer poltert es, und ich hänge da und schreie, so laut ich es in der schlimmen Haltung kann.

Ich fange an zu weinen und bitte darum, wegzudürfen. Die Männer drehen mich um und lassen mich so an den Beinen hängen, dass ich nicht einmal den Abhang und den Felsen vorm Gesicht habe, sondern nur leere Finsternis und vollen Wind.

Ich schreie, dass ich alles tun werde, und ich weine und zittere. Sie ziehen mich nach oben, mein Rücken schleift und schabt über den Stein, die Augen werden mit dem Sack verhüllt.

Ich schlottere von innen heraus, als würde ich mit Fieber daliegen, obwohl ich an einem Abhang liege und Wind geht und es kalt ist. Pisse rinnt mir in die Hose und aufs Hemd.

Der eine Mann beugt sich über mich und sagt mit verdeckter Stimme, so wird es jedem von euch ergehen, einer nach dem anderen wird hinunterfallen und verschwinden, als Nächstes ist der andere Bankert dran. Niemand von euch wird in geweihter Erde begraben werden, sondern ihr werdet auf den Steinen zerfetzt werden, und die Vögel und die Haie werden euch fressen, ihr kommt nicht in den Himmel, sondern in Stücken in die Hölle, und werdet auf heißer Kohle verbrannt. Das kannst du Burch ausrichten, sag Burch, dass jetzt Schluss ist mit den Umtrieben, dass dies die letzte Warnung ist, sag ihm das, oder du wirst noch vor deinem Bankertbruder im Sack im Meer landen.

Dann binden sie mir die Beine angewinkelt fest und ziehen den Sack ganz über mich, sodass ich darin stecke wie ein Ferkel, das an einen anderen Ort geschafft werden soll.

Die Männer gehen wohl weg, Schritte entfernen sich. Ich kann mich kaum bewegen, ohne dass es an den Daumen wehtut.

Lange Zeit vergeht, allmählich wird es Morgen. Ich sehe Licht durch den Sackstoff. Langsam erkenne ich die Farbe meiner Kleider. Im Sack ist ein Loch. Ich drehe mich so, dass ich ein Auge vor das Loch bekomme. Man sieht den Rand des Abgrunds und zwischen Steinen hindurch aufs blaugraue Meer. Ich verdrehe mich noch ein bisschen mehr, und das Loch im Sack verschiebt sich. Man sieht den Wachweg, von dem man die Steine am Rand aufgeschichtet hat.

Als die Morgenrunde kommt, sehen die Soldaten den Sack. Ich sehe die Soldaten durch das Loch. Sie kommen vorsichtig näher und halten die Musketen vor sich, sodass ich mit meiner Menschenstimme rufe, damit sie mich nicht für die *Banshee* in ihrem Sackgewand halten und schießen. Über dem Rand ist die Sonne von früh an heiß, jedenfalls kommt es einem so vor, wenn man in schlimmer Haltung auf den Steinen liegt und Jute voller Erde über sich hat.

MEINE AUFGABE ALS AUFZEICHNER wird schwierig und hört beinahe halb auf, weil Herr Halley keinen neuen Kalender schickt. Von Herrn Halley kommt keine Post mehr, und der Herr Pastor traut sich nicht, ihm Post zu senden, weil sie schon in Jamestown geöffnet werden könnte, und darum habe auch ich Herrn Halley keine neuen Beobachtungen auf den Kalenderlisten schicken können. Mit keinem einzigen Schiff kommen für den Herrn Pastor Briefe aus England, von niemandem, außer von seinem Bruder, der nach dem Tod seines Vaters zum Propst in seiner Heimatgemeinde ernannt worden ist.

Zuerst weiß ich nicht, was ich tun soll, weil das Leben kompliziert wird. Ich könnte die Januar- und Februartage weitermachen, so wie sie nach Weihnachten kommen, und dann auch die Märztage, so wie sie über den Jahreswechsel hinweg weitergehen, sodass der vierundzwanzigste Tag im März das Jahr 1683 ist, aber der fünfundzwanzigste Tag schon das Jahr 1684, aber ich bin nicht sicher, ob die Jahre so vollkommen gleich sind, dass das eine die Verlängerung des anderen ist, und ob die Jahre für Herrn Halley und den Herrn Pastor gleich sind, weil der eine ein Diener der Naturphilosophie und der andere ein Diener Gottes ist. Ich könnte den Herrn Pastor um Rat fragen, aber das will ich nicht, weil es sein könnte, dass er falscherweise glaubt, ich würde Gottes Kalender anzweifeln.

Darum weiß ich nicht, ob die Aufzeichnungstage noch richtig sind oder ob sie sich schon ineinander verheddert haben.

Wenn ich mich draußen bewege, bin ich vorsichtig und ziemlich scheu, von hohen Stellen schaue ich immer auf den Weg vor mir. Bei der Feldarbeit oben muss ich mich ständig umdrehen und die Hochebene auf den Seiten und hinter mir im Auge behalten. Ich sage Ann, sie soll mich sofort warnen, wenn zum Beispiel weit weg seltsame Menschen zu sehen sind.

Aber gleichzeitig passe ich doch nicht auf. Wenn mir die Arbeit Zeit lässt, halte ich mich absichtlich in der Nähe von Männern auf, die ich nicht richtig kenne. Ich trete wie aus Versehen neben sie, wenn sie Säcke aus dem Magazin tragen, damit ich an der Stimme erkenne, wer mich verschleppt und mir gedroht hat, mich vom Steilhang fallen zu lassen, aber ich erwische die richtigen Männer nicht, und zu den neuen Rodungen auf der Windseite darf ich nicht gehen, weil das abgelegene Orte sind.

Wir müssen alle viel mehr auf der Hut sein als zuvor. Adam darf nicht mehr allein gelassen werden, doch der Herr Pastor hat auch uns anderen verboten, weiter als bis zu den Anpflanzungen zu gehen. Nicht einmal er selbst macht noch Hausbesuche außerhalb von Jamestown und dem Kapellental, und er geht auch nur tagsüber, wenn andere Menschen unterwegs sind.

Er kann es sich nicht leisten, einen treuen und starken Wachdiener einzustellen. Darum müssen wir unsere eigenen Wächter sein. Die Türen und Fensterläden beider Häuser im Zweihäuserhof werden über Nacht mit Riegeln und Seilschlaufen verschlossen, und wir schlafen alle dicht beieinander im Hinterzimmer.

Selbst wenn ich einen neuen Kalender hätte, könnte ich mit dem Vermerken der Sterne nicht weitermachen, weil der Herr Pastor und meine Mutter mir verboten haben, im Dunkeln über die Hochebene hinauf zum Aufzeichnungsbaum zu laufen. Mit den Nächten ist der wichtigste Teil meiner Aufgabe weg, aber mit dem Vormittagszählen der Vögel versuche ich trotzdem weiterzumachen, weil ich die Erlaubnis von meiner Mutter bekomme, denn sie weiß, dass es eine wichtige Arbeit ist, zu der mich Herr Halley ausgebildet hat. Darum renne ich von den Anpflanzungen immer noch zur Araukarie hinauf, obwohl ich die Summen der Kerne und Körner nicht an den richtigen Tagen eintragen kann.

Zuerst habe ich es so geplant, dass ich einen eigenen Kalender aus den nacheinander folgenden Tagen mache und die Summen darin eintrage, aber dabei könnten Fehler entstehen, die sich wiederholen, und dann würde am Ende des Jahres keine genaue Zahl mehr zutreffen. Wenn es in den Monaten des neuen Jahres auch nur eine etwas andere Anzahl von Tagen gibt, als ich glaube, oder eine andere Anzahl als im Heiligenkalender des Herrn Pastors und Gottes, dann könnte man eine fehlerhafte Zahl und falsche Rechnungen nicht vermeiden, und das ist dann kein genaues Sammeln von Wissen mehr, und gerade bei diesem Sammeln will ich als kleines Teilchen bei Herrn Halley dabei sein.

Darum mache ich es so, dass ich die Kürbiskerne und Weizenkörner und alle anderen Hilfsmittel der Aufzeichnung in eigenen Aufbewahrungsfächern in einer Holzschachtel mit Deckel sammle, die Fächer aber nicht jeden Tag leere und die Summen nicht aufschreibe. Ich lasse sie in ihren Fächern und schütte immer neue dazu. So kann ich immerhin sicher sein, dass ich am Ende des Jahres alle Vogelmengen zusammenzählen kann, und wenn Herr Halley doch noch mitten im Jahr neue Seiten schicken sollte, kann ich sofort den nächsten leeren Monat ausfüllen und in die Erklärungen schreiben, dass die bisherigen hohen Zahlen die Gesamtmengen aus der ganzen fehlenden Zeit bedeuten. Herr Halley wäre zufrieden und würde mich vielleicht sogar für die gut überlegte richtige Lösung loben.

So weiß ich, was ich tun muss, und fange damit an. Von da an bin ich mir wieder sicher, dass ich zumindest meinen Tagesauftrag erfüllen kann, aber die Nachtaufgabe kann ich beim besten Willen nicht mehr erfüllen, obwohl das Hingehen in mir drinsteckt. Ich darf nicht einmal so lange wach bleiben und draußen warten, damit ich in der Dunkelheit des Untertals meinetwegen bloß neben dem Haus den Moment beobachten könnte, in dem die Sterne sich auf ihre Plätze drehen.

Der Himmel ist vielleicht genau gleich, ob man von oben oder von unten im Tal in der gleichen Richtung auf ihn schaut. Wenn man die Sterne ebenso scharf durch eine ebenso kleine Öffnung, wie Herr Clarke sie mit dem Messer in die Äste geschnitten und von Trieben frei gehalten hat, sehen würde, könnte ich die Nächte von unten auch ohne Kalender aufzeichnen, aber das geht nicht, weil ich nicht die Erlaubnis habe, wenigstens ein Mal lange genug auf- und draußen zu bleiben.

Denn wenn es dunkel wird, schließen wir uns im kleineren Haus ein, und davor ist es nicht annähernd die richtige Stunde und so schwarzdunkel, dass man auf dem Schwarz und dem Dunkel auch die blassesten Sterne erkennen würde. Und die geringsten Himmelslichter sieht man in der Dämmerung nicht einmal so gut wie die Sterne, also gar nicht, weil beinahe erst die Mitternacht sie gleichzeitig aus der Tiefe nach oben bringt.

DIE ABGESCHLOSSENEN NÄCHTE IN EINEM SO DUNKLEN ZIMMER sind heiß und stickig. Durch die fest verschlossene Fensterluke wechselt die Luft nicht, und oft ist es sogar schwer, einzuschlafen, weil der Herr Pastor Laute von sich gibt und im Schlaf röchelt. Ich liege auf meinem Platz, versuche mich nicht zu bewegen und denke an den Tag und an alle Tage.

Obwohl es zuerst vollkommen finster ist und ich überhaupt nichts sehe, weiß ich, dass es, sofort nachdem ich eingeschlafen bin, schon Morgen ist. Wo geht man in der Zwischenzeit hin, und wo ist man gleich nach dem Einschlafen und während des ganzen Schlafens? Manchmal, wenn man mitten in der Nacht aufwacht, hat man das Gefühl, anderswo zu sein, und am nächsten Morgen erinnert man sich an Teilchen von den fremden Orten. Über so etwas kann man nachdenken, aber nur über sich, weil ich über das Schlafen der anderen mit Sicherheit weiß, dass sie nirgendwo hingehen, sondern auf ihrem Stroh und ihren Matratzensäcken liegen bleiben. Der Herr Pastor hat die Hand in Mutters Haaren und Ann normalerweise den Mund offen, so wie ein hungriges Küken, weil ihr nachts die Nase zugeht und es leichter ist, durch den Mund zu atmen.

Manchmal sehe ich früh am Morgen die Gesichtsausdrücke, wenn ich vorsichtig den Laden aufmache. Ich halte die Hand in die Fensteröffnung, und immer ist es so, dass die kalte und frische Luft von unten kommt und die warme und stickige oben abzieht. Auch dafür muss es einen Grund geben, und nach dem Grund wüsste jemand die Erklärung dafür.

Wir schlafen in der Reihenfolge, dass der Herr Pastor an der Wand liegt. Dann kommt Mutter, dann Adam zwischen Mutter und Ann, und dann komme ich an der anderen Wand. Ich schlafe auf der Seite, da habe ich mehr Platz, und die Wand ist auch nach heißen Tagen kühl an der Stirn und manchmal kalt.

In der Nacht denke ich im Dunkeln durch das Dachholz hindurch an den Himmel und an die Sterne, die über den Himmel ziehen und von denen man im Zimmer nichts sieht, aber über dem Dach ziehen sie ihre Bahn und kümmern sich nicht um uns. Selbst wenn es ganz bewölkt wäre, wären sie da. Sie wechseln in der Nacht die Plätze, aber jeder bewegt sich gleichzeitig mit den anderen, sodass man immer denselben neben demselben findet, ob es vor oder nach Mitternacht ist.

Nur die Planeten haben ihre eigenen Routen. Herr Halley hat mich gelehrt, sie zu finden und von den gewöhnlichen Sternen zu unterscheiden, von denen es schrecklich viele gibt, aber Planeten (sie blinken nicht, daran erkennst du sie am besten, Angus) gibt es nur fünf, und sie wandern auf ihren eigenen Wegen zwischen den anderen.

Im verschlossenen Zimmer schläft man nicht gut und leicht ein. Die Wände und die Decke und der dichte Fensterladen verdunkeln alles zu einer schwarzen, drückenden Haube. Ich möchte ihr schneller entkommen, damit schneller ein neuer Morgen kommt und man wieder mit den Augen sehen kann.

Den von innen vor die Haustür gelegten Riegel darf man während der Dunkelheit nicht öffnen, und morgens sieht man die Sterne nicht mehr, weil sie unter dem Licht verschwunden sind, außer der Venus, wenn sie zufällig der Morgenstern ist. Nur sie kann ich noch sehen, wenn die Sonne schon aufgegangen ist, weil sie als Einzige so glänzend und klar ist, dass der Sonnenaufgang sie nicht sofort überdeckt. Ich erkenne sie auch im Morgenlicht noch lange, selbst wenn die anderen an derselben Stelle nichts mehr sehen. Vielleicht ist niemand sonst auf der Insel fähig, die Venus und die Sonne gleichzeitig zu sehen.

Herr Halley hat die Sonne einen Stern unter anderen Sternen genannt und die Erde als genau so einen Wandelstern bezeichnet, wie es die am Himmel sichtbaren Planeten sind. Obwohl ich mir fast sicher bin, dass Herr Halley über alles fast alles weiß, weiß er das vielleicht doch nicht, denn der Herr Pastor hat es anders gesagt (weil alles in der Bibel, jede einzelne Zeile und jedes Wort, die reine Wahrheit ist, die gute Botschaft und Lehre Gottes des Allmächtigen an uns, Angus, mein Junge). Darum weiß ich, dass Gott die Erde zu einer anderen Zeit erschaffen hat als die Sonne und den Mond und zu einer anderen Zeit als die Sterne. Ich habe gelesen, in welcher Reihenfolge alles passiert ist. An den ersten Tagen hat Gott die Leere beseitigt und den Himmel und die Erde schon ziemlich fertig gemacht. Erst am vierten Tag hat Gott die Sonne eingesetzt, damit sie den Tag erleuchtet, und den Mond, damit er die Nacht weniger als die Sonne erleuchtet, und über die Sterne steht geschrieben, dass Gott sie später als die großen Lichter am Firmament befestigt hat, vielleicht also in der Nacht des vierten Tages. Wegen dieser Reihenfolge im Tun Gottes kann die Erde kein Wandelstern sein, weil sie nicht am Himmel ist, und die Sonne kann kein Stern sein, weil sie bei Tag zu sehen und riesig ist.

Dass der Herr Pastor und Herr Halley unterschiedlicher Meinung über die Sonne und die Erde sind, ist überhaupt nicht angenehm. Ich kann nicht wissen, wer von beiden recht hat, oder ob es so ist, dass sie beide recht haben, aber der eine mehr als der andere.

Es kann mit meinem Schlafplatz an der steinernen Wand zu tun haben, dass ich am Anfang der Nacht nicht einschlafen kann wie die anderen, sondern denken und lauschen muss. Oft passiert es, dass ich höre, wie Mutter versucht, nicht zu weinen, ihr aber Schluchzer und längere Seufzer entweichen. Ich versuche regungslos dazuliegen, damit sie nicht weiß, dass ich wach bin und sie höre.

Auch noch nachdem die Gedanken weniger geworden sind und man eingeschlafen ist, wacht man aus einem dünnen Schlaf immer leicht auf, und dann fühlt man sich erst recht zerfleddert und liegt von Neuem wach. Die Schlafgeräusche der anderen stören, und dann stehen Mutter und Ann auch noch jede Nacht mindestens einmal auf und setzen sich im Dunkeln aufs Nachtgeschirr, und oft schrecke ich davon hoch, dass Adam im Schlaf anfängt zu wimmern. Davon werde ich voll und ganz wach, weil Adam tagsüber noch immer nicht spricht und meistens nicht einmal zu hören scheint, aber das Nachtsprechen beweist, dass er nicht stumm und nicht taub ist.

Es sind normalerweise nicht viele Nachtworte und nur solche, die man nicht versteht. Wichtiger ist, dass aus Adams Mund überhaupt eine Sprechstimme kommt, dass er nicht mit Stummheit geschlagen ist, wie Mutter manchmal sagt, dass man ihn auf den Hals geschlagen haben muss, sodass die Stimmstelle abgebrochen oder abgefallen ist.

Ich weiß es nicht, aber vielleicht gibt es so eine Stimmstelle am Menschen nicht. In den Kehlen der Vögel und bei anderen Tieren kann es eine geben, weil sie fast nur einen Laut haben, aber der Mensch kann alle möglichen Laute. Hätte der Mensch eine Stimmstelle, hätte er nur einen Laut, aber weil er zum Beispiel das Miauen einer Katze nachahmen oder viele Lieder singen oder schreien und kreischen und brummen kann, alles aus demselben Mund und demselben Hals, kann das einfach nicht sein.

Gott hat den Menschen anders gemacht als die Tiere, aber auch die Tiere sind untereinander verschieden. An einem Vogel, der aus seinem Busch flattert, ist eigentlich nichts gleich wie an einer schwarz gestreiften Katze, weil die Katze sonst mit ihren Flügeln den Vogel fliegend einholen würde, und das fingergroße Junge des fliegenden Fischs ist gegenüber der dicken Haut einer Muttersau nur ein kleines, erbärmliches Stück aus ganz anderer Haut.

Gott hat die Meerestiere und die Vögel an anderen Tagen erschaffen als die Landtiere und den Menschen, zuerst am fünften Tag die Fische, die anderen großen Meerestiere und alle geflügelten Vögel und dann nach einer Nacht am sechsten Tag das Vieh, die Kriechtiere und die Raubtiere des Landes. Am selben Nachmittag hat Gott dann vielleicht den Menschen erschaffen.

In der Bibel wird befohlen, dass der Mensch über die Fische im Meer, die Vögel des Himmels und das Vieh und alles, was auf Erden kreucht, herrschen soll, also über alle Tiere, die sich bewegen oder zwischendurch reglos sind wie die Schildkröten. Ich habe es mir so überlegt, dass über sie herrschen vielleicht nicht heißt, dass Gott die Tiere als Diener des Menschen geschaffen hat, denn auf welche Weise dienen die Fregattvögel oder die roten Ameisen dem Menschen? Oder manchmal, wenn man im Meer die Rücken von Walen und ihren Blasnebel sieht, fragt man sich, wie jemand einen solchen felsinselgroßen Brocken in seinen Dienst zwingen soll.

Über die Sache mit den Tieren habe ich nur ein Mal mit dem Herrn Pastor gesprochen, aber da war er gereizter Stimmung und schlug mir mit dem Spazierstock schmerzhaft auf die

Hände. Er hat gesagt, und zwar nicht so sanft wie sonst immer, dass Gottes Wort in der Bibel steht und es dazu nichts zu fragen, nichts hinzuzufügen und nichts abzuziehen gibt, jedenfalls nicht für mich, weder bei den Tieren noch bei den Befehlen, sondern dass alles befolgt werden muss.

So ist es bestimmt, und ich will kein Abtrünniger und kein Zweifler sein, aber es kommt einem alles Mögliche in den Sinn, wenn man Zeit hat, für sich zu sein. Das bin ich mittlerweile am liebsten, es ist besser, meistens allein zu sein, damit ich mich auf die Aufgaben konzentrieren kann, die man mir gegeben hat. Auch wenn die wichtigere davon vorübergehend behindert wird, kann ich mich doch auf den Moment vorbereiten, an dem ich mit dem Verzeichnen der Sterne weitermachen kann.

Obwohl ich nicht über den Rand des Untertals hinausgehen dürfte, außer zur Feldarbeit und wegen meiner Vogelaufgabe, gehe ich trotzdem los, auch über den Rand hinaus. Klettern, um zu schauen, ist schon deshalb wichtig, damit die Augen nicht von sich aus schwächer werden, nachdem das genaueste Gucken in der Nacht aufgehört hat. Jetzt muss der Tag auch für die Nacht die Augen bei Übung halten.

SO BIN ICH ZUFÄLLIG WEIT OBEN und sehe, wie ein Schiff von Nordosten her um die Zuckerhuthalbinsel herum auf uns zusegelt.

Im selben Moment weiß ich, wenn es gleich bis vor Jamestown kommt, werden die Zeit und alle Dinge anders sein. Woher kann man das wissen? Beides kommt mir gleichzeitig in den Sinn. Dass ich es weiß und woher man es wissen kann. Ich sehe nicht einmal, ob das Schiff eines von uns ist oder ein feindliches. Kann man im Voraus etwas richtig befürchten? Warum sieht man von einer hohen Stelle aus besser und außerdem weiter, sodass man den nächsten Tag kennt? Wie kann das sein, und ist es überhaupt in den Augen oder drinnen im Kopf oder in der Seele, weil man dort die Schrift Gottes trägt?

Der Mensch ist eine Schreibtafel. Wenn er so klein ist wie Thomas, ist er noch ziemlich leer und rein von allen falschen Dingen, mit denen er sich später beschmutzt.

Über so etwas denke ich nach, während ich regungslos dasitze und gleichzeitig mit den Augen übe, damit sie sehender werden als bei jedem anderen. Das ist eine meiner Aufgaben. Wenn ein Mensch eine Aufgabe für sich und in seinem Leben haben will, kann Gott sie ihm geben. Er kann solche Bitten erfüllen; man muss nur demütig bitten und nicht fordernd und selbst üben, was man will, und zwar mehr als jeder andere. Dann weiß auch Gott, dass ich, der Totholz-Angus, das mit den Augen ernst meine.

Als das kreuzende Schiff näher kommt, sehe ich, dass es zur Kompanie gehört, ich erkenne seine Flaggen und den Mast und die acht Segel. Es fährt leicht und hoch, sodass es nicht mit schwerer Ladung aus dem Osten kommen kann, sondern wahrscheinlich über Zwischenhäfen direkt aus Mutter-England.

Als es über die Rupertsbucht an den Rand von Jamestown gelangt, kann ich die Farben und die Männer an Deck als Punkte erkennen. Von nun an weiß ich alles, als würde ich es schon sehen. Eine Stelle im Magen ballt sich zusammen und tut weh. Wie kann sogar der Magen alle schrecklichen Dinge im Voraus wissen?

ANN HÄTTE ALLEIN nirgendwo hingehen dürfen. So heißt es später, meine Mutter sagt es, der Herr Pastor sagt es. Ich sage nichts laut, aber ich denke, dass das Gehen nicht ganz Anns Schuld ist, weil das Gehen fertig in einem drinsteckt. Auch ich gehe, obwohl ich nicht gehen darf. Ann kann nicht immer bloß auf Adam aufpassen. Und auch nicht die ganze Zeit darauf warten, dass wenigstens irgendetwas passiert, oder immer und immer wieder die gleiche Hofarbeit machen, was wenig ist, weil es zwischen zwei Häusern nicht so viel Wichtiges gibt, dass es für die ganze Zeit reicht. Man kann die Hühner nicht viele Male füttern, und den Schweinestall soll man nicht zu oft sauber machen und die Streu wechseln, weil die Muttersau sich auch auf feuchter Streu wohlfühlt, und nicht immer hat man zur Abwechslung die Feldarbeit oben auf der Parzelle.

Aber es stimmt, dass Ann dummerweise allein zum Gucken in den Hafen gegangen ist. Die *Loyal Eagle* ist schon auf Reede bereit gewesen, ihre Fahrt fortzusetzen, aber ein Teil der Besatzung noch an Land und betrunken. Auf dem Anleger waren auch andere Frauen, so wie immer welche von ihnen dort herumstehen, wenn es etwas Besonderes gibt. Einige suchen ihr Glück, weil sie von der Insel wegwollen, einige kommen in Begleitung der anderen, und manche drehen sich nur hin und her und lächeln die Fremden an, aber Ann ist nicht so eine und will vielleicht nicht einmal weg von hier.

Ann ist eigentlich schon erwachsen, wenn auch unnötig

langsam, und hält bei der Arbeit immer wieder an, sodass sie auf diese Art eigentlich mehr ein Kind ist als ich. Mutter muss Ann zweimal mehr Befehle und Ratschläge geben als mir, weil ich die Sachen schon durch Kleinigkeiten verstehe und sofort weiß, was Mutter befiehlt und will, aber Ann ist eine hoffnungslose Schlafmütze und kann eigentlich nichts von alleine anfangen, sich nicht einmal ganz um sich selbst kümmern.

Darum geschieht es, dass Ann irgendwo hinter dem Magazin geschändet wird. Ich passe auf Adam auf, als Ann kommt und an ihren Kleidern kaputte Stellen sind, Ann hat geweint, und am Mundwinkel hat sie getrocknetes Blut.

Sie fängt sofort an, noch mehr und laut zu weinen, sobald die Tür hinter ihr zu ist. Ich frage sie natürlich, weil ich erschrocken bin, aber sie geht auf mich los und versucht, nach mir zu schlagen, und beschimpft mich als Balg und befiehlt mir, still zu sein und keine Fragen zu stellen. Ich darf nichts sagen, aber ich darf Feuer machen und Wasser kochen und es ins Zimmer bringen. Dann darf ich in den Hof gehen, und Ann wäscht sich und lässt Wasser in den Nachttopf laufen, ich stehe an der Wand und höre alle Waschgeräusche durch die Fensterluke, alles ist schlimm und schmutzig, Gott ist nicht hier.

»AUFZEICHNUNGEN BETREFFS DER GLAUBENSVORSTELLUNGEN UND ZWEIFELHAFTEN SITTEN DER FRAUEN IN SÜNDHAFTEN DINGEN

Dies erzählte mir Catherine. Ich habe es nicht über mich gebracht, sie deswegen zu tadeln. Ihre Kinder liegen ihr am Herzen, und sie hat Kummer mit ihnen gehabt.

Catherine erzählte, sie bringe ihre Tochter zur Quelle in der Bruchweidensenke, ich habe sie nicht unterbrochen und es ihr nicht verboten, sie erzählte es so:

Dort hat man bei Mondschein Gold gesehen, bei Tag ist da ein grüner Deckel, unter den man nicht blicken kann. Wer traut sich bei Nacht hin, niemand als eine Hexe. Ich bringe Ann am Morgen hin, bringe sie ziemlich bald eines Morgens hin, kann sein, gleich morgen, wenn sie kann, dann muss sie vom Wasserdeckel Fischlaich essen, dann zieht sie sich aus und legt sich ins Wasser, dreht sich rückwärts und vorwärts und schiebt mit der Hand Wasser in sich hinein, dann geht der Dreck des Mannes weg und fängt nicht an zu wachsen. Wenn sie sich erbricht, nachdem sie gegessen hat, ist das gut. Wenn sie grünen Schleim bricht, ist das gut. Wenn sie bloß Wasser bricht, muss sie mehr trinken und mehr von dem Laich und der Schicht auf dem Wasser essen und was alles auf der Quelle wimmelt und sich regt.

Wenn die Sonne richtig durchscheint, sieht man die Goldkörnchen auf dem Grund, aber die kann man mit den Händen eines Menschen nicht sammeln, das wissen alle. Die Hände der Hexen haben Haken an den Nägeln. Es schaudert einen, wie sie den Schleim vom Grund kratzen und den Sand von den Nägeln saugen, da hängt das Gold dran, dünner als der Sand.

Wenn die Hexen in der Senke warten, ist es egal, ob es Nacht oder Tag ist, aber die Nacht ist am schlimmsten und der Morgen am besten. Zur Sicherheit nehme ich herausgerissene Seiten aus dem Andachtsbuch im Lederbeutel mit, die behalte ich unter dem Hemd und halte Wache, wenn Ann ins Wasser geht und das Grüne trinkt und die Schicht auf dem Wasser und kleine Quappen isst und mit der Hand Wasser in sich hineinschaufelt und sich wäscht und reibt, bei Sonnenlicht trauen sie sich nicht, nahe zu kommen, sie gucken nur aus ihrem Versteck am Hang der Bruchweidensenke.«

JETZT MUSS MAN richtig still sein, damit sich keine falsche Aufmerksamkeit auf uns richtet, und darum kann man nicht verlangen, dass Anns Fall behandelt wird, auch die Sache mit dem Sack darf keine Aufmerksamkeit mehr erregen oder stören oder aufregen. Nie ist die richtige Zeit, aber bald wird sie kommen.

Der Herr Pastor und meine Mutter reden so Tag für Tag und haben Angst. Der Herr Pastor hat sogar mehr Angst als Mutter und versucht, so zu reden, dass Mutter nicht in Anns Angelegenheit ins Kontor der Kompanie geht, um Aufklärung zu verlangen und dass der richtige Mann zur Rechenschaft gezogen wird. Es ist dann auch schnell zu spät dafür gewesen, weil die *Loyal Eagle* schon am zweiten Tag mit dem Zimmermann davongesegelt ist.

Die Nächte werden zu unruhigen Wandernächten. Manchmal hört man draußen die Rufe, Schritte, das Gepolter und Gerede von Betrunkenen, aber die schnauzenden Rufe können auch Befehle an Soldaten sein.

Tagsüber werden die Häuser und ihre Umgebung kontrolliert. Die Briefe, die von der Insel abgehen, werden untersucht, weil der Herr Gouverneur nicht will, dass Informationen bis nach London vordringen.

Das mit Anns Schändung ist mitten im Großen etwas Kleines, und es wird nicht mehr darüber geredet. Über solche schwierigen Erwachsenendinge spricht man nicht, aber manchmal ist der Herr Pastor immer noch gezwungen, meiner Mutter die unerforschlichen Absichten des Allmächtigen zu erklären.

Ich weiß jetzt, dass Gott nicht alles beabsichtigen kann, er kommt gar nicht dazu. Zwischen dem Menschen und Gott kann ein fremder Mensch stehen, in dem nicht Gottes Absicht steckt, sondern die Intrigen des Satans. Gott hätte nicht zugelassen, was Thomas zugestoßen ist, und auch Ann ist nicht den Weg der Vorsehung gegangen, sondern wurde verführt, der Satan hat sie verführt, und der Verführer des Satans war der einäugige Zimmermann.

Lange bleibt alles wirr, und die Absichten der Menschen kommen nicht voran. Der Herr Pastor betet immer öfter im Hinterzimmer auf den Knien, aber ich glaube nicht, dass Gott ihm erzählt, wie es richtig wäre, denn nie macht er danach die Tür mit Gewissheit und mit Licht im Gesicht auf.

Seltsamen Betrieb hört man in den Nächten viel. Durch das Dunkel erkennt man die Fremden nicht, auch nicht an den Geräuschen. In allen Häusern der Nachbarschaft werden ebenfalls dicke Fensterläden angeschafft, die man von innen verriegeln kann. Jede Familie und Sippe versucht, unter sich zu bleiben, und dass man über Nacht auf die andere Seite der Insel geht, das gibt es nicht mehr.

Wir schlafen so wie zuvor alle nebeneinander in einem Zimmer, als wäre der Schutz in schlechter Luft und in der Hitze größer. Manchmal drückt das Schwarz ringsum so sehr, dass man sich in der Finsternis aufsetzen und durchatmen und denken muss, dass es bald wieder Morgen wird.

Wenn so etwas lange andauert, macht das jeden nervös. Der Herr Pastor und meine Mutter streiten sich, und Mutter glaubt ihm nicht, obwohl der Herr Pastor immer mit gleicher Ruhe (liebe Catherine, du weißt das nicht und verstehst das nicht) sagt, dass er sehr wohl weiß, was zu tun und in welcher Reihenfolge zu verfahren ist, dass man aber den richtigen Moment abwarten muss.

Meine Mutter ist ungeduldig geworden und gibt nicht leicht nach. Niemand kann ewig nicken und sich zu Boden drücken lassen, sagt sie, und der Herr Pastor wird nicht wütend über ihre Widerrede, sondern sagt zustimmend Nein und Ja, aber nach dem Zustimmen kehrt er wieder andere Seiten der Sache hervor, damit das Sichere sicher ist und Übermut nicht ins Verderben führt.

ÜBER DIE GANZE STEUERLISTE IST MIT TINTE ein an den Spitzen verkleckstes X gezogen worden. Ich weiß nicht, ob es der Herr Pastor gezogen hat, ich glaube nicht, weil er sagt, dass man die Obrigkeit immer und aus dem Willen des Herzens heraus achten muss. Die Gemeindemitglieder mahnt er, dass nur Ehrlichkeit und gutes Benehmen die weltlichen Dinge voranbringen und einen durch schwierige Zeiten tragen. Jede Art von Zank, Feindseligkeit und Gewalt sind des Teufels und widersprechen dem großen Plan Gottes.

Ich bin nicht sicher, ob der Herr Pastor nicht doch die Liste verschmiert hat oder ob er sie von einem Aufständischen an sich gebracht hat. Ich weiß nicht mehr über alle Dinge des Herrn Pastors Bescheid, weil manchmal etwas so ist und morgen anders.

Ich weiß nicht, was was ist, aber meine Mutter wie auch der Herr Pastor wollen nur Gutes. Zuerst, dass bei uns fünfen alles gut und sicher ist, aber gleich danach, dass es alle gut haben, jedenfalls alle, denen das Gute zusteht.

Denn es gibt auch welche, denen Strafe und Unglück zukommen. Solche Menschen sind gegen die anderen und wollen Böses. Es gibt sie unter den hohen wie unter den geringen Menschen, und unter den hohen können sie Macht über andere besitzen. So weiß es der Herr Pastor, und so hat er es gesagt.

Eine durchgestrichene Steuerliste ist keine gute Sache. Sie liegt zwischen den Schriftstücken des Herrn Pastors. Obwohl ich es nicht dürfte, habe ich angefangen nachzusehen, was er wann geschrieben hat.

»Für jeden Zentner Zucker, an Land geladen, sechs Pence.
Für jedes Fass Arrak zehn Shilling.
Für jedes Fass Wein zehn Shilling.
Für jeden Ballen Kattunstoff sechs Pence.
Für jeden Ballen Seide einen Shilling.«

Ich glaube nicht, dass der Herr Pastor es fertiggebracht hätte, eine in der Druckerei gedruckte Liste mit einem Tintenkreuz zu verschmieren, weil er sich als Letzter gegen den Gouverneur und die Steuern erheben darf. Aber wenn er es gekleckst hat, dann hat er wegen der Eitelkeit der Dinge gekleckst. Es gibt keinen Grund, warum man ständig mehr davon auf die Insel bringen muss.

Arrak und Wein sind berauschende Getränke, Wein weniger, aber Arrak genauso schlimm wie aus guten Kartoffeln gebrannter Fusel, bei dessen Herstellung auch noch bestes Brennholz und Kartoffeln vergeudet werden. Zucker ist gut, aber die eitelste Eitelkeit, weil der Honig der Bienen und das Fleisch der Papayas hier nur darauf warten, gesammelt zu werden. Und man muss auch nicht immer mehr Stoffe haben, hat der Herr Pastor gesagt.

Der Herr Pastor will nur, dass es auf der Welt nichts Unnötiges gibt. Er ist hier der höchste Stellvertreter Gottes, höher als der zweite Mann Gottes, der letztes Jahr auf die Insel entsandt worden ist, um die gewachsene Gemeinde bei der Nebenkapelle zu hüten.

Dann kommt eine Einladung zur Aufstandsversammlung, und die findet bei Nacht statt, und ich muss mitgehen, um den Herrn Pastor auf die Hochebene hinaufzuführen und zu stützen. Man kann nicht endlos schwanken, sagt er, und er werde beten und Gott nach der richtigen Lösung fragen, und er geht ins Hinterzimmer, lässt aber die Tür offen, als hätte er sie vergessen, oder mit Absicht. Er lässt sich schwerfällig mit den Knien auf dem Erdboden nieder und bittet Gott um Hilfe, damit er den anderen beim Finden von Mäßigung und Verträglichkeit helfen kann. Weil man sich auf die Gerechtigkeit des Gouverneurs und der Obrigkeit nicht mehr verlassen kann, müsste außerhalb des Gewöhnlichen eine neue Zeit begonnen und die bisherige abgeschnitten werden.

Kapitän Holden ist sowohl Vizegouverneur als auch der Kaufmann der Insel geworden, aber er ist sofort mit den Farmern in Streit geraten, auch mit Dennisons Bruder Allen, und das ist keine gute Sache. Das ist, wie wenn man eine erhitzte Muskete mit Schwarzpulver lädt, sagt der Herr Pastor zu meiner Mutter, und beide verstehen es, und auch ich verstehe, dass die Farmer freie Männer sind und keine Angst haben und niemandem ausweichen sollten als denen, die direkt über ihnen stehen.

Mutter erklärt, ich müsse mitgehen, weil es der Herr Pastor nicht mehr unbedingt allein schafft. Wenn der Geist oder der Wille schwach sind, ist der Körper nicht mit ihnen, sondern sträubt sich und wird müde und krank.

Das ist schlimm gesagt von Mutter. Weil wenn jemand ein Mann des Geistes und des Willens zu sein hat, dann der Herr Pastor als Mann Gottes.

Der Herr Pastor ist fünfundfünfzig Jahre alt geworden. Das ist viel im Alter eines Menschen, auch wenn zur Zeit der Bibel manche Hunderte Jahre gelebt haben. Der Herr Pastor geht nicht mehr so sicher wie früher, nicht einmal bei Tageslicht und wo es eben ist. Pass auf, dass er nicht hinfällt, dass er auf den Felsen nicht ausrutscht oder sich den Fuß in einem Kaninchenloch verstaucht, führe ihn notfalls am Arm hin und pass auch dort auf ihn auf und präge dir ein, was geredet wird, falls du in Hörweite bleiben darfst, gibt mir Mutter als Anweisung mit auf den Weg, als der Herr Pastor unter den Vorbereitungen zum Aufbruch draußen hinter die Hausecke geht.

Die Straße entlang kann man nicht gehen, die Straßen werden überwacht, und auch an den Kreuzungen, heißt es, stehen ständig Wachen, zumindest kommen mehrmals in der Nacht Streifen vorbei, aber ich kenne alle Pfade und begehbaren Heiden zwischen den Schluchten. Vielleicht bin ich als Einziger auf der ganzen Insel fähig, den Herrn Pastor durch die Dunkelheit zu führen. Ich fühle mich kräftig bis in die Innereien hinein, weil mir eine so schwere Aufgabe und die ganze Verantwortung auferlegt worden ist.

Schon der Aufbruch des Herrn Pastors dauert lange. Er wählt seine Kleider danach, dass wir zuerst eine schwierige Route gehen und klettern müssen, er dann aber bei der Versammlung würdig und sauber gekleidet sein muss. Mutter hilft bei der Zusammenstellung der Ausrüstung und redet dabei ruhig über alles, aber in ihren Bewegungen steckt Ungeduld, und sie kann eigentlich nicht mehr warten. Ich kenne sie so gut, dass ich schon bei Kleinigkeiten Bescheid weiß, aber der Herr Pastor scheint es nicht einmal zu ahnen, weil er immer weiter überlegt und zögert, ob er die Werktagsjacke oder die bessere nehmen soll, die Schuhe oder die polierten Lederstiefel.

Soll ich nicht doch die Bibel in den Schutzbeutel und in meine Tasche stecken? Wäre das nötig, könnte das Mäßigung unter den Männern bewirken? Glaubst du, liebste Catherine, dass es so richtig wäre? Ich glaube, ich nehme sie mit, auch wenn sie schwer ist, aber Gottes Wort wiegt nie zu viel, findest du nicht auch, Catherine? Der Herr Pastor wiegt die Bibel und schlägt sie schon in Sämisch ein, faltet die Wolkenränder des Sämischleders genau übereinander, damit keine Stelle des schwarzen Einbandes ohne Schutz bleibt.

Aber wenn Angus sie dann die ganze restliche Strecke tragen muss? Ich meine, wenn es unterwegs schlimme Stellen gibt, dann könntet ihr beide müde werden. Ein glänzender und vortrefflicher Gedanke, sie mitzunehmen, selbstverständlich, aber ich glaube, es ist doch so, dass sich die Männer der Autorität des geschätzten Dieners Gottes durchaus bewusst sind und sein Ansehen hochhalten, sodass man die Bibel vielleicht doch nicht mitzuschleppen braucht. Insbesondere wenn es regnet, dann kann auch eine gute Tasche schlimm durchnässt werden und ihr kostbarer Inhalt ebenso. Darum würde ich mir das noch einmal überlegen, sagt Mutter zum Herrn Pastor und auch wie zu mir, aber mich schaut sie anders an als ihn.

Immer deutlicher kann ich alle Schaugesichter auseinanderhalten. So wie ich immer besser in die Ferne sehen kann, habe ich angefangen, auch alles Kleine zu sehen. Irgendwie muss es an den Augen liegen, an der Übung, aber auch am Alter und am Verstehen. So muss es sein, an allem zusammen und gleichzeitig.

Die Bibel bleibt, wo sie ist. Der Herr Pastor wickelt sie in aller Ruhe aus dem Sämischleder und legt sie auf ihren Platz auf dem kleinen runden Eichentisch neben dem Lesestuhl.

Dann sind wir so weit. Ann und Adam schlafen schon. Mutter sieht ernst aus und überhaupt nicht wie sonst, wenn wir tagsüber aufgebrochen sind, weil der Herr Pastor weiter weg Gemeindesachen zu erledigen hatte und ich als Träger mitgegangen bin.

Den Anfang der Strecke im Kapellental und auch noch aus dem Untertal hinaus muss man sehr vorsichtig und so lautlos gehen, wie der Herr Pastor nur kann. Seine Schuhe stoßen gegen Steine, und er sieht nichts, weil seine Augen alt sind und sich nicht ans Dunkel gewöhnen.

Schon auf der Anfangsetappe muss ich ihn an der Hand führen und ihm zuflüstern, wann eine Stelle kommt, der er ausweichen muss. Der Mond ist in dieser Nacht bloß ein schwach orange schimmerndes schwarzes Loch im Himmel, er wird nicht einmal vom Meer widergespiegelt. Vielleicht ist als Versammlungsnacht mit Absicht die Zeit des fast vollkommenen Neumonds gewählt worden. Nur an seinem wachsenden Rand sieht man den Anfang einer fadendünnen Sichel, ansonsten ist er eine dunkle Münze.

Wir gehen langsam zwischen den Häusern hindurch. Oben auf dem Hang flackert ein Lagerlicht. Dort muss es eine ständige Wache geben, und die Soldaten lassen ein Feuer brennen, oder es ist für die Schiffe gedacht, als neues Peilungszeichen. Es ist davon die Rede gewesen, dass der Gouverneur die Handelskompanie um Hilfskräfte zum Schutz gebeten hat. Der Herr Pastor schnauft und scheint sich für das Signallicht nicht zu interessieren, und darum kann ich ihn nicht fragen, warum er glaubt, dass es entzündet worden ist.

Als wir, hoffentlich ohne dass es jemand gemerkt hat, durch die Täler gekommen sind und die Häuser ganz aufgehört haben, führe ich den Herrn Pastor durchs Dickicht zu einem Pfad, der schräg den Hang hinaufsteigt. An der Stelle hat man um sich herum und über sich Bäume und hohe Büsche, und das Sternenlicht scheint nicht durch. Die Erde ist an den Fußsohlen kälter und feuchter als an den offenen, vom Tag angewärmten Stellen und in den Tälern, und auch ich sehe hier nicht viel, sondern muss tastend vorangehen und so, wie ich mich erinnere.

Irgendwo genau über uns fängt am Rand des Hochebenenrückens ein Hund an zu bellen. Ich bin sicher, dass es ein Hund ist, obwohl er einen langen, lauten Schrei jault. Wir bleiben auf der Stelle stehen, weil eine solche plötzliche Stimme fürchterlich ist und ebenso gut von den Toten künden könnte.

Der Herr Pastor packt mich an der Schulter. Er lauscht und hat vielleicht Angst, weil er sofort anfängt, mit leiser Stimme zu erzählen, wie es damals, als er noch ein ganz kleiner Junge war, hieß, in den Wäldern von Bedgebury seien Wölfe aufgetaucht, worauf die Menschen in die Kirche kamen, um zu beten, dass sie getötet würden, bevor sie die Dörfer und die Bauernhöfe angriffen, aber nie hat man auch nur einen einzigen gesehen.

Ich weiß nicht, wie ein Wolf aussieht und wie groß er ist. Ich habe auch nicht gehört, dass jemals jemand einen auf St. Helena gesehen hätte, aber in den steilsten Schluchten könnte es durchaus welche geben. Ich frage den Herrn Pastor danach. Auch er hat noch keinen gesehen, aber er weiß, dass sie menschengroß sind und wie zottige Hunde, aber viel größer als alle Hunde, und wenn sie rasend werden, können sie auch einen dicken Torriegel durchbeißen und mit ihren Zähnen sämtliche Knochen einer Kuh zu kleinen Krümeln zermahlen.

Sehr langsam und leise gehen wir auf dem Schrägpfad weiter. An den Stellen, wo Bäume gefällt worden sind, geht es sich leichter, weil man im Dunkeln immerhin die Formen sieht, aber dennoch muss ich den Herrn Pastor führen. Er sagt, er sieht nichts, nicht mal die eigene Hand vor den Augen.

Er muss immer wieder stehen bleiben und durchatmen. Wenn Wille und Geist versagen, hat der Körper keine Kraft. Ich nehme dem Herrn Pastor die Tasche von der Schulter und trage sie zusammen mit meinem eigenen Gepäck, damit er nur noch den Stab hat, den guten Hirtenwanderstab, hat er zu Mutter gesagt, als er sich überlegt hat, ob er den dickeren und schwereren Knotenstock mitnimmt oder den dünneren und kürzeren Wanderstab. Während wir weiter aufsteigen, muss ich dafür sorgen, dass der Herr Pastor auf dem Pfad bleibt, weil er im Dunkeln und auf dem unebenen Grund sein ganzes Können verloren hat.

Als wir schließlich auf dem ersten Hochebenenrücken angelangt sind, ist er von Schweiß durchnässt und keucht, als wäre er eine lange Strecke gerannt. Er kann nicht stehen, sondern setzt sich auf seine Tasche und kümmert sich nicht darum, dass das helle Leder auf der Erde bestimmt schmutzig wird. Er dankt mir und nennt mich einen guten Jungen, wie seinen eigenen Sohn. Danke dir, Angus, und deiner guten Mutter, dass ich nicht den Rest meines Lebens allein und in der Leere leben muss, sondern eine Familie und ein gutes gewöhnliches Dasein bekommen habe.

Dann ist er selbst eine Weile still. Im normalen Leben, meine ich, sagt er und berichtigt, was er gesagt hat, damit ich nichts Falsches glaube.

Also nicht im geistlichen Leben, denn in diesem darf ich in voller Fülle leben, das ist ein wunderbares Los. Aber dennoch ist es nicht alles, fährt er mit der Berichtigung seiner Worte fort. Ich meine, dass deine gute Mutter im normalen Leben außerordentlich wichtig für mich ist, und ihr Kinder seid es auch, ihr Geschwister alle drei, obgleich zu so unterschiedlichen Zeiten auf diese Welt gekommen, dass die Pfade, die ihr beschreitet, unterschiedlich sind. Ich denke, dass im Keim bereits alles ersichtlich ist. Im fingerspitzengroßen Schössling steckt der ganze Baum, mit Wurzeln und Wipfel und dem in die Höhe wachsenden Stamm. Der eine ist ein Nussbaum, der andere eine Akazie. So erfüllt sich die Absicht Gottes, und auf die gleiche Weise ist das Leben jedes Menschen fertig da.

Darum bin ich dankbar, dass Er nach allen Umwegen und Irrtümern meinen Lebensweg und den deiner guten Mutter zusammengeführt hat. Fast wie durch Zufall, durch den zufälligen Moment, dass deine Mutter kam, um mich zu bitten, ob ich dich im Lesen und Schreiben unterrichten könne, oder durch einen früheren aufgedrückten Blick, aber nicht einmal etwas so Kleines wie das Schauen auf eine bestimmte Art ist Zufall, sondern ein Teil von etwas Größerem.

Dies ist mir vollkommen klar. Darum höre ich nicht auf die missbilligenden Reden der Leute und mache mir keinen Moment lang Gedanken über Gerüchte und Verdrehungen. Sie haben keinerlei Bedeutung, weil unsere vorgesehenen Wege unter einem größeren Willen stehen und wir an jeder Kreuzung angeleitet werden, die richtige Richtung zu wählen.

Ich möchte dir etwas erzählen. Am vergangenen Sonntag hatte ich nach dem Mittagsmahl einen Traum. Das heißt, ich war wach, hatte wohl nur kurz die Augen zugemacht. Ich nenne es nicht Vision und auch nicht Erscheinung. Aber ich war mir damals und bin mir immer noch fast sicher, dass es die Jungfrau Maria war. Sie trat hinter dem Schatten des Hauses hervor und kam in die volle Sonne, und sie trug ganz gewöhnliche Kleider, so wie Catherine an Sonntagen nach dem Kochen, wenn sie sich besser anzieht.

Aber es war nicht Catherine, sondern die Heilige Jungfrau Maria. Sie hatte etwas für mich und hielt in der einen Hand eine Zeichentafel und in der anderen ein Ellenmaß, auf dem jeder Zoll mit einem weißen Strich markiert war. Sie zeigte mir darauf die Länge meines Lebens, und auf der Zeichentafel zeigte sie ein Bild von uns, auf dem du uns aus weiter Ferne über zwei Meere hinweg anschaust, ein großes und ein kleines Meer, oder ein Meer und einen See, aber wir sind auf dieser Seite, deine gute Mutter und ich. Die anderen habe ich nicht gesehen, aber auf der Zeichentafel war so viel von allem, dass ich nicht dazu kam. Deine Mutter sah ich, sie trug die gleichen Sonntagskleider wie die Jungfrau Maria, und mich selbst sah ich in einer schwarzen Jacke. Ich war jünger, als ich es bin. Ich glaube, das heißt etwas Gutes.

Ich möchte dir erzählen, was ich gesehen habe, damit du weißt, dass alles gut ist, auch wenn es dir manchmal so vorkommen sollte, als ob dies nicht der Fall ist. Höre nicht auf die anderen, tue alle Arbeiten, die man dir gibt, so, wie ein Mann sie zu tun hat. Dies steht noch als Künftiges bevor, aber das Ellenmaß und die weißen Zollstriche bedeuten, dass bis dahin gar nicht mehr sonderlich viel Zeit vergeht.

Als der Herr Pastor seine Sache gesagt hat, ist er wieder tatkräftiger, er steht vom Sitzen und Ausruhen seines Körpers auf, und wir machen uns sofort wieder auf den Weg. Oben am Rand der Hochebene ist es leichter, schnell zu gehen, es gibt keine Wurzeln, keinen feuchten Kies oder abschüssigen Boden unter den Füßen. Auch Licht ist genug da, dass man sich selbst und den Herrn Pastor neben sich sieht.

Ich weiß genau, wo das Haus von Ousman steht, und könnte uns auch durch die Dunkelheit hinführen, wenn dichter Nebel über der Hochebene liegen würde. Weil sie eben ist, dauert die restliche Strecke nur halb so lang wie der Aufstieg, aber als wir uns dem großen Haus von Ousman nähern, habe ich das Gefühl, dass wir von jetzt an vorsichtig gehen sollten und so lautlos, wie es der Herr Pastor mit seinen plumpen Schuhen kann. Ich verlangsame die Gehgeschwindigkeit und flüstere, dass wir nun nicht mehr reden.

Als wir die Hauswand erreichen, wird der Herr Pastor gepackt und nach seinem Namen gefragt. Nicht einmal ich habe die Männer hinter uns bemerkt. Der Herr Pastor erschrickt, sagt aber, wer er ist, und der Mann lässt ihn sofort los. Die Tür geht auf, und rechteckgroßes Licht fällt von drinnen auf den Hof.

Ich versuche neben dem Herrn Pastor herzugehen, als er ins Licht tritt, aber noch bevor ich nach drinnen schauen kann, packt mich ein Mann von hinten und fragt, was für ein Halbwüchsiger ich bin. In dem Moment erkenne ich die Stimme. Obwohl sie voll ist und nicht gedämpft, ist es dieselbe wie im März durch den Jutesack hindurch. Ich versuche ihn zu sehen, aber der Mann zerrt mich vom Rand des Lichts zurück ins Dunkle.

Da schreie ich, fahre ihn an wie einen, der geringer ist als ich, und sage, ich bin der Totholz-Angus und auch früher schon bei Versammlungen gewesen. Ich habe keine Angst vor dem Mann, nicht einen Moment lang. Hätte ich ein Messer, würde ich damit von unten nach oben zustoßen, so wie ich das Aufschlitzen an der Rinde von Baumstämmen geübt habe.

Der Herr Pastor erklärt im Licht der Tür, dass ich sein volles Vertrauen besitze, und über Herrn Halley sagt er, dass ich für diesen bis nach London gearbeitet habe und dass ich reifer bin als für mein Alter üblich. Und er sagt noch mehr, bis man jemanden von drinnen, John Coleson vielleicht oder William Bowyer, ihre Stimmen kann ich unter den anderen erkennen, vielleicht gerade Bowyer, eine Entscheidung treffen hört, und der Mann lässt mich los, und der Herr Pastor bedeutet mir, dass ich zu ihm kommen soll, um ihm über die hohe Steinstufe zu helfen.

Ich darf reinkommen, aber nicht bis ins große Zimmer. Man zeigt mir einen Platz am Rand einer Bank. Ich bleibe im Vorderzimmer sitzen, aber die Tür ist offen, sodass ich etwas hören und sehen kann, und sie wird hinter dem Herrn Pastor auch nicht geschlossen.

Das größere Zimmer ist fast ein Saal, dort haben die Männer gewartet. Oder vielleicht sind die Angelegenheiten schon behandelt worden, und wir sind zu spät gekommen, oder vielleicht doch nicht, weil das Reden sofort in Gang kommt, als der Herr Pastor seinen Platz neben Herrn Ousman eingenommen hat.

Ich verstehe nicht annähernd alles. Die Reden fangen mittendrin an und hören mittendrin auf, und die Eiferer reden durcheinander und über die anderen hinweg. Das ist kein würdiges Gespräch und keine Versammlung, sondern ein Menschenauflauf und Unordnung. Über Zahlungen und Willkür, über die Verteilung der neuen Ländereien auf der Windseite, über die falsche und ungerechte Zucht in James Fort, über Verräter, die Handel treiben und heimlich den Spitzeln des Gouverneurs davon erzählen.

Ich erkenne nicht alle vom Aussehen, ich sehe auch nicht mehr als die Breite der offenen Tür, und die Feuer sind schlecht und qualmen, die Dochte schlecht geschnitten. Im Schatten kann ich nicht erkennen, wer mir gedroht hat, bevor der betreffende Mann anfängt zu reden, an der Stimme erkenne ich ihn, es ist die Stimme eines Lumpen, der viel Arrak getrunken hat, der die Kehle verbrennt.

Der Mann redet über Steuern und besonders über die Sechs-Penny-Zahlungen, die für die Reparatur der Kapelle und die Löhne der Kirchenmänner gesammelt worden sind. Ist es nicht genug, dass sie ihr Land umsonst bekommen haben, sind sie nicht fähig, selbst anzubauen, was sie essen, ist es denn mit nichts genug, hat die Lasterhaftigkeit das Regiment übernommen? Der Mann kratzt sich die Wörter aus dem Hals. Für kurze Zeit wird es ganz still. Der Herr Pastor hüstelt und fragt, ob die ursprüngliche Absicht darin bestanden habe, hier ein Schriftstück aufzusetzen und sich über gemeinsame Angelegenheiten abzustimmen oder Unschuldige zu beschuldigen und sich der Reihe nach in die Angelegenheiten eines jeden einzumischen. Man ist mit ihm einer Meinung, das hört man an der Zustimmung und am Geräusch, die Stille ist keinen Moment mehr so wie eben.

Die dicken Brüder Stamford rollen aus einem Stoffbündel die Fahne des Königs aus, die ganz anders ist als die der Handelskompanie. Auf der Insel ist die Fahne des Königs lange nicht zu sehen gewesen, sondern bloß die rot-weiß gestreiften Fahnen an den Stangen der Festung und am Haus des Gouverneurs. Die Fahne des Königs hat keine hässlichen Streifen, sondern nur ein großes rotes Kreuz.

Der älteste der Stamford-Brüder entnimmt derselben Rolle noch einen kleineren Stoff, auf den drei dünne goldene Löwen gestickt sind. Als die Männer Rufe auf die Löwen und das Kreuz ausstoßen, ist die Gesamtstimme ihres Rufens so laut, dass ich spüre, wie mir kalte Schauer über den Rücken laufen, wie immer bei einem sehr lauten Geräusch, zum Beispiel beim Donnern eines Gewitters.

Unter diesen Symbolen des Königs wollen die Überbringer der Forderungen marschieren, zuerst von der Hochebene hinunter, sodass sie auf dem Weg ihre Kraft zeigen, damit in den Häusern alle, die nur darauf gewartet haben, es wagen, sich anzuschließen, dann zum Gouverneurshaus, danach zur Festung. Die Fahne und die Wappenflagge zeigen allen an, dass die

Bestimmungen des Königs als höchste Macht nach St. Helena zurückgebracht worden und die verfälschten Vorschriften des Gouverneurs und der Handelskompanie nicht mehr in Kraft sind. Bei allem Alten und Falschen muss es Veränderungen geben. Die falschen Vorschriften müssen sofort verworfen werden! Die Diebe gehören umgebracht, die Gedärme heraus, die Schlüssel der Magazine an uns! Adam Dennison ruft lauter als die anderen, und alle reden durcheinander.

John Sich wird zum neuen Gouverneur gewählt, John Coleson zum Vizegouverneur. Thomas Bolton wird der neue Kaufmann und Schlüsselinhaber. Alle drei stehen auf und entfalten die Fahne des Königs, halten sie am Rand fest und legen die andere Hand aufs Herz. Das Herz befindet sich ungefähr in der Mitte der Brust, sehr dicht unter der Haut. Eine Weile ist es still und feierlich. Auch ich im anderen Raum spüre, dass ich zu allem bereit wäre, was richtig und unsere Sache ist.

Als nach dem schönen und feierlichen Moment das Durcheinanderreden und der Lärm wieder losgehen, steht der Herr Pastor auf. Er braucht nicht um das Wort zu bitten.

Unter dem Schutze Gottes, hebt er an und beginnt mit Mäßigung und ruhigem Sinn, mit der Durchsetzung des Rechts allein mithilfe des Allmächtigen. Gott will nicht, dass die Obrigkeit gedemütigt wird. Nur die geringsten Strafen dürfen vollzogen werden, und diese so, wie das Gesetz, die Bestimmungen des Königs und die Barmherzigkeit es vorsehen. Es darf keine Rache um der Rache willen geben, keine Zerstörung um des Hasses willen, wir brauchen auf unserer herrlichen Insel keine Vernichtung alles Früheren, sondern Sicherheit und Frieden. Wir müssen hier gemeinsam ein Stückchen von Gottes Reich und eine bessere Zeit errichten.

Es kommt zu Unruhe und Stühlerücken, aber keiner fällt

ihm ins Wort oder widerspricht, denn wenn man sich gegen den Stellvertreter Gottes stellt, stellt man sich gegen Gott selbst, und keiner will vorsätzlich auf die Seite des Seelenfeindes geraten und, wenn das Letzte Gericht kommt, auf heißen Steinen im Feuer brennen.

DIES IST EIN GROSSER BUND und der Anfang von etwas Neuem, mit diesem anbrechenden Morgen beginnt die Veränderung zum Besseren, sagt der Herr Pastor zu mir, als wir uns auf den Rückweg durch dieselbe Dunkelheit machen. An seiner Stimme höre ich, dass er voller Kraft ist, er achtet nicht einmal aufs Stolpern, wie auf dem Hinweg, obwohl er noch vom Feuerlicht und vom Inneren des Hauses geblendet ist. Auch ich bin es, die Augen wollen sich einfach nicht gleich gewöhnen und sich in Nachtaugen verwandeln.

Hast du im Flur gehört, wie ich den Männern Worte der Vernunft gesagt habe? Mir schien, als wäre Gottes Stimme in mich gekommen und hätte durch mich gesprochen, hast du es gehört, und wie hat es geklungen?

Ich komme nicht dazu, zu antworten, bevor der Herr Pastor fortfährt, und er hat vielleicht auch gar nicht gefragt, sondern es nur laut zu sich selbst gesagt.

Als er zum ersten Mal unvorsichtig auf einen losen Stein tritt und beim Stolpern hinfällt, dämpft das seinen Eifer noch nicht, aber beim zweiten Mal prellt er sich die Hand, und danach passt er besser auf und konzentriert sich auf die Dunkelheit und den Weg. Ich führe ihn an der Hand, weil sich meine Augen jetzt gewöhnt haben und ich wieder bereit bin. Als es still wird, hört man, wie die Nachtvögel langsam aufhören oder die Morgenvögel aufwachen, obwohl man noch nicht mehr sieht als einen Lichtstreifen und es ansonsten blauschwarz ist.

Ich sage etwas über den Mann, den ich erkannt habe. Ich weiß seinen Namen nicht, aber ich erkläre, dass es der war, der draußen Wache hielt und uns packte.

Der Herr Pastor ist still, lange hört man nur das Knirschen vom Gehen und aus dem Gebüsch das Piepsen der Vögel. Dann sagt der Herr Pastor, dass es so nicht sein kann. So ist es nicht, weil jetzt ein Bund geschlossen worden ist, und in einem Bund gibt es einen gemeinsamen Willen und keine Abtrünnigen und Übeltäter. Sodass du es falsch verstanden hast, du hast falsch gehört und vermutet, rede nie mit jemandem darüber. Der Sieg ist so nah, sagt der Herr Pastor und versucht, im Dunkeln mit der Pinzette seiner Finger die kurze Entfernung zu zeigen.

Weil ich nicht antworte, verlangt er, dass ich es verspreche. Ich fange selbst an zu zweifeln, ob ich durch den Jutesack und das Meeresrauschen hindurch richtig gehört haben kann.

EINE NACHRICHT VERBREITET SICH SO, wie ein Lehmklumpen das Wasser färbt. Darum verbreiten die Männer des Gouverneurs die Botschaft, dass eine neue Zeit anfängt und ein neues Kommando und dass die Übeltäter sofort streng bestraft werden. Wer jetzt nicht gehorsam ist und auf dem rechten Weg bleibt, stellt sich mit seinem Tun gegen die Obrigkeit und somit direkt gegen den König und Gott. Eine schlimmere Anklage kann gegen einen Menschen nicht vorgebracht werden.

Eigentlich sollten wir nichts zu befürchten haben, aber dann trinkt sich Adam Dennison mit Kartoffelfusel und Arrak in einen solchen Zustand, dass er anfängt zu randalieren. Zuerst trinkt er sich selbst blau und geht dann mit seinen Saufgefährten nach James Fort, um dort Radau zu machen und bessere Vergütungen für die Ernte zu verlangen. Sie prügeln sich mit den Wächtern, und es werden weitere Soldaten ans Festungstor befohlen, um ein Eindringen und einen Aufstand zu verhindern, und Adam Dennison ist der Schlimmste von denen, die sich prügeln, und tobt und schlägt in seinem Suff und verletzt beim Schlagen viele Männer im Gesicht und tritt ihnen zwischen die Beine.

Bis es so weit kommt, dass Adam Dennison mit dem Säbel umgehauen wird. Man fesselt ihn an Händen und Füßen und drückt ihm das Gesicht so tief in den feuchten Schlamm, dass er mit dem Wüten aufhört, weil er nur noch schlecht atmen kann.

Danach hat der Herr Pastor Angst. Er hat Angst, dass Adam Dennison bei den Verhören Lügen über die Versammlungen der Aufständischen erzählt, weil er versucht, sich reinzuwaschen und aus Rache die Unschuldigen zu beschmutzen. Meine Mutter spornt ihn in seiner Angst an, weil sie selbst Angst hat, und erzählt, dass Adam Dennison als Nachbar skrupellos gewesen ist und sich um niemanden als sich selbst geschert hat.

Es dringt kein sicheres Wissen bis zu uns vor, weil Dennison hinter Schloss und Riegel bleibt und niemanden sehen darf, nicht einmal seinen eigenen Bruder, obwohl dieser Soldat in der Festung ist. Von dem, was Adam Dennison bei den Verhören sagt, wird Außenstehenden nichts verraten, und der Herr Pastor kann nicht hingehen und den Garnisonskommandanten fragen, was Dennison gelogen hat. Man kann niemanden etwas fragen, weil man sich durch Fragen an der falschen Stelle selbst zum Schuldigen machen kann. Darum muss man einfach abwarten, ohne nervös zu werden, obwohl im Kapellental falsche Informationen und gemeine Gerüchte umgehen und es davon inzwischen so viele gibt, dass nicht einmal einer mit rechter Gesinnung, geschweige denn ein Böswilliger, das, was als sichere Erkenntnis erzählt wird, von erfundenen Lügen unterscheiden kann.

Über diese Dinge reden der Herr Pastor und meine Mutter ständig, wenn sie ihre allabendliche Gebetsstunde im Hinterzimmer verbringen und danach aus Tonbechern Wein trinken. Dann ist die Tür verriegelt, aber ich höre ihre Worte durch die Wand, fast ohne hinzuhören, weil ich eine ohrgroße dünne Stelle in die Kalkwand gerieben habe.

Außer über Dennison und die Erstickung des Aufstands spricht der Herr Pastor mit Mutter immer öfter über den von Burg Powis gesandten Kaplan, der nach der Ankunft auf der

Insel bei den Gemeindemitgliedern in seinem Tal geblieben ist und sich nicht mehr in Jamestown hat blicken lassen und nicht mehr gekommen ist, um den Herrn Pastor nach geistlichen Anweisungen zu fragen. Eine solche Aufsässigkeit und Eigenmächtigkeit hält der Herr Pastor für eine ernste und gefährliche Sache.

(Um mich zu überwachen, glaube mir, Catherine, er ist geschickt worden, um mich zu überwachen und auf jedes Wort zu lauern. Ein Eiferer und heimlicher Katholik, solche erkenne ich gleich.)

Es kann genauso sein, wie der Herr Pastor sagt. Was ein Eiferer ist, weiß ich, aber ich weiß nicht, wie ein heimlich katholischer Mensch ist. Gut kann er nicht sein, wenn der Herr Pastor in so einem Ton über den Kaplan spricht.

Aber mir wird sofort verboten, auf die gleiche Art zu reden, als ich es ein einziges Mal irrtümlich tue. Merk dir das und präge es dir in deinem kindlichen Schädel ein, damit wenigstens nicht durch deine Rede falsche Vorstellungen entstehen, die man erklären muss. Denke von jetzt an immer daran, damit man dein Gedächtnis nicht mit dem Rohrstock auffrischen muss, immerhin bist du schon in einem Alter, dass das, was du anderswo sagst, direkt deine Mutter und mich trifft. Wenn du etwas verkehrt sagst oder dumm daherredest, fällt das sofort auf uns zurück. Kein Wort also mehr über heimliche Katholiken oder Sektierer oder etwas, wovon du vielleicht zufällig gehört hast, was du aber nicht richtig verstehst.

Ich weiß nicht einmal, woran man einen heimlichen Katholiken erkennen könnte, denn der Kaplan ist Engländer und von einer Adelsburg hierhergeschickt worden. Würde er gebrochen reden, könnte er heimlich vom Kontinent gekommen sein. Wäre das so, würde man es leicht hören, und dann wüsste man es mit Sicherheit, denn die Franzosen sind vollkatholische fanatische Verkünder der falschen Lehre und Feinde von Anfang an, zu Lande wie zu Wasser. Man kann nie wissen, ob in Frankreich bereits eine große Flotte ausgerüstet wird, um das Verderben zu bringen.

Aber bei uns ist die Bedrohung näher und kommt aus zwei Richtungen (aus zwei, so ist es, Catherine), und das ist eine viel schlimmere Sache, weil die eigenen Leute keine Feinde sind. (Wir werden nicht nur von der Obrigkeit überwacht, sondern auch von den Sektierern. Wir können uns keinen einzigen Fehler leisten, keine einzige falsche Bewegung, liebste Catherine, wir müssen uns jetzt beide beherrschen, denn sonst wird man unter irgendeinem erfundenen Vorwand in unser Leben eingreifen, darin sind sie Meister und könnten ihre Kräfte bündeln, wenn sie sich nicht schon einig sind und gegen uns auf einer Seite.) Der Herr Pastor flüstert das meiner Mutter zu, aber er muss laut flüstern, weil er selbst schwerhörig ist, und solches heimliche Getuschel höre ich leicht.

Ich höre überhaupt mehr als alles. Der Bauch fängt mir an wehzutun, als hätte ich mit der Kehle spitze Hölzchen verschluckt und in meiner Gier Splitter und Späne von Pflaumenkernen gebissen.

Er tut weh, weil ich im Voraus höre und erfahre, was der Herr Pastor plant und wozu er Mutter überredet. In diesem Plan bin ich ein Brief an Herrn Halley.

Von der Post wird auch für den Herrn Pastor womöglich nur noch ein kleiner Teil befördert, obwohl er hier ein wichtiger und geachteter Ehrenmann ist. Briefe werden in beide Richtungen kontrolliert, und bei den Kontrollen können sie ganz verschwinden.

Darum wird aus mir ein Brief des Herrn Pastors an Herrn

Halley. An Herrn Halley deswegen, weil sie Freunde gewesen sind und in einem guten und wertschätzenden Gesprächsverhältnis gestanden haben. Und auch deshalb an Herrn Halley, weil der Herr Pastor weiß, dass Herr Halley hohe Männer dicht am Gefolge des Königs kennt, und zur Handelskompanie unterhält Herr Halley gute Beziehungen, weil er auch zur Insel einen Sondertransport bekommen und mit seiner Sternenkarte der Gesellschaft Ansehen und Ehre verschafft hat. Durch Herrn Halley müssen die Führung der Kompanie und die Vertrauten des Königs erfahren, was für ein falsches Kommando wieder auf St. Helena herrscht, was man uns angetan hat und was hier vorgeht.

Der Herr Pastor überredet meine Mutter so lange sanft, bis sie mit ihm einer Meinung ist. Ich höre es schon vorher, obwohl sie es noch nicht sagt und zugibt, aber ich höre so etwas genauer als je zuvor, weil der Wandstein an der Stelle schon so dünn ist, dass Licht durchscheint, und alle Geräusche von Mutter und dem Herrn Pastor sind zu hören, wenn sie zum Schluss aufeinanderliegen und der Herr Pastor Mutter streichelt und flüstert, dann kommen wir alle fünf von der Insel weg, Angus ist dafür die Sicherheit und das Siegel der Abmachung, durch Angus erinnert sich Herr Halley auch an dich, Catherine, Angus ist auch dein Brief an ihn, weil man Adam als stummes Kleinkind nicht schicken kann und weil Thomas von dieser Welt gegangen ist.

ZU DER ZEIT IM JAHRE KOMMEN UND GEHEN DIE SCHIFFE, und Ziegen und Hühner werden als Reiseproviant für die Schlussetappen geschlachtet, die Wassertonnen an den beiden nächstgelegenen Quellen gefüllt und Zitronen und Mangos halb roh in Körben zum Reifen gesammelt. Weil oft Schiffe kommen, sind reichlich fremde Ankömmlinge und neue Abreisende auf dem Anleger. Waren werden in die Magazine getragen, die Buchhalter und Prüfer gehen in ihren schmuckeren Kleidern nebenher, die vom Gouverneur bestimmten Lauscher und Denunzianten sind bereit (überall, mache niemals zur falschen Zeit den Mund auf). Jollen und Beiboote werden vom Anleger zur Reede und zurück gerudert. Die in der Zwischenzeit leer stehenden Häuser und Schuppen in der Nähe werden mit fremden Männern belegt, sodass man nachts ihren Lärm und Streit bis zu uns herauf an den Rand des Kapellentals hört.

Vielleicht weiß niemand auf den Schiffen genau, dass unter allem Gewöhnlichen die Erde brennt. Alles sieht gewöhnlich aus, aber nichts ist es. Es ist eine schlimme Zeit, und es läuft zu viel Wasser über die Felsabbrüche.

Die Zeit greift nach allem, was lose ist, macht es kaputt und zieht es in voller Geschwindigkeit mit sich hinunter, so wie nach dem Regen das Wasser spritzend in die Genickbruchschlucht stürzt. So kommt es einem vor, und so ist es, weil nicht mehr der Friede von früher herrscht und das Leben sich ausgerenkt hat.

Eine neue Ordnung ist auf der Insel eingesetzt worden, das Gesetz und die Ehre der Obrigkeit sind die höchsten Dinge. Bis vor die Kirche sind sie fast so hoch wie Gott, und darum darf man über sie nur Gutes sagen. Der Herr Gouverneur erhebt sich (er erhebt sich selbst und thront, das ist dreist, Catherine, der gute König weiß nicht, was in den abseitigen Ländereien in seinem Namen und hinter seinem Rücken getan wird, das ist Tyrannei, sage ich und verurteile Blackmore, weil er sich selbst erhebt), er erhebt sich einen Kopf über die anderen und befiehlt über alles und oft.

Ein vom Herrn Gouverneur unterschriebenes Papier wird in Jamestown an drei Wände genagelt und bestimmt auch ans Tor der Festung, aber das sehe ich nie, weil ich nicht mehr so weit gehen darf und nirgendwo anders hin als zum Verzeichnen der Vögel bei Tag. Auf dem Papier des Herrn Gouverneurs heißt es, dass jeder, der die Aufständischen unterstützt oder sich selbst gegen die gesetzliche Ordnung erhebt, als Aufrührer behandelt und wegen des Verbrechens des Aufrührertums streng bestraft wird.

So passiert es gleich am ersten Tag nach dem Annageln. Von Adam Dennison zu Hause und von Herrn Greenacres Anpflanzungen im Zitronenbaumdorf werden die Sklaven geholt. Zuerst wird der alte Hof-Oliver vor dem Amtssitz des Gouverneurs ausgepeitscht, so lange, bis Hof-Olivers Kopf zuckt und das Brüllen und Schreien aufhört und nicht von Neuem beginnt, bevor Salz und Sand in die Wunden gerieben worden sind.

Dem anderen Sklaven, der auf den Namen John getauft worden ist, werden mit der Axt alle Zehen am rechten Fuß abgehackt, und danach muss John blutend in der Spießgasse hin- und zurücklaufen. Die Spießgasse, das sind zwei Reihen Soldaten und die Dienstsklaven des Gouverneurs, zwischen denen versucht der Spießrutenläufer hindurchzurennen, aber solange er es versucht, wird er geschlagen, und wenn er es nicht mehr versucht, sondern nur noch kriecht, dann tritt man ihm in die Seite und in den Rücken und vielleicht gegen den Kopf, weil der nach Johannes dem Täufer und dem Evangelisten Johannes getaufte John zwischendurch bewusstlos wird. Das Schreien der Spießgasse und das Schreien der anderen um die Spießgasse herum ist laut, aber die wegen ihrer Herren als Aufrührer verurteilten Hof-Oliver und John wimmern nur auf der Erde wie zwei unterschiedlich gefärbte große Grasvögel.

Der Herr Pastor steht in der ersten Reihe und sieht zu, zwei Männer vom Herrn Gouverneur entfernt, und bezeugt mit der Obrigkeit und anderen wichtigen Männern, dass alles rechter Dinge und gesetzmäßig zugeht. Keiner von ihnen schreit, so wie in der Spießgasse geschrien wird, sondern sie schauen würdevoll und ein bisschen müde zu.

Der Herr Pastor hat am Morgen befohlen, dass Mutter und Ann auch zuschauen müssen, weil alle anderen Frauen aus ganz Jamestown und dem Kapellental ebenfalls kommen. Mutter und Ann und Adam stehen auf der Frauenseite, und Mutter hält sich zwischendurch die Hände vor die Augen, so wie alle anderen Frauen zwischendurch die Augen bedecken und eine Zeit lang nicht hinsehen, aber zwischen den Fingern hindurchschauen.

Ich stehe fast auf der Männerseite, aber nicht die ganze Zeit, weil ich herumgehe und nach besserer Sicht von höheren Steinen aus suche, sodass ich über die Rücken der Erwachsenen hinwegschauen kann. Zu den anderen Jungen gehe ich nicht, aber als sie nach den Strafen dann näher herangehen, um Sand auf die Männer zu werfen, die man auf der Erde liegen gelassen hat, gehe ich auch hin und bin ein bisschen wie mit dabei, werfe aber keinen Sand und keine kleinen Steine, sondern versuche zu erkennen, wie der aufgerissene Rücken und die Zehenstümpfe aussehen. Wenn eine Ziege nicht so ein dickes Fell hätte, dann sähen sie genau so aus, ich habe neulich erst gesehen, wie eine Ziege aufgeschnitten wird. Unter der Haut des Menschen ist das gleiche Rot wie unter dem Fell der Ziege, und im Blut sieht man weiße Sehnen und Fleisch. Die Innereien sehen gleich aus, obwohl Hof-Olivers dunkelbraune Haut glatt ist und die des anderen Sklaven gelblich und vernarbt und der Ziege dickes, zottiges Fell auf der Haut wächst.

So ist alles für lange Zeit ein Wasserfall, in den man nicht geraten darf, sonst ertrinkt man, falls man am Steilhang mitgerissen wird. Wir sind ganz leise und unauffällig, so wie es gute Menschen sind.

Einmal nimmt mich der Herr Pastor zu einem Spaziergang mit und sagt, er redet jetzt mit mir wie mit einem Mann, obwohl ich noch keiner bin, aber weil ich einer werde.

Ich bin sicher, Angus, dass du nicht willst, dass deiner Mutter und deiner Schwester und dem kleinen Adam etwas Schlimmes zustößt oder, genauer gesagt, noch mehr Schlimmes zustößt, und du willst auch nicht, dass mir unschöne Dinge passieren oder dass man mich unter allerlei Verdrehungen und ungerechtfertigten Begründungen anklagt. Nein, das willst du nicht. Du bist ein folgsamer Junge, der Ratschläge respektiert, in den schwierigen Zeiten jetzt habe ich gesehen, dass du dich kein einziges Mal dem widersetzt hast, was ich und deine Mutter von dir erbeten oder was wir zu unterlassen befohlen haben.

Du weißt, dass wir unablässig demütigen Sinnes sein müssen, damit uns niemand aufgrund irgendwelcher Lügen wer weiß was unterstellt. Darum habe auch ich schweigen müssen, selbst in Angelegenheiten meiner Berufung, und die Verteidiger der Rechte nicht mehr in eine gemäßigte Richtung lenken können. Das ist nicht gut, aber in dieser Lage ist Schweigen das beste und einzige Mittel. Ich kann nicht selbstsüchtig unser Leben gefährden.

Man hat uns bedroht und schmerzhaft verletzt. Besonders traurig bin ich wegen deiner guten Mutter. Darum kann es mit dem Schweigen so nicht mehr weitergehen. Man kann nicht endlos still sein und Unrecht herrschen lassen. Man muss dem Beispiel von Jesus Christus unserem Herrn folgen und sich trauen, es offen auszusprechen, wenn man sieht, wie ein Pharisäer Unrecht tut.

Aus diesem elementaren Grund muss ich offen mit dir reden, wie mit einem wesentlich reiferen Menschen, aber ich tue es, weil ich weiß, dass du ein intelligenter Junge bist und von deinem Denken her weiter als ein Zwölfjähriger. Herr Halley sah wohl, wie du beschaffen bist, schon als du erst sechs warst, und ich muss jetzt sagen, dass du in dieser menschlichen Qualität weiter gereift bist. Mehr als ein halbes Jahrzehnt Übung und wohlerzogener Sinn machen älter als die gelebten Jahre.

Ich habe mit deiner Mutter beschlossen, dass du zu einer Auftragsreise zu Herrn Halley aufbrechen sollst. Erschrick nicht. Wir wollen dich natürlich nicht loswerden, aber auch deine gute Mutter hat verstanden, was für uns alle und für dich am besten ist. Und es ist nur eine Zwischenlösung. Wenn du in London bist, wirst du dort Herrn Halley Bericht erstatten, und Herr Halley wird dir zuhören und wissen, welchen richtigen Menschen er es weitererzählt, und so wird die Nachricht die Handelskompanie erreichen und über diese unverfälscht bis zum König weitergetragen.

So habe ich es mir gedacht. Durch dich wird ein Brief befördert, und in dem Brief werden die Botschaft und die Lösung stehen. Dann wird das Land hier gereinigt. Man wird einen neuen, gerechteren Gouverneur auf die Insel entsenden, und die Tyrannei wird ein Ende haben. Dann haben auch meine Einschränkung und die Bespitzelungen ein Ende. Ich kann meine Arbeit hier zu Ende führen und neue Samen des Paradieses in den Menschen einpflanzen.

Damit ist meine Aufgabe erfüllt, und wir erhalten eine Reisegenehmigung und dürfen mit einem Schiff gen Norden abreisen. Während der Seereise kann ich frei mein Pamphlet fertigstellen und es in England veröffentlichen.

Dann sehen wir dich auch schon bald, wie du ans Ufer der Themse kommst, um uns abzuholen. Wir lassen uns nieder und bleiben für den Rest unseres Lebens in unserem Heim, und du und Adam und Ann werdet erwachsen und findet euren eigenen Platz in irgendeiner grünen Gegend Mutter-Englands, und ich darf mit der lieben Catherine in herrlichem Frieden den Lebensabend verbringen, den Gott uns gewährt.

Der Herr Pastor legt mir die Hand auf die Schulter und wirkt glücklich. Er bittet mich, es zu versprechen. Solche guten Dinge sind leicht zu versprechen. Ich sage vor dem Herrn Pastor laut, dass ich den Brief bestimmt ans Ziel bringen werde.

Es werden zwei Briefe sein. Der erste Brief wird im Futter deiner Kleider eingenäht werden. Der zweite Brief wird in dich eingenäht werden, sagt der Herr Pastor.

An dieser Stelle erschrecke ich, aber so hat es der Herr Pastor auch beabsichtigt, denn er nimmt mich an der Hand und erklärt mir, dass er das nur sagt, dass es aber bedeutet, dass er mich so gut unterweisen wird, dass ich alles auswendig lerne, was ich bis nach London im Gedächtnis behalten muss.

So verstehe ich, dass aus mir ein zweifacher Briefträger wird.

Eigentlich ein dreifacher, weil ich, schon während der Herr Pastor mir meine Aufgabe erklärt, weiß, dass ich bei der Gelegenheit auch Herrn Halley die neuesten Aufzeichnungsergebnisse und vorsichtshalber das ganze Material aus der Zeit, in der ich keine ausgefüllten Kalenderseiten habe schicken können, mitbringen kann.

ALS DIE MÄNNER SCHLIESSLICH unter der Fahne des Königs ans Tor von James Fort marschieren, sind es mehr als ein halbes Hundert. Ich habe aus den Worten des Herrn Pastors herausgehört, dass bis zu diesem Schritt noch viele weitere Versammlungen abgehalten werden mussten und der Mut zum Aufbruch gesammelt wurde, indem man die Kraft des Arraks direkt aus den Destilliergefäßen geleert hat.

Nach der Nacht im Haus von Ousman ist der Herr Pastor nicht mehr zu den Versammlungen eingeladen worden. Von den Aufständischen hat uns auch keiner mehr besucht. Der Herr Pastor hat öffentlich gesagt, dass er kein Mann der Gewalt, sondern ein Mann des Friedens und ein Mann Gottes sei.

Als die Männer auf der Hochebene losmarschieren, ist der letzte Sofortgrund, dass diesmal Adam Dennisons Bruder Allen gefangen genommen worden ist, obwohl man an seiner Stelle den Vizegouverneur und Kaufmann Holden hätte verhaften müssen. Alle wissen das, weil darüber eine Untersuchung vor dem Gouverneur und dem Rat gemacht worden ist, aber es ist gelogen worden und Allen Dennison mit der Bestätigung der Lüge festgenommen worden. Man hat ihn in denselben Kerker der Festung gesperrt, in dem schon sein Bruder lange Wochen warten musste, obwohl er nichts weiter getan hatte, als betrunken zu randalieren. Zwar hat er nach den Wachsoldaten geschlagen und getreten, aber von dem alten Dennison kann man auch nichts anderes erwarten, hat der Herr Pastor gesagt.

Als es die Männer des Widerstands bis zur Festung geschafft haben, ist sofort das Rufen und Randalieren losgegangen. Sie haben am Tor gerüttelt, Drohungen und Forderungen gerufen und mit Säbeln und Stecken an die Türen geschlagen.

Die Wächter haben direkt auf sie geschossen, obwohl sie bestimmt erkannt haben, dass auch betrunkene Soldaten bei den Farmern gewesen sind. Zwei der Marschierer sind sofort gestorben, vierzehn sind verwundet worden, und die übrigen sind davongerannt, sodass nicht alle Verwundeten weggetragen worden sind.

In der Nacht ist von der Festung aus das Haus von William Bowyer angegriffen worden. Einer von Bowyers Männern ist gestorben, und viele sind geschnappt und verhaftet worden, auch Bowyer selbst, ganz blutig noch von einer frischen Schusswunde und mit dem Kolben einer Muskete geschlagen.

So ist also nichts mehr still, aber wir und alle anderen müssen so tun, als wäre nichts passiert. Fremden darf man nichts erzählen, weil das ein Hintergehen der Obrigkeit und Verrat wäre.

Wir sind still, damit man nicht auf uns aufmerksam wird und uns nicht aus Versehen verdächtigt, in den Aufstand verwickelt zu sein. Sich gegen die Obrigkeit zu erheben, ist ein Majestätsverbrechen, auch wenn die Schuldigen unter der Fahne des Königs marschiert sind. So wird es von Haus zu Haus verkündet, und der Herr Gouverneur bestimmt sicherheitshalber, dass die Schiffe der Handelskompanie nun vorübergehend so lange vor Jamestown liegen bleiben, dass immer mindestens eines auf Reede ist und Männer, die dem Gouverneur treu sind, schnell alarmiert werden können, um die Ordnung zu gewährleisten.

Dann erteilt der Herr Gouverneur die gleiche Zusatzanordnung wie früher, dass kein einziger Inselbewohner ohne Genehmigung das Deck der wartenden Schiffe betreten darf, und niemand außer der Schiffsbesatzung oder Vertrauensleuten der Kompanie darf mit dem Ruderboot Waren befördern, sondern als Grenze des freien Beladens gilt fortan der Rand des Hafenanlegers. Das ganze wogende Meer vor Jamestown ist verbotenes Gebiet.

Bald hält der Kochtopf nicht mehr, ohne zu zerspringen, und uns läuft die Zeit davon, sagt meine Mutter und meint, was sie reden gehört hat, als sie oben auf der Totholzebene war, um alte Seifenstücke an unsere ehemaligen Nachbarn zu verkaufen.

Seifenstein und Wasser und Schweinefett werden bis zum Rand des Topfes aufgekocht und nach und nach geschieden und gesiedet. Dann wird die Masse gesiebt und, wenn sie abgekühlt ist, in Stangen geschnitten. So macht man es zweimal im Jahr, und was übrig ist, wird verkauft. Meine Mutter hat Ann das Fettkochen beigebracht, für den Fall, dass sie selbst irgendwann nicht mehr ist, und weil unabhängig von einem einzelnen Menschen alles zu seiner Zeit gemacht werden muss. Wenn einer krank wird oder stirbt, müssen die anderen weiterleben.

Ich habe bei der Seifenarbeit zugeschaut und könnte es auch, aber ich darf mich nicht einmischen, weil es Mutters und Anns Arbeit ist. Der Herr Pastor kann das Seifensieden nicht, aber er kann etwas anderes, und genau auf diese Weise sind den Menschen die Arbeiten vom Himmel zugeteilt worden.

Als Mutter vom Zerspringen des Topfes und vom Davonlaufen der Zeit spricht, stehen wir alle im Hof, auch der Herr Pastor ist da und hört, was Mutter von der Ebene oben erzählt, und wir schauen alle nur auf das Sieden. Wenn wir alle da sind, sind wir fünf. Als Mutter es sagt, versteht Ann nicht, dass der Topf nicht wirklich zerspringt, und schreckt zurück, weil Mutter sie vorher gewarnt hat, dass der Seifenstein dem Menschen die Innereien zerfrisst und blutige Löcher in die Haut macht, und wegen Anns Schrecken muss Mutter sagen, dass sie nicht unseren Topf meint, sondern eine ganz andere, größere Sache.

Ann hat nie die Bibel gelesen, weil sie nicht lesen kann, aber wenn sie es könnte und lesen würde, würde sie nicht erschrecken, denn wer die Bibel liest, lernt, die Sachen auf andere Art und die eine Sache hinter der anderen zu verstehen, vor allem, wenn Jesus spricht und Gleichnisse erzählt. Dann liegen zwei Sprecharten oder manchmal vielleicht noch mehr übereinander wie auf einem Stapel oder wie in der Sonne ein Baum oder ein Strauch und sein Schatten. Ein Senfsamen ist nicht so klein und gering wie ein Senfsamen, Gottes Schiff ist nicht bloß aus geschnittenen Planken gebaut.

Ich denke an diese Stelle in meinen Gedanken. Auch das kann man tun. Man kann anhalten und einen eigenen Gedanken betrachten, wie ein Vogel anhält, um in der Höhe zu kreisen.

Als Mutter sagt, dass der Topf bald nicht mehr hält, ohne zu zerspringen, ist damit nicht der Seifentopf auf dem Feuer gemeint, sondern die Stimmung, in der alle sind. Ich verstehe das sofort, aber Ann nicht, weil sie die Bibel nicht gelesen hat.

Ich höre von der Seite zu, wie Mutter und der Herr Pastor reden. Selten sind Männer zum Kontrollieren auf die Hochebene geschickt worden, und nie zuvor ist im Schutz der Nacht angegriffen und auf Unschuldige in ihrem Haus geschossen worden.

Der Herr Pastor sieht ernst aus, als Mutter davon erzählt. Bald ist keine Zeit mehr, sagt Mutter und schaut auf Adam neben dem Schweinestall und über den Dampf aus dem Topf hinweg auf Ann und zuletzt auf mich, aber als sie merkt, dass ich zurückschaue, wischt sie ihren Blick zur Seite.

Meine Zeit kommt, und sie kommt bald, weiß ich im selben Moment. Wenn man zu warten weiß, erkennt man das an etwas Kleinem und manchmal nur an Körnchen.

Ich kann nichts sagen, weil ich kein Erwachsener bin, aber es kommt so, dass ich mich anderswo sehe, und dort sind keine anderen, ich bin allein mitten im Leeren, und ich höre nicht mehr, was Mutter sagt und was der Herr Pastor sagt, aber trotzdem rauscht der Wind, und unter dem Topf prasseln die Kastanienäste, ich habe Splitter im Bauch und einen schlechten Geschmack im Mund, weil das Brechen kommt und plötzlich in den Hals hochquillt und in den Mund, und das ist nicht mehr aufzuhalten, sondern ich muss zur Seite rennen und den Mund aufmachen.

DER ARME MENSCH KANN ETWAS ANDERES WOLLEN, aber Gott der Allmächtige unser Herr entscheidet. Er herrscht über uns und über alles um uns herum. Er wählt aus, was für uns das Beste ist, mit der Weisheit der Ewigkeit und absolut gerecht. Er hält die Schicksale aller Menschen in Seinen Händen wie einen großen Strauß abbrechender Lebensschnüre der Vergänglichen. Darum kannst du armer Mensch gar nicht anders, als dein Schicksal in die Obhut des Herrn deines Gottes zu legen. Vollkommen und ohne Unterlass zu glauben, wie ein zur Demut erzogenes Kind auf die Verwirklichung Seiner Wege zu vertrauen. Versuche nichts, von dem du auch nur im Geringsten ahnst, dass es gegen Seinen Willen sein könnte. Denn der Herr straft denjenigen, der sich nicht fügt, aber nicht den, der in Zucht und Einvernehmen, in Demut und Untertänigkeit lebt. Diesen belohnt er in reichem Maße.

So sagt es der Herr Pastor vor der Gemeinde. Meine Mutter sitzt neben mir. Ich habe mitkommen dürfen. Ann muss auf Adam aufpassen. Es ist heiß und staubig. Die Kapelle ist gedrängt voll, denn es ist der große Sonntag.

Ich habe das Gefühl, dass die Rede und Predigt des Herrn Pastors vor allem an mich gerichtet sind. Er spricht zu mir und zu allen, aber mir sagt er etwas anderes als den anderen, weil die anderen nicht wissen, was ich weiß und was meine Mutter und der Herr Pastor wissen, aber ich weiß auch, was ich denke, und das weiß keiner außer Gott.

Der Herr Pastor fängt an, vor der Gemeinde von dem Aufstand zu sprechen, nicht durch Gottes heiliges Wort, sondern direkt. Das darf man in der Kirche nicht, das weiß ich bereits und blicke mich um, so wie auch Mutter sich umblickt, ich weiß im selben Augenblick wie sie, dass er das nicht dürfte. In uns steigt die gleiche Angst gleich schnell hoch, als der Herr Pastor etwas anderes redet, als er für die Predigt geübt hat. Ich versuche unbemerkt zu schauen, so wie es auch Mutter tut, aber es sind keine Spitzel in der Kirche zu sehen.

Der Herr Pastor spricht über den Aufstand, aber nicht über die Aufständischen, so sagt er es, aber dann fängt er doch anders an, nämlich dass mit dem Schießen in der Absicht, jemanden zu töten, die letzte Stufe überschritten ist. Freie Farmer sind unter Lügen im Kerker der Festung eingesperrt worden. Das kann man Männern nicht antun, die selbst ihr Feld auf harter Erde gerodet haben und die Festung und den Amtssitz des Gouverneurs bezahlen.

Mutter blickt auf die Hände in ihrem Schoß. Trockener heißer Staub wirbelt wie Mühlräder vor dem Kreuzfenster, das verzerrte Bild des Fensters fällt in vier Lichtflecken auf den Boden.

Aber dann, gerade als ein einziger weiterer Moment schon zu viel sein könnte, verstummt der Herr Pastor zum Glück und wahrscheinlich von Gott gelenkt, senkt den Kopf und fängt an, still zu beten. Als er seine Predigt fortsetzt, bittet er um Vergebung für sein Ereifern. Dann sagt er, er wolle allen die wichtige Mitteilung machen – und auch für uns ist das neu –, dass ein Schiff kommen wird, das Kriegsschiff HMS *Royal James*, und dessen Kapitän und Offiziere werden in der Aufstandsangelegenheit ein neutrales Gericht sein.

Darum sollen alle Gemeindemitglieder von der Ankunft der *Royal James* wissen, sagt der Herr Pastor und danach ebenso ruhig, dass aus genau diesem großen Grund jeder nun geduldig die Urteile des Gerichts abwarten soll, die Befreiungen und die Strafen. Dies ist Gottes heiliger Wille und unbestreitbarer Befehl, und wer dagegen verstößt, ist ein Übeltäter, den Gott streng bestrafen wird.

Von nun an bis zum Zusammentreten des Gerichts werden ruhiger Sinn und der Friede des Abwartens alles entscheiden. Es darf zu keiner neuen Versammlung und zu keinem Marsch zur Festung kommen. Niemand darf die Ermunterung dazu billigen, auch nicht in heimlichen Reden. Prägt euch das ein und teilt es allen mit, die sich heute nicht die Mühe gemacht haben, zum Wort unseres Herrn zu kommen.

Kein Einziger in der Kapelle rührt sich, außer vielleicht, dass er seinen Nachbarn anschaut.

Ich weiß nicht, warum, aber ich erschrecke noch mehr, als der Herr Pastor nun vor der Gemeinde sagt, dass man nichts tun kann, sondern dass es reicht, wenn man demütig und untertänig ist. Auf Erden muss der Mensch still warten, bis am Himmel ein Zeichen Gottes erscheint, erst dann ist der richtige Moment für einen Anfang gekommen.

Als er der Gemeinde befiehlt, zu beten und den Kopf zu neigen, neigen alle den Kopf und beten. Ich bete nicht, ich halte die Hände gefaltet, gucke mich aber aus der Verneigung vorsichtig und ohne den Kopf zu bewegen, um. Ich bewege nur die Augen, und es passiert nichts Schlimmes.

Ich warte auf Gottes Zeichen, weil es kommen könnte, wenn kein anderer es merkt, weil man sich beim Beten nicht umschauen darf und nichts sieht. Aber es passiert nichts Außergewöhnliches, obwohl es gut und gern der Fall sein könnte und auch sollte, weil schon ohne die Mitteilungen des Herrn Pastors der große Sonntag ist.

Das Jahr hat große Tage und gewöhnliche Tage. Der Herr Pastor kennt ihre Plätze ganz genau, weil Gott alle Tage und Wochen fertig festgelegt hat, und sie zu kennen ist eine wichtige Aufgabe des Herrn Pastors.

Er hat Gottes Kalender in seinem Kasten. Ich habe darin lesen dürfen, als er selbst im Zimmer gewesen ist. Er ist nicht ganz so wie die handgeschriebenen Seiten, die Herr Halley in den früheren Jahren immer geschickt hat, aber in beiden ist die Länge jeder Woche gleich, weil die Länge der Woche die Länge der Erschaffung der Welt ist.

Die Länge des Tages ist vom Tageslicht her so, wie Gott es jeweils will. In den kälteren Monaten sind die Tage kürzer. Oben auf den Bergen dauert die helle Zeit länger, aber unten am Meeresufer will Gott, dass die Menschen früher in ihre Häuser gehen und in der dunklen Zeit drinnen schlafen.

Zum ersten Mal bete ich nicht mit den anderen. Ich schaue mich nur um und warte, aber ich sehe nicht, dass sich etwas verändern würde.

Nicht einmal auf ein Zeichen Gottes kann man endlos warten. Das kommt mir in den Sinn, obwohl es ein Zweifel und der Anfang einer Sünde ist. Auch der Herr Pastor hat in den Bergen keine sicheren Beweise für die Orte des Paradieses gefunden. Er ist bestimmt geduldig gewesen und hat gebetet, aber Gott kann so sein, dass ganz und gar nicht alles für die Augen des Menschen bestimmt ist. Ein Zeichen kann unsichtbar sein oder ein kleiner Schimmer. Aus diesem Grund kann der Mensch nicht alles sehen oder hören.

Darum gibt es am Himmel vielleicht auch so riesige matte Stellen, die niemand bemerkt, aber wenn man sie einmal bemerkt hat, weiß man sie zu suchen und sieht sie.

(Aber sag mir doch, Clarke, wie es sich deiner Ansicht nach

verhält, liegt die Kraft, das Sehen zu lernen, beim Menschen in den Augen oder gerade hinter den Augen, und kann sie endlos wachsen, so wie im Arm die Fähigkeit wächst, immer größere und noch größere Säcke zu tragen?)

Guter Gott, gib uns endlich die Erkenntnis! Wegen mir muss es nicht sein, aber wegen des Herrn Pastors, damit wir nicht mehr warten müssen, bis ich fortgeschickt werde, weil das Warten schlimmer ist, als endlich ins kalte Wasser zu springen.

DAS ZEICHEN IST DIE *BERKELEY CASTLE*, DAS GRÖSSTE SCHIFF, das in der Jahreszeit nach Jamestown kommt. Oder zumindest das größte neue und feine nach der *Beaufort*, aber die *Beaufort* zählt nicht, weil sie auf der Hinfahrt war und nur wegen einer kleinen Reparatur für zwei Tage vorbeikam, oder vielleicht hat sie sich auf der Fahrt nach Madras nur gezeigt und der Garnison sicherheitshalber weitere Waffen und Geschosse und dem Gouverneur Gin und sonstiges wichtiges Feierzubehör aus England gebracht.

Als die fast *Beaufort*-große *Berkeley Castle* in der Bucht auftaucht, sieht man, dass sie einem klapprigen Arbeitsmaultier gleicht. Mit den gehissten, von dem Sandregen Indiens und vom getrockneten Salz fleckigen Segeln ist sie wie ein schmutziger weißer Albatros und ein verblasster schwarz-grauer Fregattvogel, beide riesigen Vögel zusammen, gefärbt wie beide und doch wie keiner von beiden. Das ist ein starkes Zeichen für den Herrn Pastor. Jetzt ist die Zeit reif, sagt er.

Sie trifft vor der HMS *Royal James* und dem Gericht ein. Darum werden ihr noch striktere Ausnahmeregelungen erteilt, damit kein Inselbewohner als Verräter aufs Schiff gelangt. Der Herr Gouverneur hat Angst, dass mit irgendjemandem böswillig verfälschte Informationen bis nach London gelangen.

Man erzählt sich, die Gefangenen in der Festung würden an die Türen hämmern und ein unparteiisches Gericht verlangen. Mehr als dem Recht der *Royal James* würden sie Westminster vertrauen und dorthin wollen, anstatt dem Gericht ausgeliefert zu sein, das ihretwegen entsandt worden ist.

Nicht einmal der Herr Pastor traut dem, was kommt, auch wenn er anderen gegenüber etwas anderes sagt. Er befiehlt den Gemeindemitgliedern, zu gehorchen, wie es sich für Untertanen gehört, aber am Abend ist er anderer Meinung.

Wenn die Unschuldigen freigelassen, die Unruhestifter aber verurteilt werden, was wird sich dann ändern? Wer sagt, was Aufstand ist und was ehrenhaftes Tragen der königlichen Fahne? Das Unrecht geht weiter seinen Gang. Es ist jetzt Zeit, zu handeln, sagt der Herr Pastor zu meiner Mutter.

Mutter bangt, wie es uns ergehen wird, weil Soldaten von Haus zu Haus gehen und Fragen stellen und schon Unschuldige ohne erkennbaren Grund zum Verhör geholt haben.

Darum ist die *Berkeley Castle* das Zeichen. Als sie vor Jamestown gesegelt kommt, nimmt der Herr Pastor sie sofort als Zeichen Gottes an und sagt, er sehe in den schmuddelig gewordenen Segeln die Flügel von Engeln.

Auch die Wolken über dem Meer bei der Mundenhalbinsel sind außergewöhnlich. Es ist, als würde in ihnen Wald wogen oder große Wellen, und man sieht schräge Striche, als würde es regnen, obwohl es vollkommen trocken ist.

So wird uns von oben der Befehl erteilt, sagt der Herr Pastor, und Mutter ist der gleichen Meinung, auch wenn sie die Tränen zurückhält. Ich höre das unter den Worten heraus, weil ich aus Mutter geboren bin, aber jetzt fortgeschickt werden muss.

ES IST KEIN HOHER PREIS und kein Opfer, da gibt es viel größere auf der Welt. Du bist eine Frau, die geboren hat, und niemand wird dir etwas Böses tun, höre ich meine Mutter beim letzten Mal auf dem Weg zur Parzelle hinauf Ann erklären. Mutter glaubt, dass ich zu weit weg bin, um es zu hören, weil ich hinter ihnen Adam an der steilsten Stelle trage, bevor die Ebene beginnt und Adam wieder selbst laufen und gehen kann.

Ich weiß, dass ich mich an die Stelle erinnern werde. Selbst wenn ich nie mehr dort hinaufsteige, selbst wenn ich nie mehr zurückkehre, und da erst verstehe ich, dass es wirklich nie mehr passieren wird.

Ich bleibe stehen und präge mir alles ein. Adam rennt auf der Ebene schon fünf Schritte voraus und fuchtelt nach einem schwarzen Schmetterling, Mutter redet immer noch auf Ann ein, Ann redet dagegen, ein Kaktus, der wie eine Flasche aussieht, wächst am Rand des Abhangs an einer so trockenen Stelle, dass die sandige Erde darunter aufgerissen ist und sich über den Wurzeln bis zu den Zacken häuft, ein Fadenbeinvogel wippt mit dem Schwanz, die Ebene liegt leer und offen da, der Himmel wölbt sich und bricht an den Paradiesbergen ab. Ich, der Totholz-Angus, stehe mittendrin und gehe dann hinter den anderen her. Ich trage eine längere Egge als die anderen und über der Schulter die Bündelbeutel.

Als ich Mutter und Ann einhole, hat Mutter das mit dem Bezahlen der Reise erklärt. Ann hat pinkeln müssen und ist in die Hocke gegangen und weint. Ich weiche ein Stück aus und gehe um sie herum, Mutter ist stehen geblieben und blickt vor sich auf die weit in die Ferne reichenden Parzellen und macht Rast und stützt sich auf die von Ann abgestellte kürzere Egge.

Was denkst du, mein kleiner Angus?

Nichts, erwidere ich.

Doch, man sieht es dir an, schon als du ganz klein warst, habe ich gesehen, wenn du über etwas nachdenkst.

Ann kommt und richtet ihren Rock am Bund, und Mutter fragt, ob es nicht stimmt, dass man Angus ansieht, wenn er über etwas nachdenkt.

Da sieht man nichts, sagt Ann und schaut mich nicht einmal an.

Der stumme Adam rennt zwischen uns hindurch. So nennen ihn Fremde jetzt, stumm und schwachsinnig nennen sie ihn, der stumme Adam, Gott hat ihm den Kehlkopf entzweigeschlagen und ihn bestraft.

Mutter schnappt Adam aus dem Lauf und halst ihn, Adam strampelt, aber nicht ernsthaft, weil er sein will, wo er ist.

Dieser Kleine bleibt hier, wenn Angus weggeht, sagt Mutter.

Adam hört auf zu strampeln und sieht mich an.

Nein, sagt Adam, erschrickt selbst vor seiner Stimme und hält sich die Hand vor den Mund.

Mutter fängt an zu weinen, nicht sehr stark, aber wieder so, dass ihr Tränen kommen.

Ich schaue sie und Ann und Adam an, niemand schaut zurück.

Ich bin einfach so glücklich, dass Angus fortkommt, in die große weite Welt hinaus, erklärt Mutter und wischt sich die Wangen unter den Augen, aber so ist es nicht.

Dann befiehlt sie uns, weiterzugehen, und drückt Ann die kürzere Egge in die Hand und macht sich mit dem, was sie selber trägt, auf den Weg über die Ebene.

Auch wir gehen los, Adam quengelt, ohne zu sprechen, dass ich ihn tragen soll, aber ich trage ihn nicht. Ich sage, ich trage ihn erst, wenn er mich darum bittet.

Das tut er nicht, obwohl er auf dem Rest des Weges müde wird. Auch das ist ein Versuch. Ich darf nicht nachgeben, ich trage ihn erst, wenn er mich richtig laut darum bittet und nicht nur quengelt und wimmert wie ein Hundewelpe. Nachts habe ich ihn im Schlaf Wörter ausstoßen gehört, jetzt hat er auch bei Tag gesprochen. Mit einem Schlafenden kann man keine Versuche machen, mit einem, der wach ist, kann man es tun, und ich tue es.

Zur Parzelle zu gehen, dauert länger als sonst, und Mutter sagt, vor der Mittagspause müssen wir zumindest die trocken verkrustete Erde harken und die Disteln und das Stachelgras ausrupfen. Sonderbar schnell wächst das alles, wohingegen die, die man als Samen setzt, zuerst überhaupt nicht ihren Weg ans Licht finden wollen.

Auch darüber sollte man nachdenken, denke ich beim Eggen. Die Welt ist voller Dinge, die noch niemand entdeckt hat. Zuerst muss man sich überlegen, was diese Dinge sind, dann kann man anfangen, passende Erklärungsversuche zu machen. Und danach muss man über dieselben Sachen von Neuem nachdenken, ob man richtige oder falsche Versuche gemacht hat.

Als ich das mit Adams Sprechen und mit seiner Angst untersucht habe, habe ich nicht viel herausgefunden. Und ich habe Adam auch das Schreiben nicht so gut beibringen können, dass er hätte reden können, ohne zu sprechen; Adam hat nicht lange genug auf seinem Platz sitzen bleiben wollen, obwohl ich zum Lernen die beste sandige Stelle im Zweihäuserhof ausgesucht habe. An der Stelle im Schatten bleibt die Erde gerade so feucht und trocken gleichzeitig, dass die Oberfläche hart genug ist, dass man darauf zeichnen kann. Ich habe als Vorlage einen Buchstaben neben den anderen geschrieben, aber Adam hat keine Geduld gehabt.

Entweder ich habe nicht lehren können, oder Adam lernt nicht. Die Zahlen bis zehn hat er immerhin so gelernt, dass es nicht ganz am fehlenden Verstand liegen kann. Darum denke ich jetzt, dass es dem Herrn Pastor besser gelingen würde, wenn Adam wieder anfangen würde zu sprechen und er ihm zuerst das Lesen und erst dann das Schreiben beibringen könnte. Jetzt hat Adam sein erstes Nein gesagt, und das kann ein guter Anfang sein.

Vom Denken an das, was kommt, entstehen mitten im Magen schmerzhafte Stiche. Das Brot und die Zwiebelstückchen schmecken nicht mehr, und ich nehme mir kein zweites Mal davon. Was ich mir beim ersten Mal genommen habe, muss ich aufessen, damit nimmt es Mutter genau, denn wenn man das Essen nicht achtet, kann es sein, dass Gott zur Strafe Hunger für alle schickt.

Während die anderen noch essen, sehe ich in der Ferne Hof-Oliver auf Dennisons Parzelle zugehen. Ich erhebe mich aus der Hocke und gehe ihm entgegen. Adam folgt mir, aber ich schicke ihn zurück. Er winselt ein zweites Nein, wie ein fremder Vogel, ein so kleines, dass man nicht hört, ob es ein Wort ist oder bloß ein Laut aus der Kehle.

Ich renne in der alten vertrauten Richtung über die Ebene. Hof-Oliver trägt eine große Last auf dem Rücken, sodass er gebückt gehen muss und hinkt. Von den Tritten in der Spießgasse ist an der rechten Seite seines Kopfes etwas zurückgeblieben, zwischen Auge und Ohr hat er eine große Beule oder ein Geschwür. Vom Auspeitschen sieht man rosa Narben an den Armen und an der Seite, den Rücken sehe ich nicht und wage es auch nicht, gleich nachzuschauen, obwohl ich es möchte, weil ihn dort die schlimmsten Schläge getroffen haben und die Risse aufgegangen sind.

Wie geht es dem Angus? Wann habe ich ihn zuletzt gesehen? Schon lange nicht mehr, sagt Hof-Oliver. Seine Stimme ist die eines alten Mannes.

Ich will schon antworten, dass ich von der Insel weggehe, aber das darf ich niemandem sagen, und ich kann es noch abändern und sage, dass wir gekommen sind, um zu jäten und die Erde ordentlich aufzuharken.

Ich muss zuerst den Zaun reparieren, die Frau gibt jetzt die Befehle, wo Herr Dennison im Kerker sitzt. Dafür brauche ich diesen Tag und den morgigen, ich muss hier übernachten und das Feuer brennen lassen, damit die *Banshee* nicht meine Seele holen kommt.

Bis jetzt ist wohl noch niemand über Nacht auf der Parzelle gewesen. Ich frage ihn, wie das geht, dass man hierbleibt, und Hof-Oliver sagt, die Frau habe es befohlen, außerdem schaffe er es mit dem verdrehten Knie auch nicht, vier Mal hin- und herzugehen.

Die letzte Sternaufzeichnung liegt so lange zurück, dass es mich sogar bei Sonnenlicht schaudert, wenn ich mir vorstelle, ich müsste allein durch die ganze Dunkelheit hindurch auf der leeren Ebene bleiben. Selbst wenn man noch so beten und den Feuerkreis am Brennen halten würde, könnte man vor Angst sterben, wenn die *Banshee* mit ihrer Stimme eines Menschen und eines Tiers anfangen würde zu heulen.

Hof-Oliver geht mit seiner Last weiter, und wir kommen an Dennisons große und gut gepflegte Parzelle. Ich müsste eigentlich zurücklaufen und mit meiner eigenen Arbeit weitermachen, aber ich helfe ihm noch so weit, dass ich die Riemen um die Zaunstangen löse, sodass die an den Enden schon angespitzten und geteerten Staken auf die Erde krachen. Hof-Oliver streckt den Rücken durch und biegt sich kurz hin und her, damit die Schmerzen und die Müdigkeit verschwinden.

Ich frage ihn, weil ich deswegen zu ihm gelaufen bin. Ich frage ihn, was es auf der Welt gibt, was es auf der Insel nicht gibt. Was muss man wissen, wenn man einmal von hier wegfährt?, stelle ich gleich als zweite Frage hinterher.

Hof-Oliver muss es wissen, weil er viel länger anderswo gewohnt hat als hier. Er hat mir von jenen Zeiten erzählt und von seiner Heimat, wo aus dem Nebel säulenförmige Wolken hoch in den Himmel wachsen. Dort zwischen den Säulenwolken hat er gewohnt, alle haben auf einem runden Wohnhügel gelebt, wo der Fluss, der die Hänge umgab, allmählich nach oben geflossen ist, sodass man den Unterlauf nicht mehr vom Oberlauf unterscheiden konnte, sondern das Wasser immer in die Richtung gelaufen ist, wie das Volk von Hof-Oliver es gewollt hat.

Hof-Oliver schaut mich an und will nicht antworten. So etwas sieht man. Ich frage ihn trotzdem noch einmal.

Da gibt es nichts Besonderes, aber die Menschen sind die eigenen, wohingegen sie es hier nicht sind. Für Angus sind sie es hier, aber anderswo nicht, sagt er, gibt jedoch keine Ratschläge.

Ich habe keine Zeit, weitere Fragen zu stellen. Ich sage höflich Auf Wiedersehen, so wie man es gegenüber einem älteren Menschen tun muss, obwohl er ein Sklave und weniger wert ist. Ich renne zurück zu unserer eigenen Parzelle, und beim Rennen denke ich, dass einer nach dem anderen alle wegsterben.

DAS PAMPHLET MUSS AUS DEM VERSTECK GEHOLT WERDEN, bevor ich fortgehe, weil der Herr Pastor nicht weiß, wo es ist, und selbst wenn er es wüsste, könnte er nicht hochklettern und es bis in die Baumkrone schaffen. Weil ich das weiß, frage ich den Herrn Pastor, ob er will, dass ich es hole. Er runzelt die faltige Stirn und denkt kurz nach.

Aber das darf dann niemand sehen. Niemand darf es wissen, auch ich darf eigentlich nicht wissen, wo es ist. Wenn du es mir nicht sagst, sondern auf einen kleinen Zettel schreibst. Dann versteckst du den Zettel im Gebetbuch am zweiten Sonntag nach Ostern. Sodass ich, wenn ich zum Verhör muss und man mich fragt, nichts weiß. Ich kann sagen, dass ich es nicht weiß, überhaupt nichts weiß. Aber wenn sie bei einer Durchsuchung das Haus durchwühlen und die Bücher aufschlagen, was dann, wie kann man das verhindern? Was würdest du schreiben, damit sie es nicht verstehen? Denn wenn sie den Zettel verstehen, finden sie das Pamphlet, und das ist dann ein noch viel schlimmer belastender Umstand.

Vielleicht falsch herum, von hinten nach vorne?, sage ich.

So habe ich es manchmal gemacht, so kann man es machen, aber erst wenn man sehr gut lesen und schreiben kann. Ich habe meinen eigenen Namen *sugna* zuerst falsch als *sunga* geschrieben, das ist, als würde die Sonne gehen.

Ja, falsch herum und ohne Lücken, dann können sie es nicht als Wörter erkennen, mache es so, Angus.

Es ist der letzte oder der vorletzte Tag. Die *Berkeley Castle* bleibt nicht lange, und Ann muss an diesem Abend meine Reise bezahlen. Darum ist es besser, wenn ich zum Aufzeichnungsbaum hinaufgehe, weil Ann beim Warten aufgeregt ist und mich nur anschnauzen würde. Mutter hat bereits das Geschäft mit dem Bootsmann der *Berkeley Castle* abgemacht. Ich sollte es nicht wissen, und der Herr Pastor will es nicht wissen, aber beide wissen wir es, weil es schlimme Dinge gibt, bei denen man nicht unwissend sein kann, obwohl man es möchte.

Als ich hinter der Hochebene den Pfad hinaufgehe, renne ich nicht mehr, weil es das letzte Mal ist. Ich gehe und betrachte die vertrauten Stellen. Auf St. Helena kann ich alles, was man können kann. Mutter hat bereits den Brief des Herrn Pastors ins Futter meines Überhemdes eingenäht. Der Herr Pastor hat mich gelehrt, jedes Wort auswendig zu erinnern.

Als ich zur Araukarie komme, sind ihre schuppenschwänzigen Äste wieder gewachsen. Ich klettere direkt auf meinen Sitzplatz in der Astgabel und löse als Erstes den Kopfstillhalteriemen, weil es unnötig ist, das gute Zügelleder im Regen verrotten zu lassen.

Alles ist ganz anders als bei allen vorigen Malen. Obwohl die letzte Aufzeichnung beginnt, kann ich nicht mehr auf das Vorbeifliegen der Vögel warten, sondern blicke bestimmt die Hälfte der Zeit nach oben und überlege, wie ich durch das dichter gewordene Astdickicht komme.

So weit beherrsche ich mich, dass ich für die braunen Tauben vier Weizenkörner und für eine Schwalbe einen Kürbiskern in die Tonschale fallen lasse. Die werde ich zu der Jahressumme hinzufügen, die in dem Holzkasten unter den Steinen versteckt ist. Den Kasten kann ich nicht mit aufs Schiff nehmen, und darum habe ich Lederbeutel für alle Vogelarten dabei.

Ich höre nach den ersten Vögeln mit dem Vermerken auf und mache mich ans kratzende Klettern den Stamm hinauf. Die Äste scheinen so dicht geworden zu sein, dass ich mit den Händen Platz schaffen muss, als würde ich kriechen, aber nach oben.

Nach vielen kleiner werdenden Asttischen bin ich so weit nach oben gekommen, dass fast nichts mehr den Blick in fast alle Richtungen behindert. Weiter unten sieht man die Wipfel anderer Bäume und noch weiter den Hang hinunter die Totholzebene und alles. Ich sehe es so genau, dass ich die neue eingezäunte Stelle auf Dennisons Parzelle erkenne, auf der Hof-Oliver noch immer schaufelt, die Erde umgräbt oder schon etwas pflanzt, das kann ich nicht ausmachen, auch wenn ich die Augen an den Winkeln sehender ziehe.

Meinen aus Zweigen geflochtenen Pickschutz gegen die Vögel nehme ich auseinander und öffne den Schweinebeutel. Die Blätter darin sind genauso, wie sie waren, kein einziger Wassertropfen ist durchgedrungen, um sie zu schwärzen und zu verderben.

So weit oben schwankt der Wipfel schon beim kleinsten Wind und durch meine eigenen Bewegungen. Darum versuche ich, ganz auf der Stelle zu bleiben, als ich die Seiten durchblättere und betrachte. Durch sie habe ich als kleiner Junge das dreifache Lesen gelernt. Auf den Blättern steht viel über Fernando Lopez, und sie sind voll mit langen Zitaten aus der Bibel. Der Herr Pastor hat über die Apostel geschrieben, die in fremde Länder entsandt wurden, und über die heilige Kraft, das Wort des Glaubens unter Fremden zu verbreiten. Diese Seiten hat der Herr Pastor mit kräftiger Hand geschrieben, die Tinte ist tief im Papier, aber nicht zerlaufen.

Auf den neueren Doppelseiten berichtet er, was auf der

Insel gerade gewesen ist: Uneinigkeit und weltliche Streitereien, Geheimbündler, die an Irrlehren festhalten. Für mich am schlimmsten ist, dass er auch seine Vorwürfe an den Gouverneur niedergeschrieben hat. Er hat Seiten über Richard Coney, Anthony Beale, Richard Keigwin, Gregory Field und John Blackmore angefertigt und unter jedem Namen ihre Verbrechen und Sünden angeführt.

Das Ankunftsjahr des Herrn Pastors auf der Insel ist 1671, seitdem hat er Dinge aufgezeichnet. Er hat seine Ankunft auf dem ersten Blatt datiert und es als seine Aufgabe hingeschrieben, Gottes mildes Licht zu verbreiten, aber gleich darunter steht: »Ich bin auch hierhergebracht worden, um zu sehen. Man hat mich als Auge derjenigen, die über mir stehen, geschickt.«

Während ich lese, weiß ich immer sicherer, dass die Blätter gut versteckt werden müssen. Nicht mal ein abgelegener hohler Baum ist ein sicheres Versteck, weil den immer jemand fällen kann und beim Zerhacken mit der Axt den Schweinebeutel darin finden und ihn für Verräterlohn an die Männer des Gouverneurs weitergeben kann.

Der Herr Pastor hat in seinen Niederschriften nicht vorsichtig sein können, und ich mache mir noch größere Sorgen um meine Mutter, um Ann und um Adam. Wenn der Herr Pastor zum Verhör geführt und in der Festung eingesperrt wird, kann es sein, dass die Häuser im Zweihäuserhof geräumt werden und Mutter und Ann und Adam unter freien Himmel geraten. Darum beschließe ich: nicht in einen hohlen Baum. Die Blätter müssen tief in der Erde vergraben werden.

Am sichersten wäre es, sie in der Araukarie zu lassen, in dem Versteck würde man das Pamphlet nicht finden, niemand klettert über die Äste hinweg in eine so dünne Krone, und keiner kommt bis hierher, um Brennholz zu machen, aber es geht nicht, weil ich dem Herrn Pastor schon etwas anderes versprochen habe. Man kann nicht dieselbe Sache auf zwei Arten versprechen und somit die erste Art verleugnen.

»AUFZEICHNUNGEN
BETREFFS DER UMTRIEBE UND
VERBRECHEN DER SEKTIERER

Sie müssen zur Rechenschaft gezogen werden, aber unter der jetzigen Verwaltung kann ich nicht darauf vertrauen, dass dies auch geschehen wird. Aus diesem Grund und in demütiger Erfüllung der Pflicht, die Gott der Allmächtige mir auferlegt hat, werde ich alles tun, damit

1 die Kenntnisse über die Böswilligkeit, Ungerechtigkeit und alles Trachten nach eigenem Vorteil des Gouverneurs Blackmore unverfälscht in die Untersuchung durch die entscheidenden Organe der Handelskompanie eingehen, und damit ich mich,
2 nachdem dieses geschehen und die Verwaltung vollständig gesäubert worden ist, darauf konzentrieren kann, die Ketzerei ans Tageslicht zu bringen sowie mit der gewogenen Hilfe der weltlichen Obrigkeit die Sektierer einem harten Verhör zu unterziehen.
3 Denn auch wenn ihr Nest im Sandbuchttal nominell hinter der Fünf-Meilen-Grenze liegt, haben sie keineswegs den Helfershelfer des Oberbeelzebubs an seinem Tun gehindert, weder an der Irreführung in der Lehre noch daran, Gerüchte zu verbreiten und den reinen Herzen und Gedanken meiner Gemeindemitglieder den Samen des Argwohns einzupflanzen. Der Schlange muss der Kopf abgeschlagen werden, und wenn sie ihre Sündhaftigkeit eingestehen, müssen die Schlimmsten von ihnen aufs Schwerste verurteilt werden.
4 Nachdem diese Maßnahmen verwirklicht worden sind, wird Gott der Allmächtige seinen demütigen Diener in reichem Maße belohnen.«

An dieser Stelle der Seite ist der Herr Pastor dazu übergegangen, anders und eiliger andere Dinge aufzuschreiben.

»Ich sah des Nachts einen Engel, der ein gewaltiges Licht in der Hand hielt, einer Hacke gleich, an beiden Spitzen mit hervorquellendem Licht. Ich erkannte den Boten, danke, Herr.«

»Ich höre nicht auf die Reden, die über mich in Umlauf sind. In jeder von ihnen ist eine böse Absicht verborgen.«

»Catherine gehört allein mir. Ich werde unsere gemeinsame Zeit verteidigen wie ein Leu.«

INDEM SIE ANN FÜR ZWEI STUNDEN VERKAUFT HAT, hat meine Mutter die Überfahrt für mich herausgeholt. Der Bootsmann muss für das bezahlen, was er bekommen hat, auch wenn die Bezahlung noch so schwer zu organisieren ist.

Bei jedem Ostindien-Fahrer werden jetzt die Frachträume und alle anderen Winkel und Verstecke kontrolliert, aber der Bootsmann hat es so geplant, dass ich am Sonntag an Bord gehe, wenn der Kapitän die gesamte Besatzung an Land mitnimmt, um das Wort Gottes zu hören. So ist es auch sonst üblich, obwohl die *Berkeley Castle* mehr als 500 Tonnen hat und darum ein eigener Kaplan an Bord ist, der sich um die Seelen sorgt und die Toten dem Meer übergibt, aber diesmal hat der Herr Pastor den Kapitän eigens an den Gottesdienst in der Kirche erinnert.

Der Bootsmann hat sich freiwillig gemeldet, allein als Wache auf dem Schiff zu bleiben und auf die Sklavenladung im Frachtraum aufzupassen, weil die hinter dem Kap der Guten Hoffnung im Seitensturm gerissenen Segeltuchstoffe noch immer nicht richtig repariert worden sind. Er hat zum Kapitän gesagt, er würde sicherheitshalber für die Rückfahrt alles überprüfen, obwohl Sonntag ist, aber er hat versprochen, nur die Reparaturen und Verstärkungen durchzusehen und keine Nähnadel in die Hand zu nehmen, nicht selbst zu nähen und vor dem Werktag auch nicht zu befehlen, den kleinsten Riss zu flicken, aber er schaut sich die Kanten genau an und vergewissert sich, dass sie bis nach Hause halten, auch in den letzten Stürmen in der Biskaya und im Kanal. So hat er es meiner Mutter erzählt, und Mutter hat es dem Herrn Pastor erzählt.

Ich bin vom frühen Morgen an vollkommen bereit und habe fast Angst. Der Herr Pastor hat sich schon am Abend von mir verabschiedet, mich unter seiner Hand gesegnet und eine richtige kleine Rede gehalten. Obwohl sie für mich gehalten wurde, konnte ich mich nicht ganz aufs Zuhören konzentrieren, aber der Herr Pastor war von seinen eigenen Worten gerührt und musste sich mit dem Taschentuch die Tränen abwischen.

Wie schnell die Zeit des Menschen vergeht, so kurz die Jahre, seit du durstig nach Unterweisung zu mir gelaufen bist. Ein halbes Jahrzehnt ist es erst her, dass ich dich und deine Mutter kennenlernen durfte, die Liebste unter meinen Gemeindemitgliedern, Gott gebührt Dank, dass sich unsere Wege vereint haben.

Zumindest das hat der Herr Pastor gesagt, und Mutter hat angefangen, mit ihm zu schluchzen, und sie haben sich gegenseitig festgehalten, als der Herr Pastor weitergesprochen hat, dass die Tage des Menschen in einer Sanduhr enthalten sind, sie sind die fertig bemessenen Stunden unseres Schattens, wie dünner, trockener Sand, in dem nur dem jeweiligen Maß entsprechend viele Sandkörner enthalten sind.

(Aber Clarke, hat der Schatten überhaupt eine Höhendimension? Oder hat er nur die Maße seiner Breite und Länge? Und wie sollen wir messen und mit Messergebnissen darstellen, dass er keine Höhe hat? Und wie wiegen wir sein Gewicht, und ist das Licht schwerer als der Schatten, und wie viel wiegt das Licht und wie viel der Schatten?)

Ich habe beim Segen gekniet und versucht, zuzuhören, mich aber in meinen Gedanken verloren und mich daran erinnert, wie Herr Halley mit einem abgebrochenen Stock auf seinen Schatten auf der Erde zeigte und ihm Umrisse zeichnete. So kann man an zwei Stellen gleichzeitig sein, sogar an vielen, man kann sich in mehreren Schichten erinnern und von einer zur anderen übergehen. Ich bin hier, aber nicht ganz. Die Gedanken sind woanders, aber nur zum Teil, und sie schwanken.

Adam ist vom Weinen der Erwachsenen erschrocken und hat versucht, zu erkennen, was Mutter fehlt, und dann selbst angefangen. Damit ich nicht angesteckt werde, habe ich Adam auf den Arm genommen und hin und her gewiegt. Er hat schon lange nicht mehr gestrampelt und sich aus dem Arm losgerissen und es auch jetzt nicht getan, sondern sich beruhigt. Adam ist hier, Adam ist mein Bruder, passt auf Adam auf, wenn ich es nicht mehr kann, habe ich gedacht und ihn gewiegt.

Ann gibt mir am Morgen ein Geschenk. Sie hat es selbst gerade erst bekommen, will aber nicht sagen, von wem. Es ist ein aus schwarzem Afrika-Holz geschnitztes kleines, rennendes Tier, kein Pferd, keine Kuh, kein Reh und kein Ziegenbock, nichts Bekanntes, sondern etwas, das allen ein bisschen ähnlich ist, schwarz und schnell.

Es steckt in meinem Bündelbeutel, zusammen mit den Broten, die Mutter früh am Morgen für mich gebacken hat, und zwei Ersatzkleidern und dem Wasserlägel und sonstigem Nötigen. Viel kann ich nicht mitnehmen, auch wenn die Reise lang ist. Ein paar Königsmünzen sind ins Futter eingenäht, am Hosenbund hängt ein kurzes, frisch geschliffenes Messer in seiner Scheide. Die Summen der für Herrn Halley gezählten Vögel sind nach Arten in Sämischbeuteln sortiert und die Beutel in einen Streifen Wergleinen und ein Stück Leder eingerollt.

Als es Zeit ist, aufzubrechen, geht Mutter zum Anleger, um sich zu vergewissern, dass sich das Schiff auf der Reede geleert hat. Der Herr Pastor ist schon früher in die Kapelle gegangen, um auf die Männer von der *Berkeley Castle* zu warten. Er hat mit Mutter besprochen, dass sie beide nichts von Angus' Ausreißen wissen, habe ich durch die Wandverdünnung gehört.

Ann bleibt mit Adam am Tor des Zweihäuserhofs stehen. Ich drehe mich nicht zu ihnen um, weil ich das Gefühl habe, sie dann zum letzten Mal zu sehen. Mutter geht neben mir her und bringt mich fort. Wir machen einen weiten Bogen um die Kirche, aber ich sehe über den Platz hinweg. Weil zur Besatzung weit über hundert Männer gehören, passen nicht alle hinein. Ein Teil muss vor der offenen Tür stehen und beten, und der Herr Pastor spricht mit vernehmlicher Stimme und in Richtung Tür, sodass alle das Wort Gottes hören können.

Benimm dich so, dass du dem Namen deines Vaters keine Schande machst, sagt Mutter in der Nähe des Anlegers.

Ich danke euch, sage ich, mehr Worte finde ich nicht.

Mutter gibt dem Schiff mit dem Tuch ein Zeichen, und danach warten wir hinter der Magazinecke versteckt, bis ein so totenstiller Augenblick eintritt, dass der Bootsmann mit der Jolle von der *Berkeley Castle* angerudert kommt. Mutter kann sich nicht mehr sehen lassen, sondern umarmt mich zum Abschied und zittert, als wäre ihr kalt. Ich blicke mich nicht um, sondern gehe los und steige über Steine und Kies zum Uferwasser hinunter, presse den Beutel an die Brust und wate zum Boot. Der Bootsmann drückt mich sofort nach unten, damit ich so unsichtbar bin, wie man es zwischen den niedrigen Rändern der Jolle sein kann.

Er redet die ganze Ruderfahrt über vor sich hin, sodass er keinen ganz klugen Eindruck macht, obwohl Mutter das gesagt und ihn vor Ann gelobt hat. Nachdem wir über die grobe Strickleiter an Bord geklettert sind, packt er mich am Kragen, dass es wehtut, und sagt wie im Zorn, alles bloß wegen einer scheuen

Stute, die mit dem Kopf ausschlägt. Ich verstehe nicht alles, weil er seltsam gebrochen spricht. Darum laufe ich ihm nur hinterher und drücke meinen Beutel an die Brust.

Erst an Deck sieht man, wie riesig das Schiff ist. Die baumstammdicken Masten ragen in den Himmel, und von den waagrechten Rahhölzern an den Masten fallen wie von Ästen Reste von Regenwasser aufs Deck.

Alles ist groß und abgenutzt und hat Risse. Die Deckplanken sind voller tiefer Furchen, und in den Borden sieht man gerade erst aufgesplitterte helle Gruben. Durch eine offene Luke hört man unten Menschen rufen, aber obwohl ich im Vorbeigehen einen Blick hineinwerfen kann, ist im Dunkeln unten nichts zu erkennen, wenn man aus dem Tageslicht hinsieht.

Der Bootsmann bringt mich zum hintersten der drei Masten und weist mit der Hand zum Himmel. Weit oben ist der Mastkorb als kleiner Ring um den Mastbaum herum zu erkennen. Gegen den Himmel ist der Boden des Korbs schwarz und finster.

Von dem, was der Bootsmann sagt, verstehe ich, dass ich dort oben unsichtbar bin. Der Ausguck steigt nur im Großmast in den Korb, der Korb im Besanmast wird überhaupt nicht benutzt. Ich weiß, dass er nur sicherheitshalber gemacht worden ist, falls man bei den schlimmsten Stürmen unter Afrika die Route so weit nach Süden verlegen muss, dass einem dort die abgeschmolzenen Splitter der Eisberge unter der Wasseroberfläche entgegentreiben wie die glänzenden Rücken von Walschwärmen. Wegen solcher Wale aus Eis kann man manchmal gezwungen sein, von allen Masten gleichzeitig auszuspähen.

Weil ich nichts unternehme, packt mich der Bootsmann und befiehlt mir, hinaufzuklettern, aber ich schaue nur an den Seilen und am Mast entlang nach oben und auf die leeren Stellen dazwischen, und das ist kein Klettern auf einen hohen Baum, sondern schlimmer und unmöglich. Der Großmast hat eine Strickleiter für den Ausguck, aber über mir ist nichts.

Du kletterst jetzt da hoch und hebst im Korb den Kopf nicht über den Rand, kein einziges Mal, sonst kastriere ich dich wie ein Schweineferkel, befiehlt der Bootsmann mit dumpfer Stimme, mit einem Zupacken zeigt er mir noch schmerzhaft, wie man kastriert wird, und setzt mich dann mit einem Stoß in Bewegung. Mir bleibt nichts anderes übrig, als zu klettern, aber nur ein paar Klafter, dann lasse ich mich wieder aufs Deck herab.

Wie sollen Wasser und Essen reichen?, frage ich.

Der Bootsmann flucht auf den Namen Satans, dreht sich aber um und geht davon. Ich warte, bis er mit einem Schnurbündel über der Schulter, einem Lederlägel und einem Sack in der Hand zurückkommt. Er bindet mir die Schnur straff auf den Rücken und weist erneut nach oben, nicht direkt am Mast entlang, sondern auf Umwegen über Seile und Rahen, und er sagt, wenn du oben bist, kannst du das Lägel und den Sack und deinen Bündelbeutel hochhieven, aber ich traue mich nicht, den Beutel, der mir gehört, auf dem Deck zu lassen, sondern binde ihn mir besser um, damit ich die Hände frei habe.

Mehr kann ich nicht tun, und ich will auch kein bisschen länger bei dem Bootsmann bleiben. Am Anfang geht es schwerfällig, und das Schnurbündel und der Beutel stören, aber auf der ersten Rah lasse ich die Hände ausruhen und schaffe es, die Anhängsel besser an Schultern und Rücken zu befestigen.

Ich bin nicht schlecht im Klettern, aber in meinen Händen steckt nicht genügend Kraft. Ich komme nicht außer Atem, muss aber die Beine so sehr einsetzen, dass es in den Waden und seitlich an den Knien wehtut, weil ich in meiner Angst die Beine zu fest um die Seile und den Mast presse. Ich versuche, nicht nach unten zu schauen, weil es ganz und gar nicht das Gleiche ist, wie selbst auf den höchsten Baum zu klettern. Unten ist nichts als Leere und harter Boden, und dazwischen gibt es keine Astgabeln, die das Fallen aufhalten würden. In den Fußsohlen ballt sich das Schwindelgefühl, aber ich klettere weiter und schaue immer nur eine Elle weit nach oben und klammere mich an den Stellen ohne Seil mit Armen und Beinen um den dünner werdenden Mastbaum wie ein kletterndes Tier.

Als ich den Mastkorb erreiche und seine Seilschlaufen zu fassen bekomme, flattert im Korb ein Schwarm kreischender Möwen auf wie ein zerfetzter weißer Stoff. Ich suche mit den Füßen in den Schlaufen Halt, und als ich den Korbrand greifen kann, rolle ich mich darüber hinweg. An jeder Stelle meiner Haut fließt Schweiß, und ich kann nicht mehr, aber unten ruft schon der Bootsmann, und ich muss die Schnur am Mast hinablassen. Daran bindet der Bootsmann den Sack und das Wasserlägel aus Leder fest, und ich muss ernsthaft die Schnur anheben und sie ruckartig versetzen, damit die Sachen nicht an den Rahen hängen bleiben und ich sie bis nach oben ziehen kann.

Erst dann kehrt in mir so etwas wie Stille ein. Die Hände zittern vor Müdigkeit. Ich versuche, nicht zu klammern, klammere mich aber trotzdem am gebogenen Rand des Korbes fest, weil mir durch die Höhe im Rücken und im Kopf und am meisten in den Fußsohlen schwindlig ist. Der Bootsmann verschwindet vom Deck und schaut gar nicht mehr herauf.

Der Randbogen und auch sonst jede Stelle im Korb ist voller weiß-grüner Vogelscheiße in Flecken und Brocken, aber darum kann ich mich nicht kümmern, ich setze mich hin und versuche, das Zittern aus Armen und Beinen zu bekommen. Die Sonne scheint unabgeschirmt aus dem Leeren, nur der schmale Mast bietet mir etwas Schutz. Der Wind ist stärker zu spüren als unten, aber nachdem der Schweiß getrocknet ist, ist es nicht mehr heiß und auch nicht kalt.

Der Boden des Korbs ist aus Latten und Rattan so gebaut worden, dass er fast geschlossen ist, aber an der geflochtenen Seitenwand gibt es so viele schmale Ritzen, dass man aufs Deck hinunter und übers Wasser hinweg an Land spähen kann. Man sieht viel weiter als vom Ufer aus, fast bis zum letzten Steinhubbel der Mundenhalbinsel, und das Meer sieht man als grünliche leere Fläche.

Nichts wird dazwischenkommen, nichts wird mich hindern. Niemand sieht bis hierher, wenn er nicht heraufklettert, und niemand klettert hier hoch. Ich selbst werde bei Tageslicht kein einziges Mal den Kopf über den Rand heben, sodass man mich von unten sehen könnte. So wird die ganze Fahrt ablaufen, alles wird gut gehen, und in London wird Herr Halley Angus dafür danken, dass er den Brief übers Meer befördert und alle schwierigen Aufgaben ehrenhaft und vollkommen richtig zu Ende gebracht hat. Ich kauere im Rohr- und Seilgeflecht und versuche, so zu denken, aber dann kommen dieselben Sorgen, die mich in allen vorigen Nächten wach gehalten haben.

Ich hocke im Korb und kratze mir Schorf vom Arm, bis ordentlich Blut fließt. Ich lecke es mit der Zungenspitze ab, bis die Blutung dünner wird und versiegt. Obwohl Blut rot ist wie Beerensaft, schmeckt es überhaupt nicht gut, sondern nach Salz.

Als die Besatzung mit den Beibooten vom Ufer aus herüberrudert, sehe ich durch die Löcher im Korb zu, wie sie ankommen und an Deck steigen. Ich denke die Aufregung weg, indem ich mir sage, dass man mich nicht sehen kann, wenn ich mich nicht bewege, sodass kein Scharfäugiger auf die Löcher schaut und sich wundert, was da für ein großer Vogel im Korb sitzt und sich regt.

ALS DAS SCHIFF AM NÄCHSTEN MORGEN zur Abfahrt klargemacht wird, bin ich schon lange wach und habe beobachtet, was unten passiert. Die ganze Nacht bin ich sowieso bei allen lauteren, seltsamen Geräuschen zusammengefahren, außerdem muss man in dem kleinen Korb zusammengekrümmt schlafen und kann die Beine nicht ausstrecken, und das Geflecht des Korbbodens drückt in die Seiten.

Als es ganz hell wird, wird Kapitän Consett zum Schiff gerudert. Er ist noch einmal im Kontor der Kompanie gewesen und kommt mit Papieren in der Hand zurück. Von so weit oben sehe ich alles. In was für eine gewaltige Ferne Gott vom Firmament aus sehen können muss, da er nicht die gewölbte Oberfläche der Welt vor sich hat und keine Grenze und kein Hindernis!

Das Boot bringt auch neue Passagiere und deren Reisetruhen mit. Obwohl ich es durch die Ritzen im Korb nicht genau sehe, kenne ich sie wohl nicht, sodass sie vielleicht aus den neuen Gebieten auf der Windseite kommen, aber bei dem, der als Letzter die Strickleiter hinaufsteigt, bin ich mir fast sicher, dass es der neue Kaplan ist, der sich ins Sandbuchttal begeben hatte. Zwar trägt er die Kopfbedeckung tief im Gesicht, aber man sieht an der Schläfe einen Streifen der orangeroten Haare. Ich habe nicht bemerkt, ob ihn der Herr Pastor am Anleger überhaupt verabschiedet hat.

Dort stehen ziemlich viele Inselbewohner herum, und unter den anderen steht Ann und neben Ann Adam, Hand in Hand mit ihr. Der Herr Pastor steht weiter weg von ihnen, bei den anderen wichtigen Männern.

Mutter und Ann blicken die ganze Zeit aufs Schiff, können aber nicht direkt auf mich schauen, weil sie meinen Platz nicht wissen und ich ihnen nicht einmal das kleinste Zeichen geben kann. Ich traue mich nicht, mich auch nur zu rühren, weil alle an Deck sind und wegen der Abfahrt wachsam und bereit. Darum sitze ich nur regungslos im Korb und halte das Auge an einen Spalt. Die Vogelscheiße ist weiß geschabt worden und abgebröckelt.

Meine eigene ist in der Nacht gekommen, als ich nicht mehr einhalten konnte. Mir fiel nichts anderes ein, als einen Streifen vom Jutesack abzuschneiden und sie darin einzuwickeln. Dann spähte und lauschte ich nach unten, und da sich auf dem dunklen Deck nichts zu regen schien, warf ich das Paket ins Meer. Der Nachtwind hat gebraust, und die Planken und Wanten haben so geknarrt, dass ich nicht einmal das Aufklatschen gehört habe, obwohl ich darauf gewartet habe.

Mit dem Pissen habe ich es so gemacht, dass ich mein eigenes Wasserlägel in das große Lägel, das mir der Bootsmann gegeben hat, umgefüllt habe. In mein eigenes passt zwei Tage lang etwas hinein, wenn ich nicht viel trinke, und ich kann ja auch nicht viel trinken, weil ich mit dem Wasser sparsam sein muss. Wenn das Lägel voll ist, muss es nachts geleert werden, indem die Pisse am Mast und an den Seilen entlang ausgegossen wird.

So bin ich gezwungen, alles zu überlegen und zu tun. Nichts davon ist mir an Land in den Sinn gekommen, weil ich ja nichts über den Bootsmann wissen konnte und dass ich in den Mast muss. Von einem anderen Menschen weiß man nicht viel und von einem Fremden noch weniger. Weil ich viel Zeit habe und mich zwischendurch auch nicht richtig bewegen kann, kreisen die Gedanken und greifen nach allen Richtungen. Mir fällt vieles ein, was man hätte besser machen und worauf man sich hätte vorbereiten können.

Hätte ich das vorher gewusst – darauf komme ich ständig zurück. Kann Wissen auch etwas anderes sein als im Voraus wissen? Wenn man weiß, was jetzt ist, aber nicht weiß, ob es genauso weitergeht, und das Falsche glaubt, weiß man dann noch etwas?

Dann kommt mir Adam in den Sinn, dass es bei ihm, der nicht spricht, so sein muss, dass die Gedanken nur kreisen und nach allen Richtungen greifen, und ich frage mich, wie man das aushalten kann. Oder wird es so sein, dass Adam vollkommene Sachen sagen wird, wenn sich einmal der Redestopfen aus seiner Kehle löst?

Als das Schiff ablegt und sich unter den Wind dreht, winkt Mutter mit ihrem Tuch, als würde sie allen Abreisenden zuwinken, aber ich weiß, dass sie mir winkt. Ich kann nichts tun, ich sitze nur da und ducke mich im Korb.

Dann kommt mir wie ein Splitter in den Sinn, dass mein Vater tot ist. Und meine Mutter wird jetzt auch wegsterben. Ich muss anfangen zu weinen, ich kann es einfach nicht verhindern, obwohl ich dadurch beim Spähen schlechter sehe. Das Ufer zerfließt in den Ritzen des Korbs, und die Menschen auf dem Anleger werden kleiner. Adam verschwindet hinter den größeren Menschen. Dann verschwindet der Herr Pastor aus dem Blick, obwohl man glauben könnte, dass man ihn mit seinen Kleidern von allen anderen unterscheiden kann.

Als Letzte sehe ich Ann, auch Mutter sehe ich nicht mehr ihr Tuch schwenken, als sich die *Berkeley Castle* zur offenen See dreht und das Kapellental sich zu einem engen Gang verengt.

Meine Beine zittern auf dem Boden des Mastkorbs, als könnte es oben im sengenden Sonnenschein überhaupt nicht kalt sein, während unten der Wind ungehindert durch die Korbränder bläst.

DIE NACHT IST GROSS und die Farbe des Meeres schwarzblau, wenn es wogt. Ein paar weiß-graue Spritzer sind zu sehen, und unter dem Mond glänzt es, und der Mondknopf ist ein gelblich brauner Grind.

Ringsum ist alles anders, als es je gewesen ist. Bis jetzt habe ich das Meer vom Ufer aus gesehen und nicht von der Mitte aus und die Nacht gegen die Berge oder durch die Öffnung in der Araukarie. Hier ist die Nacht größer und wolkenlos, und der Himmel sieht tiefer aus.

Ich würde lieber zu den hellen Zeiten schlafen, weil ich mich bei Tag nicht traue, mich viel zu bewegen und beim Ausschauhalten zu drehen. Bei Nacht kann man, wenn man nur kontrolliert, dass sich auf dem Deck nichts tut, zwischendurch im Dunkeln aufstehen und die Beine ausstrecken.

Vom Wipfel des Besanmastes aus sieht man den Nachthimmel von Horizont zu Horizont. Wenn der Herr Pastor hier wäre, würde er sagen, jetzt wölbt sich erst so recht der Kristallhimmel über uns, da die Wolken an den Bergen hängen geblieben sind.

Die Nächte wiederholen sich hier. In der dritten fällt mir ein, dass man, wenn man Tinte und Feder hätte oder auch nur eine Messerspitze, die man in die Tinte tauchen könnte, dass man dann die von Herrn Halley empfohlenen Kalenderzeichen aufs Papier zeichnen könnte, den großen ∩ und die III.

Es kommt noch eine vierte gleiche Nacht. Der Himmel ist

so tief, dass man auch aus dem schaukelnden Korb im Wipfel des Mastes spähen kann, mitunter erkenne ich zwischen den bekannten Sternen neue und neben dem Zentauren vielleicht einen matten Fleck. Der Totholz-Angus ist hier. Das Meer ist groß, und der Himmel ist groß. Jetzt würde ich für Herrn Halley ∩ IV aufschreiben, das bedeutet hoher Himmel, vierte Nacht.

Ich kann nur nachts richtig essen, aber das ist auch besser, weil so Mutters Brote und die Zwiebacke und das Zwiebelkraut, das der Bootsmann in den Sack geworfen hat, ungegessen bleiben und länger reichen. Um all das muss man sich voll und ganz selbst kümmern, wenn man allein ist.

Ich habe angefangen, an meinen Vater zu denken, obwohl ich das zu Hause nie getan habe. So muss sich mein Vater gefühlt haben, als er den schrecklich langen Weg von hinter Dartmoor bis nach London gegangen ist, das weiß ich, obwohl von Vaters Weggang von zu Hause immer nur der Aufbruch erzählt worden ist und der lange Weg, dass die Fußsohlen auf den Straßen von London sofort angefangen haben zu bluten, obwohl sie noch so hart geworden waren. Ann hat es erzählt, Mutter hatte es ihr irgendwann erzählt, aber nicht mehr mir. Wissen heißt im Voraus wissen, aber auch rückwärts wissen. Die Entfernung kann wer weiß wie groß sein.

Bei Böen schwanken der Mast und der Mastkorb manchmal so stark, dass ich die Augen nicht zumachen kann, weil mir dann schlecht wird. Auch darum schmeckt mir das Essen tagsüber nicht, und ich traue mich nur kleine Schlucke aus dem Lägel zu nehmen. Wenn ich die Augen offen halte und versuche, nur in aller Ruhe bis zum Horizont zu gucken, fühle ich mich besser.

Bei Nacht versuche ich zu essen, obwohl mir übel ist und

ich keinen Hunger habe. Je länger die Dunkelheit und das Wogen anhalten, umso schwerer ist es, wach zu bleiben. Wenn man einnickt und im Korb tiefer zusammensinkt, verwandelt sich die Nacht mehr in Geräusche, sodass ich nur höre, wo ich bin, die Wellen als ein Aufbrausen und über dem Rauschen pausenlos dasselbe langsame wühlende Wälzen. Die Nacht und das Wachen der vorigen Nächte lassen mich in Tiefschlaf fallen und weg von alldem.

Ich wache erst von einer Berührung auf, als sich der Korb bewegt und ich sehe, dass es strahlend hell ist und neben mir Vögel sitzen. Ich erschrecke so sehr, dass ich laut jaule und aufstehe und mit den Armen wedle, obwohl sie bereits alle auf einmal aufgeflattert sind und um den Mast herum zum Himmel schreien.

Das ist gefährlich. Ich weiß es sofort. Ich ducke mich und bleibe regungslos und versuche erst dann, durch ganz vorsichtiges Rücken längliche Spalte in der Umrandung des Korbs zu finden, durch die ich aufs Deck hinunterspähen kann, ob jemand stehen geblieben ist, um zu schauen, warum die Vögel so plötzlich aufgeflogen sind. Es ist bereits voller Tag. Niemand schaut her oder hoch.

Der Essenssack ist aufgegangen, und die Möwen haben Zwieback und Zwiebeln herausgezogen und mitgenommen. Das ist nicht gut, und sofort spüre ich Hunger in den Innereien. Ich muss auch die zerbröckelten Zwiebacke essen und sammle sorgfältig alle Krümel zusammen. Der Geschmack ist nicht von den Schnäbeln der Möwen auf sie übergegangen, sondern ist muffig alt und schimmlig. Ich esse trotzdem, weil man essen muss, und erst zum Schluss breche ich etwas von Mutters Brot ab.

Es kann sein, dass ich selbst ein Brot backen könnte. Ich habe zugeschaut und weiß, wie es gemacht wird. Auch das kann mir in England noch nützlich sein, denke ich, als ich den guten Geschmack nach dem muffigen alten im Mund habe.

Dann fühle ich mich leichter, mir ist nicht mehr schlecht, obwohl das Meer dasselbe ist und wogt, aber das Schlafen hat mir die Kräfte zurückgegeben, und langsam bin ich mir sicher, dass ich alles überstehe und Herr Halley mich in London loben und gute Worte über gut gemachte Arbeit sagen wird und darüber, dass ich zu ihm gekommen bin.

ALS DER REGEN nach vielen regenlosen Tagen anfängt, weil die Wolken ihn lange genug gesammelt haben und rundum dick und fest sind, kommt er so stark, als würde das Waschwasser von Kleidern aus den Wolken gepresst.

Zuerst tut es gut. Ich wasche mir den Schmutz vom Gesicht und ziehe mein Hemd aus und wasche mir Brust und Achseln. Nachdem es dunkel geworden ist, kann ich das randvolle Lägel ausleeren und die Pisse mit dem rinnenden Regenwasser am Mast entlang nach unten laufen lassen. Sie wird verdünnt, und keiner kann ihren Geruch von dem des Schmutzes an Deck unterscheiden.

Als es immer weiterregnet, tut es nicht mehr gut. Wenn man so schutzlos in einem Loch ohne Dach, wie es der Korb ist, auf der Stelle kauern muss und nichts tun kann, wird man zuerst nass, dann ganz und gar durchweicht, schon am Morgen des zweiten Regentages ist alles nass und kalt, der Passatwind aus Südost kommt mit zehnfacher Stärke und bei Böen wie kalte Bänder durch die Korbumrandung.

Der Essenssack, den mir der Bootsmann gegeben hat, hält überhaupt kein Wasser ab, und alle übrig gebliebenen Zwiebäcke darin werden zu Matsch. Die Zwiebeln und die von meiner Mutter gebackenen Brote habe ich schon gegessen, und nachdem der Sack nass geworden ist, bleibt mir zum Essen nur noch klumpiger Zwiebackbrei.

Dann dringt Regenwasser in die Aufzeichnungsbeutel ein.

Der Sämischbeutel für die schwirrenden Arten quillt auf, weil Reiskörner darin sind. Ich betaste auch die anderen, aber die Weizenkörner und Kürbiskerne für die Flatternden und Sausenden scheinen nicht aufgequollen zu sein, auch die hart getrockneten Erbsen für die seltsamen Arten sind nicht weich geworden.

Ich versuche, an den Nähten der Sämischbeutel genau zu erkennen, wo Wasser durchkommen kann. Jetzt ist die Vorsicht des Herrn Pastors nötig, denn er hat mir befohlen, es so zu machen, dass der Brief zuerst in ein zweites geschlossenes Papier hineinkommt und der Umschlag in einen Lederbeutel, der rundum mit dem wasserdichten weißen Talg einer Ziege eingefettet worden ist. Erst dann ist er an einer Stelle mit zweifachem Stoff in mein Hemd eingenäht worden.

An den Summenbeuteln der Vögel sind nicht einmal die Nähte gefettet worden. Das ist keine gute Sache, weil die Fahrt noch lang ist und zumindest der Reis sich nicht bis ans Ziel hält, wenn er so weich aufgequollen ist.

Im Korb kann ich nichts anderes tun, als darauf zu warten, dass der strömende Regen eine Pause macht. Wie es mit dem Seewetter ist, weiß ich nicht, aber auf der Insel kann der Regen über den Bergen manchmal eine ganze Woche lang als Staubregen anhalten.

Weil ich schon vollkommen nass bin, gelingt kein Trocknen mehr. Nachts zittere ich und muss Zwiebackmatsch essen, weil ich ständig Hunger habe. Bei Tag wärmt die Sonne durch die Wolken hindurch, sodass ich zwischendurch einschlafen kann, obwohl mir von den nassen Kleidern kalt wird.

Dann geschieht nach ein paar Tagen und Nächten das Schlimmste. Als auch die Zwiebackbrühe ausgeht, ich aber Hunger habe, muss ich den Reisbeutel für die unbestimmten

Arten aufmachen. Jedes Korn hat so viel Wasser aufgesogen, dass es mindestens dreimal so groß ist. Ich esse sie gierig, obwohl ich es nicht dürfte, weil dadurch die Ergebnisse verfälscht werden. Ich kann eine solche Menge zusammenklebender Körner nicht einmal zählen und bis nach London im Gedächtnis behalten. Darum esse ich sie, obwohl ich weiß, dass es falsch ist.

Ich esse den ganzen Reis auf, die ganze Summe der aus dem Gras schwirrenden Arten. Das kann ich Herrn Halley nicht erzählen, denn er würde fragen, wie jemand nur gegen ein so wichtiges Prinzip verstoßen kann, und mich lange anschauen und leicht den Kopf schütteln, er wäre nicht gemein, auch auf der Insel war er nie gemein oder böse auf uns, aber manchmal schaute er lang und schüttelte den Kopf, in der letzten Zeit manchmal so, dass meine Mutter weinte.

BLEIBT DIE HAUT DES MENSCHEN unendlich wasserdicht, und ist sie so nahtlos, dass das Wasser nur durch die großen Öffnungen in den Menschen hineinkommt? Wenn man unendlich viel Zeit hat und sich nicht bewegen darf und nur so wenig die Haltung ändern kann, wie man sich ganz vorsichtig traut, kommt einem alles Mögliche in den Sinn, und man kann vieles fertig denken. Auf die Art altert der Mensch. Dass er Stück für Stück die Sachen durchdenkt und sich dann zeit seines Lebens daran erinnert, auf die Art müssen sie sich im Kopf ansammeln, denke ich, und dass die Zeit somit auch nicht vergeudet ist.

Ich zähle die Öffnungen in meiner Haut. Es sind neun. Oder vielleicht elf. Auf der Brust sind die zwei Spitzen, aber ich kann nicht sehen und mit Sicherheit herausfinden, ob sie die gleichen Milchlöcher haben wie bei Mutter und Ann. Aber durch alle neun oder elf könnte Wasser fließen, durch die großen leichter als durch die kleinen, während durch die Haut überhaupt nichts durchgeht. Dann fange ich an, über die Haare nachzudenken, ob sie durch und durch nass werden oder ob sie wie die Haut sind, von den Löchern abgesehen geschlossen und glatt.

Die Zählbeutel der Vögel sind undicht, weil sie aus zerteiltem Leder gemacht sind. Sie sind aus zerschnittenen Hautteilen gemacht, und die Nähte hat man versucht möglichst dicht zusammenzunähen, aber der Mensch bringt mit der Nadel nichts so vollkommen Randloses zustande wie Gott, als er die

Kaninchen und die Ziegen schuf und alle Hauttiere, die größer sind als diese.

Weil mich das Hungergefühl schwach macht, trinke ich viel mehr Wasser, als ich mich am Anfang der Fahrt getraut habe. Das größere Lägel kann ich jetzt leicht auffüllen, wenn ich das Regenwasser aus der hohlen Hand hineinlaufen lasse. Aber wenn man bloß trinkt, fühlt man sich schwächlich, und wenn es bei Tag Pausen im Regen gibt und die Luft Zeit hat, zu wärmen, laufen mir Schweißtropfen über die Stirn, obwohl ich nur dasitze und den Rücken gegen den Rand des Korbes lehne.

Um nicht ganz schwach zu werden, muss ich die Kürbiskerne aufmachen. Zuerst betrachte ich sie nur und schnuppere daran, dann fange ich an, immer wenige auf einmal zu kauen und zwischen den Zähnen so fein zu zermahlen, wie es mir, ohne zu schlucken, gelingt. Das ist Vernichtung und das Verwirken meiner Aufgabe, aber nachdem ich die Reiskörner gegessen habe, kommt es mir nicht mehr so schlimm und wie eine Niederlage vor.

Während ich sie kaue, immer nur ein oder zwei Kürbiskerne auf einmal, fällt mir eine Lehre des Herrn Pastors ein. Jeder Kern ist eigentlich ein ganzer reifer Kürbis, jeder würde zu einem heranwachsen, wenn der Boden stark und genug Gießwasser vorhanden wäre. Wenn man so etwas denkt, bekommt man schon bei einer geringen Menge ein vollständigeres Gefühl, weil der Kern mehr ist als seine Menge.

Der Schössling eines Baums ist schon ein Baum. Das geborene Geißlein kann fast sofort mitlaufen. Im Getreidekorn steckt schon die Ähre, obwohl es selbst gerade erst aus der Ähre gerieben und gedroschen worden ist. Aber wenn ich an Adam und an Thomas nebeneinander auf der Erde denke, frage ich mich, was an einem Menschenbaby fertig ist. Beide sind schrecklich lange hilflos gewesen und mussten gedreht und gefüttert werden.

An mich selbst denke ich anders. Nämlich dass ich immer so war, wie ich jetzt bin, ich kann mich an keine andere Zeit recht erinnern. Nur das Lesen- und Schreibenlernen kommt mir wie eine größere Grenze vor, nämlich so, dass ich vorher auf die eine Art gelebt habe und jetzt schon fünf Jahre auf die andere. Dennoch kann alles ebenso gut fertig sein und in den Gedanken warten, so wie der Kürbiskern auf den gelblich grauen Kürbis wartet. Auch auf einer Stelle bewegt man sich jeden Tag und jede Nacht vorwärts und näher heran.

DER WIND MUSS sich gleich hinter dem gebogenen Knick des Meeres befinden, weil er manchmal so plötzlich in Böen aufkommt und zuschlägt. Wenn er kommt, bevor die Männer die Segel gerefft haben, neigt sich die ganze *Berkeley Castle* zur Seite und knarrt. Die Masten schwanken am meisten von einer Seite zur anderen, und der Korb schwingt mit dem Besanmast mit, wie der Wipfelbüschel eines astlosen Baums.

Im Lauf der Fahrt sind die Böen so regelmäßig gekommen, dass ich mich schon daran gewöhnt habe, aber als ein Sturm übers Meer fegt, bleibt das Schiff in der Schräge und schaukelt zugleich. So große Bewegungen spürt man im Magen, und ich muss mich mit den Fingern in den Ritzen des Korbgeflechts festhalten, weil ich das Gefühl habe, sonst aus dem Korb zu fliegen und runterzufallen.

Zwischen den Schwankungen wickle ich das Schnurbündel auf und schaffe es irgendwie, die Schnur durch den Boden zu fädeln und zu befestigen. Ich binde mich an der Hüfte fest und sichere auch noch das linke Handgelenk mit einer Schlaufe.

Es wird Nacht, und der Regen fängt wieder an. Der Wind wächst zur Wand, und vom Deck hört man Heulen und Kommandorufe. Ein Teil der Matrosen zerrt an Deck an den Seilen, und ein Teil ist in die Masten geklettert, um die flatternden Segel an den Rahen festzubinden. Als die Böen plötzlich die Richtung ändern und von der anderen Seite zuschlagen, knattern die Stoffe, und einer reißt wie der Vorhang im Tempel entzwei.

Von dem ständigen Schaukeln wird mir richtig schlecht. Ich kotze so oft in den Korb und auf meine Kleider, bis nur noch bittere Spucke und Galle kommt. Ich kriege Krämpfe in den Fußsohlen, versuche, die Füße gegen den Boden des Korbs zu drücken, und bete mit offenen Augen, drücke und halte mich an den Schnurschlaufen fest.

Mitten im dunklen, peitschenden Regen fängt es auch noch an zu donnern und zu blitzen, sodass man beim Aufleuchten der Blitze weit aufs Meer hinausschauen kann, es ist holprig und schäumt, es ist grün-gelb und schwarz übereinander.

Ich bete zu Gott, denn der Herr Pastor hat mir die stärksten Gebete und Gott-steh-mir-bei-Worte beigebracht. Wenn Gott ein so sichtbares Zeichen zeigen könnte, dass kein Zweifel bliebe, ob es ein Zeichen ist oder nur eine nasse Wolke, die sich zufällig über den Masten bläht, dann bei einem solchen Wetter und auf dem leeren Meer.

Jedes Mal, wenn der Korb nach Steuerbord kippt, löse ich mich etwas vom Boden, und wenn ich nicht festgebunden wäre und mich nicht mit voller Kraft an den Schnüren festhalten würde, würde ich mich lösen und über den Rand fallen.

Ein krachendes Geräusch ertönt und danach so lautes Rufen an Deck, dass man es durch den Regen hindurch hört. Ich kann nicht nach unten schauen, weil sich die Ritzen im Korb auf und ab bewegen und im Licht der Blitze als grün-gelbe Streifen schaukeln.

So geht es die ganze Nacht bis weit in den Morgen fast auf die gleiche Art weiter. Dann beruhigt es sich, wenigstens ein bisschen, man glaubt es zuerst nicht, sondern denkt sich, dass man selbst abgestumpft ist. Die Pausen zwischen den Schwankungen werden länger, der Mast biegt sich nicht mehr ganz so weit nach unten. Ich traue mich, die Schnüre um die Hüfte und das Handgelenk so weit zu lockern, dass ich über den Rand des Korbs lugen kann.

An Deck ist etwas passiert. Dort werden mit Äxten Löcher in eine dicke Holzdeichsel geschlagen und Seile gehaspelt.

Als ich versuche, genauer hinzuschauen, sehe ich, dass ich gesehen werde. Im Ausguck des Großmastes steht ein bis zu den Hüften sichtbarer Mann und deutet auf mich. Ich lasse mich in den Korb fallen und habe Angst. Ich glaube, dass sie nach mir rufen, aber dann hört man ein anderes Geräusch, Meer und Wind ändern sich schlagartig, das Rauschen und der strömende Regen und das Heulen brechen ab.

Ich schaue durch einen Spalt im Geflecht, und fast direkt neben dem Schiff ragt ein nasser, hoher Felshang auf, das ist eine kleine Insel, und dahinter fängt eine Küste an mit hohen Hängen, pechschwarzen und gefurchten Bergen und Schluchten. Das ist die Hölle, das muss die Wohngegend Satans sein, das Schiff ist im Sturm über den Rand des Meeres hinausgefahren.

An der Felswand der Insel sitzen schwarze Vögel oder liegen auf dem Rücken. Das Schiff gleitet auf den wogenden Wellen so dicht vorbei, dass ich die orangeroten Kehlsäcke erkenne, wenn sie wie große Fledermäuse ihre Lederflügel ausstrecken, und hier und da stürzen sich ein, zwei von der Felskante und tauchen ins Meer.

* IV *

Weitere Seiten aus dem Jahr 1684

Das für mich ein wichtiges Jahr ist,
vielleicht das wichtigste von allen,
weil sich die Zeit wendet
und der Totholz-Angus in ein
anderes Leben reist.

Auf diesen Seiten wird berichtet,
wie die Fahrt im Sarg verläuft,
wie ich die Aufgabe erhalte,
die Köpfe zu zählen und die Kranken
und die Gesunden auf Papier festzuhalten,
Männer und Frauen und Kinder für sich.
Das ist eine ehrenvolle Aufgabe,
wie ich eine vergleichbare während der
restlichen Fahrt nicht mehr bekomme.
Nicht einmal genau hinschauen
darf ich.

IN DER ERSTARRTEN HÖLLE gibt es am Ufer Bläschengestein und Felsen fast ohne irgendwelches Leben darauf, so weit man schauen kann. Dann sind da schwarze und graue Bergkegel, und erst unterhalb der Wolken wird der höchste Berg ein bisschen grüner.

Würde man mich in Ruhe lassen, würde ich das alles nur betrachten, ich wäre niemandem eine Last, darum stehe ich sichtbar im Mastkorb, als müsste ich dort auf Befehl Ausschau halten. Ich darf mir das schwarze Land sogar ziemlich lange anschauen, aber als für die *Berkeley Castle* schließlich eine kleine Bucht gefunden wird und sie auf der geschützten Seite vor Anker liegt, haben die Männer Zeit, auf mich zu deuten und zu rufen und mir zu befehlen, herunterzusteigen, Schlechtwettervogel und Sturmbringer und auch Wörter, die ich nicht verstehe, rufen sie mir zu.

Mein Rücken knackt, weil ich nach langer Zeit ganz gerade dastehe, und ich fühle mich schwach, als hätte ich überhaupt keine Kräfte mehr. Ich versuche, die Rufe zu überhören, und blicke nur über sie hinweg, es hat aufgeklart, sodass der Meeresgrund weiß ist und das Wasser gegen ihn klar und türkis, so etwas gibt es auf St. Helena nie.

Einer der Männer klettert zu mir den Mast hinauf, und die anderen feuern ihn an, wie ich es bei einem Kampf hinter den Magazinen gehört habe. Dort schlugen sich ein Mann von der *Barnardisto* und als Gegner aus der Festung der ebenso große und schwerknochige Joe Surat, der erst kurz zuvor von Indien auf die Insel versetzt worden war.

Falls die Rufe an Deck die gleiche Bedeutung haben wie hinter den Magazinen, dann weiß ich, dass sie nach Blut rufen, und zwar nach meinem Blut. Darum warte ich nicht, bis es der Mann bis zum Korb geschafft hat und mich, angestiftet von den anderen, mit Gewalt nach unten stößt. Mir bleibt nichts anderes übrig, als das Seilbündel aufzuwickeln und mit einer Sicherungsschlaufe am Korb zu befestigen. Meinen eigenen Bündelbeutel schnalle ich mir auf den Rücken, da sind noch die Kleider zum Wechseln drin und das schwarze Tier von Ann.

Am schlimmsten ist der Anfang, dass ich aus dem Korb komme und mich traue, unter seinem Boden nach dem Mast zu greifen, aber ich kann mich am Sicherungsseil festklammern, während ich mit den Füßen ins Leere trete, bis ich die Beine um den Mastbaum geschlungen habe. Ich blicke nicht nach unten, ich halte die Augen geschlossen.

Als ich mich in Bewegung setze, ist es schon leichter. Man muss sich mit Händen und Beinen am Mast nach unten bewegen wie an einem sehr dicken Seil und immer nur ein kurzes Stück auf einmal dem Ruheplatz auf der obersten Rah entgegenrutschen.

So komme ich allein hinunter und werde nicht geworfen oder geholt. Das ist mir wichtig, aber an Deck erwartet mich ein Ring. Ich komme nicht vom Mast weg. Ich versuche, höflich zu sein, so wie meine Mutter und der Herr Pastor es mich gelehrt haben, und grüße, aber ich weiß nicht, wen ich wegen des Rangs als Ersten grüßen soll, und verbeuge mich darum in die eine Richtung und drehe mich dann um und verbeuge mich in die andere Richtung und sage Guten Tag. Sie lachen laut los, als hätte ich etwas Falsches gesagt oder in einer fremden Sprache, dann stößt mich einer von hinten, dass ich geradewegs auf die Knie falle.

Ich suche nach dem Bootsmann und sehe ihn zunächst auch, aber er schaut nicht her, sondern geht weg, als er merkt, dass ich ihn anschaue. Einer im Ring stößt mich erneut. Alle sind mir fremd, und mir ist nicht klar, was vor sich geht. Ich kann nicht sein, wie ich sein möchte, nicht einmal, ohne zu weinen, und bin kein bisschen größer als Adam und Thomas.

Wegen des Weinens werde ich noch fester gestoßen, und der Ring um mich herum wird eng. Die Jüngeren schubsen mich und äffen mich nach, Guten Tag, die Herren, Guten Tag, der Jüngste von ihnen ist bestimmt erst so alt wie ich. Ich verstehe nicht alles, was sie sagen, und zwischendurch gar nichts.

Dann kommen zwei ältere Männer, von denen der eine etwas schnauzt, und vor ihnen bildet sich eine Öffnung im Ring.

Wer bist du? Und was hast du hier verloren?

Diese Fragen verstehe ich ganz und gar. Ich antworte, dass ich Angus bin, der einzige Sohn des verstorbenen Totholz-Steven, mein Vater starb bei den Festungsarbeiten von James Fort unter einem Steinbrocken, und ich bin auf dem Weg nach London, um etwas für meine Mutter zu erledigen, um Verwandte zu suchen und zu arbeiten.

So haben es mir meine Mutter und der Herr Pastor beigebracht, so soll ich es immer auf dieselbe Art sagen und nichts sonst. Über den Herrn Pastor darf ich kein Wort sagen, über Herrn Halley darf ich kein Wort sagen. Über meine Mutter kann ich das bisschen sagen und über Ann und Adam, dass sie Schwester und Bruder sind und alle auf St. Helena geblieben.

Mit welchem Geheimtrick bist du an Bord gekommen?

Ich blicke weiter weg, sehe aber den Bootsmann nicht mehr und darf nichts sagen. Darum antworte ich, wie ich es gelernt habe, dass ich bei Nacht zum Schiff geschwommen bin, in der letzten Nacht, als die *Berkeley Castle* noch auf Reede lag, aber fertig zur Abfahrt war.

Einer der Männer packt mich an den Schultern und fängt an, mich zu schütteln, ergreift meinen Nacken und meine Haare und führt mich zur Reling und biegt mich so, dass ich nach unten aufs Wasser schaue und über den Wasserstreifen hinweg aufs Ufer. Über dem weißen Grund bewegen sich große Fische, der Mann schnappt sich einen jungen Fisch, der aufs Deck geflogen ist, und wirft ihn hinunter, er drückt mich am Hinterkopf, damit ich auch bestimmt hinschaue. Die schwarzen, stachligen Fische schießen im Schwarm an die Oberfläche und darüber und kämpfen um den kleinen fliegenden Fisch, dass man das Platschen und Zischen des Meeres bis herauf hören kann.

Zwischen die wirst du geworfen, du kannst ans Ufer schwimmen, wenn du es schaffst, und dort bleibst du dann allein zurück. Du wirst verhungern und verdursten, denn auf Ascension gibt es niemanden, es gibt kein Wasser außer dem, das nach Regen in den Felslöchern zurückbleibt, sagt der Mann und packt mich unter den Armen und will mich über die Reling heben. Ich schreie laut und fange erneut zu weinen an wie ein kleiner Balg.

Lass gut sein, sagt der zweite Mann und kommt heran.

So macht man sie demütig, so wie man einen Hund und auch ein Pferd zuerst viele Male schlagen muss, damit sie wissen, wer der Herr ist und wer zu gehorchen hat. Der hier wird jetzt die Stiefel putzen, wenn er den Fischen nicht in die Zähne geraten will, sagt der Mann und lässt mich aufs Deck fallen, stellt einen Stiefel vor mich hin und befiehlt mir, ihn abzulecken.

Der andere Mann sagt, er geht den Kapitän fragen, ob er ein Verhör machen will.

Bis dahin leckst du, zuerst oben und dann unten, das sind noch gute Stiefel, sie haben bloß den Glanz verloren, weil ich schon lange keinen Schuhputzburschen mehr gehabt habe, sagt der Mann und stößt mich mit der Stiefelspitze an, dass es an den Lippen und Zähnen wehtut, und die anderen rundum gucken und lachen laut.

Ich fange an zu lecken, weil mir nichts anderes übrig bleibt. Es schmeckt nach Salz, auf dem Leder sind kleine Körnchen, wie Sand.

Pfui Teufel, lass nicht deinen Geifer auf mich laufen, sagt der Mann und tritt mir in den Magen.

Mir geht die Luft aus, und ich habe nicht einmal mehr so viel Kraft wie beim Herabklettern vom Mast. Ich liege auf den rissigen Deckplanken, bis man mir befiehlt, aufzustehen.

Kapitän Consett wartet, höre ich durch den Ring.

Seinen Namen kenne ich schon von Land her, sodass ich mich zu fürchten weiß. Ich werde nach drinnen geführt, ins fast Dunkle, und über eine schmale, niedrige Treppe an eine ebene Stelle, von wo eine Tür in ein Lager geht, das wie ein Schuppen aussieht. In der Wand sind zwei runde Fenster, durch die Tageslicht auf Säcke und Kisten fällt. Kapitän Consett sitzt auf einem Fass, und auf dem Fass liegt als Polster ein Stoß zusammengefaltete leere Säcke. Vor dem Licht der Fensteröffnungen kreisen Staub und Stückchen von Staubfäden.

Wird als überprüft vermerkt, sagt Kapitän Consett zu einem anderen Mann, der Schreibzeug vor sich hat, und klopft mit einem Rohrstock auf eine Stelle am Warenregal, wo auf einem Brett in Schwarz Masulipatam, Balasore und Madras geschrieben steht.

Der da? Kapitän Consett dreht sich um und zeigt mit dem Stock auf mich.

Der ist es, Herr Kapitän, sagt der Mann, der mich gebracht hat.

So ein jämmerliches Kind, wie kann das siebzehn Tage lang im Korb versteckt und am Leben geblieben sein?

Das weiß ich nicht, Herr Kapitän.

Es ist gegen Geld hergebracht und im Frachtraum versteckt worden. Wer hat dich gebracht? Der Kapitän dreht sich zwischen seinen Worten so schnell um, dass ich erschrecke und mich ducke, damit es nicht wehtut, wenn ich geschlagen werde.

Niemand. Ich bin geschwommen.

Und hattest Essen dabei. Und Trinkwasser. Bist mit so einem großen Lägel und einem Sack und einem Bündel auf dem Kopf geschwommen und ohne Leiter in den Besanmast gestiegen. Wer hat dir geholfen?, fragt der Kapitän und steht vom Fass und von dem Polster auf.

Im untersten Fach liegen das Lägel und der leere Sack, aus dem ich Streifen schneiden musste. Also ist jemand bereits in den Mastkorb geklettert.

Du lügst. Das hier ist ein gestempeltes Lägel vom Schiff. Du hast es gestohlen.

Nein, Herr Kapitän.

Finger vorzeigen, sagt der Kapitän, ohne die Stimme zu heben.

Als ich die Hände mit den Handflächen nach oben vorstrecke, wie ich es muss, schlägt er einmal mit dem Rohrstock schmerzhaft drauf, ich kann nicht verhindern, dass ich aufheule.

Daheim bin ich nie schlimm geschlagen worden und auf der Insel auch nicht in größere Raufereien geraten, weil ich mich immer abseitsgehalten habe und mehr für mich gewesen bin. Daheim ist nur aus gutem Grund und auf die Beine und Handflächen geschlagen worden, und meine Mutter hat nie fest zugeschlagen und der Herr Pastor nur ein paarmal, und er hat erklärt, warum es hat sein müssen.

Darum habe ich jetzt mehr Angst als an Deck. Kapitän Consett stellt dieselben Fragen, die schon gestellt worden sind, Name und Name des Vaters und Wohnort, und ich antworte auf die gleiche Art, sonst kein Wort.

War er Soldat?, fragt der Kapitän weiter nach meinem Vater.

Nein, er war bei der Erweiterungsarbeit der Festung dabei, als der Stein herunterfiel.

War er ein freier Mann?

Man hat uns Land gegeben.

Was war nach dem Tod deines Vaters?

Meine Mutter hat weitergemacht. Wir hatten ein Haus und wohnten darin.

Hast du deiner Mutter gesagt, dass du weggehst?

Darauf kann ich nicht so gut und so schnell antworten, denn das ist mir nicht beigebracht worden, und ich habe es mir nicht fertig überlegt. Wenn ich sage, dass ich es gesagt habe, hat Mutter es gewusst. Wenn ich sage, dass ich es nicht gesagt habe, bin ich abgehauen. Ich weiß nicht, was für den Kapitän schlimmer ist. Auf jeden Fall will ich meiner Mutter nichts Schlimmes, weil alles, was ich sage, wieder die Insel erreicht und das Kontor der Kompanie mit den Männern des Gouverneurs.

Ich habe es ihr nicht gesagt, Herr Kapitän.

Du hast deiner Mutter für den Rest ihres Lebens Trauer und Kummer bereitet. Wenn sie nie mehr etwas von dir hört, glaubt sie, dass du tot bist. Und stirbt selbst.

Ich melde mich von London aus. Ich schreibe einen Brief, sage ich darauf. Der Kapitän sieht mich an, und zwar genau so lange, dass ich mich traue, weiterzusprechen.

Ich kann lesen und schreiben.

Lüg nicht, kein Yamsbengel kann das.

Der Herr Kapitän redet, wie Herr Clarke vor langer Zeit geredet hat, niemand sonst hat es so gesagt. Auch das hier sind Menschen, hat Herr Halley gesagt. Aber nicht so wertvolle, hat Herr Clarke gesagt. (Hör zu, Clarke, wer will das immer messen? Kann man es überhaupt messen, oder ist es bloß eine Meinung, was glaubst du, ist es so oder so oder etwas im weiten Raum dazwischen?)

Weil ich nicht zugebe, dass ich lüge, sticht der Kapitän mit der Spitze des Rohrstocks nach der Stelle auf dem Regal, auf der Madras steht, und befiehlt mir, die mit Farbe geschriebenen Buchstaben zu lesen.

Ich lese Madras und daneben Masulipatam und weiter weg Mauritius, ich zögere kein bisschen, sondern lese schnell, wie einer, der es gut kann. Ich drehe auch noch den Kopf und suche nach mehr, zeige mit dem Finger auf die verschnörkelte Zierschrift, die auf einem senkrechten Brett weiter hinten zu erkennen ist:

»Fertiggestellt auf dem Themsefluss nach dem Auftrag des Earl von Berkeley und Herrn Thomas Chambers im Jahr 1669.«

Und das hier? Kapitän Consett nimmt ein Blatt Papier, auf dem Warenmengen aufgeschrieben sind.

Das lese ich schlechter und langsamer, weil die Handschrift sonderbar ist und ich die Abkürzungen nicht verstehe.

Das reicht, sagt der Kapitän, nachdem ich erst kurz gestottert habe, aber dann deutet er mit dem Zeigefinger noch auf die Zahlen fünf und acht am Rand der Zeilen.

Was ist das?

Zahlen.

Kannst du sie zusammenzählen?

Dreizehn, antworte ich sofort, ohne auch nur einen Moment mit den Fingern zu zählen.

Darauf sagt Kapitän Consett nichts mehr, sondern gibt dem Schreiber das Papier zurück und erteilt dem Mann, der mich gebracht hat, einen Befehl und dadurch auch mir, obwohl er nicht zu mir spricht.

Wird vorläufig nur mit Arbeitsdienst bestraft. Anderthalbfache Schichten. Wenn er aufmuckt, wird er mit Hieben auf den Rücken bestraft. Falls er versucht zu fliehen, wenn das Schiff repariert wird, soll er davonlaufen und zwischen den Bergen an Hunger und Durst sterben. Ist das klar?

Ja, Herr Kapitän, aber für wen soll er arbeiten?

Für Merrill, den Gehilfen des Bootsmanns. Er wird ja wohl eine Nadel halten und Seile aufwickeln können. Und erst recht Merrills und Bootsmann Carmichaels Arbeitsbereiche und Plätze scheuern und putzen. Aber von den Offizieren kann ihn jeder zur Arbeit bestimmen. Bring den Jungen zu Merrill und sag es ihm, und Carmichael sagst du es extra, falls er nicht zur Stelle ist, sagt der Kapitän, und zum Schreiber sagt er, in die Schiffsliste soll zusätzlich der im Zwischenhafen dazugestoßene Angus, Totholz-Stevens Sohn, wohnhaft bei seiner Mutter, Kapellental, St. Helena, aufgenommen werden.

ICH WERDE MERRILL VORGEFÜHRT, und es hätte nicht schlimmer kommen können, weil Merrill genau der lange Mann mit den fehlenden Zähnen ist, der mich auf die Reling gehoben und gedroht hat, mich den Zahnfischen zum Fraß vorzuwerfen. Ihm werde ich vorgeführt, und ihm wird die Anweisung des Kapitäns mitgeteilt und jeder Punkt, den der Kapitän gefragt hat, und was ich geantwortet habe.

Der Kapitän kann sicher sein, dass ordentlich was passiert. Anderthalb Schichten sind eigentlich zwei hintereinander, so weit kann auch ich rechnen, sagt Merrill, da haben alle, die in der Nähe sind, Grund zum Lachen, entweder über meine Strafschichten oder über das Rechnenkönnen.

Dann kommt über eine dunkle Treppe der Bootsmann hinzu, gegen die Türöffnung sieht man kurz, dass es drinnen fensterlos und finster ist wie bei Nacht. Er schaut an mir vorbei und hat die eine Hand zur Faust geballt.

Ist das der, der heimlich gekommen ist?

Jawohl, das ist er, antwortet Merrill wie zu einem, der über ihm steht.

Solche müsste man sofort ins Meer werfen, wenn man sie in ihren Löchern aufstöbert. Die essen die geringen Schiffsvorräte auf und jammern, flennen und lügen. Ein Lügner, sagt der Bootsmann zu Merrill und schaut mich an der Stelle mit dem Lügen direkt an, kommt näher und hebt die Faust. Ich trete zwei Schritte zurück, stolpere aber über das Befestigungsseil einer

Schiffskanone, stürze zwar nicht, aber strauchle und versuche, irgendwo Halt zu finden. Der Bootsmann folgt die zwei Schritte und versetzt mir einen Stoß, der ausreicht, dass ich nach hinten falle und mit dem Rücken auf den Deckplanken lande.

Und denk dran, dass du den Mund hältst. Du redest nicht, wenn du nicht gefragt wirst. Versuch gar nicht erst, Lügen zu erfinden. Lügner werden hier schnell ertränkt. Du machst nur deine Arbeit, alles, was ich und Merrill dir befehlen. Du fängst jetzt damit an, das Deck zu schrubben, soweit man es sieht, und zwar so sauber, dass man davon essen kann. Wir richten eine Seilerwerkstatt draußen ein, bei dieser Hitze kann man drinnen nicht mehr haspeln, sagt der Bootsmann zum Schluss zu Merrill und steht breitbeinig über mir, die Füße rechts und links von meinem Kopf, während ich daliege und aufschauen muss und sage, jawohl, Herr Carmichael, ich habe verstanden.

Gut, sagt der Bootsmann und geht zum Glück weg und tritt mich zum Schluss nicht mal mit der Spitze seines Lederstiefels. Zu Merrill sagt er, nach dem Schrubben bestimmst du, was du für richtig hältst und wo er gebraucht wird.

Ich stehe schwerfällig auf, weil im Korb die Spannkraft aus meinem Inneren gewichen ist.

Hier wird nicht gelesen und nicht geschrieben, es reicht, wenn du mit Sandstein die Planken blank schreibst. Du kannst allerdings zählen, wie viele Eimer Meerwasser du an der Schnur hochziehst und ausleerst, das ist eine gute Übung für so einen Dürrling, sagt Merrill.

Alle, die in der Nähe stehen, fangen an zu lachen, auch ich versuche, den Mund so zu verziehen, als wäre ich ein bisschen mit dabei, so ist es besser, so unterscheide ich mich nicht von den anderen.

DER PORÖSE STEIN VON ASCENSION wird mit Hacken und indem man Keile hineinschlägt, abgebaut. Das ist wohl nicht geplant gewesen, aber es wird gemacht, weil wir nun schon mal hier sind, denn im Sturm sind Segel gerissen, und Rahen haben sich gelockert, sodass es besser ist, sie zu reparieren, wenn das Schiff vor der nächsten langen Überfahrt an einer geschützten Stelle liegt.

Einer, der über Merrill steht, kommandiert mich zur Ufergruppe ab. Ich darf keine Steine spalten, dafür werden größere Matrosen ausgesucht, denen der Zimmermann beibringen muss, wie man aus dem Lavagestein Brocken mit geraden Seiten herausbekommt. Angeblich kaufen die in England welche für ihre Gärten und für die Umrandung von Fischteichen als reine Verzierung, obwohl es für mich ein schmutziger Stein ist, ein bisschen wie zu Schlacke verbrannte riesige Kohle, sodass ich mich frage, wer so etwas in seinem grünen Park haben will.

Ich höre viel Sonderbares und Fremdes, von dem ich noch nie gehört habe. Das kommt daher, dass die Steinhauer und auch die Träger unter der ungeschützten Hitze zwischendurch Pause machen und versuchen müssen, im Leeren Schatten zu finden.

Als ich mit den Männern Steine trage und mit der Schleife ziehe, versuche ich, meine Kräfte zu sammeln und dasselbe zu können wie die anderen oder wenigstens wie die Jüngeren. Wenn ich das fertigbringe, darf ich damit weitermachen und muss nicht gleich wieder aufs Deck, um mich von Merrill herumkommandieren zu lassen. Solange ich einfach nur mit den anderen zusammen Steine trage, kommt es mir so vor, als würden sie allmählich vergessen, dass ich Pech, Regen und Sturm und beinahe das Zerschellen an der Steinwand der Bootsmannsinsel gebracht habe. Ich habe gehört, dass sie die Insel der Fregattvögel so genannt haben, die hinter einer Landspitze von Ascension zurückgeblieben ist.

Dort trocknen die Vögel auf den Felskanten ihre Geburtsschmiere, bis die Flügel trocken sind, aber ansonsten sind sie schon bei der Geburt fertig, weil Satan sie so, wie sie sind, aus seinen Senken im Meer heraufschickt, die Klauen an ihren Füßen sind zum Zupacken bereit, und in den Kehlsäcken ist Blut.

Das Ziehen und Tragen der Steine ist eine schwere Arbeit, sodass einem fast der Atem ausgeht. Alle, die an die Griffe der Schleifen müssen, fluchen. Ich fange mit den anderen an, über eine so unnütze Arbeit zu fluchen. Mit Jim und Tommy und Hundeinsel-Alfonso schließe ich beim gemeinsamen Fluchen Bekanntschaft. Ich verstehe nicht alles, was sie sagen, aber ich rede mit und bin mit ihnen einer Meinung.

Weil man für mich verlängerte Schichten angeordnet hat, wechseln die anderen an den Griffhölzern, aber ich bleibe an der linken hinteren Stange, bis auch die Nachmittagsschicht um ist. Dann habe ich eine längere Weile, um mich am Ufer auszuruhen, bis das Boot kommt, um uns abzuholen. Als die Sonne untergeht, wird die Hitze erträglich.

Das Schiff liegt in einer flachen Bucht vor Anker, wo eine felsige Landspitze es vor den Wellen schützt. Als die Sonne bis zum Horizont sinkt, färbt sie die Kegel der schwarzen Berge und die grünen oberen Hänge des höchsten Berges. Es ist ganz anders als auf meiner Heimatinsel, leer und gefährlich.

Nur der grüne Berg sieht ein bisschen so aus, als wäre er für den Menschen geeignet. Dort könnte der Herr Pastor Spuren des Paradieses finden. Auf St. Helena gibt es bereits zu viele Menschen, aber weil es hier niemanden gibt, kann es sein, dass Gott in seiner Weisheit Spuren zum Entdecken zurückgelassen hat. Die Farben der Hänge leuchten jedenfalls, als die Sonne von unten daraufscheint und am Gipfel und Rand entlang orange, rote und goldene Streifen aufstrahlen.

ALS DIE REPARATUREN FERTIG WERDEN und das Schiff zur Abfahrt bereit ist, wird das Hauen der Steinsäulen einfach beendet. Vorher wird Kapitän Consett an Land gerudert, damit er prüft, welche letzten Stücke man noch als Ladung an Bord nehmen könnte. Ich bin an meinem Platz an der Hinterstange der Schleife, als er kommt und wir versuchen, die Steinladung fleißiger als sonst und ohne laut zu fluchen, vorwärtszuzerren. Der Kapitän bleibt stehen und sieht zu und gibt mit der Hand ein Zeichen, dass wir anhalten und warten sollen. Er fragt, ob nicht mehr auf einmal auf die Schleife passt.

Herr Kapitän. An den schlechten Stellen muss man sie tragen, dann wird es zu schwer, sagt der Zimmermann. Er ist dem Kapitän entgegengegangen, weil er für die Steinarbeiten verantwortlich ist. Ansonsten sitzt er unter einem aus Segeltuch gemachten Sonnenschutz und überwacht den Ablauf der Arbeit.

Hier gibt es nichts Gutes für den Menschen, außer mal das Fleisch einer Schildkröte und ein bisschen brüchigen Stein für den Earl von Berkeley, hört man den Kapitän zum Zweiten Steuermann sagen. Sie fangen an, über die Anweisungen der Kompanie zu sprechen. Ascension taugt nicht einmal als anständiger Nothafen, weil es vor seinen Ufern nur schlechte Ankerplätze und kein Trinkwasser gibt.

An sich, wenn es nicht so karg und heiß wäre, könnte es durchaus vernünftig sein, hier Vorräte zu verstecken. Falls die Holländer wieder angreifen oder die Spanier und die Franzosen.

Und für den Fall von Unglücken, meint der Kapitän fast neben mir und so, dass ich jedes Wort verstehe, weil er mehr in der Sprache des Herrn Pastors redet.

Darum habe ich irgendwie keine Angst vor dem Kapitän, obwohl alle anderen Angst vor ihm zu haben scheinen. Weil ich etwas zu sagen habe, bitte ich um die Erlaubnis, reden zu dürfen. Der Zimmermann zischt von der Seite, aber der Kapitän macht mit der Hand ein Zeichen.

Von dem Berg da rinnt Wasser. Dort, wo es auf beiden Seiten grüner ist, sage ich und deute auf die Stelle über dem Schwarzen.

Der Kapitän dreht sich in dieselbe Richtung und schaut. Er sucht lange.

Lügst du?

Nein, sage ich, weil ich es sehe, ich habe es zuerst im besten Seitenlicht gesehen, aber jetzt kann ich die schmale Wasserlinie auch bei schlechterem Licht mit den Augen finden.

(Wenn du ein neues Objekt einmal gesehen hast, findest du es leichter. Versuche also beim ersten Mal, dir die Stelle genau so richtig einzuprägen, wie du sie mit dem Kaktusstachel markierst, dann wartet sie beim zweiten Mal schon fertig vor deinen Augen.)

Er lügt, sagt der Steuermann. Er schaut in dieselbe Richtung wie der Kapitän und ich und alle auf den Berghang und sieht es nicht.

Er lügt, sagt der Kapitän und setzt seinen Weg fort.

Man kann die Augen sehender drücken, so, sage ich und versuche noch, es zu zeigen.

Der Zimmermann befiehlt, ich soll still sein und wir sollen uns wieder an die Arbeit machen. Er selbst folgt dem Kapitän.

Wir machen dort weiter, wo wir angehalten haben. Wir

schleifen die Ladung, und an den Schwellenstellen tragen wir die Schleife über die Felsbrocken. Meine Kräfte reichen nicht richtig, um das Trageholz anzuheben, für die anderen drei ist es darum immer ein bisschen schwerer, aber ich versuche es so gut, wie ich kann, und trage mehr mit der Beinkraft und nicht bloß mit den Armen. Nach dem Unebenen kann man die Schleife wieder über den Boden ziehen. Am Ufer ist die Lava nur noch schwarzer Kies und Sand, darum nimmt man auch einen längeren Umweg darüber in Kauf.

Wenn man nach einer Ladung eine Pause machen darf, zuckt es in den Armen und Fingern, obwohl ich versuche, sie auszuruhen und auszuschütteln. Ich sitze auf dem Rand der Schleife und hebe abwechselnd die Füße an, weil der schwarze Erdboden am Nachmittag brennend heiß wird.

Es ist die Auferstehungsinsel, und ich möchte wissen, warum sie einmal so genannt worden ist. Vielleicht hat jemand gewusst, dass oben noch ein Stückchen Paradies verborgen ist, eine Wiese oder Obstbäume in Reihen, die eine Lichtung beschatten. Und unter einem Wasserfall eine stille Stelle und ein Teich voller Fisch und an seinen Ufern Nüsse und allerlei süße Früchte in den Büschen.

Wenn ich nur kurz daran denke, bin ich mir schon sicher, dass es so sein muss. Wenn ich abhaue und hierbleibe, so wie Fernando Lopez auf St. Helena blieb, kann ich zu einem ebenso heiligen Mann werden, aber zu einem größeren als Fernando Lopez, zum Entdecker des Paradieses auf Erden, den man überall auf der Welt kennt. Der König belohnt den Entdecker mit Gold und Ehre. Auf das Wort eines solchen Mannes verlässt man sich, und er muss nur darum bitten, und schon dürfen meine Mutter und Ann und Adam und der Herr Pastor übers Meer in bessere Verhältnisse fahren, vielleicht in die Gegend von Kent, weil der Herr Pastor sie kennt und weil sein hoch geachtetes Geschlecht von dort stammt, oder nach London, weil London groß ist und es dort alles gibt, was auf der Welt gut und wichtig ist.

Während der Pause schaue ich zu, wie das Transportboot für die Lavasäulen wieder an Land gerudert wird. An Bord ist ein Fernrohr, so ein kleines mit Messingringen, das an einem Lederriemen getragen wird, wie Herr Halley es benutzt hat, um das Sternfernrohr in die richtige Richtung auf die Himmelsfiguren einzustellen.

Totholz-Stevens Sohn hierher!, werde ich gerufen, nachdem das Fernrohr zum Kapitän gebracht worden ist.

Ich gehe sofort los und kürze über eine schräge Fläche ab, obwohl der ebene Boden am heißesten ist und die Haut verbrennt. Ich mache die Schritte schnell, damit die Fußsohlen nur kurz aufkommen. Auf die gleiche Art, nur noch schneller, kann man über glühende Kohlen gehen. Nach der Ernte werden auf den Parzellen die Strohstummel und das zähe Unkraut abgebrannt, sodass an der Stelle die ganze Erde glüht, und die Mutigsten rennen über die Glut.

Der Kapitän dreht routiniert am Rohr und späht nach dem grünen Berg aus. Der Zweite Steuermann steht neben ihm und hält die mit dem Stempel der Kompanie versehene Küstenkarte in den Händen. Deren Namen kann ich mit einem Blick unter dem Wort Ascension lesen: *Landungsstellen und sonstiges Bemerkenswertes*. Die Insel ist fast rund, nur rechts gibt es einen kurzen Griff. Die Küste ist mit genauen Schlingen und Hubbeln gezeichnet, aber in der Mitte ist nicht viel, nur gebogene Striche.

Herr Halley hat mir beigebracht und gezeigt, was eine Karte ist. Er hat versucht, zu erklären, was die gewundenen Zeichen bedeuten, aber ich bin zu klein gewesen und habe es nicht ganz verstanden. So weit erinnere ich mich noch, dass Herr Halley gesagt hat, jeder Strich, jedes Kreuz und jedes Viereck sei wie ein Buchstabe oder eine Zahl, und indem man sie getrennt und zusammen betrachtet, könne man sehen. Auf die Art kann man die ganze Insel lesen, wenn man die Zeichen kennt und lernt, sie richtig miteinander zu verbinden.

Kapitän Consett versucht mit Gewalt, seine Hände still zu halten und genau durch das Glas des Fernrohrs zu sehen. Der Zimmermann packt mich an den Schultern und befiehlt mir, zu sagen, in welche Richtung, er drückt mit den Fingern fester zu, als ich anfange, etwas zu fragen, ich komme nur bis zum ersten Wort.

Ich muss die erkennbare Linie kurz suchen, weil die Ausguckstelle jetzt eine andere ist, ein bisschen seitlich und weiter oben. Dann finde ich sie und hebe die rechte Hand und deute auf den Berghang. Ich stelle mich hinter den Kapitän und versuche, ihm die Richtung zu zeigen.

Wie eine weiße oder silberne schmale Schnur, ein bisschen dicker als ein Faden und oben geringelt, daneben ist es richtig grün, weiter unten gibt es einen braunzottigen Fleck, ein bisschen höher, ein bisschen mehr rechts, ich gebe Hinweise, so wie ich es selbst sehe, und schaue hinter dem Kapitän auf das glänzende Holz und die Messingringe des geraden Fernrohrs.

Bei dem Wind zittert es, sagt der Kapitän wohl mehr zu sich selbst, jedenfalls nicht zu mir, und er findet die Wasserlinie nicht, obwohl ich ihm noch so viele Hinweise gebe. Er drückt dem Steuermann das Fernrohr in die Hand, der auf die gleiche Art sucht, aber ebenso falsch. Sehen heißt, dass man ganz und gar stillhält, die Augen auf einen Punkt richtet und alle Kräfte des Sehens hineinpresst.

Weißt du, was das ist?, fragt mich der Kapitän und klopft auf das Fernrohr. Ich antworte, dass ich es weiß, aber ich kann nicht sagen, woher, weil der Herr Pastor und meine Mutter mir verboten haben, den Namen von Herrn Halley vor London auch nur ein einziges Mal auszusprechen.

Man schaut durch dieses Loch hinein, zeigt mir der Kapitän und befiehlt mir, den Wasserfall zu suchen, falls es dort etwas gibt und alles nicht bloß Einbildung und Lüge ist.

Darf ich mich aufstützen, Herr Kapitän?, frage ich, weil es Herr Halley so gemacht hat, wenn da ein etwas matterer Stern war oder noch zu viel Licht. Er hat sich an der Quadrantenmauer abgestützt, aber hier gibt es nur Lavahügel und ein paar losgehauene Säulen von halber Mannshöhe.

Ich stütze das Rohr vorsichtig auf eine Säule und schaue zuerst mit bloßem Auge nach der Richtung, dann schaue ich die Außenseite des Fernrohrs in der Richtung entlang und erst dann durch das kleine runde Glas am Ende des Rohrs. Was ich sehe, ist unscharf und schwankend, ein bisschen so, als würde man durchs Wasser waten und auf alle viere gehen, sich mit offenen Augen den Kopf nass machen und dabei durchs Wasser nach oben schauen.

Ich finde es so lange nicht, dass der Steuermann schon befiehlt, besser aufzuhören, anstatt die kostbare Zeit des Kapitäns zu vergeuden, aber ich schaue immer weiter und überprüfe zwischendurch die Richtung und die Stelle am Hang mit meinen eigenen Augen, weil ich es mit ihnen sicher sehe und weiß. Dann trifft das Rohr die Stelle, und ich erkenne silbergrau die Wasserlinie, nicht mehr als Faden, sondern als dicke Schnur. Genau an dieser Position müsste man das Fernrohr feststellen, aber es gibt dafür nicht solche Schrauben und Spangen wie am großen 24-Fuß-Fernrohr von Herrn Halley, und ich muss es festhalten und zur Seite treten, damit der Kapitän auf die Knie gehen und schauen kann.

Zum Glück hat er auch vorher schon mal ein Fernrohr benutzt und verschiebt es nicht ein Haarbreit, sondern sieht nur hindurch.

Könnte das Wasser sein?, sagt er leise.

Es ist herablaufendes Wasser, Herr Kapitän, sage ich.

Es kann Wasser und ein kleiner Wasserfall sein, sagt der Kapitän. Der Steuermann nimmt Tinte aus seiner Tragetasche und fängt an, mit einem Stück Feder zwischen die spärlichen runden Striche das Zeichen für Trinkwasser auf der Karte der Kompanie einzutragen. Als es getan ist, fangen sie an, mich zu fragen, wie ich das mit bloßem Auge erkennen konnte.

Ich kann nicht richtig darauf antworten, weil ich über das Üben nicht mit anderen reden darf.

Sie beschließen, einen Sehtest zu veranstalten. Einer der Matrosen wird dazu abkommandiert, den Anweisungen entsprechend auf eine leere Ebene zu gehen. Als der Befehl zum Stehenbleiben gerufen wird, ist der Mann schon so weit gekommen, dass er es kaum hört und kleiner als ein winziger Vogel aussieht.

Vielleicht erkennen die anderen seine Hände nicht, aber ich soll die Finger sehen.

Du hast doch gesagt, dass du rechnen kannst?, sagt der Kapitän.

Jawohl, Herr Kapitän, sage ich, weil ich das gesagt habe und weil ich es kann.

Wenn du bis dorthin siehst, dann sage mir, wie viele Finger Stiver in die Höhe hält.

Ich frage, an welcher Hand.

An der, mit der man isst.

Ich konzentriere mich aufs Schauen und versuche, nicht auf das zu hören, was sie untereinander reden und vermuten, als sie selbst versuchen, es zu sehen. Der Kapitän setzt das Fernrohr am Auge an und versucht, durch Anspannung der Muskeln das Wackeln des Sehfelds in den Griff zu bekommen.

Es ist schwer zu sehen. Ich erkenne Stiver ganz, einschließlich des Gesichts, aber er hat in der Hitze sein Hemd ausgezogen, und die rechte Hand befindet sich vor der Brust, sodass die Farbe der Haut die gleiche ist wie die Farbe der Hand und ich die Finger gegen die Haut überhaupt nicht sehe, und die linke Hand befindet sich geballt unten an der Seite.

Das alles teile ich mit, und ich sage, die Rechte müsste vor dunklem Hintergrund sein oder die Linke mit offenen Fingern, dann würde ich es sehen.

Der Kapitän hat das Zittern des Fernrohrs anhalten können und bestätigt den anderen, dass Stiver genau so die Hände hält. Der Steuermann gibt dem Zimmermann einen Befehl, und der Zimmermann geht näher, um zu sagen, wie die Hände sein sollen.

Am besten gegen den dunklen Stein und die Finger auseinander, rufe ich hinterher, als könnte ich jemandem Anweisungen geben.

Danach ist das Sehen ziemlich leicht. Ich sage zwei, und als ich zusätzlich die Augenwinkel zusammendrücke, kann ich erkennen, dass es der Zeigefinger und der Mittelfinger sind. Der Kapitän muss viel länger hinschauen, bevor er sich sicher ist und es bestätigt. Die anderen erkennen nichts, sagen über ihr schlechtes Sehen aber nichts weiter zum Kapitän oder zueinander.

Ein Lob bekomme ich nicht. Der Kapitän redet etwas abseits bereits mit dem Steuermann über etwas anderes, und dann gibt der Steuermann dem Zimmermann einen Befehl, und der Zimmermann kommandiert mich an meinen Platz an der Schleife zurück und befiehlt uns, die letzten Pfeiler und Säulen ans Ufer zu bringen.

DIE MIT FLECKFIEBER werden aus dem Frachtraum an Land gebracht. Ich werde als Wache zur einen Seite der Luke kommandiert, als die kranken Sklaven angetrieben werden, auf der Leiter aus dem Laderaum zu klettern. Eine Frau ist ohne Fesseln und kann sich draußen die Hände vor die Augen halten, aber ein Mann fängt an zu wimmern und krümmt sich sofort auf den Deckplanken, damit seine Augen vor dem Licht versteckt sind.

Die Frau hat einen gewöhnlichen RAC-Stempel, aber dem Mann hat man mit einem D.Y.-Eisen ein so frisches Zeichen auf die Stirn gebrannt, dass es noch wie Schorf aussieht. Beide zittern vor Fieber, der Mann hat die scheuen Augen eines Tieres und die Frau einen vorstehenden Bauch.

Der Schiffskaplan hält sich fern, damit die Kranken ihn nicht berühren können, dann kommt der Kaplan von St. Helena hinzu. Er hat keine Kopfbedeckung und keine Perücke auf und versucht gar nicht erst, seine orangefarbenen Haare zu bedecken. Er tritt vor die Sklaven hin und nimmt eine kleine Flasche aus der Tasche seines Umhangs, kippt den Inhalt auf die Fingerspitzen und bestreicht zuerst die Stirn und die Hände des männlichen Sklaven und dann die der Frau und spricht in einer fremden Sprache, ich glaube, in Latein. Auf der Haut der Sklaven glitzern die Ölflecken. Der Kaplan berührt beide und neigt den Kopf zum Gebet.

Der Bootsmann befiehlt mir und den anderen Lukenwächtern, die Kranken ins Boot zu bringen. Als der Mann und die Frau die Strickleiter hinabsteigen, tritt der Bootsmann an die Reling und befiehlt mir, als zweiter Ruderer hinunterzusteigen.

Weil mir nichts anderes übrig bleibt, tue ich es und setze mich am linken Riemen auf die Ducht. Ich bin noch nie gerudert, auf St. Helena lernt man nicht rudern, nur die Söhne der Fischer lernen es, aber nach anfänglichem Stochern klappt es doch. Der alte Harrison am anderen Riemen hält das Boot auf Kurs und in Fahrt. Die Dünung in der Bucht läuft zum Ufer hin, und auf der kurzen Strecke geht es einigermaßen gut, obwohl ich es nicht kann.

Wir landen an derselben Stelle, wo wir die abgebrochenen Steine ins Boot geladen haben. Einige missglückte Säulen sind bei der letzten Fuhre nicht mitgenommen worden, neben denen müssen die Sklaven aussteigen. Beide sind in so schlechtem Zustand, dass sie noch mehr zittern, als sie der Wind ungehindert trifft, und sie stolpern über den Bootsrand und kriechen auf dem schwarzen Sand an Land.

Der alte Harrison fängt an, das Vaterunser zu beten, faltet aber nicht die Hände und blickt auch nicht nach unten, sondern hält die Hände die ganze Zeit am Riemen und rudert vorwärts und beobachtet, wie die Dünung kommt. Als die Sklaven an Land sind, kehrt der alte Harrison dem Schiff den Rücken zu und wirft ein kleines Lägel ins flache Wasser am Ufer. Er verbietet mir, jemandem etwas davon zu sagen.

Früher hat man ihnen wenigstens für zwei Tage Proviant und Wasser dagelassen, sagt er.

Der Mann watet ins Meer, um das Lägel zu holen, die Frau ist bereits zusammengesunken, sie liegt etwas oberhalb der Uferlinie an einer trockenen Stelle und scheint zu warten, dass sie stirbt und wegkommt.

DASS ICH RECHNEN KANN, HAT NOCH ZUR FOLGE, dass ich vor dem Umschlagen an der afrikanischen Küste in den Frachtraum muss, um Kopf für Kopf alle Sklaven zu zählen, die Männer, die Frauen und die Kinder getrennt, diejenigen, die ich als krank erkenne, in eine kurze Liste und die Gesunden in eine andere. Kranke darf es nicht mehr viele geben, gibt man mir als Anweisung mit, einer, der krank ist, muss schon ohnmächtig daliegen und nicht sprechen können. Wenn sich welche finden, werden sie in einem Schwung ins Meer geworfen, aber zuvor soll der Sanitäter kontrollieren, ob sie unheilbar sind oder nur so tun.

Das ist eine ehrenvolle Aufgabe für mich, die mir der Zweite Steuermann über die niedrigeren Anweisungen von Merrill und dem Bootsmann hinweg zugewiesen hat. Ich muss jedes Gesicht anschauen, ob es vor Schüttelfrost zittert. Ich bekomme ein Licht und als Lichthalter Tommy mit, mit dem ich dieselbe Schleife geschleppt habe. Für Tommy ist es die Strafe für etwas, das in der Back passiert ist, das mir nicht richtig klar wird, obwohl Tommy es mir zu erklären versucht.

Niemand will freiwillig in den muffigen Sklavenfrachtraum. Man kann auch nicht wissen, ob es nicht einem der stärkeren Männer gelungen ist, sich von der Kette zu befreien oder die Kette vom Ring im Stützbalken zu lösen, und er nur noch so tut, als wäre er gefesselt, aber darauf wartet, dass er angreifen kann, und sich auf einen stürzt und einen würgt.

Ich drehe die Lampe auf und stochere mit der Flamme nach ihren Augen, die haben nämlich Angst vor Feuer, und ich steche ihm mit dem Messer in die Hand und in den Hals, erklärt Tommy, was alles passieren kann und was er dann tut.

Ich steige vor Tommy die Leiter hinunter, und der Geruch ist schlimm, weil die Hitze schon lange andauert, in der Äquatorregion sind die windlosen, langsamen Tage sogar an Deck schon zu drückend. Tommy kotzt unten sofort zwischen die Balken.

Durch die Lampe fällt gerade so viel Licht auf den Boden, dass ich Reissäcke und Fässer erkenne und in den Zwischenräumen der Waren die gefesselten Sklaven nebeneinander sitzen oder durcheinander schlafen sehe. Die Männer, die Arbeitsdienst haben, pumpen und schöpfen mit Eimern Leckwasser aus dem Bug.

Das Schiff ist unten in noch schlechterem Zustand als an Deck. Ich habe reden gehört, dass es sich auf seiner letzten Fahrt befindet und nicht mehr wert ist als ein schwimmendes Wrack. Es ist so oft nach Indien und zurück gefahren, dass nur wenige mithalten konnten, bevor sie Schiffbruch erlitten oder verschrottet wurden.

Ich klappere die Zwischenräume ab, so wie man es mir befohlen hat. Aus der Nähe ist der Geruch entsetzlich, schlimmer als die Streu, die unter kranken Schweinen gewechselt werden muss. Viele Sklaven sind gekrümmt und sehen nicht her, wenn Tommy leuchtet und ich ihre Haut untersuche.

Schwarze aus Afrika sind nur wenige dabei, die meisten sind Dunkelbraune von den Inseln, und einer ist fast weiß. Ich verstehe nicht, was sie sagen, aber sie reden mit mir und strecken die Hände aus, sind aber zum Glück so kurz angekettet, dass sie mich nicht packen können. Sie sind gefesselt, damit sie nachts nicht die Reissäcke aufmachen oder etwas stehlen oder flüchten, obwohl, wohin sollten sie sich vom Boot aufs Meer flüchten, höchstens in den Tod. Nur die zur Arbeit abkommandierten Männer werden für die Zeit ihrer Schicht losgebunden, aber mit Waffen bewacht.

Auch wenn die Sklaven in den Abholhäfen genau gezählt worden sind, muss die Zahl überprüft werden, bevor die Fracht auf ein anderes Schiff umgeladen wird, das sie dann zu den Plantagen bringt. Mit der *Berkeley Castle* segelt man besser nicht über den Atlantik zu den Inseln Amerikas, weil sie gut mit Indien-Ware beladen ist und schon das dritte Jahr unterwegs und nicht nur klapprig geworden ist, sondern langsam kaputtgeht.

Der Zimmermann hat gewusst, dass in den Zwischenhäfen Sklaven an Bord genommen werden, weil die Königliche Afrika-Kompanie wegen Schiffbrüchen Transportprobleme gehabt und es im Laderaum der *Berkeley Castle* Platz gegeben hat, nachdem die Warenstapel etwas umgeräumt wurden, aber es lohnt sich nicht, den weiten Umweg nach Westen zu den Verkaufsstellen auf Barbados zu machen. Darum ist schon in Indien eine Vereinbarung über den Umschlag der Ladung getroffen worden, und man hat mit schnelleren Schiffen Nachrichten an die Männer der Kompanie in den Festungen an der Goldküste gesandt. Selbst wenn der Schlenker groß ist, lohnt sich der Umschlag, und ich habe außerdem gehört, dass der Kapitän auch seine eigenen Handelsangelegenheiten und Schuldeneintreibungen in Afrika hat.

Der Steuermann hat mir einen Bogen Papier für das Notieren der Kopfzahl gegeben. Er hat mir erklärt, wie es geht, und die Überschriften fertig hingeschrieben, Männer, Frauen und Minderjährige. Die Liste der Kranken muss auf der zweiten Seite erstellt werden. Bei den gesunden Frauen hat er zwei kurze

Senkrechtstriche gemacht, weil sich der Kapitän auf Mauritius eine als Innendienerin ausgesucht hat und der Koch eine zweite als Kombüsenhilfe und eigene Innendienerin, und diese beiden sind nicht mehr im Frachtraum.

Ich muss nicht kotzen, und es kommt mir auch nicht seltsam vor, durchzugehen und zu suchen. Ich zähle und kontrolliere an den Gesichtern, ob Spuren von Pocken oder Geschwüren zu sehen sind. Je schwärzer die Haut, desto schwerer ist es bei dem schlechten Licht zu erkennen. Schüttelfrost durch Fleckfieber finde ich keinen, und auf kleine Anzeichen achte ich auch gar nicht, weil keine Neuen auf die Krankenliste kommen dürfen.

Nachdem die Angeketteten gezählt sind, scheint es bei den Frauen und Minderjährigen mehr Striche zu geben als bei den Männern, aber beim Schaben und Schöpfen von Wasser sind bloß Männer beschäftigt, sodass auf die Liste der Männer insgesamt sechsunddreißig Striche kommen und auf die Liste der Frauen zweiundzwanzig. Kleine Kinder gibt es nur fünf. Kranke schreibe ich keine auf, aber über zwei will ich etwas sagen.

Warum haben sie uns hierhergeschickt?, fragt Tommy, als die Aufgabe erledigt ist und man keine Angst mehr haben muss. Tommy hält immer noch in der einen Hand das Messer und in der anderen die brennende Lampe, obwohl im mittleren Frachtraum schon Licht durch die Deckluken gesiebt wird.

Wer will hier schon freiwillig runterkommen und sich anstecken, sage ich.

Es scheint, dass Tommy erst jetzt versteht, dass hier nicht die Gefahr besteht, angegriffen zu werden, sondern eine andere, unsichtbare. Ich habe mich von niemandem anfassen lassen, obwohl ich gezwungen war, beim Prüfen aus der Nähe hinzuschauen, aber eine Seuche kann auch übertragen werden, wenn man einem Erkrankten erlaubt, einem direkt in die Augen zu starren, oder er kann versuchen, auch ohne zu schauen, die Krankheit von sich weg und auf einen zu hexen, der an ihm vorbeigeht.

Oben weht frische Luft. Das fällt einem auf, wenn man nicht ständig welche um sich herum hat. Auf den Rahen sieht man mehr Vögel sitzen, auch Landvögel, die bauschiger sind und besondere Farben haben. Übers Schiff gleitet ein Schwarm weißer großflügeliger. Die würde ich als Unbestimmbare vermerken, weil ich nicht weiß, wie schnell sie fliegen können und ob man für sie Kürbiskerne in die Schale für die Sausenden fallen lassen könnte.

Die Insel liegt schon weit zurück, so wie auch Mutter und Ann und Adam. Vielleicht ist Entfernung Zeit, vielleicht sind sie ein und dasselbe, wenn auch mit unterschiedlichen Namen, denn je weiter es die *Berkeley Castle* nach Norden schafft, desto länger ist es her, seit ich weggefahren bin. Darum muss Entfernung Zeit sein, aber nicht andersherum, weil ich seit meiner Geburt daheim war und nie irgendwohin gefahren bin. Dann vergeht nur die Zeit, und es gibt keine Entfernung in irgendeine Richtung.

(Der Himmel ist keine Kugel mit Löchern, Angus, kein Dach und keine schlecht abgedichtete Wand, durch die punktförmig das Licht dringt. Der Himmel ist ein Gefäß, in dem die Sterne in unterschiedlichen Tiefen treiben. Alle, die sich nahe bei uns befinden, kreisen und bewegen sich ständig, wir haben darüber Gewissheit und Berechnungen, dass sie funktionieren wie ein gutes Uhrwerk. Und auch in der Entfernung der Fixsterne dürfte der Himmel gleich sein, nur größer und mit enorm viel mehr von allem. Noch weiter in der Tiefe tut sich dann manchmal etwas wie die Magellan'schen Wolken auf, aber ansonsten ist es uns unbekannt. Glaubst du, Clarke, man könnte sehr groß sagen? Oder unermesslich groß? Könnte man in der Tat so sagen? Denn ich glaube, dass sich uns bald auch der tiefe Himmel öffnen wird, wenn wir weiter in die Ferne sehen. Mithilfe des guten, neuen 40-Fuß-Rohrs können wir vielleicht schon bald sogar alle Landschaften des Mondes, bis hin zu Flüssen und Seen, in die Karten eintragen.)

Ich überbringe dem Steuermann die Kopfzahl und die Mitteilung, dass zwei Männer die Pocken haben könnten.

Aber du hast keine schlimm Kranken gesehen, die ohnmächtig daliegen?

Ich habe keinen einzigen gesehen, Herr Steuermann.

Gut. Alle werden an Deck gewaschen, weil sie mit Sicherheit verdreckt sind, sagt der Steuermann. Ich kann nicht antworten, weil ich nicht weiß, ob das eine Frage ist, und mehr sagt er nicht.

Du kannst gehen. Melde dich bei Merrill.

Ich gehe sofort, bevor man mir vorwerfen kann, ich würde trödeln. Man kann wegen allem Möglichen beschuldigt und bestraft werden. Manchmal gibt es kein Maß, wie fest geschlagen oder gepeitscht wird. Als Hundeinsel-Alfonso ein Eimer ins Meer gefallen ist, während er die Deckplanken geschrubbt und Waschwasser hochgezogen hat und der Knoten am Henkel von seinem Eimer aufgegangen ist, hat Merrill ihm befohlen, alle Kleider auszuziehen und sich reglos aufs Deck zu legen. Dann hat Merrill eine Knotenpeitsche geholt. Alfonso hat nicht auf der Stelle liegen bleiben können, sondern versucht, sich zur Seite zu winden und zu drehen, aber das hat nur geschadet, weil ihn dadurch die harten Knoten überall getroffen und aufgerissen haben.

Ich will nicht in einen so schlimmen Zustand geraten, und

darum gehorche ich allen so schnell, wie ich kann, und widerspreche nie. So ist man eher in Sicherheit, weil ein Stiller schwerer zu schlagen ist. Schlimmeres als blaue Flecken und eine blutige Augenbraue habe ich noch nicht gekriegt.

Trotzdem ist es jedes Mal schlimm. Wenn ich sehe, dass Merrill oder manchmal auch der Bootsmann oder einer der Matrosen voller Wut mit geballten Fäusten näher kommt, krampft sich ein schmerzhafter Knollen in meinem Magen zusammen. Alles andere ringsum hält an und verschwindet, und mein Herz hämmert. Dann ist man bereit, auszuweichen, und die Muskeln sind angespannt, damit es, wenn man getroffen wird, nicht noch mehr wehtut. Weglaufen kann man nicht, weil man sofort von jemandem aufgehalten oder gepackt wird oder einem jemand ein Bein stellt, wenn Merrill oder wer auch immer bloß ruft, haltet ihn, er läuft vor seiner Strafe davon und wird sie noch einmal bekommen, aber zweimal so hart.

Hundeinsel-Alfonso hat den ganzen Tag und die Nacht und den nächsten Tag auf dem Deck gelegen, und auch dann sind noch nicht alle Wunden zugegangen, sondern nach dem Blut ist Molke geflossen, und bestimmt sind Alfonso von den Tritten auch Rippen gebrochen; er hat jedes Mal Blut gehustet, wenn er anfing, in seiner eigenen, ehemaligen Sprache zu beten.

Wir haben heimlich Trinkwasser in eine Ecke des Decks gebracht und auch ein Stück Segeltuch als Sonnenschutz für Alfonso. So heiße Tage habe ich noch nie erlebt. Am Tag des Auspeitschens und an allen darauffolgenden Tagen ist die Sonne in ihrem allerhöchsten Stand wie ein Auge mitten am Himmel gewesen, sie scheint in der Nähe von Afrika immer die gleiche riesige weiße Glühkohle zu sein. Morgens und abends ist sie noch größer als am Mittag, nur blasser und an den Meeresrändern zu Feuer verfärbt.

ALS ICH DANN AFRIKA SEHE, ist das für mich schon das zweite fremde Land, Ascension war das erste, falls man es Land nennen kann, weil es eine unbewohnte Wüste ist und die Insel des Elends. Die kleine Bootsmannsinsel rechne ich nicht als Land, auch wenn ich ihre Felswand und die Teufelsvögel schon vor Ascension gesehen habe.

Es kann gut und gern dreißig Länder auf der Welt geben, wenn nicht noch mehr. Ich zähle innerlich diejenigen, von denen ich gehört habe. In der Nähe von England liegen viele, Herr Halley hat sie auf seiner großen Rundreise besucht und in seinem Brief an den Herrn Pastor geschrieben, dass es überall sowohl sehr gebildete als auch vollkommen ungelehrte Menschen gibt. In manchen wohnen mehr Diebe und Halunken, in manchen gibt es teure Paläste und gepflasterte Straßen von ausgestorbenen Völkern. Von den Wundern der Natur sind auf der Erde die erstaunlichsten Anblicke zurückgeblieben, wie der Rauch ausstoßende Vulkan auf der Reise von Rom nach Süden, hat Herr Halley geschrieben.

Ich bin inzwischen gestärkt und nach dem Mastkorb allmählich wieder ich selbst. Auf allen vieren übers Deck zu kriechen und dieses mit Bimsstein und Meerwasser zu polieren, strengt auch bei starker Hitze nicht allzu sehr an, wenn man immer, wenn es geht, etwas langsamer macht. So machen es auch die anderen und vermeiden sofort jede unnötige Arbeit, wenn die Wache woanders hingeht.

Die anderthalbfachen Strafschichten, die für mich bestimmt wurden, sind auf normale Schichten verringert worden, sodass ich mehr ausruhen kann, obwohl Merrill noch immer die Befehlsgewalt hat, mich jederzeit zwischen den Schichten etwas Zusätzliches machen zu lassen. Das tut er auch, aber ich widerspreche mit keinem Wort und trödle nicht, sondern stehe, auch wenn ich geweckt worden bin, sofort auf und eile dorthin, wo man mich hinschickt.

Merrill beschafft mir zusätzliche Arbeit und hackt meinen Schlaf absichtlich in Stücke. Bootsmann Carmichael ist von seiner Art her gleich, schickt aber Merrill vor und spricht fast nie direkt mit mir. Ich weiß nicht, ob er sich noch wegen Ann rächt und Angst hat, dass ich rede. Sie erinnern sich an die Zählaufgabe im Frachtraum und lassen mich für die Sonderposition, die mir der Steuermann zugestanden hat, bezahlen, aber wer sonst hätte schon aus freiem Willen oder auf Befehl hinuntergehen sollen?

Was glaubst du, wer du bist, keiner von euch ist irgendwas. Mit Huren und Kupplerinnen verwandt und kommt hierher, um sich zu verstecken, schreit mich Merrill einmal in seiner Erregung an, sodass ich weiß, dass ihm der Bootsmann von Ann erzählt hat.

Nichts wissen sie richtig, man kann nichts wissen, wenn man nur ein Mal da gewesen ist oder alle zwei Jahre kurz vorbeikommt, wenn das Schiff auf der Rückfahrt vor Jamestown haltmacht und ein Teil der Besatzung in den Freischichten an Land kommt, um Schnaps zu trinken und im Rausch großspurig herumzuschreien. Wie soll man da etwas über ein Land wissen können?

Als ich Wasser heraufkurble und aus dem Eimer auf die Deckplanken kippe, betrachte ich die Küste, die sich vorne auftut. An einer Stelle ragen die Bäume an der steilen Böschung wie ein Deckel über das Meer hinaus, und wo die Wellen anschlagen und brechen, hat sich eine hohe Höhle in den Felsen gefressen. Neben der Höhle setzt sich nach Osten hin eine kilometerlange gelbe Strandlinie fort, hinter der tiefer Wald steht.

Als ich das nächste Mal die Gelegenheit habe, mich von allen vieren zu erheben und einen Blick über die Reling zu werfen, ist das Schiff bereits bis vor eine am Hang angelegte Festung gekommen. Dort befinden sich am Ufer ein Steg und ein kurzer, niedriger Wellenbrecher aus Balken.

Ich kann nicht faul in die Gegend gucken, sondern hole mit dem Eimer weiteres Putzwasser hoch und schrubbe weiter das Deck. An der Stelle ist am Morgen die Sklavenladung gewaschen worden, als wir noch auf dem offenen Meer waren und das Festland erst als Linie im Südosten schimmerte. Jetzt lautet die Anweisung, dass von dem abgewaschenen Schmutz keine Spur auf den Planken zurückbleiben darf. Die Sklaven sind aus dem Frachtraum geholt und, nachdem sie mit Wasser übergossen worden sind, gleich wieder in ihren Transportketten in Reih und Glied zurückgebracht worden, damit sie nicht ins Meer springen können und nicht aufsässig werden, wenn sie sehen, dass sich die Küste nähert.

Ich und die anderen putzen und polieren mit dem Stein, bis alle beim Anlegemanöver und beim Ankern gebraucht werden. Auf dem Meer paddeln und staken schwarze Männer in schmalen Booten mit spitzen Bugen und in Einbäumen. Neben dem Steg riecht es nach geröstetem Fisch und vom Land her nach süßem Holzrauch.

Die Steuermänner sprechen von Dixcove Fort. Wenn dessen Steinwände und Schießwälle endgültig fertig sind, wird es die eiserne Faust der Goldküste sein. Das ist es schon, es ist die Metallkreuz-Festung, die kein Fremder und kein Feind aus keiner Himmelsrichtung erobern kann. Die Königliche Afrika-Kompanie wird ihre wirtschaftlichen Aktivitäten weiter ausbauen, sagt der Steuermann in einem Englisch, aus dem ich auch von weiter weg schlau werde.

Die Festung ist über allem gebaut worden. Sie ist jetzt schon riesig inmitten von Hütten und Plätzen und vor dem Wald hinter dem Ufer. Der Verteidigungshang ist in Bogenform zum Meer hin abgestuft wie eine riesige Treppe. Die kann dort nicht gewesen sein, sie ist hineingegraben und ausgehöhlt worden, und in die leeren Stellen muss zusätzliche Erde gebracht worden sein.

Der Zweite Steuermann hat das Schiffsfernrohr in der Hand. Er späht nach der bröckeligen Küstenlinie im Westen aus. Beim Aufhaspeln eines Seils gerate ich näher an ihn heran, und er bemerkt mich und befiehlt mir, zu ihm zu kommen, zeigt mit dem Finger in die Richtung, in die er geschaut hat, und fragt mich, ob ich mehr als eine Sandlinie und Bäume sehe.

Ich schaue mit aller Kraft hin und kneife zum Schluss die Haut an den äußeren Ecken der Augen zusammen, aber ich sehe fast nichts anderes. Vielleicht einen Stapel entrindete Baumstämme, aber schon beinahe da, wo das Sehen aufhört. Das sage ich, aber ich sage auch, dass ich mir nicht sicher sein kann, weil die Luft über der Uferlinie flimmert und weiter weg einen grauen Dunst erzeugt.

Der Dritte Steuermann hält eine Kartenrolle in der Hand. Sie rollen sie auf und messen die Entfernung mit dem Zirkel. Solche habe ich viele bei Herrn Halley gesehen, in unterschiedlichen Größen und mit verschiedenen Schrauben feststellbar.

Ich darf auf die Karte schauen, weil ich hinschiele. Das Ufer und das Meer sind genau gezeichnet, aber im Binnenland gibt es nur die Linien von Flüssen. Der Zweite Steuermann hält den Finger unter eine sonderbare Schrift, ich verstehe die ersten zwei Wörter davon, aber das letzte ist mir fremd, vielleicht kommt es aus einer afrikanischen Sprache: *Fort Gross Friedrichsburg*.

Man befiehlt mir, erneut in westliche Richtung zu schauen, und nennt mir als Hinweis die Hubbel der Landspitzen und gibt mir den Befehl, zu versuchen, alles zu sehen, was vom Menschen gemacht sein könnte. Ich schaue noch genauer hin, bekomme aber nicht mehr Auffälliges zu sehen als dieselben weißen geschälten Bäume, sie sind am Ufer aufgestapelt, jetzt bin ich mir sicher, dass ich sie sehe, und sage es. Der Zweite Steuermann misst mit dem Zirkel die Entfernung und fragt nach den Hubbeln der Landspitzen, ob ich zählen kann, wie viele es vor dem Stapel sind.

Das kann ich nicht, weil sie hintereinanderliegen. Er bedeutet mir, mit meiner Arbeit weiterzumachen, aber ich höre sie noch sagen, dass die preußische Handelsstation zur Festung ausgebaut wird.

VOR DIXCOVE muss die *Berkeley Castle* über Nacht auf den Austausch der Ladung warten, weil das abholende Schiff es noch nicht von Fort Sekondi bis hierher geschafft hat. Kapitän Consett will Sicherheit garantieren und teilt für jede Wache in der Nacht vier zusätzliche Männer ein. Die Waffen liegen parat, und die uferseitigen Kanonen sind so schussbereit, wie es geht, aber auf die Schnelle wären sie keine Hilfe.

Merrill hält mich wach und kommandiert mich für die ganze Nacht als Ausguck an Deck. Eine Waffe bekomme ich nicht und auch keinen Wachtposten wie die anderen, sondern ich muss das Deck entlang hin und her gehen und in Richtung Ufer schauen.

Es ist so windstill, dass man das Nachtgrummeln der Landvögel hört, die nebeneinander auf den Rahen und Seilen sitzen und schlafen. Der Mond ist hoch und fast halb.

Über die Zahl der Tage der Überfahrt bin ich mir nicht mehr so genau im Klaren, wie ich es früher bei jedem einzelnen Tag war, aber seit ich von zu Hause aufgebrochen bin, muss mehr als ein Monat vergangen sein, weil der Mond bei der Abfahrt erst eine abnehmende Sichel war. Dazwischen muss es einen Vollmond und einen zweiten, an den Rändern gefärbten schwarzen Neumond gegeben haben.

Obwohl der Halbmond leuchtet, breitet sich oben der Sternenhimmel aus. Als ich im Mastkorb auf dem offenen Meer war und das Schiff im Seegang geschaukelt hat, sind die Sterne nicht auf der Stelle geblieben, sondern haben wie Streifen und Sternschnuppen ausgesehen. Ein Observatorium kann man nicht auf einem Schiff einrichten, man muss es auf einem Felsen einrichten, kommt mir in den Sinn, als könnte mich irgendwann einmal jemand danach fragen.

Weil sich das Meer nicht bewegt, bewegt sich auch der Himmel nicht. Er ist anders als über St. Helena. Obwohl ich die Sehfähigkeit der Augen lange nicht geübt habe, gibt es mehr Sterne, aber sie sind an andere Stellen hinauf- und hinuntergeklettert.

Je schwärzer die Kuppel wird, desto mehr Flecken erkenne ich, die ich noch nicht entdeckt habe. Sie sehen aus wie auf der Stelle schwebender Nebel oder wie Licht, das dünner ist als Sternenlicht, und ein Teil liegt so im Schatten der Sterne, dass sie nur ab und zu kurz aufglimmen.

Wenn es immer so wäre, dass mir niemand Befehle geben würde, würde ich nur die Bilder und Objekte am Himmel aufzeichnen und lernen, ihn so zu lesen, wie ich das Bücherlesen gelernt habe, aber bei Tag gibt es viel zu tun, und nachts muss ich in der Back auf dem engsten und miesesten Platz inmitten von allen und mit den Beinen höher als der Kopf schlafen.

Als meine Mutter den Herrn Pastor gebeten hat, mein Lehrer zu werden, hat sich für uns alle das Leben verändert. Wenn ich zu Herrn Halley gehe, erinnert er sich an mich und kann mich andere Sachen unterrichten als der Herr Pastor. So wird aus mir für den Rest meines Lebens ein Sternenleser, der in dieser Kunst treuer und geschickter ist, als es je ein Gehilfe von Herrn Halley war.

So bin ich mir an Deck seit langer Zeit wieder meiner Stellung sicher und blicke nach vorn. Das ist ein Gefühl von Stärke, und auch wenn es noch so falsch und gegen die Lehren Gottes ist, so ist es doch in mir.

Vor Fort Dixcove ist der Himmel fremd, und ich erkenne lange nicht alles. Der Zentaur ist unter dem Schwanz der Wasserschlange, in der Nähe von Wolf und Waage, aber alle befinden sich unterhalb der Stelle, wo ich sie zu suchen gelernt habe. Der Zentaur schlängelt sich als Jäger mit Pferderücken um das Kreuz des Südens, aber am falschen Platz, und auch alle anderen großen Kreuze des Himmels befinden sich in der falschen Höhe und sind verdreht. Über der schwarzen Küste im Osten und Westen und über dem Wald im Norden sind weit unten am Himmel sonderbare Bilder und verzerrte Dreiecke zu sehen.

Herr Halley hat mir nur einige Namen von Sternbildern des nördlichen Himmels beigebracht. (Damit das Kind nicht an den Namen hängen bleibt, sondern in erstaunlichen Nächten nach neuen jagen kann. Denn wie du weißt, Clarke, lernt man besser, wenn man selbst sucht, als wenn ein anderer es einem zeigt. So kann einer die Fähigkeit des Findens und Augen zum Sehen haben, wie der alte Ptolemäus. *In dorso Equino Nebulus*, was glaubst du, Clarke, ich glaube nämlich, dass es derselbe Fleck sein muss, und ist es überhaupt ein Entdecken, wenn man auf einen schon gefundenen schaut und ihn nur noch einmal vermerkt, aber dennoch vermerke ich ihn genau, und darum entdecke ich ihn. Entdecken heißt auch, dass man etwas Früheres noch einmal und genauer entdeckt, oder bist du anderer Ansicht, Clarke?)

Der Himmel hat sich vielleicht zu einem Viertel verändert und ist sonderbar geworden. Über einer Welt sind immer dieselben Sterne. Würde man zum Beispiel mit verbundenen Augen oder als Sklave im dunklen Frachtraum auf die andere Seite der Welt gebracht, müsste man nur bei Nacht nach oben blicken, dann würde man sehen, dass man anderswo ist als dort, wo man war, weit weg von daheim.

Der alte Harrison steht bei seiner Wache am Bug. Ich rede mit ihm, weil Reden nicht verboten ist und Merrill es nicht sieht. Der alte Harrison fängt selbst mit Alfonso an und sagt, so ist es und wird es immer sein, dass es Befehlsgeber und Befehlsempfänger gibt und die Jungen so lange geschlagen werden, bis sie selber Schläger geworden sind. An all das gewöhnt man sich ein bisschen, sagt er und erzählt von seinen Fahrten und von anderen Schiffen, auf denen er als junger Mann gewesen ist, zuerst als Schiffsjunge und dann in etwas höherer Stellung, aber höher als bis zum Matrosen kommt er nicht, sondern bleibt Befehlsempfänger, sodass er auch als alter Mann nur über den jüngeren Schiffsjungen steht, aber mir gibt er Ratschläge und erzählt von den alten Zeiten.

Auf der *Berkeley Castle* ist er, seit sie in der Werft fertiggestellt wurde, schon unter dem Kommando von Robert Fisher und William Talbot. Für Kapitän Consett ist es erst die erste Indien-Fahrt mit ihr, aber für den alten Harrison die siebte und für das Schiff die letzte. Dann wird sie auf einen Schlag leer geräumt, wie von Straßenräubern ausgeraubt, und in Einzelteilen verkauft und der Rest als Brennholz und Schrott an den, der es nimmt.

Eigentlich ist es sinnlos, das Deck noch zu schrubben und zu polieren, aber man muss. Das 600-Tonnen-Schiff wird altersschwach, auch wenn es noch so gut ausgerüstet ist und gut segelt und auf seinen Fahrten Glück gehabt hat, weil es nicht in schlimmere Stürme und Gefechte geraten ist, man hat es nicht überfallen, und es ist auch kein einziges Mal schlimm auf Steinriffe gelaufen und hat sich die Bodenplanken aufgerissen.

Der alte Harrison hält die *Berkeley Castle* für das beste Schiff, auf dem er je angeheuert hat, und darum ist es wichtig, sich um sie zu kümmern, und jede wichtige Arbeit ist Gott wohlgefällig. Als ich ihn frage, warum man nicht einen Moment ausruhen darf, antwortet er, damit sich keine Faulheit breitmacht und die Befehle nicht in den Rufen der Meckerer untergehen. Wenn es ernst wird, muss jeder seinen Teil beherrschen und kann nicht fragen, wie es geht, man muss auch bereit sein, die Hand ins Feuer zu stecken, wenn man so den Brand löschen kann. Und auch damit das Glück sich nicht dreht, wenn die Geister im Meer und im Himmel sehen, dass es auf dem Schiff keinen Respekt mehr vor den Höhergestellten gibt.

Lebt dein Vater noch?, fragt er mittendrin.

Nein.

Dann gehorche deinen Vorgesetzten noch mehr. Gehorche ihnen dein ganzes langes Leben lang, aber vor allem den Weisungen Gottes.

Als ich weiter das Deck entlanggehe, kommt mir in den Sinn, dass im alten Harrison und in Hof-Oliver etwas Gleiches steckt. So dürfte man nicht denken, aber werden sich alle Männer, wenn sie alt sind, so ähnlich, dass man einen Sklaven nicht mehr von einem freien Mann unterscheiden kann? Beide regen sich nicht unnötig auf, und beide haben so viel hinter sich, dass sie wissen, das, was auf sie zukommt, ist kurz.

Es ist vielleicht genau Mitternacht, als ein leises Dröhnen einsetzt, als würde auf hohle Baumstämme geschlagen. Dann schreit etwas auf, ein Vogel oder ein Landtier, aber ich weiß, dass es das nicht ist.

Kann sein, dass eine Deckwache es auch gehört hat, denn es fängt ein vorsichtiges Sprechen an. Ich versuche, in Richtung Ufer und Wald in die Dunkelheit zu sehen. Ich stehe ganz still und umklammere die Reling und habe Angst.

Wenn eine *Banshee* oder eine *Morrígan* irgendwo aus dem Dunkeln auftaucht, kann ich mich nirgendwohin flüchten, sie gleitet einfach über Ufer und Meer zum Schiff, mit einem Feuer in der Hand, das kaum leuchtet. Sie ist leichter als ein Vogel, weil sie ein Todesgeist ist, der Tote einsammelt und fähig ist, so auf ein Schiff zu steigen, wie Wasserdampf aus einem heißen Topf aufsteigt.

Sie packt einen mit ihren krummen Klauen und nimmt einen mit. Sie kennt und flüstert meinen Namen. Nicht die Kälte, sondern der Schrecken bringt mich am Rücken und an den Beinen zum Zittern. Das Dröhnen vom Land her geht weiter, mit einem entsetzlichen Geräusch, das nicht menschengemacht sein kann, sondern aus hohlen Bäumen kommen muss oder aus Höhlen unter der Erde.

Mitten in der Finsternis geht ein Licht an, zuerst klein wie eine Lampe, aber es wächst und wird so groß, dass auf einer Brandrodung hohe Bäume lichterloh brennen müssen. Zuerst ist es gelb, dann rotfellig und orangefellig, dann ist es ein weißer Glutofen und braust stärker als der Wind.

ICH MUSS als Zähler über die Sklaven wachen und Sachen tragen, als die Ladungen ausgetauscht werden. Bei uns wird Platz frei, und große Messinggegenstände und Kaliko-Stoff aus dem anderen Schiff werden in den Frachtraum gebracht. Der Kaliko kommt an geschützte Stellen und ist leicht zu stapeln, aber die Messingtöpfe und die verschnörkelten Schilde und Scheiben sind schwer so unterzubringen, dass sie sich nicht gegenseitig Schrammen und Dellen machen, aber trotzdem übereinander hineinpassen und nicht unnötig Platz wegnehmen.

Auf dem nach Westindien abgehenden Tauschschiff werden die Zähne der Sklaven kontrolliert, ob sie nicht scharf gefeilt sind, und die Haut angeschaut, ob auch keine ansteckenden Krankheiten sichtbar sind. Das Schiff hat bereits eine große Ladung, aber in den übereinanderliegenden Fächern im Rumpf wird Platz geschaffen. Frauen und Kinder kommen in die obersten, die so niedrig sind, dass man nur auf allen vieren hineinkriechen kann, und die Stockwerke für die Männer sind auch nicht mehr als drei oder vier Fuß hoch. Alle außer den Schoßkindern sind sicherheitshalber gefesselt.

Als das Boot zur *Berkeley Castle* zurückgerudert wird, hänge ich abwechselnd meine Füße ins Wasser und wasche den Dreck aus dem Schiffsrumpf ab. Das Meerwasser ist warm, ebenso warm wie am Sandstrand von Ascension und wärmer, als das Meer daheim jemals gewesen ist.

Nach dem Packen wird Ruhepause gehalten. Der Kapitän

und der Erste Steuermann sind als Gäste des Festungskommandanten an Land gerudert, um sich anzusehen, was in Dixcove gebaut worden ist und wie man die treppenförmigen Wälle und Schussdeckungen am Hang gemacht hat.

In der Zeit wird auf dem Schiff nicht gearbeitet. Niemand von den unteren Offizieren erteilt Befehle, weil ihnen keine Befehle erteilt worden sind, und so gammeln alle nur herum. Es wird geredet, dass es mitten in der Festung ein Schwarzpulverlager gibt und ein zweites Lager, wo der Kapitän seine Hände bis zu den Handgelenken in Goldstaub stecken darf. Als Lohn für den Umweg bekommt er so viel, wie an Staub an der befeuchteten Haut hängen bleibt, und zusätzlich so viel hellstes Elfenbein, dass man daraus bei einem Londoner Elfenbeinschnitzer Schachfiguren und bei einem Goldschmied aus Bein und Gold Anhänger als Brustschmuck für die Frau des Kapitäns machen kann.

Ich höre zu, aber nicht die ganze Zeit, wo ich endlich einmal in Ruhe gelassen werde und nicht auf der Hut zu sein brauche. Wenn man einen Befehl nicht hört, wird er einem mit der Hand auf die Backe und ins Ohr geschlagen, dass für lange Zeit Rauschen und tickender Schmerz zurückbleiben.

Als einer der Matrosen anfängt, von einer Heuer zu erzählen, bei der er so weit nach Osten kam, dass an den Ufern Rauch, der nach schlimmer Fäulnis roch, aus den Felsritzen aufstieg, rücke ich sofort dichter heran. Ich habe von Scheiterhaufen ohne Feuerschein und von Erdrissen gehört, die sich öffnen, wenn ein Mensch darüber hinweggeht, und von tiefen Löchern, aus denen sich Rauch ringelt und heiße Luft kommt. Der Matrose hat weiter oben auf einer Hochebene Haufen gesehen, die wie Ameisenhügel waren, aus denen aber kochend heißer roter Schlamm blubberte.

Es kann sein, dass auch der Klügste nicht von allem auf der Welt weiß und alles erklären kann. Jeder beherrscht fast nur sein Eigenes. Ich möchte an so fremde Orte reisen, dass noch niemand dort gewesen ist. Solche Gedanken machen einen innerlich unruhig und offen.

Wäre ich nicht von daheim weggegangen, hätte ich nicht einmal Ascension gesehen und nie die mächtige Metallkreuz-Festung. Auf dem Weg nach oben sehe ich ständig mehr. So versuche ich zu denken, weil die Fahrt auf der *Berkeley Castle* nicht das ist, was ich will, sondern ein Zwang.

ICH HABE MEINE GUTEN AUGEN NICHT VERLOREN, obwohl ich nicht regelmäßig zum Üben gekommen bin. Das hat die nächtliche Ausguckarbeit bewiesen. Es kann sein, dass sich die Ergebnisse von vielen Jahren lange halten, und dennoch müsste ich jeden Tag oder jede Nacht wenigstens eine oder zwei Stunden das genaue Schauen üben, aber das geht nicht, nur manchmal ganz kurz. Länger darf man nicht an einer Stelle stehen bleiben.

Die *Berkeley Castle* fährt zunächst am Rand von Afrika entlang direkt nach Westen, und zwar so dicht am Festland, dass man tagsüber das Ufer als geschlängelte Linie sehen kann. Nicht eingetragene Klippen und Sandbänke müssen im Auge behalten werden, und auch sonst alles, denn entlang der Küste sind angeblich Handelsstationen fremder Staaten gegründet worden, und in deren Schutz können sich bezahlte Seeräuber und in Buchten versteckte feindliche Kriegsschiffe verbergen.

Es sind genaue Ausguckschichten eingeführt worden. Ich bin sicher, dass ich dabei bin, aber man kommandiert mich nicht ab. Ich warte zwei Tage, aber es müssen ganz andere oben in den Mastkorb.

Weil ich spähen und meine Augen üben will, bleibt mir nichts anderes übrig, als selbst zu fragen. Ich beschließe, direkt den Steuermann zu fragen, der sich mit dem Kapitän um die Navigation kümmert und den Sextanten und die anderen großartigen Hilfsgeräte zu benutzen weiß. Ich warte ab, bis ich bei meiner Arbeit in seine Nähe komme, und frage, als wäre mir das mit dem Ausguck einfach so in den Sinn gekommen.

Nein. Wenn etwas Erfahrung verlangt, dann das, es ist eine spezielle Fähigkeit, die nur ein Seemann lernt. Auf den Ausguck muss man sich verlassen können, und du taugst nicht dazu. Und wie redest du überhaupt einen Vorgesetzten an, erwidert der Steuermann so laut, dass alle in der Nähe es hören.

Verzeihung, Herr, sage ich, obwohl ich mir sicher bin, ihn richtig angesprochen zu haben.

Hat dir der Bootsmann nicht genug Arbeit zugewiesen, dass du um mehr quengelst?, sagt er und wendet sich ab. Ich verlasse so rasch und so lautlos, wie ich kann, den Platz neben der Brücke.

Es dauert nur einen Moment, bis Merrill kommt und dann auch der Bootsmann. Sie haben es gehört, und der Bootsmann staucht zuerst wütend Merrill zusammen, dass er mich hat faulenzen lassen und mir nicht genügend Arbeit zugewiesen hat. Mich beschimpft er als Hurenbalg.

In den Rumpf, Bilgewasser pumpen und mit dem Eimer wegschöpfen, in doppelten Schichten, befiehlt der Bootsmann.

Ich zeige ihm, wo, sagt Merrill. Der Bootsmann stößt mich noch mit der Faust, aber das ist nichts gegen das, was Merrill im Rumpf tut.

Als Erstes tritt er mir von hinten in die Kniekehlen, dass ich hinfalle. Da muss ich schnell aufstehen, damit kein zweiter Tritt kommen kann. Merrill ist grob und verrückt und hat mich schon mal bei Nacht zwischen den Beinen gepackt und mich gezwungen, ihm die Hand in die Hose zu stecken. Damals bin ich davongekommen, weil jemand im Dunkeln in den Messengang kam, aber ganz unten im Schiff ist niemand.

Merrill schlägt mich im Halbdunkel, zuerst nur mit den

Fäusten, aber dann nimmt er seine eigene kurze Knotenpeitsche und zieht mir das Hemd hoch und die Hose runter und schlägt überall Blutstriemen hin. Auch wenn ich noch so weine und ihn bitte, aufzuhören, macht Merrill weiter und dreht mich mit seinen Pranken um und schlägt noch fester auf die Vorderseite.

Als er endlich genug hat und geht, bleibe ich auf der Stelle liegen und traue mich nicht einmal, aufzublicken, weil ich mir nicht sicher bin, ob Merrill noch hinter den Balken lauert. Ich halte die Hände als Schutz über den Kopf, das ist das Einzige, das ich mir immer wieder gesagt habe, schütze den Kopf mit den Händen, damit die Peitsche nicht die Augen trifft.

Ich bleibe lange dort auf den Bodenplanken in der Pfütze aus Sickerwasser und meiner Angstpisse liegen. Ich biege Beine und Arme und Nacken, um auszuprobieren, ob sich Hand- und Fußgelenke und alles noch bewegen. An der Seite ist eine schlimme Stelle, die beim Husten sticht, und von der Lippe rinnt Blut.

Als jemand aus dem dunklen Frachtraum kommt, um Wasser über mich zu schütten, versuche ich, mit dem Weinen aufzuhören, damit ich deswegen nicht verspottet werde. Das Spülwasser ist lau und riecht, sodass es aus der Bilge gepumpt sein muss. Das Salz brennt in den Wunden, ich muss aufstehen und die schlimmsten Stellen abwischen.

Der das Wasser über mich geschüttet hat, ist Hundeinsel-Alfonso, von dessen Worten ich zuerst nur so viel verstehe, dass alle mal drankommen, mach dir nichts draus, der ist schon mal verurteilt worden, weil er einen Mann umgebracht hat, der ist verrückt und krank.

Dann kommt Tommy dazu, der dem Schiffskaplan Bescheid gesagt hat, dass er in den Rumpf kommen soll, um nach mir zu sehen, aber der Kaplan hat gesagt, der Bestrafte müsse zu ihm heraufkommen und für seine Sünden um Vergebung bitten.

Ich gehe nicht hin, sage ich sofort, ich traue mich nicht und kann nicht, weil Merrill mir, nachdem er fertig war, befohlen hat, unten zu bleiben und zu pumpen, zuerst in jeder Schicht und dann in jeder zweiten. Diejenigen, die dort arbeiten, haben das Schreien und das Stöhnen und Fluchen von Merrill gehört.

Das muss man mit Trinkwasser abwaschen und mit Schweineschmalz einreiben, sagt Tommy, man müsste den Koch darum bitten, obwohl der Koch keine gute Laune mehr hat, weil er seine Gehilfin an das Westindien-Schiff verloren hat.

Mutter würde Aloe und Schafsfett und getrocknete Thymianblüten für einen Umschlag verrühren. Das fällt mir plötzlich ein.

Als Tommy und Alfonso wieder an die Arbeit gerufen werden, folge ich ihnen zum Bug, weil ihre Schicht auch meine Schicht ist, weil ich in jeder Schicht bin. Der Rumpf wird schmaler, und wir kommen fast in die Bilge, wo die schlimmste Leckstelle ist. Dort muss ständig Wasser herausgeschöpft werden, weil nach Indien die Spalten in den Planken und die kleinen Aufprallrisse nicht mehr ordentlich repariert worden sind.

Die Schicht leitet Stevens, der mit einer Lampe mein Gesicht anschaut und eine Grimasse zieht und sagt, ich soll mich an eine trockene Stelle setzen und zuerst einmal zuschauen. Stevens ist kein schlechter Mann. Ich sitze auf meinen Fersen, aber lange kann ich so nicht bleiben, weil Oberschenkel und Leisten striemig geschlagen worden sind und die frischen Wunden in so einer Haltung schmerzhaft aufgehen.

Wenn es auf dem Schiff an Deck offen und windig ist, so ist es ganz unten eng und muffig und stickig. Hier hätte ich nicht für den Rest der Fahrt herkommen wollen, auch wenn man oben noch so herumkommandiert und geschubst und manchmal auch geschlagen wird.

An vielen Stellen sickert Wasser durch, und die Bilgepumpe aus Ulmenholz ist so kaputt, dass man das Wasser damit nicht mehr von unten nach oben pumpen kann, darum muss es mit Eimern geschöpft und in der Kette weggetragen werden. Das Meer wird durch Wassertragen nicht leer, sagt Stevens zu mir und geht neben mir in die Hocke, zwischendurch ruft er Kommandos ins fast Stockfinstere.

Unter dem Himmel kann man im Dunkeln vieles sehen und mehr als bei Tag, aber hier raubt einem das schlechte und qualmende Licht auch noch das letzte bisschen Sicht im Dunkeln. Am besten sehe ich unsere beiden Schatten. Meinen Schatten sehe ich, wenn ich mich umdrehe, sodass ich die Lampe im Rücken habe, und wenn ich eine Bewegung mache, egal welche, ist er als zehnfach so großes schwarzes Ungeheuer auf den Seitenplanken zu sehen.

Alfonso konnte sich erst am Abend des nächsten Tages vom Deck aufrappeln. Ich stehe jetzt schon, es könnte also schlimmer sein, versuche ich zu denken, obwohl mir alles wehtut. Zum Glück ist Stevens da, der schon ein alter Mann ist. Er befiehlt mir noch nicht, Wasser zu tragen, und es kann sein, dass er Merrill hasst, so wie ihn viele hassen, aber keiner traut sich, zurückzuschlagen und ihn zu töten.

Ich habe noch nie daran gedacht, einen Menschen zu töten. Das muss schlimmer sein, als einen Maina zu töten, so wie ich mal einen siechen, der nur noch einen Flügel hatte, mit einem Stein totgeschlagen habe. Die dünnen Flaumfedern am Hals sind aufgewirbelt, und aus dem offenen Schnabel ist Blut geronnen.

DIE PUMPE FUNKTIONIERT nur über das erste hohle Ulmenrohr, und man kann das Bilgewasser damit nicht auf einmal an Deck und ins Meer pumpen. Weder der Böttcher noch der Zimmermann können es reparieren, weil keine unbeschädigten Teile da sind. Man kann das Wasser nur vom Boden in einen Zuber pumpen, aber vom Zuber muss es in der Kette bis unter die Ladeluke getragen werden. Dort wird dann ein Eimer nach dem anderen mit der Winde nach oben gezogen und über die Reling ausgeleert. Das dauert, und man braucht dafür viele Männer.

Ich muss die meiste Zeit pumpen, ich stehe im Dunkeln mit dem Rücken zum spärlichen Licht und mit den Händen am Pumpenstiel. Ich muss ran, weil ich als Letzter gekommen und auch noch bestraft worden bin und nicht angeheuert, sodass ich der Unterste der Unteren bin, wo nun keine Sklaven mehr da sind.

Wenn das Schiff schwankt, schwappt das Bilgewasser manchmal bis über die Fußgelenke hoch und riecht nach Pisse. Das Meer unter dem Schiffsboden ist noch warm, und der Rumpf kühlt nicht viel ab, ob es Tag ist oder Nacht.

Ich muss in jeder zweiten Schicht ran und traue mich zuerst nicht einmal während der Ruheschichten, zum Deck hinaufzusteigen, weil ich nicht weiß, ob es verboten ist. Ich gehe nur hastig etwas essen, und selbst das nicht immer. Wenn ich Merrill auch nur von Weitem sehe, kehre ich um. Ich habe Tommy gebeten, meinen Bündelbeutel und das Wasserlägel aus der Back zu holen. Im Lägel sichere ich mir Wasser und im Beutel Zwieback, wenn die Gelegenheit da ist und ich mich traue, welchen zu verstecken. Damit komme ich mindestens über ein und sogar zwei Mal essen, weil es besser ist, sich von Merrill und vom Bootsmann fernzuhalten, denn sie haben nicht vergessen, dass sie wegen mir zusammengestaucht worden sind.

Im Rumpf weiß ich bald nicht mehr, der wievielte Tag nach Fort Dixcove ist. Nach und nach vergesse ich die Angst, ich pumpe und schöpfe, und wenn man es mir befiehlt, trage ich zwischendurch auch in der Kette Eimer.

Wenn Wind aufkommt und das Schiff anfängt zu schaukeln, sickert mehr Wasser ein. Es kommt zwar nicht blubbernd durch die Ritzen, aber die Ritzen sind so lang, dass es keinen Moment gibt, in dem kein Wasser eindringt. Ab und zu kommt der Zimmermann mit seinen Leuten, um eine neue Stelle zu stopfen, aber sie bringen nur vorübergehende Flicken an. Spielt keine Rolle mehr, sagt der Zimmermann. Wenn wir nur das Ziel erreichen, sagt der alte Harrison. Das werden wir schon, sagt der Zimmermann. Im Sarg vielleicht, sagt der alte Harrison. Alle, die in der Nähe sind, lachen, außer mir, weil ich nicht weiß, wie wahr es ist.

Ich weiß nicht, wie ein Schiff am Ende seiner Fahrt sein sollte. Nicht alle sind reif zum Verschrotten so wie die *Berkeley Castle*. Vor Jamestown habe ich auch welche mit gutem Holz und glänzenden Flanken gesehen, aber die waren wohl erst auf der Hinfahrt, zuerst nach Südost auf Kurs zum Kap der Guten Hoffnung und von dort nach Indien und noch weiter.

Daheim habe ich nicht gewusst, was ich jetzt weiß. Wenn man vom Hafenanleger aus zusieht, wie ein Schiff in einiger Entfernung schaukelt, sieht man, wie es von außen ist, aber von innen und von unter der Wasserlinie weiß man nichts. Erst wenn man etwas weiß, kann man wissen, dass man etwas nicht gewusst hat.

Auch wenn ich es vorher gewusst hätte, wäre ich mitgefahren. Schlimmer als jetzt kann es nicht werden, und es sind auch keine Knochen gebrochen, versuche ich beim Pumpen zu denken.

Tommy bringt mir zwei frische Laufzwiebeln, sie schmecken nicht wie daheim, sodass es vielleicht gar keine Zwiebeln sind, aber trotzdem gut, süßer als Zwiebeln und innen mit kleinen Samen. In Fort Dixcove sind die Essensvorräte für den Rest der Fahrt aufgefüllt worden; was an Haltbarem billig zu bekommen war, ist gekauft worden. So müssen keine Zwischenhäfen mehr wegen Proviant angelaufen werden, weil die alten Trockenvorräte ebenfalls aufgebraucht werden müssen. Das Trinkwasser reicht, es wird auch bei jedem Regenwetter gallonenweise an Deck gesammelt.

Wenn man sich an das stickige Dunkel gewöhnt hat, kommt einem das Pumpen und Schöpfen nicht mehr wie eine unmögliche Arbeit vor. Ich lerne die Bewegungen so zu machen, dass ich die Hände immer zwischen dem Drücken und Schöpfen kurz ausruhen kann. Die Schichtführer sind alte Männer, und keiner von ihnen schikaniert mit Absicht. Trocken kriegt man das nicht mehr, wir halten es nur im Zaum und den Pegel niedrig, sagt Stevens.

DAS MEER HAT eine hässliche Farbe angenommen, und es hat Löcher, weil der Wind ganz wirr mal von da und mal von dort weht. Als ich zum ersten Mal nach langer Zeit hinauf an Deck komme, fange ich an, ganz anders zu frieren als jemals zuvor. Kann sein, dass das Wetter kälter ist, als es auf St. Helena je gewesen ist. Ich friere bis unter die Haut und muss mir das zweite Hemd unter mein Hemd ziehen, obwohl ich versucht habe, dieses Ersatzhemd, das meine Mutter gemacht hat, aufzusparen, damit es nicht auch durchscheuert wie das Überhemd, das an den Ellbogen und Ärmelenden schon fadenscheinig geworden ist. Das bessere Hemd habe ich im Bündelbeutel versteckt, damit niemand die doppelten Säume fühlt und die eingenähten Königsmünzen und den Brief findet.

Das von Regentropfen und Spritzern feuchte Deck ist kalt an den Fußsohlen, und der böige Wind knattert in den Segeln. Mutter hat gesagt, dass es in England auch mitten im Sommer so kalt sein kann wie auf der Hochebene in den kältesten Nächten. Der Herr Pastor hat erzählt, dass im Untertal kein einziger Tag so nasskalt ist, wie sie es in Kent in allen Monaten von Oktober bis April sind.

Obwohl ich friere, gehe ich in den Pausen nicht zum Aufwärmen vom Deck wie die anderen, sondern bleibe und blicke mich um und versuche zu sehen, was man in dem Grau erkennen kann. Wenn man viele Wochen nicht in die Ferne geschaut hat, hat man das Gefühl, mit den Augen trinken zu dürfen.

Ich habe von allen am längsten im Rumpf arbeiten müssen und nicht einmal in der Back in meiner Matte geschlafen wie die anderen, sondern zwischen meinen Schichten auf den Stoffbündeln dort, wo vorher die Sklavenladung gehalten worden ist. Weil keine von den Anweisungen des Bootsmanns außer Kraft gesetzt worden ist, habe ich bis hinter die Biskaya unten gepumpt. Dann sind andere bestraft und neue Männer in den Rumpf beordert worden.

So habe ich an Deck zurückkehren dürfen und tue, was mir aufgetragen wird. Wenn man kräftig anpackt und nicht faulenzt, kommt einem die Kälte nicht so schlimm vor. Die Luft allein wäre es vielleicht auch gar nicht, aber die feuchten Kleider und der Wind und die Kälte zusammen. Für im Norden Geborene muss es leichter sein, weil sie es gewohnt sind. Je weiter weg vom Warmen man geboren ist und lebt, desto mehr wird die Haut abgehärtet und verändert sich. Irgendwo weit weg wächst den Menschen womöglich etwas wie die Rinde oder Borke an einem Baum.

In einer meiner Pausen sehe ich plötzlich Land. Ich sehe es, bevor es der Ausguck sieht. Kann sein, dass sich im Regen und im Wolkenboden am Horizontrand genau an meiner Stelle ein Loch und Sehtunnel auftut. Ich sage Stevens, dass ein Streifen weißes Land in Sicht ist. Er versucht es auch zu sehen, aber obwohl er neben mir in dieselbe Richtung schaut, erkennt er nichts.

Stevens sagt es dem Dritten Steuermann. Der versucht es zu sehen, sieht es nicht, ruft zum Ausguck im Mastkorb hinauf, aber auch der Ausguck findet mit seinen Augen nicht den weißen Zacken des Ufers. Der Steuermann scheint nicht zu glauben, dass da schon etwas sein könnte, sagt aber, dass er es mit dem Fernrohr überprüft, und geht zur Kommandobrücke hinauf.

Es dauert nicht lange, bis er Stevens zu sich ruft. Ich warte fast darauf, und tatsächlich kommt Stevens dann zu mir und befiehlt mir, mit der Deckarbeit sofort aufzuhören.

Der Kapitän fragt, ist das derselbe, der auf Ascension Süßwasser gesehen hat?

Geh pissen und klettere nach oben, wir wechseln den Ausguck, sagt Stevens.

Ich tue, was Stevens befiehlt, und es geht viel leichter als im Besanmast, weil man über eine Strickleiter in den Ausguck kommt.

Vom Wind wird man trotzdem getroffen und in verschiedene Richtungen gerissen. Man muss sich gut festhalten, damit die Finger nicht am Feuchten abrutschen. Als ich den Korb erreiche, ist mein Rücken heiß und mein Hemd verschwitzt.

Ich habe vergessen, wie stark der Mast oben schwankt. Es dauert, sich daran zu gewöhnen, aber der Blick auf den Horizont und der Wind gleichen es aus, und mir wird nicht schlecht.

Bevor ich anfange, überprüfe ich die Markierungen, die in den Rand des Korbs geschnitzt worden sind. Vier Doppelschnitte, die wie Kettenringe aussehen, befinden sich an den Stellen von Bug, Heck, Backbord und Steuerbord, und dazwischen sind jeweils drei kleinere Schnitte.

Der Regen hat aufgehört, und die Sonne ist durch die Wolken hindurch als runder Fleck auszumachen. Ich sehe dasselbe weiß-graue Stück Ufer wie von Deck aus, aber schon ganz deutlich. Ich winke in die Richtung, weil kein Zweifel besteht, es ist ein Felsenufer, bald ist zwischen den Felsen ein Flecken Grün zu erkennen.

Vom Korb im Besanmast habe ich die Kommandobrücke

nicht gesehen, aber hier sehe ich sie. Der Steuermann hat das Fernrohr und die Karte, und der Kapitän versucht, mit dem Sextanten zu messen. Damit haben sie bestimmt seit vielen Tagen keine genaue Standortbestimmung machen können, weil man die Sterne nicht gesehen hat und die Sonne durch die Wolken nicht einmal als Flecken. Herr Halley hat mir gezeigt, wie man mit dem Sextanten misst, aber ich war so klein, dass ich etwas so Schweres noch nicht verstehen konnte. Ich erinnere mich aber, dass bei Nebel und Regen damit eigentlich nichts anzufangen ist.

Als die Fahrtrichtung näher ans Land heran geändert wird, rufe und winke ich jedes Mal, wenn ich ungefähr in Nordnordwest einen neuen Punkt ausmache. Zuerst tauchen die äußersten Landspitzen auf, dann andere höhere helle Böschungen, dann erkennt man auch schon die Horizontlinie der Küste. Das Schiff wird im Wind so dicht herangesteuert, dass man von der Kommandobrücke die Stelle erkennen kann, und durch sichere Landmarken findet man den Weg in den geschützten Ankergrund der Downs.

Weil die Luft weiterhin aufklart, kann ich noch weiter in die Ferne blicken. Die Kanalküste sieht ganz anders aus als jeder Punkt auf St. Helena. In den Buchten hat sich weißer Schaum gesammelt, und die Felsen sind fast weiß und senkrecht, an den Flussmündungen und im Inneren der Buchten liegen Dörfer, von den Häusern steigt Rauch auf, zuerst ist da viel Leere, dann sieht man zwischen den Wiesen und Höhenzügen immer mehr Häuser und um die Häuser herum Felder in genauen Stücken und Inseln.

Als Erster von allen habe ich England gesehen, obwohl ich der Einzige auf dem Schiff sein dürfte, für den es das erste Mal ist. Die Mannschaft hat vor über zwei Jahren auf der *Berkeley*

Castle angeheuert und ist damit zuerst den ganzen Weg bis Surat und anderswohin entlang der Küste Indiens gefahren, das ist eine so lange Strecke, dass sogar die Strecke von mir daheim bis hierher nur ein kleines Stückchen davon ist.

Nach den Mondphasen habe ich ausgerechnet, dass seit meiner Abfahrt ein Viertel weniger als drei Monate vergangen sein müssen, aber von der letzten Fahrt der *Berkeley Castle* ist das nicht einmal ein Zehntel. Der alte Harrison hat erzählt, er habe das Schiff schon gesehen, als erst der Bogen gebaut und auf der Werft geteert wurde, und dann war er Matrose, als es zur Jungfernfahrt stromabwärts zum Meer aufbrach. Die Reeder und Eigner Thomas Chambers und der Earl von Berkeley persönlich waren dabei, aber nur bis Gravesend, und sie und das neue großartige Schiff wurden im Salon und an Deck gefeiert.

Von den fünfzehn Jahren Fahrt sind die weniger als drei Monate von St. Helena aus nicht mehr als ein Sechzigstel. Solche Sachen rechne ich schon leicht im Kopf aus. Wenn man so rechnet und denkt, kommt einem die Fahrt von daheim bis hierher nicht lang vor, obwohl sie einem doch so vorkommt, weil es das Frühere nicht mehr gibt und weil alles anders ist und der Totholz-Angus auf der anderen Seite der Welt und allein.

* V *

Die Seiten vom neuen Anfang in London
den ganzen kalten Herbst lang

Darin schwarze Monde in einem
Gesicht vorkommen, Futter für die Schuhe
geschnitten wird und fast alles furcht-
erregend und seltsam ist.

Aber dann ist es nicht mehr ganz so,
weil ich lerne und mich eingewöhne,
und die anderen gewöhnen sich an mich,
und ich lerne, wie ich richtig antworte,
wenn man mich fragt, was die
wahrste Wahrheit und das gewisseste
Ding unter den Dingen ist.

ICH HABE NICHTS ALS MEINE EIGENEN SACHEN, dieselben wie bei der Abfahrt von zu Hause, den Bündelbeutel und die Kleider und fünf Königsmünzen im Saum versteckt, weil ich auf dem Schiff nichts verdient und angesammelt habe. Bei manchen hat sich viel angesammelt, sie haben in den indischen Zwischenhäfen eingekauft und getauscht oder sich in der Back Geld und Messer und Stoffe der anderen als Mitbringsel erspielt.

Die meisten haben ein Zuhause und eine Frau und Kinder, die auf sie warten, oder zumindest sonstige Verwandtschaft, wenn die Frau gestorben ist, während die *Berkeley Castle* auf Fahrt war. Nun kann man auf ihr nicht mehr anheuern.

Obwohl alle gewusst haben, dass man mit ihr nicht mehr weit segeln wird, gerade mal über den Fluss und ein Stück flussabwärts zur Abbauwerft, sind noch beim Hinauffahren der Themse das Deck und sogar die Flanken mit Bürsten geschrubbt worden. Aber das ist nur noch wegen der Disziplin gemacht worden und damit man von den Ufern und den Schiffen im Hafen und den langen, schmalen Flussprahmen aus sieht, dass Sitte und Ordnung gewahrt worden sind und Kapitän Consett sein Schiff bis zum Schluss führt, wie es sich für ein Schiff der Handelskompanie gehört.

Ich habe nicht vor, Merrill und Bootsmann Carmichael zu danken und mich von ihnen zu verabschieden und auch nicht von ein paar anderen, die mich geschlagen oder vor Wut an Deck umgestoßen haben. Bei den anderen könnte ich es tun (denk daran, Angus, dass nur ein wertvollerer Mensch sich geben kann, als würde er die anderen nicht bemerken, aber wir dürfen das nicht, also denke daran und beuge den Rücken und verneige dich tief und bedanke dich, und denke vor allem besonders genau daran, unserem Wohltäter die Ehre zu erweisen und mehr als allen anderen zu dienen), aber als das Gerenne an Deck bei der Hafeneinfahrt vorbei ist, hat keiner von den Oberen auf dem Schiff mehr Zeit, bei mir stehen zu bleiben. Ich warte zwar und bin bereit, fange sogar an, mich zu bedanken, aber wahrscheinlich mit zu leiser Stimme, weil sie nur, ohne herzuschauen, an mir vorbeilaufen. So als gäbe es mich gar nicht, als hätte es mich nie gegeben.

Immerhin sagen ein paar, mit denen ich gepumpt habe, und der alte Harrison und Stevens und auch andere in aller Eile des Aufbruchs etwas zu mir oder fragen, wie man eben fragt und es höflich ist, wohin die Reise geht und wann die nächste Heuer ansteht, falls man zufällig auf dem gleichen Schiff anmustert. Der alte Harrison wünscht mir Glück und sagt mir den seltsamen Namen seines Heimatdorfs, Noah Hill, und in welcher Richtung es von hier aus liegt und welche Strecke er gehen will, und er sagt auch, wenn du in den nächsten Monaten zufällig in der Gegend bist, dann komm vorbei und erzähl, wie es dir im großen England ergangen ist.

Der alte Harrison trägt und schleift seine Säcke und in Stoffe gewickelten mitgebrachten Waren aus dem Osten an Deck und neben den Vordermast. Wie man mit so einer Menge Sachen zu Fuß gehen kann, überlege ich mir wie etwas Wichtiges, aber ich frage nicht, damit ich keinen dummen Eindruck mache.

Ich muss nicht einmal meinen Abgang quittieren, so wie die anderen ihre Schlussauszahlung mit ihrem Namenszeichen quittieren, manche schreiben auch ihren Namen, obwohl einem Unerfahrenen dabei die Tinte auf dem weichen Papier verläuft. Es liegt in der Hand und in den Fingerspitzen, wie man die Buchstaben zeichnet. Ich habe im Unterricht beim Herrn Pastor und für mich allein so viel geübt, dass ich es für wer weiß wen und mit unangespitztem Federkiel könnte.

Keiner von den Offizieren gibt mir die Erlaubnis oder den Befehl, zu gehen. Weil niemand etwas sagt, gehe ich einfach irgendwann übers Fallreep an Land.

Die stabilen Planken des Anlegers und das mit harten Vierecken gepflasterte Land dahinter fangen sofort bei den ersten Schritten an zu schwanken. Im Kopf und in den Beinen dreht es sich und schaukelt, der Steg schaukelt, und die Steine hinter dem kurzen Steg zucken und schlagen aus, als hätten sie sich an den Wurzeln gelöst. Ich schaukle nicht, das Land schaukelt, und ich muss mit beiden Händen an der Luft Halt suchen, die Schritte verlangsamen und gleichzeitig so tun, als wäre nichts, als käme man halt bloß von vier Meeren zurück.

Alles ist sofort groß, und die Häuser sind lang und hoch, es gibt sogar dreistöckige Häuser mit Fenstern, und zwischen ihnen und den Hafenspeichern fangen viele Straßen als schmale Schluchten an. Das ganze Land und die Stadt sehen aus wie wirre Kreuze dicht nebeneinander, sodass man in keine andere Richtung als über den Fluss hinweg etwas weiter blicken kann.

Ich kann kein Stück mehr gehen. An Land sind viele Menschen, und sie haben es eilig und Sachen zu tragen. Ich lehne mich an einen großen Holzpoller und versuche, so auszusehen, als wüsste ich sehr gut, was ich tue, als würde ich nur ein bisschen abwarten, bevor ich meinen Weg fortsetze.

Der Steward begleitet die wenigen Passagiere an Land. Man hat sie so gut wie nie gesehen, außer manchmal von ferne an Deck, beim Spazieren zur Zeit des Sonnenuntergangs. Für die

Passagiere gibt es eigene Kabinen auf dem Gang des Kapitäns, und dort und in der Nähe des Salons haben wir nichts verloren. Diejenigen, die aus Indien kommen, erkenne ich am Gesicht, weil sie durch den langen Dienst für die Kompanie braun geworden sind.

Als die zwei Männer, die auf St. Helena an Bord gegangen sind, dicht an mir vorbeigehen, machen sie wie ich schwankende, unsichere Schritte auf dem harten Festland. Darüber lachen sie, und sie reden über zu viele Arrakgrogs. Als sie so reden, fällt mir bei der Stimme des einen die nächtliche Fahnenversammlung in Ousmans Haus ein und dadurch die Nacht, als man mich in einen Sack steckte und an den Rand des Abgrunds schleifte. Es ist nicht dieselbe kratzende Stimme, aber eine ähnliche, die Stimme des Bruders vielleicht; kann sein, dass sie beide aus dem Sandbuchttal kommen und an dem Teufelswerk beteiligt waren, bei dem Thomas verschleppt wurde.

Ich gehe in kurzem Abstand hinter ihnen her und versuche, noch mehr zu hören. Sie gehen auf eine Herberge am Hafen zu, auf deren Tür das Bild eines Ankers und einer Getreidegarbe angebracht ist. Dort hinein kann ich ihnen nicht folgen, weil man mich hinauswerfen würde.

Sie haben gute Kleider an und sind keine jungen Männer mehr, aber ich kann mich nicht erinnern, sie je auf der Insel gesehen zu haben. Eigentlich müsste ich fast jeden kennen. Der Herr Pastor hat von allen Inselbewohnern die genauen Zählungen und Namen und Geburtstage im schwarzen, in Leder gebundenen Buch der Gemeindemitglieder stehen. Er hat gesagt, dass wir zusammen nicht mehr als ein großes Dorf sind, selbst wenn man die Sklaven mitzählt, und sie werden auch mitgezählt, weil sonst die Bevölkerung nicht wächst und Blackmore, diese Ratte und dieser Lügner, keine abnehmenden Zahlen nach London schicken will, hat der Herr Pastor gesagt, obwohl meine Mutter den Finger auf die Lippen gelegt hat (ja genau, diese Ratte und dieser Lügner, dieser Beschützer der Sektierer, ich sage nur die Wahrheit, Gott liebt den, der die Wahrheit spricht), erinnere ich mich plötzlich, als würde man den Kopf unter Wasser halten und ihn wieder heben und sich das Salzwasser aus den Augen wischen, weil das Erinnern etwas ist, das seitlich und hinter einem hin und her springt wie ein erschrockenes Kaninchen, und es hat keine ordentliche, feste Zeit, sondern alles vermischt sich.

Obwohl ich nicht von jedem Inselbewohner den Namen weiß, habe ich geglaubt, dass ich alle kenne außer diejenigen, die sich abgeschottet haben. Zumindest am Gesicht und am Gang und an der Größe erkennt man die Menschen. Nur in die Garnison können manchmal mit den Schiffen so viele Neue auf einmal kommen, dass ich mich nicht an jeden sofort erinnere, besonders weil alle die gleichen Soldatenkleider anhaben.

Die zwei müssen zu denjenigen gehören, die ihre Höfe nicht verlassen, sondern ihre Familien vor den anderen versteckt halten, sie kommen auch nicht nach Jamestown in die Kirche, sondern gehen nur in die Gottesdienste des Kaplans. Bis ins Sandbuchttal bin ich nie gegangen, ich weiß nur, dass es so eines am Südufer gibt und dass daneben die Teufelsgarten-Steinhaufen zu hohen Felsen aufragen.

Weil mir nicht sofort etwas anderes einfällt, bleibe ich vor dem Anker & Garbe stehen und warte, aber mir kommen mehr unnütze erinnerte Sachen von daheim in den Sinn, als dass ich wüsste, was ich jetzt tun soll.

Da kommt ein Pferdewagen angefahren, und der Kutscher geht an mir vorbei hinein. Das Pferd wird nicht angebunden, sondern ein Mädchen, das eine Männerjacke trägt, hält es fest. Als der Kutscher wieder herauskommt, stehe ich so nahe dran, dass ich ihn *Berkeley Castle* sagen höre. Das Mädchen dreht sich in Richtung Anlegestege um, aber der Mann schaut mich an und fragt mich etwas, das ich nicht verstehe.

Verzeihung, Herr, antworte ich.

Der Mann fängt an zu lachen und schlägt die Hände vor der Brust zusammen wie ein Schwachsinniger. Auch das Mädchen fängt an zu lachen und schaut mich an, als wäre ich seltsam, obwohl sie es sind. Ich wende mich ab und stehe so da, als hätte ich etwas zu tun und würde darauf warten, abgeholt zu werden.

Zum Glück fahren sie zum Steg neben der *Berkeley Castle*. Ich kann noch immer nichts tun und bleibe bloß, wo ich bin. Wenn man in sich selbst sein darf, weiß man, was man als Nächstes tut, aber wenn man so lose ist und nirgends, weiß man es nicht.

Als der Kutscher und das Mädchen die Sachen vom Schiff zum Wagen getragen haben, kommen sie an dieselbe Stelle vor der Kneipe zurück. Ich habe mich kein bisschen bewegt und noch immer dasselbe schwere Gefühl in den Beinen. Der Kutscher lässt das Pferd durch ein Schnalzen rückwärtsgehen, überlässt dann dem Mädchen die Zügel und springt ab.

Sag noch einmal – genau so viel verstehe ich von dem, was er sagt.

Verzeihung, Herr, was?, sage ich.

Der Kutscher klatscht nicht in die Hände, sondern tätschelt mir leicht die Schulter, lacht aber genauso wie vorher.

Gut, gut, so viel verstehe ich, aber er sagt noch mehr. Das kann nicht Englisch sein, irgendeine andere Sprache, aber dazwischen ein bisschen Englisch, und wenn ich es verstehen würde, vielleicht sogar viel.

Als der Kutscher hineingeht, fängt das Mädchen an, mit mir

zu reden, und ich verstehe es ebenso schlecht. Als wäre ich dumm und könnte nichts, so fühle ich mich, und das ist noch schlimmer, als dass ich nicht weiß, wo ich bin und was ich als Nächstes tun soll. Ich kann nicht stumm bleiben wie Adam, mir hat niemand auf den Hals geschlagen.

Ich sage Islington. Das ist die Adresse der Briefe von Herrn Halley. Das Mädchen hält oben auf dem Kutschbock inne und versucht, genauer zu hören.

Islington, sage ich noch einmal und zeige mit dem Finger in eine Richtung.

Das Mädchen schwenkt den Kopf und ihre Haare von einer Seite zur anderen und sagt vielleicht Islington, aber auf andere Art, und zeigt mit dem Finger, wie ich es getan habe, aber auf diese Seite des Flusses, und irgendwie verstehe ich am Schnicken des Fingers, dass es weit weg ist.

Islington, sage ich zum dritten Mal. Das Mädchen nickt und senkt die Hand und zeigt nicht mehr die Richtung.

Ich fasse so weit Mut, dass ich an den Wagen herangehe. Die Gepäckstücke sind noch nicht abgedeckt, aber eine Regendecke aus Leder liegt schon zusammengerollt daneben bereit. An einer schmalen Kiste ganz außen hängt ein Namensschild.

Ich denke viele Sachen hintereinander, zuerst, dass ich hier besser lesen als das Reden verstehen kann, dann, dass das Mädchen die ganze Zeit schaut, was ich mir von ihrer Ladung anschaue, und aufpasst, dass ich nicht versuche, etwas zu stehlen, dann, dass auf dem Namensschild aus Holz der Name des Kaplans geschrieben steht, dass ich aber den Kaplan seit Afrika nicht mehr gesehen habe, sodass er auf dem Schiff geblieben sein muss, aber dann bin ich mir auch dessen nicht mehr sicher. Über den Kaplan hat der Herr Pastor auf seine Gedächtnisblätter Worte der Warnung geschrieben, dass sich die heimlichen Katholiken im Dunkeln versammeln, und ich denke, dass sie sich vielleicht jetzt im verdunkelten Salon auf dem Schiff versammelt haben.

MAN KANN WOHL AUCH SO LEBEN, wie sie es tun, obwohl ich nicht verstehe, warum sie sich einer neben dem anderen und in den Häusern übereinander angesiedelt haben und wovon sie leben, denn ich habe kein einziges Feld gesehen, Schweine schon und Schafe, aber in erbärmlich kleinen Pferchen in Hinterhöfen und auf Grasflecken zwischen den Häusern.

Gleich am Anfang lerne ich, dass man nicht hinstarren soll. Hinter jeder Ecke kann einem wer weiß was begegnen. Nachdem ich vom Anker & Garbe weggegangen bin, habe ich sofort ein rußig schwarz verbranntes Haus gesehen, in dem trotzdem gewohnt wird, mit an den Seiten verkohlten, bloß einen Fuß hohen Wänden, schwarzen Pfählen und einer einfachen Überdachung darüber. Ich bin stehen geblieben, um es mir anzusehen. Mitten in der Ruine ist ein aus Steinen aufgeschichteter Herd zu sehen gewesen, wo aus dem Seitenloch Feuer gelodert und oben Rauch aufgestiegen ist, und in dessen Wärme haben Kinder und Erwachsene unter Jacken und Sackstoffen gesessen und gelegen und haben angefangen zu rufen, aber die Worte, die sie nach mir gerufen haben, habe ich nicht gekannt.

Ich habe davonrennen müssen, weil zwei Jungen, vielleicht in meinem Alter, aus der Ruine auf die Straße vor mir gekommen sind und versucht haben, mich einzuholen. Obwohl ich den Bündelbeutel auf der Schulter trage, habe ich sofort vor ihnen wegrennen können, ich habe noch immer die Beine eines

Laufhundes, die sind mir auf dem Schiff ganz sicher nicht verloren gegangen.

Lange habe ich zuerst um jede Ecke geblickt, ob die beiden nicht eine geheime Abkürzung genommen haben, weil es im Labyrinth der Häuser und inmitten der Straßenkreuze davon jede Menge geben kann. Die anderen hier kennen sie bestimmt, so wie ich alle plötzlichen Senken der Bergrücken und die Trampelpfade der Tiere im Dickicht gekannt habe.

Hier weiß ich gar nichts. Ich kann nicht einmal Fremde ansprechen und nach dem Weg fragen. Auf der Insel ist fast niemand ganz fremd gewesen, ich habe fast von jedem gewusst, wer er ist und wo er wohnt. Meine Mutter hat mich gelehrt, dass man nicht von sich aus Erwachsene anspricht. Obwohl es jetzt nötig und wichtig wäre, schaffe ich es lange nicht, jemanden zu fragen, weil die Wenigsten so aussehen, als würden sie stehen bleiben und zuhören, und ich weiß auch nicht, wie ich richtig fragen soll. Herrn Halley kennen nicht alle, das habe ich schon verstanden, als ich gleich auf dem ersten Marktplatz mehr Menschen gesehen habe, als es auf unserer Insel gibt, und alle Leute aus dem Kapellental würden in ein langes Backsteinhaus passen, in dem die Wohnungen nebeneinander und übereinander sind und wo über der Straße nasse Wäsche und Häute zum Auslüften hängen.

Das Gehen geht in die Füße, und man erkennt nicht alle scharfen Splitter im sonstigen Schmutz, sodass sie sich schlimmer in die Haut bohren, weil Straßenstein darunter ist. Es ist kein Wunder, dass auch bei meinem Vater die Sohlen anfingen zu bluten, als er von hinter Dartmoor hierherkam. Ich weiß nicht, wo das ist, aber Ann hat gesagt, so weit weg, dass ein Mann mit gewöhnlicher Kraft die Strecke nicht zu Fuß gehen kann.

Falls es diese Straßen damals schon gab, ist mein Vater vielleicht auf ihnen gegangen. Wenn einem so ein Gedanke in den Sinn kommt, ist das, als würde ihn jemand aussprechen. Immer wieder habe ich das Gefühl, dass ich einen anderen Sprecher im Kopf habe. Obwohl ich müde werde, habe ich die Kraft, über alles Mögliche nachzudenken, sodass ich nicht nur ziellos herumlaufe. Ich versuche, in eine bestimmte Richtung weiterzugehen, aber das ist viel schwerer als an offenen Stellen, weil man hier auf einen Blick nur die Mauern der Häuser und ein kurzes Stück Straße zwischen den Häusern sieht.

Dann bin ich gezwungen zu fragen, weil ich nicht bis in den Abend weitergehen kann, also fange ich an zu fragen, obwohl ich Angst habe. Ich versuche, mir von den entgegenkommenden Männern solche auszusuchen, die es nicht zu eilig haben und nicht zu feine Kleider tragen, aber auch keine schlechten, denn bei den Höheren traue ich mich nicht, aber nach allem, was ich bisher in der Stadt gehört habe, kann es sein, dass ich daraus, wie Arbeiter sprechen, überhaupt nicht schlau werde.

Ich kann nicht anders, als höflich anzufangen, und dann sage ich Islington, weil das auch die Tochter des Kutschers verstanden hat. Der Erste, den ich frage, geht, ohne zu antworten, vorbei, der Zweite versteht mich zuerst nicht, aber ich sage es noch einmal mit lauterer Stimme.

Isle o' Lincton, sagt der Mann, oder er meint einen anderen Ort, es kann nicht derselbe und richtige sein. Ich erzähle ihm, dass ich Herrn Halley suche, der nach Islington gezogen ist, aber zuvor in der Winchesterstraße gewohnt hat.

Herr Halley aus der Winchesterstraße, sagt der Mann sofort, als würde er Herrn Halley gut kennen, und fragt mich, ob ich es nicht weiß.

Was?

Dass der Leichnam von Herrn Halley im Frühling in Stroud, in der Nähe von Rochester, gefunden wurde. Ich kenne die Gegend dort, sagt der Mann.

Mir wird ganz und gar kalt, und ich gucke nur.

Er war ein berühmter Kaufmann und der einzig richtige Seifenfabrikant, man fand ihn im Uferschlick des Medwayflusses, nackt ausgezogen. Das war ein trostloser Fall, es ist gefährlich, im Dunkeln herumzulaufen, er wurde ausgeraubt und ermordet, ein Auge hat man ihm ausgestochen, redet der Mann immer mehr zu mir.

Ich weiß nicht, ob es derselbe ist, kann ich zwischendrin sagen, weil Herr Halley kein Kaufmann ist und jedenfalls keine Seifen fabrizieren kann, weil er von der Universität Oxford kommt und Sternbeobachter ist, aber das sage ich nicht.

Doch, ich glaube, er ist es, weil in der Winchesterstraße nicht viele Halleys wohnen können, sagt der Mann.

Aber er wohnt da nicht mehr, er wohnt in Islington.

Der Mann wiederholt Islington, und jetzt nicht mehr Isle o' Lincton.

Bitte in Gottes Namen darum, dass es nicht derselbe Halley ist, obwohl er es sein dürfte, armer Junge, sagt er, zeigt aber in die Richtung zwischen den Häusern hindurch. Es ist fast die ganz andere Richtung als die, in die ich zu gehen versucht habe, sodass es sein kann, dass ich schon daran vorbei bin und umkehren muss.

Woran erkennt man, dass es Islington ist?

Du erkennst es nur daran, dass dort neue, vornehme Häuser stehen, oder du kannst es auch daran erkennen, dass, wenn du aus Versehen daran vorbei nach Norden gehst, nur noch Kühe auf der Weide und Felder kommen, sagt der Mann und fragt noch, ob ich weiß, wo Norden ist.

Ich blicke zum Himmel über der Straßenkluft und kann am Licht hinter den Wolken ungefähr erkennen, wo die Sonne am höchsten gestanden hat, und zeige mit der Hand in die Gegenrichtung.

So dumm bist du gar nicht. Kommst du vom Meer?, sagt der Mann und geht weiter, und ich bleibe zurück.

Nachdem ich noch eine Stunde oder länger gegangen bin, plagt mich wieder schlimm der Hunger, aber im Beutel sind keine Schiffszwiebäcke mehr, obwohl ich auf dem Schiff versucht habe, immer einen oder zwei auf einmal zu verstecken und aufzusparen. Wenn man daran knabbert und sie mit Wasser aus dem Lägel und mit Spucke im Mund befeuchtet, kann man schon mit wenigen für kurze Zeit den Magen füllen, aber bis in die Beine reicht es nicht richtig. Darum bekommt man von ihnen keine Kraft, weil sie dünne Nahrung sind, wenn auch am Anfang noch so hart, aber beim Kauen werden sie schon im Mund zu Brei.

Soviel ich daheim auch gerannt und über die Uferfelsen gelaufen bin, habe ich es immer geschafft, in Bewegung zu bleiben, bis es dunkel wurde, aber hier ist das überhaupt nicht so. Entweder hat mir der lange Aufenthalt auf dem Schiff die Kräfte geraubt, oder die Straßensteine und die Gruben und der Morast und der ganze Betrieb ringsum machen auf andere Art müde.

Als ich das Gefühl habe, nicht mehr viel weiter zu können, und der Hunger im Magen wehtut, bleibe ich an einer stillen Stelle am Rand einer Straßenschlucht stehen. Mit der Messerspitze trenne ich den doppelten Hemdsaum ein Stück auf, sodass ich eine Sechs-Penny-Münze aus ihrem Versteck holen kann, und mit der in der Hand gehe ich weiter, aber trotzdem die ganze Zeit in Richtung Islington, damit keine einzige zusätzliche Runde mehr hinzukommt.

Neben dem schon leeren Markt gibt es ein kurzes und schmales Stück Straße, in dem Frauen noch Brot und Spitze verkaufen und Männer alles mögliche andere. Dort muss man sehen, wo man bleibt, das höre und sehe ich sofort, und darum schaue ich mir im Vorbeigehen zuerst jeden Händler genau an und was in jedem Korb, auf jedem Tablett und in jeder geöffneten Kiste ist. Meinen Bündelbeutel habe ich nach vorne geschoben, wo er sicher hängt, und die Münze halte ich in der Faust.

Als ich mir eine freundlich aussehende Frau ausgesucht habe, frage ich sie, was ein Gerstenbrot kostet. Die Frau entgegnet etwas, von dem ich den Anfang verstehe. Ein großes, gebe ich zur Antwort, und im Mund läuft mir schon das Wasser zusammen.

Ich zeige mit der Hand, wie viel ich will, und die Frau schneidet von einem ganzen Brot etwas weniger als die Hälfte ab. Ich gebe ihr meine sechs Pence und warte auf das Rückgeld, die Frau zeigt auf ein anderes Brot, weiß und mit schöner Rinde, oben mit Mehlstreifen verziert, ich schüttele den Kopf, die Frau holt unter einem Tuch von einer Käsestange abgeschnittene Scheiben und auch dickere Stücke hervor. Ich muss Spucke schlucken und frage, wie viel man für einen Penny bekommt. Die ganze Zeit passe ich auf, dass die Frau nicht versucht, meine Münze zu verstecken, und anfängt zu lügen, ich bin bereit, mich zu verteidigen, aber sie versteckt sie nicht, sondern schiebt zwei ziemlich dicke Scheiben Käse näher an mich heran. Ich zeige mit der Hand, dass das alles ist. Die Frau gibt mir drei kleine Penny-Münzen aus ihrem Geldbeutel zurück.

Danke, Frau, sage ich, wie es höflich ist. Sie lächelt schön und gibt mir noch eine halbe Scheibe Käse hinzu.

Sobald ich aus der Händlergasse hinaus- und vom Gedränge weggekommen bin, esse ich die zweieinhalb Scheiben ganz auf. Der Käse schmeckt anders als daheim, ist aber gut, und von ihm fließt mir sofort Kraft in die Beine. Vom Gerstenbrot schneide ich mit dem Messer einige Bissen ab und kaue sie auf dem Weg nach Islington.

Die Richtung ist die richtige geblieben. Weil ich das Essenkaufen überstanden habe, ist auch das Fragen nicht mehr so schwer. Ich schaue trotzdem genau, wen, aber dann frage ich einfach.

Denke bei den Londonern daran, dass du höflicher bist als jeder andere, hat meine Mutter mir als Rat vor dem Abreisetag gesagt (und neige den Kopf, wenn Herren kommen, aber sei genauso zu den Damen höflich und verneige dich, weil sie mit ihren Männern reden und aus der Küche Essen geben. Halte dein Gesicht hell, Gus, denn so etwas gefällt den Höheren, dass es keinen Kummer und kein Klagen gibt, von meinen Dienstmädchenstellen her weiß ich, dass sie Freude und Gesundheit um sich herum wollen, ich weiß das besser als unser lieber Pastor Martin, auch er kennt London, aber er kennt die Herrschaften dort nicht genau, weil er nie in London gewohnt hat, aber ich habe allein gewohnt, und dann wohnten wir dort, bis alles rundum brannte und wir in die Themse waten mussten, da konnte man nicht sagen, die Kleider werden nass und vom Schlamm schmutzig. Dein Vater trug Ann auf den Schultern, das Wasser am Ufer war warm wie gemolkene Milch, roch aber nach Mist. Boote und Flöße fuhren ans andere Ufer, weil Feuer das Wasser nicht besiegt. Und bei uns ist gar nicht so viel verbrannt, weil wir noch nicht so viel zusammengebracht hatten, bei den Nachbarn mehr, sie hatten unverrückbare Betten und schwere Erbschränke. Dort fährst du hin, mein kleiner Gus, dort gibt es jetzt Häuser aus Stein, ich habe gehört, dass viel neu gemacht worden ist anstelle des Vorigen. Es ist bestimmt nicht mehr dieselbe Stadt).

Ich frage immer höflich. Höflichkeit heißt, dass man höflich anfängt und zuerst die Augen senkt, dann aber gerade hinschaut. Wenn man gefragt hat, hört man mit leicht gebeugtem oder geneigtem Kopf zu. Man unterbricht kein einziges Mal. Dann bedankt man sich, auch wenn man aus den Worten nicht schlau geworden ist, weil derjenige, den man fragt, bestimmt weiß, was er gesagt hat.

Wenn man viele fragt, wird man am Ende immer schlau. Man kann nicht so fragen, dass der Vorige sieht, dass man sofort den Nächsten fragt. Das ist nicht höflich und entspricht nicht den guten Sitten.

ALS ALLES ALLMÄHLICH wenigstens ein bisschen ruhiger wird, ahne ich, dass ich bis hinter den Stadtrand gegangen bin. Genau hier fängt Islington vielleicht an, weil auch der Letzte, den ich nach der Richtung gefragt habe, hierhergezeigt hat. Die Häuser sind neu und prächtig, so wie es der Mann, der von Herrn Halleys Tod erzählte, gesagt hat. Es werden noch mehr davon gebaut. Gebrannte Ziegel und große Haufen gebrochene Steine liegen für den nächsten Morgen bereit, und auf ihnen warten Tragehölzer und Bahren. Es riecht nach frischem Mörtel und Rauch. Zwischen den großen Grundstücken ist leer gerupftes Weideland und von Schafen abgefressenes Gebüsch übrig geblieben.

Ich weiß nicht, wie lange ich vom Hafenanleger aus gegangen bin, aber von dort, wo ich zuletzt die Themse gesehen habe, können es auf geradem Weg nicht mehr als eine Meile oder zwei gewesen sein. Mitten in der Stadt sind die Strecken anders, das habe ich schon gelernt, auf geradem Weg kommt man nicht voran, und es dauert immer länger, als die Strecke lang ist. Auf der Insel kann man immer in eine Richtung weitergehen, wenn man die größten Steine umgeht, nur die schlimmsten Abhänge und senkrechten Felsen sind als Hindernisse so groß, dass man einen weiten Bogen um sie herum machen muss, aber weil in London die Häuser aneinanderkleben wie eine Wand und man nur auf den Straßen vorankommt, kann man die Richtung nicht halten, sondern muss wie die anderen so gehen, wie man eben durch die Viertel kommt, und darum stößt man ständig auf Ecken und kann nicht weit sehen.

Weiter abseits hat man auf den geraden Straßen einen weiteren Blick nach vorn, obwohl dort die Bäume höher sind. Es sind nur zum Teil die gleichen wie zu Hause, auch die Vögel, die sind hier einfarbiger und langsamer. Hunde laufen in Rudeln über die Brachflächen, und Katzen jagen geduckt an den Hauswänden nach ihrem Fressen. So ist alles ein bisschen ähnlich, aber anders und viel größer.

Wenn man nicht sicher weiß, was als Nächstes passiert und was hinter der nächsten Ecke liegt, kann man nicht planen, wie man selbst dort ankommt. Darum hat man das Gefühl, man würde sich treiben oder mit verbundenen Augen führen lassen. Man muss auf der Hut sein und dauernd ein bisschen den Bauch anspannen. Ich blicke mich zu oft um. Weil es von allem so viel gibt, bräuchte man viel Zeit, um alles bedenken zu können.

Daheim ist der September nicht so wie hier. Im Gebetbuch des Herrn Pastors habe ich gelesen, dass nach der Ernte der Herbst beginnt und man sich dann in seinen Gebeten bedankt und auf die Ankunft des Winters vorbereitet. War der Bauer im Sommer fleißig, belohnt Gott ihn mit der Ruhe des Winters. Meine Mutter hat vom Winter in England erzählt, dass er etwas ist, was es daheim nie geben kann, alles ringsum wird still, kein einziger Vogel singt, und auf der Erde kann sich eine zweite, härtere Kruste bilden.

Inzwischen wissen die Leute mir den Weg bis ans Ziel zu beschreiben, denn hier ist Herr Halley bereits bekannt. Bis zu seinem Haus ist es überhaupt nicht mehr weit, und dann sehe ich es auch schon, ich weiß sofort, dass es das richtige ist.

Man hat auf das Dach einen Verschlag mit geradem Boden

gesetzt, und dort sieht man zugedeckte Instrumente unter einem Schutzdach. Obwohl sie in ihren Schutzhüllen stecken, errate ich, was es für welche sind. Das Leder wölbt sich über dem Ring eines Sextanten, und der kleinere Beutel enthält vielleicht einen Quadranten. Das Fernrohr reicht weit aufs Dach hinaus, aber ich weiß nicht, ob es dasselbe 24-Fuß-Fernrohr von damals ist, weil es hier noch größer aussieht, sodass es auch ein neues sein kann.

Das Haus ist ein vornehmes großes Haus aus roten Ziegeln. Das oberste Stockwerk und der Sternturm auf dem Dach heben sich vom leeren Himmel ab wie das Erhabene vom gewöhnlichen Leben. Alle Bäume auf dem Grundstück sind gefällt worden, sodass der Garten ein offenes Gelände und der Himmel bestimmt bis zum Horizont zu sehen ist.

Ich bin so aufgeregt, dass ich auf das leere Grundstück nebenan gehen und versteckt meinen Darm entleeren muss. Mein Magen krampft sich so stark zusammen, dass ich es nicht an einen besseren Ort schaffe, sondern nur versuche, zwischen den niedrigen Büschen eine Stelle zu finden, wo man mich von der Straße und von den Fenstern aus nicht sieht.

Hier haben alle neuen Häuser Fenster aus Glas, und durch die könnte man mich leicht kauern sehen, aber ich halte mich möglichst niedrig und bedecke mich zwischen den abgefressenen Büschen, bis der Schmerz im Bauch nachlässt. Es ist seltsam, dass ich so aufgeregt bin, obwohl ich meine Ankunft bei Herrn Halley wer weiß wie oft vor mir gesehen habe, und jedes Mal ist alles gut gegangen.

Ich bin ein zweifacher Bote, und ich habe es geschafft, beide Briefe ans Ziel zu bringen. Der vorm Nasswerden geschützte Brief ist in den Kleidern eingenäht, und derselbe wichtige Nachrichtenbrief steckt zusätzlich in mir drin. Ich könnte die

Botschaft jederzeit laut aufsagen, selbst wenn man mich mitten in der dunklen Nacht aufwecken würde.

Nachdem ich mich mit Blättern gesäubert habe, gehe ich hin. Herrn Halleys Haus hat eine Vordertür und eine Hintertür und an der Seite noch eine schmale Tür zu Vorratskammer oder Küche.

Wenn ich an der Hintertür klopfe, kann es sein, dass einer von den Bediensteten aufmachen kommt, und bestimmt ist es auch so, denn die Herrschaften Halley müssen viele davon haben. Aber wenn ein Diener aufmacht, verstehe ich vielleicht nicht, was er sagt. Darum ist es besser, zur Vordertür zu gehen, auch wenn es höflicher wäre, zur Hintertür zu gehen.

Sobald ich mich entschieden habe, betrete ich den Hof, steige die Steintreppe an der Vordertür hinauf und klopfe mit einer kleinen Metallkeule an das verzierte Paneel der Tür.

Ich bin sogar dafür bereit, dass Frau Halley aufmachen kommt. Von der Heirat hat Herr Halley in seinem Brief geschrieben. Ich habe noch kein zweites Mal geklopft, als man drinnen Schritte hört. Ich nehme eine höfliche Haltung ein und senke den Kopf, schaue aber trotzdem hoch, damit man mich nicht für einen Bettler hält.

Guten Tag, Frau Halley, Verzeihung, dass ich störe, aber dürfte ich vielleicht den Magister und Astronomen Herrn Halley sprechen, sage ich sofort alles so auf, wie ich es geübt habe, aber zu schnell.

Die Frau sieht mich an und versucht, mich zu hören oder zu verstehen.

Wer bist du denn?

Angus, der Sohn von Totholz-Steven aus dem Kapellental im Untertal, eigentlich fast aus Jamestown, von St. Helena also.

St. Helena? Das wiederholt die Frau.

Ja, ich bin in St. Helena zu Hause, komme aber jetzt von der *Berkeley Castle* im Hafen, und ich habe einen Brief und eine Botschaft an Herrn Halley zu überbringen.

Herr Halley ist nicht zu Hause. Ich hole Frau Halley, sagt die Frau und drückt die Tür vor mir zu.

Ich bleibe auf dem breiten Treppenabsatz stehen, mir ist heiß, und ich denke, dass ich einen schlimmen Höflichkeitsfehler begangen habe, weil ich die Dienerin für Frau Halley gehalten habe, aber an den Kleidern konnte man es nicht ersehen, also ist sie vielleicht gar keine Dienerin, sondern eine Verwandte und zu Besuch, oder sie wohnt bei ihnen. Sodass es sein kann, dass es gar kein schlimmer Fehler war, sondern nur ein Irrtum. Das hoffe ich.

Dieselbe Frau kommt zurück und bittet mich herein. Nie zuvor bin ich in einem so großen und vornehmen Haus gewesen. Das Amtshaus des Gouverneurs auf der Insel ist größer, das habe ich von außen bestimmt Hunderte Male gesehen, aber vielleicht ist nicht einmal das von innen so vornehm und neu.

Ich stehe da und schaue mich nur um. Ich habe keine Zeit, zu der Aufregung von vorhin noch einmal neu aufgeregt zu sein, weil eine jung aussehende Frau in feinen Kleidern zur Tür kommt. Ich verbeuge mich auf die richtige Weise und genau tief genug. Die Frau sagt Guten Tag, wie man es zu einem erwachsenen Menschen sagt. Diesmal antworte ich vollkommen richtig und nicht einmal hastig, aber ich traue mich nicht, anständig hinzuschauen, sodass ich auf diese Art einen Fehler mache.

Guten Tag, verehrte Frau Halley. Ich bin Angus, der Sohn von Totholz-Steven von der Insel St. Helena. Ich bin gekommen, um dem verehrten Herrn Halley eine Briefbotschaft von Herrn Pastor Burch zu überbringen.

So sage ich es, fast genau so habe ich es oft zu sagen geplant, und dann traue ich mich auch, hinzuschauen, obwohl Frau Halley noch näher getreten ist und vor mir steht. Ich erschrecke fürchterlich, denn auf ihrer Stirn sind zwei schwarze Halbmonde. Die eine Mondhälfte schaut nach rechts, die andere nach links, die eine ist ein abnehmender Mond, die andere ein zunehmender.

Ich mache einen Schritt zurück, weil mein erster Gedanke ist, dass damit die Pest markiert wird, dass die Frau andere anstecken kann und man ihr darum die schwarzen Warnzeichen auf die Haut gemalt hat. Es gelingt mir trotzdem, meinen Gesichtsausdruck beizubehalten, und ich sehe wohl nicht entsetzt aus, weil das eine schlimme Unhöflichkeit wäre. Ich versuche nur, nicht höher als bis zu den Augen zu schauen.

Frau Halley wundert sich der anderen Frau gegenüber laut: Von St. Helena und mit so höflichen Manieren, wie ist das möglich.

Die Frau, die die Tür geöffnet hat, wundert sich auch und sagt, sie habe schon gedacht, dass es vielleicht gar nicht stimmt, aus einer so fernen und gottverlassenen Gegend.

Und dann ist er fast noch ein Kind. Als hätte er die Schule besucht. Das kann eigentlich nicht sein, vielleicht redet und tut er nur so, spricht Frau Halley mit der anderen Frau, als wäre ich gar nicht da, aber ich bin da und versuche, so zu stehen, wie man stehen muss, den Kopf leicht gebeugt, aber nicht zu sehr, und die Hände an den Seiten und auf keinen Fall in den Taschen und auch nicht so, dass die Daumen unter dem Gürtelband wären.

Und du hast einen Brief vom Pfarrer von St. Helena dabei?, fragt Frau Halley, zeigt mit der Hand, dass sie ihn sehen will, und kommt einen Schritt näher. Ich weiche zurück und sehe wieder die schwarzen gemalten Halbmonde und auch Sterne an den Schläfen.

Verzeihung, Frau Halley, aber ich darf den Brief nur Herrn Halley aushändigen. Es tut mir leid, aber das habe ich Herrn Pastor Burch und meiner Mutter versprochen.

Mein Mann ist bei einer Versammlung der *Royal Society*, sagt Frau Halley.

Den Namen kenne ich. Der Herr Pastor hat oft davon gesprochen, und als ich fragte, ob es nur eine Gesellschaft des Königs ist, sagte er, dass alles des Königs ist, aber nur von Gottes Gnaden, und dass der König es vielleicht nicht sonderlich oft zu den Versammlungen schafft, aber dass dort große Naturphilosophen und wichtige Männer hingehen und als einer von ihnen Herr Halley.

Es ist eine große Ehre, eine solche Stätte betreten zu dürfen, sage ich zu Frau Halley, genau wie es der Herr Pastor zu mir gesagt hat, doch die Frauen fangen an zu lachen, und Frau Halley fasst die andere Frau beim Lachen am Arm, sodass sie gar keine Dienerin sein kann, sondern bestimmt eine Verwandte oder eine gute Freundin ist.

Zuerst weiß ich nicht, worüber sie lachen, aber als die andere Frau wiederholt, eine große Ehre, eine solche Stätte betreten zu dürfen, weiß ich, dass sie über mich lachen, und sie fangen wieder auf die gleiche schnatternde Art damit an und halten sich gegenseitig an den Armen und lachen zusammen, wie man über einen vollkommen Dummen lacht.

Ich habe von der Pest in Indien und London gehört, aber Frau Halley kann keine Pestverbreiterin sein, weil sie lacht und gesund ist, sie sieht auch gesund aus, und ihre Wangen sind rot geworden, weil sie und die andere Frau ihren Spaß haben, und ich stehe da, mit meinen Sachen, viel ist es nicht, im Bündel nicht mehr als zwei Wechselkleider, ein bisschen gekauftes Gerstenbrot und das schwarze Lauftier. Das Wasserlägel ist leer, es hängt am Lederriemen des Bündelbeutels, und das Messer ist in der Scheide unter der Hose versteckt.

Ich kann in der Zeit viel denken und schauen, und ich überlege mir genau, dass ihr Lachen nicht von schlechtem Herzen kommt, sondern dass sie nur lachen, wie Nichtwissende lachen, weil sie nicht wissend sind.

Einmal, kurz nach dem Umzug ins Untertal, bin ich von den benachbarten Felsen gefallen, aber zum Glück an einem nicht so steilen Hang, und bin das ganze Stück übers Gras gerollt, weil ich mich mit Armen und Beinen nicht genügend dagegenstemmen konnte, da sind die anderen Kinder aus den Häusern in der Nähe angerannt gekommen und haben aus bösem Herzen gelacht, eines hat mich mit Sand beworfen. Ich bin davongelaufen, und später hat meine Mutter gesagt, mach dir nichts aus denen, die schackern bloß, wie im Norden die Elster schackert. Fast allein durch dieses eine Mal habe ich gelernt, dass man sich nicht um die anderen scheren soll, wenn man etwas selbst besser weiß.

In der *Royal Society* bringen sie gemeinsam Gedanken hervor, sage ich dann, und auch das hätte ich nicht sagen sollen, weil das Lachen sofort von Neuem beginnt.

Verzeihung, Frau Halley, aber wisst Ihr, um welche Zeit Herr Halley von der Versammlung zurückkehrt, dann könnte ich im Hof auf seine Ankunft warten?, frage ich, als eine kleine Pause eintritt.

Hast du Hunger?, fragt Frau Halley und hört dann so plötzlich auf, dass sie vielleicht gar nicht ernsthaft über mich gelacht hat. Sie sieht nicht gemein aus, auch die andere Frau nicht, beides sind vornehme Frauen, bestimmt der Frau des Gouverneurs ebenbürtig, keine hat an den Händen rot geriebene Haut, und an den Fingern tragen sie Ringe und an den Hälsen Schmuck.

Ja, Frau Halley, sage ich.

Ich bringe dich in die Küche. Vielleicht wartest du dort.

Danke, Frau Halley, sage ich und verbeuge mich, wie man sich vor einer Besseren und Höheren verbeugen und für alles dankbar sein muss.

SIE DREHEN SICH DIREKT zu mir um, als ich hinter der Frau in die Küche komme. Dort sind eine Köchin und ein Dienstmädchen, das Kaninchenfleisch von den Knochen schneidet und sich zwischendurch auf die Finger pustet, weil das Fleisch gerade erst aus der Brühe genommen worden ist und brennt.

Angus, so hast du doch gesagt? Das hier ist Angus von der Insel St. Helena, man kann ihm etwas zu essen anbieten, nicht das Fleisch vom Abendessen, aber Kohl darf man ihm geben und Gerste und Brot, weist Frau Halley die Köchin an und dreht sich um.

Er darf hier warten, soll sich auf die Seitenbank setzen, damit er nicht stört. Lasst ihn so viel essen, wie er kann, er sieht aus, als wäre er ausgehungert und gerannt, sagt Frau Halley noch von der Tür aus als zweite Anweisung.

Ich verbeuge mich vor der Köchin und sage Guten Tag.

Die Köchin ist von den Haaren unter der Haube her schwarz wie eine Inderin, aber von der Haut her so weiß, dass sie rötliche Flecken hat. Sie befiehlt dem Dienstmädchen, weiterzuschneiden, und legt selbst Besteck auf den Tisch, nimmt eine Schüssel und gibt aus einem Topf heiße Gerste hinein und aus einem anderen schwarzen Eisentopf gekochten Kohl. Ich bekomme einen richtigen Metalllöffel in die Hand und neben die Schüssel einen Krug mit dünnem Bier. Brot darf ich mir selbst aus dem Weidenkorb nehmen, die Stücke sind geschnitten.

Bei alldem plaudert die Köchin mit leiser Stimme und in einer Sprache, die ich ziemlich gut verstehe. Der Hunger ist so groß, dass ich, obwohl es höflich wäre, zu antworten, mehrmals nur nicken kann und auf diese Weise zustimme, dass ich es gehört habe und der gleichen Meinung bin, weil ich mit vollem Mund nur nuscheln würde. Wenn ich in der Lage bin, etwas zu sagen, spreche ich gut und so, wie es sich gehört.

Ja, Frau, ja, da komme ich her. Ja, Herr Halley hat dort weit weg den Sternenhimmel erforscht. Ja, man spricht Englisch, es gibt Soldaten und ein Kontor der Handelskompanie, es gibt den Herrn Gouverneur, es werden Gottesdienste abgehalten, es gibt eine Kirche und weiter weg eine Kapelle. Danke, es schmeckt sehr gut. Ja, danke, ich habe schon einmal Kohl gegessen.

Es braust in mir, und ich glühe, im Kamin brennt Feuer, der Rauch kreist, neben dem Herd ist es heiß, der Gehtag und die Luft, die anders ist als auf dem Meer, und das Essen machen mich müde. Ich sitze auf der Seitenbank und betrachte das Geschirr in den Eichenregalen und die Kellen und Weichklopfer an den Haken und die kleinen Tonschälchen und all die fürs Kochen und Essen bestimmten Sachen, von denen es mehr gibt, als ich je auf einmal gesehen habe.

Als Frau Halley an die Tür kommt, um eine Anweisung zu geben, höre ich, dass die Köchin Beth heißt. Den Namen des halbwüchsigen Dienstmädchens höre ich nicht, weil ihm nur gesagt wird, was es als Nächstes tun soll.

Ich traue mich nicht, etwas zu fragen oder die Seitenbank zu verlassen, darum bleibe ich einfach sitzen und warte ab. Zwischendurch sagt Köchin Beth etwas im Vorbeigehen, und ich antworte, wenn ich es rechtzeitig schaffe, denn sie ist immer schnell schon woanders oder fängt eine neue Arbeit an, schiebt und zupft mit den Fingerspitzen die heißen Bratenstücke zum

Nachgaren in eine geradere Reihe oder bindet selbst die klare Brühe.

Als fast alles fertig ist, beginnt das Warten. Es wird auf Herrn Halley gewartet und nicht vorher angefangen. Die Verwandte oder Freundin von Frau Halley kommt in die Küche, um sich einen Bissen zu holen, und trinkt dazu besseres Bier aus einem Zinnbecher.

Es wird wieder spät, sagt sie zu Köchin Beth. Beth nickt, antwortet aber nicht richtig, dennoch sieht man ihnen an, dass sie auch unausgesprochen einer Meinung sind.

Bleibt das so auch heute heiß?

Dann wärmen wir es, wir halten die Kohle am Glühen, antwortet Beth. Die Frau nickt und nimmt ihren vollen Becher mit in den Saal.

Kurz ist es still und wie angehalten. Beth hat dem Dienstmädchen aufgetragen, den Boden und die Regale in der Vorratskammer zu putzen. Sie selbst setzt sich vor mir auf einen Stuhl und fängt an, mit mir zu reden wie mit ihresgleichen.

Der Herr hat nicht mehr den richtigen Rhythmus. Bis März verbrachte er die Nächte auf dem Dach, schlief vormittags, machte seine wichtigen Arbeiten am Nachmittag und kam genau zu den Essenszeiten herunter. Alles war leichter so, oder?

Ja, Frau Beth, antworte ich. Beth tätschelt mir die Wange und nennt mich einen höflichen Jungen, streicht mir auch kurz über die Haare.

Der Herr ist so traurig, dass es ihn nicht im Haus hält, stattdessen zieht er durch die Stadt und trinkt bisweilen auch, nicht schlimm, aber er trinkt, damit er in den Kaffeehäusern zu den anderen reden darf, die so klug sind wie er. Er ist schon lange nicht mehr aufs Dach gegangen. Er sagt, er arbeitet in der Society, ich weiß nicht, wie man da arbeiten kann, wenn die Arbeit darin besteht, dass man die Plätze von Sternen und Mond auf Papierbogen einzeichnet, wie kann man im steinernen Haus der Society und in den Kaffeehäusern der Stadt Sterne einzeichnen. Mir kommt es vor, als würde er sich mehr grämen als zeichnen und mehr Beweise sammeln und sich mit der Witwe streiten. Und er ist gar nicht mehr ganz zu Hause, das bekümmert seine Frau am meisten, wenn sie auch über den schlimmen Tod des Herrn Vaters trauert.

Weil ich nichts antworte, nicht einmal nicke, sagt Beth, dass ich es doch wisse?

Verzeihung, ich weiß nicht, Frau Beth.

Falls du es noch nicht gehört hast, sein Vater ist gestorben oder umgebracht worden. Warte, sagt Beth und geht irgendwohin, kommt sofort zurück und winkt mir von der Tür aus mit dem Finger, dass ich mitkommen darf, und bringt mich durch den Speisesaal in einen kleineren, mit dunklem Holz dekorierten Raum, in dem es einen erstaunlich weichen Stuhl gibt und einen mit Holzschnitten verzierten Tisch und Bücher in zwei offenen Fächern einer Kommode.

Die möchte ich mir gerne ansehen, weil man schon an den Lederrücken sieht, dass sie ganz anders sind als die, die der Herr Pastor hat, aber Beth lässt mich nicht, sondern klopft auf den Rand des weichen Stuhls und gibt mir die Erlaubnis, auszuprobieren, wie man darauf sitzt. Als ich mich bedanke und es vorsichtig ganz am Rand ausprobiere, geht sie zur Tür, um zu schauen, ob niemand kommt, und holt dann aus einem Kasten unter dem Tisch bedruckte Blätter heraus und legt sie nebeneinander auf die kompassverzierte Tischplatte.

Die hat sich der Herr angeschafft, obwohl sie teuer sind. Zuerst stand was über das Verschwinden seines Vaters drin, beim zweiten Mal dann was über das Auffinden, über das Verlassen seines Hauses kam was im März, im April was über den Fund. Dann wurde noch dieses lose Blatt gemacht, und der Herr hat sie alle gekauft. Sie enthalten angeblich Beweise, wenn man lesen kann. Es geht sehr langsam, und man muss genau hinschauen. Hast du so etwas schon mal gesehen? Das ist eine Zeitung. Diese Anzeige hier darf man aber nicht Zeitung nennen, obwohl sie fast gleich ist und in der Druckerei gedruckt, fragt und sagt Beth und zeigt mir zum Schluss etwas, das nur eine Seite hat.

Ich könnte es leicht lesen, aber ich weiß nicht, ob ich darf. Darum schaue ich nicht die ganze Zeit auf die Seiten auf dem Tisch, sondern zwischendurch auf die Fächer des Bücherschranks und durch das Fenster mit den Glasscheiben hinaus und auf Beth. Die Überschriften kann ich lesen, weil das schnell geht, wenn man geübt hat und es gut kann.

Das Dienstmädchen läuft durch den Saal und sagt, die Frau hat die Glocke geläutet. Beth steht sofort auf und geht, sie kommt nicht einmal dazu, mich irgendwo hinzuschicken, sodass ich auf dem weichen Stuhl sitzen bleibe, vor mir die Seiten auf dem Kompasstisch. Ich sitze reglos da und warte.

Dann kann ich mich nicht mehr beherrschen, weil es so lange her ist, dass ich etwas anderes lesen konnte als auf dem Schiff die in die Bronzerohre gegossenen Beschriftungen auf dem Kanonendeck und im Frachtraum das, was mit Farbe auf die Säcke und Schutzwickel der Stoffballen gezeichnet worden war.

»WAHRER BERICHT ÜBER DEN
LONDONER KAUFMANN HERRN EDMUND HALLEY
WELCHER AUF DEM LANDGUT TEMPLE
IN DER NÄHE VON ROCHESTER IN KENT
AM 17. TAG IM APRIL 1684
BARBARISCH ERMORDET AUFGEFUNDEN WURDE.

GEDRUCKT IN LONDON
DURCH E. MALLET 1684

Herr Edmund Halley, ein Gentleman mit gutem Ruf, in ganz London weithin bekannt, wohnte viele Jahre in der Winchesterstraße. So wie er für seine Bereitschaft geachtet wurde, jederzeit seinem König und seinem Land zu dienen, brachte man ihm auch wegen seiner Errungenschaften, seines bemerkenswerten Vermögens und seines Erfolgs Respekt entgegen. Was mochte der wahre Grund dafür gewesen sein, dass er sich von seiner heimatlichen Gegend entfernte, denn es lagen keine speziellen geschäftlichen Dinge an, die es von ihm verlangt hätten, in die Provinz zu reisen, oder bestand der Grund etwa in einer persönlicheren Unzufriedenheit, die ihn von seinen Angehörigen entfremdete? Dies ist noch nicht mit Sicherheit bekannt, aber wie die Zeitung *Gazet* berichtet, entfernte er sich Anfang März von zu Hause, und seitdem hatte man nichts von ihm gehört, obschon demjenigen, der ihn tot oder lebendig findet, eine Belohnung von hundert Pfund in Aussicht gestellt wurde.

Herr Halley verschwand am Mittwochabend, am 5. März, nachdem er am Morgen desselben Tages darüber geklagt hatte, ihn schmerzten die Füße und drückten die Schuhe, worauf sein Neffe wie folgt zu ihm sprach:

Wenn Ihr es wünscht, Onkel, kann ich an den Zehen etwas Futter wegschneiden, das hilft, und so tat er es denn auch. Herrn Halleys Frau hatte gefragt, ob er ausgehe, worauf Herr Halley antwortete, er mache einen Spaziergang, kehre aber am Abend zurück, doch als die Nacht anbrach, wartete die Frau immer unruhiger auf ihren Mann und sorgte sich sehr. Am nächsten Tag machte sie sich daran, seinem Verschwinden mit allen Mitteln nachzugehen, und erkundigte sich bei allen nach ihm, bis sie nach mehreren Tagen, in denen von Herrn Halley nichts zu hören gewesen war, eine Vermisstenanzeige im Nachrichtenblatt aufgab. Von Mittwoch, dem 5. März, bis zum 14. Tag im April konnten trotz aller Bemühungen und genauester Suchmaßnahmen keine Erkenntnisse darüber gewonnen werden, wo Herr Halley sich aufhielt oder aufgehalten hatte. Doch letzten Montag wurde er am Flussufer beim Landgut Temple im Dorf Stroud in der Nähe von Rochester in folgender Weise aufgefunden:

Ein am Ufer entlanggehender armer Knabe bemerkte den am Fluss liegenden toten Mann, nackt ausgezogen, doch mit Schuhen und Strümpfen an den Füßen. Der Junge berichtete anderen von seinem Fund, und so kam die Neuigkeit einem Gentleman zu Ohren, der die Anzeige in der *Gazet* gelesen hatte. Dieser machte sich unverzüglich auf den Weg nach London, um die Nachricht Frau Halley zu überbringen und darüber hinaus zu berichten, dass er nicht in der Hoffnung auf die Belohnung gekommen sei, sondern aufgrund ehrenvollerer Prinzipien und der Christlichkeit wegen, nicht wegen des Geldes, denn er wolle die Belohnung nicht, vielmehr könne man sie in Gänze dem armen Knaben zukommen lassen, der Herrn Halleys Leiche gefunden habe und dem sie auch verdientermaßen zustehe.

Nachdem sie die Nachricht erhalten hatte, schickte Frau Halley, die so lange in tiefer Sorge ob der Abwesenheit ihres Gatten hatte ausharren müssen, Herrn Halleys Neffen aus, zu überprüfen, ob es sich bei dem Toten um Herrn Halley handelte oder nicht. An der Leiche konnte festgestellt werden, dass sie sich bereits eine Zeit lang im Fluss befunden hatte und mit der Strömung ans Ufer getrieben worden war; das Gesicht hatte sich so sehr verformt, dass der Verstorbene auf dieser Grundlage nicht identifiziert werden konnte, ein Auge war beschädigt, wie auch manch andere Stelle am Körper, an der früher nichts Derartiges entdeckt worden war. Aufgrund all dessen gelangte man zu der Schlussfolgerung, dass er nicht seit seinem Verschwinden im Fluss gewesen sein konnte, denn in dem Fall wäre der Leichnam noch mehr beschädigt. Der Neffe identifizierte ihn an den Schuhen und Strümpfen, es waren dieselben Schuhe, an denen er das Futter weggeschnitten hatte, und an einem Fuß trug der Tote vier Strümpfe übereinander und am anderen drei und einen Verbandsstoff. Bei der Untersuchung der Todesursache gelangte man zu dem Schluss, dass er ermordet worden war. Mittwochnacht wurde Herrn Halleys Leichnam in sein Haus in der Winchesterstraße gebracht, von wo aus man ihn baldmöglichst zum Begräbnis überführen wird.«

MIR WIRD KALT, weil es beim Lesen ist, als würde man alles vor sich sehen. Am Flussufer grauer Schlick, der Leichnam treibt nackt und mit dem Messer verstümmelt im Wasser. Er hat nicht mehr an als mehrfache schmutzige Strümpfe und Schuhe, an den Zehen sind Löcher ins Futter gemacht worden. Das ist das Furchtbarste, dass er nur die Schuhe anhat, auch die hat man versucht ihm auszuziehen, aber es ging nicht, weil die Füße zu Klumpen angeschwollen waren.

Es muss hier viel Schlimmes geben und viel mehr Beängstigendes, als es daheim vor den Sektierern und dem Aufstand je gegeben hat. Schlimm ist es, vom Weg Gottes abzuweichen, und schlimm ist schwarzer und roter Hass. Hier sieht man es sehr stark. Weil darüber auf gedruckten Seiten berichtet wird, muss es schrecklich viel davon geben. Ansonsten würde der König verbieten, darüber zu berichten, so wie der Gouverneur verboten hat, weiter nach Thomas zu suchen und Unruhe und Angst zu stiften.

Ich habe noch nie eine Zeitung gesehen. Ich habe nicht einmal gewusst, dass es so etwas gibt, und es kann sein, dass es sie auch nirgendwo anders gibt als in London, weil sich hier das Böse häuft und die Menschen zur Warnung davon wissen müssen.

Von den Seiten auf dem Kompasstisch schaue ich mir nur die obersten an, weil ich mich nicht traue, sie umzudrehen und aufzuschlagen. Es stehen gewöhnliche Sachen darauf, die Namen von Toten und die Ankünfte von Schiffen im Hafen und alle möglichen seltsamen Sachen durcheinander. Daheim habe ich Bücher gelesen, die mit ähnlichen Buchstaben in der Druckerei gedruckt worden waren, aber das waren die Bibel und das Allgemeine Gebetbuch, die Andachtsbücher des Herrn Pastors und der Kalender der kirchlichen Feiertage und das Problembuch des Rechnens von S. Taylor, das Herr Halley geschickt hatte. Sie alle sind in einer Druckerei gedruckt worden, wie es auch bei den Zeitungen der Fall sein muss, denn die Buchstaben sind fast genau die gleichen, aber die Zeitungen haben keine Einbände und enthalten vielleicht auch nicht das Wort Gottes und keine wichtigen Lehren, so wie es in Büchern sein muss.

Ich lese die obersten Seiten der *London Gazette*. Dann kommt auch schon Beth und schickt mich sofort weg, bevor der Herr von draußen und die Frau aus den Zimmern oben kommt, und legt die Zeitungen und die Einzelseite an ihren Platz in der Aufbewahrungskiste zurück und scheucht mich schnell vor sich her durch den Speisesaal in die Küche und schiebt mich auf die Seitenbank, wo die Frau mir befohlen hat zu sitzen und zu warten.

Ich höre ein Poltern im Flur und Schritte und das Knarren der Treppe, als die Frau und ihre Freundin herunterkommen, und von nebenan und aus dem Speisesaal höre ich, wie Beth und das Dienstmädchen die Terrine mit der Brühe und die neu erhitzten Speisen in Schüsseln und die großen, vornehmeren Krüge und die hohe Kanne mit schäumendem Bier aus dem Fass hineintragen.

'n Abend, Mary, 'n Abend, Evonne.

Guten Abend, Edmond, war dein Abend gelungen und ergiebig?

So höre ich sie reden, aber ich sehe niemanden und höre auch nicht mehr, was Herr Halley antwortet, denn es werden Stühle gerückt, und der Deckel der Terrine klappert. Die Tür zwischen Küche und Speisesaal ist zu, und Beth und das Dienstmädchen bedienen im Saal, sodass ich alleine dasitze und versuche, etwas zu hören. All das ist seltsam, und mein Bauch ist vor Aufregung ganz straff, weil ich nie zuvor so feine Sitten gesehen habe, und am meisten Angst habe ich davor, dass man mich in den Saal ruft und ich vor Herrn Halley und allen anderen meine Angelegenheit vortragen muss.

Als die Tür aufgeht und das Dienstmädchen hereinkommt, um eilends eine vergessene Schüssel mit hellgelbem Kürbis zu holen, kann ich durch die Tür so viel sehen, dass Herr Halley sich im Gesicht verändert hat, er ist älter und würdiger geworden, und er hat vornehmere Kleider an als jemals auf St. Helena. Außer vielleicht ganz am Anfang, als er und Herr Clarke im Amtshaus des Herrn Gouverneurs einquartiert waren, aber da habe ich sie ja nicht gesehen, und von dort sind sie bald weg. Meine Mutter hat erzählt, dass sie mit dem Quartier und dem Gouverneur unzufrieden waren und näher ans Observatorium ziehen wollten, auf die Hochebene und zu uns, und Mutter hat ihnen Essen gemacht und besseres Bier gebraut.

Ich muss bis zum Nachtisch warten und Angst haben. Es ist hellgelber Pudding, in den Brombeeren versenkt worden sind. Beth holt mich in den Saal und streicht mir vor der Tür die Haare glatt.

Der ist im Hof aufgetaucht und hat gesagt, er komme von St. Helena, deutet Frau Halley auf mich.

Ich verneige mich noch tiefer, als ich es zuvor an der Haustür getan habe.

Guten Tag, verehrter Herr Halley. Falls Ihr Euch überhaupt

erinnert, und bestimmt erinnert Ihr Euch nicht, ich bin Angus, der Sohn von Totholz-Steven von der Insel St. Helena, und als Ihr dort wart, um Eure wertvolle Arbeit beim Kartieren des Sternenhimmels zu machen, wohnte ich mit meiner Mutter und meiner Schwester auf der Totholzebene, aber zuletzt im Untertal, eigentlich im Kapellental. Ich bin gekommen, um Euch, Herr Halley, eine wichtige Briefbotschaft von Herrn Pastor Burch zu überbringen.

So sage ich es wieder, so wie ich es Dutzende Male geübt habe, damit es richtig geht und offiziell, und es geht auch recht gut.

Herr Halley schaut zuerst, als würde er sich nicht erinnern, und das ist natürlich auch kein Wunder, weil er den Kopf voller wichtiger und großer Dinge haben muss und weil viele Jahre vergangen sind, weit über sechs, bald werden die sieben voll. All das kann ich denken, weil das Denken schneller als die Schwalbe ist, aber ich komme gar nicht dazu, Angst zu haben, dass sich Herr Halley nicht erinnert.

Genau, der kleine Junge, meine Güte, sagt er dann und schaut mir die ganze Zeit direkt in die Augen, obwohl er mit der rechten Hand nach seinem Krug greift.

Ja, ich bin Totholz-Angus, obwohl man mich neuerdings oft Zweihäuserhof-Angus nennt, weil wir schon vor vielen Jahren in das kleinere Haus neben dem Haus des Herrn Pastors gezogen sind.

Du bist wirklich gewachsen, aber es ist ja auch schon lange her. Wie kann das nur … ich hätte nie gedacht, dass jemals jemand von dort … Burch, genau, der Kirchenmann auf der Insel, Pastor und doch ein gelehrter Mann, ich erinnere mich an ihn und an alles andere auch, redet Herr Halley wie direkt zu mir und sieht jetzt freundlich aus und ist ein bisschen zusammengesunken, wie er so mit gespreizten Beinen auf seinem Stuhl sitzt und den Krug in der Hand hält und den anderen Arm aufs Stuhlholz stützt.

Der Herr Pastor bat mich, seine hochachtungsvollen Grüße zu übermitteln. Desgleichen bat mich meine Mutter Catherine, ihre hochachtungsvollen Grüße an den verehrten Herrn Halley zu übermitteln, sage ich und verneige mich wieder.

Aber als hätte ich etwas ganz schlimm falsch gesagt, steht Frau Halley auf der anderen Seite des Tisches auf und tritt direkt vor Herrn Halley hin.

Ist das der Sohn von dieser Dirne?, fragt oder schreit sie.

Vergiss die Umgangsformen nicht, Mary, sagt Herr Halley ruhiger als sie, aber hart.

Ist das die Catherine, von der die Bettelbriefe und die groben Lügen gekommen sind?, fragt Frau Halley und will Herrn Halley ins Gesicht schlagen, aber Herr Halley packt sie leicht am Handgelenk, als würde er eine Fliege schnappen, und steht auf und führt Frau Halley beiseite. Frau Halley fängt an zu weinen, und die andere Frau zieht sie aus dem Speisesaal und zur Treppe ins Obergeschoss.

Du hast also einen Brief und eine Botschaft von Pastor Burch?, sagt Herr Halley ganz ruhig zu mir, als hätte das von eben gar nicht stattgefunden.

Ich verbeuge mich höflich und schiebe die Hand in den Hosenbund. Ich ziehe das Messer aus der festgebundenen Scheide und nehme aus meinem Bündelbeutel das Hemd, in dessen Saumversteck meine Mutter den Brief eingenäht hat. Ich fange an, vor Herrn Halley die Naht aufzutrennen, und erkläre dabei, dass man mich als zweifachen Boten geschickt hat, dass der Brief in Leder eingeschlagen ist und das Leder mit Ziegentalg eingepinselt, damit es das Wasser abhält, aber falls die Schrift im versiegelten Brief trotzdem Schaden genommen hat, kann ich jedes Wort auswendig, sodass der Brief auf diese Weise auch in mir drin ist.

Wir sind zu zweit im Speisesaal zurückgeblieben. Beth und das Dienstmädchen sind schnell in die Küche verschwunden. Ich finde es besser so. Jetzt ist es mehr so wie früher auf der Insel, als Herr Halley mir alle wichtigen Sachen erklärt hat, entweder unter der Araukarie oder daheim im Hof, wenn wir gewartet haben, dass das Essen fertig ist, und der Wind den Rauch vom Außenherd oder vom Schornstein des Innenherds verwirbelt hat, weil Mutter einen Teil der Speisen drinnen machen wollte und einen Teil draußen, je nachdem, ob es regnete oder trocken war, aber auch je nach Speisen. Wenn wir im Hof gewartet haben, dass der Eintopf gar ist oder das Lammfleisch durchgebraten, wenn es Lammfleisch gab, hat Herr Halley Zeit gehabt, mir Dinge zu erzählen und beizubringen.

Dann hat meine Mutter mich nie aufgescheucht, um bei den Arbeiten zu helfen, um Brennreiser zu holen oder Wasser aus der Quelle, oder mich sonst rennen lassen, sondern sie hat mich bei Herrn Halley bleiben und zuhören lassen. Dafür hat sie Herrn Halley auch oft gedankt, dass der Junge lernen darf, was es auf der Welt wirklich gibt, und aus der Nähe sieht, wie ein gelehrter und höherer Herr sein soll.

Zueinander haben Herr Halley und meine Mutter immer freundlich gesprochen, und Mutter hat sich überhaupt nicht kleinmachen müssen, sondern ist fast so wie immer gewesen, aber doch höflicher und fröhlich. So ist Herr Halley auch zu Mutter gewesen. Sie haben viel zusammen gelacht, so ist es monatelang zu Hause leicht gewesen, und das Essen war immer gut.

Als ich Herrn Halley die Briefbotschaft überreiche, trennt er zuerst mit der Spitze seines eigenen Messers die Naht der Lederhülle auf, und dann schneidet und bricht er das Lacksiegel auf dem Deckpapier des Briefes und faltet den Brief auseinander und fängt an zu lesen. Ich habe Zeit, mich an vieles zu erinnern, eigentlich erinnere ich mich an nichts Schlechtes in der ganzen Zeit, die Herr Halley und Herr Clarke bei uns gewohnt haben, nur ein bisschen was, manchmal hat Ann geweint, manchmal ist es still und drückend gewesen. Erst am Ende, als die *Golden Fleece* schon zur Abfahrt bereit gewartet hat, ist am Himmel und über uns der Schatten einer Wolke aufgetaucht, und unter der Haut wurde es kalt, aber erst dann, als Mutter auf dem Anleger ein bisschen zu weinen angefangen hat. In der Stunde des Aufbruchs weint man am meisten.

Und du kannst das hier alles auswendig?, fragt Herr Halley, nachdem er es gelesen hat, und zeigt mir die Seiten, die mit der feinen, runden Handschrift des Herrn Pastors beschrieben sind. Ich nicke und habe schon Angst, dass es eine Prüfung ist, ob ich mich an jedes Wort erinnere oder nicht.

An Magister Edmond Halley, auf St. Helena, den zwanzigsten Mai sechzehnhundertvierundachtzig. Verehrter Herr. Ich nehme mir die Freiheit, mache es mir aber auch zur festen Aufgabe, Euch die ganze Wahrheit über die derzeitigen Umstände unseres Lebens zu berichten, die nach etlichen negativen Änderungen nunmehr hier auf unserer fernen, von unserem guten König der Verfügungsgewalt der Ostindischen Handelskompanie anheimgestellten und zur Verwaltung bestimmten Insel herrschen.

So viel kann ich sagen, bis Herr Halley die Hand hebt und den Brief vor mich hinhält und das Zeichen zum Aufhören gibt.

Ich glaube es dir und erinnere mich nun auch, dass du ein

gelehriger kleiner Junge warst. Andere gab es dort nicht, auch kaum gelehrige Erwachsene. Du hast alles auf Anhieb verstanden und geglaubt, manche hören nicht einmal zu, sondern halten Tatsachen für unfassbar und das Beobachten des Himmels für unnütz und keine Arbeit. Erinnerst du dich selbst an etwas, das ich dir beigebracht und erzählt habe?

Ich nicke höflich, also ein bisschen tiefer. Ich habe das daheim geübt. Einige Höflichkeitsbewegungen können Kopfbewegungen des Herrn Pastors sein, weil ich die beobachtet habe.

Ich sah wohl mich selbst in dir, also damals, als ich noch keinen Deut gelernt und noch nicht den guten Unterricht meines Hauslehrers bekommen hatte. Als leerer Knabe, der aber bereit ist, sich füllen zu lassen, ist man wie ein Wasser aufsaugendes Stoffbündel, alles ist man aufzunehmen imstande, und darum lernt man so schnell und so viel. Das glaube ich, und das wäre eigentlich auch qua Versuch zu beweisen. Ich sage nicht, dass dies nur für Knaben gilt, auch für Mädchen unter den richtigen Umständen, ich habe gelegentlich die Kinder meiner Geschwister und Cousins und Cousinen beobachtet. Jedes unschuldige Kind mit unverdorbenen Gedanken besitzt einen frischen Sinn. Wenn der Sinn neu ist, ist er für das Lernen und die Aufnahme neuen Inhaltes empfänglich. Dann kann sich durchaus vieles auf dem wenigen ansammeln, was das Kind in seinen ersten Lebensjahren auf natürliche Weise erfahren hat und was ihm ohne weitere Unterweisung zuteilgeworden ist, fängt Herr Halley an zu sprechen, auf dieselbe ruhige Art, wie er es auf der Insel getan hat, oft nur zu Herrn Clarke, aber ich habe zugehört, und auch zu Mutter, wenn sie sich zu zweit unterhalten haben, aber manchmal auch zu mir.

Er öffnet die Tür des Geschirrschranks, indem er sie nach unten klappt, und nimmt eine viereckige Flasche aus einem

Fach. Es ist eine Flasche Gin aus dickem, fast schwarzem Glas, ich habe gesehen, wie solche Flaschen in Holzkisten auf die Insel gebracht worden sind.

Gehen wir aufs Dach und schauen ein bisschen, das könnte dich interessieren, sagt Herr Halley und gibt mir das Zeichen, ihm zu folgen. Wir gehen die Treppe hinauf ins Obergeschoss und dort bis ans Ende eines Flurs. Aus einem der Zimmer hört man die Stimmen der Frauen, am Ende des Flurs führt eine schmale und hohe Treppe nach oben, die in eine offene Leiter übergeht. Im Dunkeln ist es schwer, hinaufzusteigen, bis Herr Halley oben angelangt ist und die Luke nach draußen öffnet. Dadurch kommt eine Dämmeröffnung ins Dunkel.

Auf das Dach ist ein großes Podest aus Holz gebaut worden. Es ist schwindelerregend hoch, alle anderen Häuser sind niedriger, und über sie hinweg sieht man noch mehr Dächer und weiter weg hohe Kirchtürme vor dem leeren Himmel. Die Themse ist eine schwarze, unterbrochene, sich schlängelnde Senke zwischen allem, aber seit dem Sonnenuntergang ist so viel Zeit vergangen, dass das Wasser nicht mehr an jeder Stelle zwischen den Häusern und dahinter zu erkennen ist, sodass es eher breite, dunkle Bänderstücke sind als ein Fluss.

Die Stadt setzt sich in jede andere Richtung fort, aber von Islington aus nach Norden ist nur Dunkelheit. So muss es sein, ich versuche mich von der Nachmittagssonne her an die Himmelsrichtung zu erinnern. Auf der Nordseite ist nichts mehr, hat der Mann gesagt, dort hören selbst die geringsten Lichter und Feuer auf.

Herr Halley geht um die mit Leder zugedeckten Instrumente herum und sieht wohl nach, ob der Regen nicht durchgedrungen ist. Die Abdeckung des Sextanten, der größer ist als ich, öffnet er ganz und prüft mit der Fingerspitze das Messing der Skalen und das Eisen des Rahmens. Weißt du noch, den hatte ich schon auf der Insel?, fragt er, und ich antworte sofort, dass ich mich erinnere. Dort war er an der Observatoriumsmauer befestigt, und die Mauer war durch eine Einfassung aus Steinen mit dem Herzen der Erde fest verbunden. So sagte es Herr Halley, ich weiß noch vieles von dem, was er damals sagte.

Jetzt benutze ich die Instrumente gar nicht mehr so oft, seit Juli habe ich hier keine Beobachtungen mehr gemacht, eigentlich hat es seit März keine einzige gute, ganze Nacht mehr gegeben. Mein Vater ist gestorben, ich hatte allerhand zu tun, fängt Herr Halley an, zu mir zu sprechen. Ich kann nicht antworten, weil ich darüber nichts weiß und nichts sagen kann.

Er rollt die Abdeckung wieder über den Sextanten und bindet sorgfältig die Schnüre zu, denn setzt er sich mitten auf dem Podest auf einen Schemel und bedeutet mir mit der Hand, dass ich mich auf die Bodenplanken setzen kann. Ich setze mich auf meine Beine. Herr Halley gießt sich etwas aus der schwarzen Flasche in seinen Becher, trinkt langsam und schaut dabei auf die Stadt unten und zwischendurch auch zu den Wolken hinauf und durch die Löcher in den Wolken auf den Himmel.

Aber bis Februar war ich eigentlich immer hier, wenn auch nur ein bisschen Sicht war. In mehr als zweihundert Nächten. Weißt du, ich habe nämlich vor, die gesamte Umlaufbahn des Mondes so genau zu verzeichnen, wie es niemand je getan hat und auch nie mehr tun wird.

Der Mond ist eine wandernde Pendeluhr. Die Maße und Zeiten des Himmels sind nur andere Maße und Zeiten als bei uns auf der Erde. In den Phasen des Mondes wiederholt sich alles wie beim Umlauf der Uhr, aber so langsam, dass man jahrelang die Bewegungen und Finsternisse aufschreiben muss. Bei vielen hat dafür die Geduld nicht gereicht, aber ich habe beschlossen, seine sich ändernden Orte und Entfernungen während des gesamten Saros mit vollkommener Genauigkeit zu messen. Ein Saros nimmt von meinem Leben nicht mehr als achtzehn Jahre und etwas mehr, elf Tage und ein bisschen was, in Anspruch. Ich messe die Grade zu seinen Positionen und notiere die Zeiten, nachdem ich sie mit meiner Pendeluhr überprüft habe. Auch die hatte ich auf dem Dach, aber jetzt bewahre ich sie lieber an einem trockenen Ort auf, im Uhrenzimmer im Obergeschoss, wo die Temperatur ausgeglichen ist.

Weil die Benennungen bei uns verworren sind, habe ich beschlossen, einen vollkommenen Mondzyklus als Saroszyklus zu bezeichnen. Ich glaube, dass auch die anderen dazu übergehen werden, diesen Namen zu verwenden, und die schlechteren Namen vergessen werden. Innerhalb dieser Zeit wiederholen sich alle Bewegungen und Möglichkeiten des Mondes genau. Man braucht nichts vorauszusagen und auch nicht mehr die Finsternisse gesondert zu zählen, sondern jede Regung und jede Phase seiner Bahn steht gleich im Kalender an ihrem Platz. So wird der Mond zu einer himmlischen Uhr über der Erdkugel und zum Anzeiger der Position. Es kann sein, dass man irgendwann mit meinen Tabellen und einer Uhr, die dem Meer standhält, den Ort jedes Schiffes überall auf den Meeren der Welt berechnen kann.

Die Arbeit erfordert eben jene achtzehn Jahre und ein bisschen mehr. Jetzt hat mir die Energie gefehlt, und ich weiß auch nicht, wie lange die Unterbrechung dauern wird. Ich verfüge jedoch bereits über eine gute Beobachtungsreihe, weil ich in jeder einzelnen Nacht aufs Dach gestiegen bin, sofern die Wolken genügend Platz gelassen haben, dass man etwas sehen konnte.

Herr Halley will viel mit mir reden. Dabei trinkt er langsam und wenig auf einmal und fängt an, mehr nach oben zum Himmel zu blicken, weil auch der letzte hellere Streifen im Westen verschwindet und die Nacht ganz voll wird.

Es ist nicht so dunkel wie daheim, von Land und Gebäuden steigt ein Schein auf, man sieht auch erleuchtete Fenster, Kerzen in den Fenstern und Kochfeuer in den Höfen. Und dann ist da etwas, das ich noch nie gesehen habe. Vielleicht vor jedem zehnten Haus hängt an einem Mast oder einem aus der Wand ragenden Spieß eine große Lampe. Deren Lichter unterscheiden sich von den anderen, weil sie groß sind, weiter oben und in Reihen. Als ich mich darüber wundere und danach frage, sagt Herr Halley, das sei gerade eine Neuerung in der Stadt, aber eine dumme und unnütze, bei der nur unnötig Öl verbrannt und außerdem die Sicht eingebüßt werde.

Wenn die Augen zwischendurch ins Licht geraten, sieht man in der Dunkelheit nichts. Ist man aber die ganze Zeit im Dunkeln, dann sehen die Augen gut, sagt er, und auch ich weiß, dass es so ist.

Ich traue mich bereits, ein bisschen was zu sagen und nicht nur dann zu antworten, wenn Herr Halley mir eine direkte Frage stellt. Ich fange an, vom Allergrößten zu reden, nämlich dass ich in den Kleidern und unter einer Schutzhülle versteckt die in der Araukarie gemachten Beobachtungen und Vermerke, die ich nicht mehr mit den Briefen des Herrn Pastors mitschicken konnte, bei mir habe.

Aber alle Nächte sind nicht dabei; nachdem Thomas verschwunden war, durfte ich nicht mehr im Dunkeln zum Beobachtungsbaum hinauf und habe auch nicht mehr die genaue Zahl der Vögel, weil es keinen Kalender gab, in dem ich sie hätte vermerken können, und ich konnte mir über die Tage nicht sicher sein, rede ich viel zu lang, aber im Dunkeln ist es leichter zu reden, man muss nicht die ganze Zeit überlegen, wie man es richtig tut.

Vom schlimmsten Fehler und Verfälschen der Resultate, nämlich dass ich im Mastkorb alle Kerne und Körner und die aufgeweichten Erbsen essen musste, will ich allerdings nicht berichten, weil mich Herr Halley dafür tadeln würde und ich es nicht anständig erklären könnte.

Herr Halley sitzt lange still da. Ich glaube schon, dass er mir gleich für die wichtige Beobachtung, die ich auf dem Aufzeichnungsbaum gemacht und auf den Kalenderseiten an ihn geschickt habe, danken wird. Unten hört man, wie die Hunde sich gegenseitig anjaulen, und irgendwo vielleicht das Kettenquietschen einer Winde, ein paar Stimmen auch, wahrscheinlich zwischen den Häusern, und das Klappern von Pferdehufen und Rattern von Wagenrädern. Es riecht nach dickem, feuchtem Rauch, es geht gerade so viel Wind, dass die Luft den Geruch von den Nachbarhäusern genau hier vorbeiführt.

Ja, die Kalenderblätter und die mit Tintenklecksen markierten Punkte des Zentauren, ich erinnere mich, wie sie mit den Briefen von Pastor Burch hier eintrafen. Ich wunderte mich und dachte mir, der kleine Junge muss zäh oder verrückt sein. Womöglich klettert er noch immer auf denselben hohen Baum, in den Clarke die Beobachtungsöffnung geschnitten hat, sagt Herr Halley.

So wie es ausgemacht war, sage ich.

Aber das war doch nur als Aufgabe gedacht, und Aufgaben sind zum Lernen gedacht, du solltest nach den Vögeln schauen, um die Augen zu üben, und wohl auch nach den Sternen. Ich weiß nicht mehr genau, was in mich fuhr, als ich dir so etwas beibrachte. Oder war es ein Einfall von Clarke? Nein, es war meiner, weil wir immer über das Lernen diskutierten und ich der Meinung war, dass man auch einem Ungelehrten fast alles beibringen kann, wenn man ihn nur richtig und einfach genug anleitet. Keiner ist so dumm und wächst nicht. Du dürftest das richtige Versuchsobjekt gewesen sein, und zwar ein recht eifriges und gutes, sagt er.

Es tut gut, weil es ein Lob ist, aber dann bekomme ich gleich das Gefühl, halb umsonst hergereist zu sein. Den Brief habe ich überbracht, aber meine eigene Angelegenheit ist unfertig. Ich habe den Rest der Himmelsaufzeichnungen bei mir, doch Herr Halley interessiert sich dafür vielleicht gar nicht mehr. Immerhin bringe ich die Frage heraus, ob die Kalenderseiten, die ich geschickt habe, für etwas gut waren.

Ja, ich habe immer alles durchgesehen, wenn die Briefe kamen. Zum Spaß schickte ich auch neue Blätter, weil sich in einem so konstanten Material durchaus zufällig eine Abweichung und somit etwas Interessantes hätte finden können. Weil es in verschiedenen Nächten und vor allem bei verschiedenen Augen sogar beträchtliche Unterschiede in der Sicht geben kann. Die ersten Male habe ich wohl auch aus Interesse Vergleiche mit meiner eigenen Sternkarte des Zentaur-Bereichs angestellt, falls du aus Versehen in einer Nacht mit besonders guter Sicht etwas Neues an dem Stück Himmel bemerkt und mit der Tintenspitze gemacht hättest, als Zeichen für ein neues Objekt.

Herr Halley geht dazu über, viel über das Beobachten zu sprechen, und erzählt eifrig, was er als junger Mensch schon alles entdeckt hat, und obwohl er von sich selbst redet, habe ich zwischendurch das Gefühl, dass er mich lobt, dass ich es richtig und gut gemacht habe. Es ist nicht mehr so wichtig, dass er vielleicht nicht einmal die neuen Himmelsaufzeichnungen und die Anzahl der flatternden und vorbeisausenden Vögel sehen will, auch die Menge der gegessenen Kerne und Körner kommt mir überhaupt nicht mehr wichtig vor, und ich brauche nichts zu erklären und für nichts um Verzeihung zu bitten.

Wie, um Himmels willen, kann jemand eine solche Übungsaufgabe weit weg jenseits des Meeres erfüllen wie einen echten Befehl und eine vernünftige Tätigkeit? Hat es dir nicht einmal deine Mutter untersagt?, fragt er dann aber doch.

Nein, meine Mutter hat mich gehen lassen, so wie es bestimmt war, bis Thomas verschwand und ich in einem Sack an den Abgrund gebracht wurde, antworte ich Herrn Halley. Ich rede immer noch im Sitzen, obwohl es nicht höflich ist und in keiner Weise richtig, dass man vor einem, der über einem steht, sitzt.

Wenn ich das im Kaffeehaus erzähle, eine solche Gehorsamkeit, das glaubt mir keiner. Oder ist es Dummheit und die Übertragung des Aberglaubens von der Gebetskette auf die Regeln? Du solltest doch nur das Observieren lernen und dich in der Kunst üben, die Augen sehender zu machen. Ist das wenigstens gelungen?

HERR HALLEY WIRD SO BETRUNKEN, dass er keine Lust mehr hat, zu warten, bis die Wolken aufreißen, oder ich weiß nicht, ob er darauf wartet oder ob er nur ab und zu nach oben blickt, weil er es gewohnt ist, zum Himmel zu schauen und zu warten, aber jetzt kümmert er sich nicht weiter um die Wolken, sondern plaudert nur mit mir, ein bisschen wie mit seinesgleichen, ich weiß nicht, wie viel er zu mir oder ob er ein bisschen wie zu sich selbst spricht, bis er müde wird und wir nach unten gehen und er sagt, ich könne in der Küche schlafen. Er selbst bleibt im Obergeschoss, Frau Halley ist vom Knarren der Leitertreppe und vom Poltern aufgewacht, man hört sie wütende Wörter sagen, und Herr Halley antwortet, Mary, mach dir nichts daraus, was vorbei ist, ist vorbei und hat es nie gegeben und wird es auch nie mehr geben, und jetzt bin ich müde, wir reden morgen weiter, gute Nacht, Mary, schlaf recht gut.

Ich muss mich im Dunkeln nach unten tasten. Die Katze in der Küche faucht, aber ich habe keine Angst, weil ich ihre Augen erkannt habe. Als ich nach draußen gehe, hört man allerlei Geräusche und Gemurmel. London ist nicht einmal um Mitternacht still, und der Wind schnauft anders, weil er sich hier an Hindernissen bricht und über Straßen und Dächer kommen muss.

Während ich der Nacht lausche, habe ich das Gefühl, mich inmitten von etwas so Großem zu befinden, dass ich mir nicht vorstellen kann, irgendwo mehr zu sein als hier. Ich bin bis hierher gekommen, bin mehr gealtert als nur in der Zeit und schon fast ein Mann.

Wenn es keinen Platz für mich gibt, wird es mir schlecht ergehen. Ich will hierbleiben, um Herrn Halley zu dienen, so beschließe ich es noch einmal. Ich scheuche die Katze von der Seitenbank in der Küche, obwohl sie im Dunkeln zischt, nehme mir ihren warmen Schlafplatz und schlafe fast sofort ein.

Am nächsten Morgen hätte ich länger geschlafen, aber wie soll das gehen, wenn Köchin Beth und das Dienstmädchen hereinkommen, um Brot zu backen und mit Geschepper Feuer in Ofen und Herd zu machen. Obwohl mir Beth keinen Befehl gibt, frage ich von mir aus, wo ich Holz für die Kiste holen kann, und trage auf den angewinkelten Armen viele Ladungen von hinten im Hof ins Haus. Beth fängt an, mich zu mögen, und gibt mir Brot vom Vortag und schneidet mir eine dicke Scheibe Salzhering ab. Als ich esse, machen auch die beiden eine Pause und essen das Gleiche wie ich.

Als Namen des Dienstmädchens verstehe ich Merrial oder Meriall. Sie ist etwa so alt wie Ann oder ein, zwei Jahre jünger. Wegen der Hitze der Arbeit ist der Halsausschnitt von ihrem Kleid offen, und an ihrem Halsband hängt ein Kreuz aus Metall, aber trotzdem segnet weder sie noch Beth das Essen. Daheim habe ich gelernt, dass der Herr Pastor auch vor einem noch so kleinen Bissen das Tischgebet spricht, außer wenn wir zu Fuß unterwegs waren und ich mit ihm Gemeindemitglieder besuchen war, oder in den Bergen, dann konnte es sein, dass wir im Gehen aßen und ohne Gebet ein Stück Brot oder Nüsse kauten. So hat es Gott wohl vorgesehen, dass man nur dann die Mahlzeit segnet, wenn man zusammen beim Essen sitzt, aber wenn man dabei weitergehen muss, ist die Mahlzeit schon im Himmel gesegnet worden.

Ich falte trotzdem nicht die Hände und tue nichts, weil die Frauen es nicht tun. Es ist kein besonderes Gefühl, weil ich auch auf dem Schiff schon nicht mehr beim Essen die Hände gefaltet habe.

Meriall stellt keine Fragen, aber Köchin Beth tut es, nach der Heimat und viel nach der Mutter. Welche Farben haben die Leute, die dort wohnen? Gibt es Dschungel und gefährliche Löwen? Wenn es mitten im Meer liegt, steigen dann bei Nacht Seeungeheuer an Land? Sind Würgeschlangen größer als Bäume?

Auf alles antworte ich, wie man zu antworten hat, aber auch wenn ich viele Male sage, dass es dort ziemlich ähnlich ist wie hier, nur mit weniger Häusern und Menschen, glauben sie mir nicht, und Beth fragt von Neuem nach denselben Sachen. Über meine Mutter fragt sie, ob sie dort geboren wurde, und als ich sage, in London und dann umgezogen, fragt sie, in welchem Stadtteil und wo mein Vater her ist. Von hinter Dartmoor, sage ich. Darüber lachen sie, als wäre es etwas richtig Lächerliches.

Wenn dein Vater tot ist, ist deine Mutter dann eine Anständige?

Das ist eine so seltsame Frage, dass ich am liebsten gar nicht antworten würde, aber beide schauen mich an.

Natürlich ist sie das, sage ich dann, weil ich etwas sagen muss, obwohl ich nicht weiß, ob anständig das Gleiche bedeutet wie auf meiner Heimatinsel.

Wie hat euch eure Mutter ernährt?, fragt Beth, nachdem sie zuvor schon gefragt hat, wie viele wir sind.

Wir haben Felder oben, und das Haus ist verkauft.

Was ist das mit dem Pastor Burch?

Wir wohnen im Haus neben dem Haus des Herrn Pastors, im kleineren Haus des Zweihäuserhofs, und meine Mutter ist die

Haushälterin des Herrn Pastors und kocht das Essen und putzt und wäscht die Wäsche.

Als ich das sage, wendet sich Beth dem Dienstmädchen zu und sieht es an. Mir fallen solche Blicke auf, es kann sein, dass sie mir als kleinem Jungen nicht aufgefallen sind, aber irgendwann habe ich sie einmal bemerkt und danach immer.

Als man Schritte auf der Treppe hört, steht Beth sofort auf und macht mit ihrer Arbeit weiter, auch Meriall steht auf und versteckt ihr Brotstück hinter den Kannen. Frau Halley kommt an die Tür.

Was tust du hier noch, sagt sie als Erstes, als sie mich auf der Bank am Küchentisch sitzen sieht. Ich stehe schnell auf und verbeuge mich und sage, Guten Morgen, Frau Halley.

Was tust du noch hier?, erwidert sie laut und tritt vor mich hin.

Herr Halley hat gesagt, ich kann auf der Bank schlafen.

Aber jetzt gehst du, und zwar sofort, sagt sie und wendet sich dem Saal zu. Ihre Schuhe klappern, und die Tür schwingt schlimm gegen die Wand.

Beth bedeutet mir, dass ich gehen muss. Ich nehme meinen Bündelbeutel von der Seitenbank und gehe, Beth schließt sofort die Tür hinter mir, sodass ich früh am Morgen allein und als Einziger im Hof stehe.

Weil ich nichts weiß und eben auch nicht, was ich jetzt tun soll, bleibe ich im Hof stehen. Es ist nasskalt. Meine Mutter hatte recht damit, dass es in England jederzeit kälter sein kann als jemals daheim. Man müsste sich irgendwo zusätzliche Kleider beschaffen.

Ich kann nicht nur herumstehen, und weil ich nichts anderes weiß, fange ich an, zwischen dem Holzschuppen und der Eingangstreppe hin- und herzugehen, und nehme jedes Mal einen guten Armvoll trockene Scheite oder passend auf Ofenmaß abgebrochene Äste mit. Die schichte ich auf der obersten breiten Treppenstufe zu einem sauberen Stapel auf.

Es kann sein, dass es drinnen niemand merkt. In den Höfen und Schuppen der Nachbarhäuser tauchen Menschen auf, in einem Hof scheint eine Schmiede zu sein, von dort hört man Klimpern und Rufgeräusche vom Blasebalg.

Weil ich überhaupt nicht weiß, wie weiter, vergeht die Zeit langsam. Ich habe schon Angst, aber doch noch nicht ganz und gar, ich bin auch zu wahrscheinlich fast allem bereit.

Als die Haustür zum ersten Mal aufgeht, schichte ich gerade das Holz besser auf, weil der Stapel schon so hoch ist. Herr Halley kommt in Straßenkleidung heraus, mit einer vornehmen dünnen Tasche unter dem Arm. Er sieht mich bei der Arbeit und bleibt stehen.

Ich habe es gehört, gut, dass du trotzdem nicht weggegangen bist, sagt er und blickt über den Hof und auf die Höfe der Nachbarhäuser.

Ich kann nicht antworten, weil ich nicht weiß, was, und weil er mich nicht gefragt hat.

Meine Frau ist empfindlich, es hat gewisse Vorfälle gegeben. Sie hat nichts gegen dich. Aber klären wir das Ganze jetzt gleich. Warte vorerst noch draußen. Ich sage Beth, dass du Holz bringst. Gut, dass du nicht ganz verschwunden bist, auch das kann in der Großstadt passieren, ein Mensch ist nicht zu finden, obwohl es eine Bekanntmachung gibt und es in der Zeitung steht.

FRAU HALLEY IST ERNSTHAFT böse auf mich und zeigt es auch, obwohl sie es wohl nicht dürfte, weil Herr Halley gesagt hat, als er zum zweiten Mal herausgekommen ist, jetzt kannst du das Holz hineintragen, fülle zuerst die Kiste auf, und was nicht hineinpasst, legst du zum Trocknen neben den Ofen. Er hat Beth befohlen, mir als Arbeitslohn in der Küche etwas zu essen zu geben, und seiner Frau Mary hat er gesagt, der Junge darf nachts vorerst meinetwegen oben auf dem Dach schlafen.

Du darfst bei allen Arbeiten im Haus helfen, so wie man es dir aufträgt, und es kann sein, dass ich dir später auch andere Arbeiten gebe. Hast du verstanden?

Ja, Herr Halley.

Gut, hat er gesagt und ist ohne ein weiteres Wort in seinen wichtigen Angelegenheiten in die Stadt gegangen.

Ich habe die Scheite und Äste in die Küche getragen und in der Kiste und neben dem Ofen gestapelt, so wie Herr Halley es befohlen hat, und dann auf Befehl von Beth die heiße Asche aus den Feuerstellen in einen Zinkeimer gefüllt und den qualmenden Eimer in die Mitte einer Steinaufschichtung gebracht. Köchin Beth ist zufrieden gewesen und hat Zeit gefunden, mich fleißig zu loben, und gesagt, zusätzliche Hände können wir gut gebrauchen, aber als Frau Halley an die Tür kommt, verschwindet Beth sofort und fängt an, in der großen Kühlkammer zu rumoren.

Frau Halley befiehlt mir, in den Flur zu kommen und zu

schwören, dass ich die Wahrheit sage und nicht lüge und mit meinen Lügen geistigen Schmutz in ihr gutes Zuhause trage.

Ja, Frau, ja, ich sage die Wahrheit und lüge nicht und trage keinen Schmutz herein, antworte ich sofort, und sie dreht sich auf der Stelle um und winkt mich mit sich in den Saal. Ich folge ihr und schließe die Tür, weil sie es befiehlt. So hören Beth und Meriall nichts. Wenn man viel Platz hat und Türen, kann man das tun.

Weißt du, dass deine Mutter eine Hure ist?, sagt Frau Halley als Erstes, als sie sich auf einen gepolsterten Stuhl am Fenster gesetzt und mich zu sich gewinkt hat. Ich stehe als Beschuldigter da, und meine Beine zittern ein bisschen.

Nein, Frau Halley, sage ich so höflich, wie ich kann, obwohl Neinsagen normalerweise überhaupt nicht höflich ist, so wie es sein müsste.

Du Yamsbengel widersprichst mir und kommst mit deinen Bitten um Hilfe hierher, weil es ja nichts anderes ist als Bettelei und das Einschleppen des Bösen hier bei uns, fängt sie mit so lauter Stimme an, dass man es bestimmt auch durch die Tür hört.

Du wagst es, in unser Haus zu kommen, obwohl deine Mutter und deine Schwester Bankerte haben und ein wahnsinniger Pfarrer sie auch noch verteidigt und Briefe schickt und das Schwarze zu Weiß lügt, sagt Frau Halley und steht auf, damit sie noch lauter und aus der Nähe sprechen kann. An ihren Schläfen sind dünne, bläuliche Adern hervorgetreten. Über den Augen ist sie mit Farbe gefärbt, und die schwarzen Halbmonde auf der Stirnhaut sehen bei Tageslicht noch schwärzer aus als gestern. Ich erschrecke und weiche einen Schritt vor ihrer Stimme und den schwarzen Monden zurück, weil ich nicht weiß, warum sich jemand so etwas auf die Stirn malt.

Du Höllenbalg wirst den gestrigen Tag noch bereuen, an dem du hier angekommen und zwischen uns getreten bist. Aufs Dach mit dir, du Missgeburt!, ruft Frau Halley, und zwar sehr laut.

Zuerst verbeuge ich mich, damit ich Zeit gewinne. Dann verbeuge ich mich noch einmal richtig, so wie man sich zu verbeugen hat, sodass Frau Halley sieht, dass ich es kann, weil sie ja auch böse darüber sein könnte, dass ich mich falsch benommen habe.

Ja, Frau Halley, sage ich mit angemessen leiser Stimme, aber so, dass sie hört, dass ich die Sitten kenne und beherrsche.

IN DER MITTAGSSONNE IST LONDON ein riesiger Kasten voller Fächer, die sich in den Schatten ducken, und höherer, glänzender Stellen, von denen die Kirchtürme sich am weitesten Gott entgegenrecken. Sie müssen neu sein, denn der Herr Pastor hat erzählt, dass bei dem Großen Brand vor weniger als zwanzig Jahren hundert Kirchen und hundert Türme zu Asche und Ziegelstaub wurden, tausend Gotteslämmer starben und die tausend frommsten Kirchendiener verbrannten und blutlos wurden.

Die Fächer und Türme könnte man wer weiß wie lang mit dem Blick abklappern. Die Stadt setzt sich am Fluss entlang in beide Richtungen meilenweit fort, und hier am Ufer und am Ufer gegenüber gibt es Häuser in einem breiten Band nach Westen wie nach Osten. Das ist keine gewöhnliche Stadt, sondern ein Land und so vollgebaut, dass es nur an den Rändern ausdünnt. Hier und da gibt es zwischendrin immer wieder freie Flächen, und in der Ferne erkennt man als helle Flecken Wiesen, und nördlich von Islington fangen bestellte Felder und dahinter Riesenwälder an.

Herr Halley hat den Ort für sein Haus gut gewählt und es auch noch erhöht, sodass man vom Dach aus in alle Richtungen sieht. Die Themse ist ein glänzender, sich schlängelnder Streifen, es scheint nur eine Brücke über sie zu führen, aber auch die ist mit Häusern und Türmen zugebaut.

Zwischendurch setze ich mich auf denselben Schemel, auf

dem Herr Halley in der Nacht gesessen hat, und warte nur ab, denn mehr kann ich nicht tun, und weggehen darf ich nicht. Ich bekomme allmählich Hunger, aber Frau Halley hat der Köchin bestimmt verboten, mir auch nur ein Stück zu essen zu geben, falls ich versuche, ins Haus zu kommen, und befohlen, mich sofort auf den Hof hinauszujagen.

Es ist aber Herrn Halleys Haus, selbst wenn es auch von der Mitgift von Frau Halley gebaut sein sollte, ich weiß es nicht, aber so werden mit gemeinsamen Geldern Häuser gebaut. Meine Mutter hat erzählt, dass sie nach dem Tod ihres Vaters Geld mitbekommen hat, wenn auch weniger als ihr Bruder, der die Werkstatt bekommen hat und die Behausungen hinter der Werkstatt, aber trotzdem hat sie etwas bekommen, und damit und mit dem gesparten Geld meines Vaters zusammen haben sie gleich nach dem Umzug nach St. Helena angefangen, ein Haus zu bauen, als man auf der Totholzebene Land verteilt hat. Dann ist auch der Bruder meiner Mutter gestorben, aber ein neues Erbe von jenseits des Meeres ist nicht mehr gekommen, weil die Witwe alles behalten hat. Mutter hat dem Herrn Pastor dieselbe alte Sache auch erzählt und gesagt, seit der falschen Heirat hasse sie die Frau ihres Bruders. Der Herr Pastor hat meine Mutter belehren müssen, dass roter Hass und schwarze Bitterkeit sich nicht für einen Christen ziemen, sondern dass man immer wieder von Neuem in sich Versöhnung und Vergebung finden müsse.

Es ist Herrn Halleys Haus, und er hat mir versprochen, dass ich meine Nächte auf dem Dach schlafen darf, so hat er es gesagt, und es kann sein, dass er mich damit schon als Schützling aufgenommen hat. So hat meine Mutter es sich gewünscht, dass ich nicht weit weg zu Verwandten gehen muss, um nach einer Unterkunft zu betteln. Wenn Herr Halley jetzt mein Beschützer und Herr ist, sagt er das bestimmt auch zu Frau Halley. Darum warte ich in Ruhe ab und betrachte die Stadt von oben wie von einem hohen Baum aus.

Ich kann mich nicht zurückhalten, die Beobachtungsapparate unter den Abdeckungen zu untersuchen. Ich öffne sie so weit, dass ich sehe, was darunter ist, und berühre das Metall und das Holz. Das Fernrohr ist dasselbe, das er dabeihatte. Ich erkenne es an den Messingringen und an den Schnittzeichen, obwohl ein Teil des Stativs und der Befestigungen aussehen, als wären sie ausgetauscht worden.

Es ist kein neues mit 40 Fuß, von dem Herr Halley gesagt hat, dass er sich ein so großes noch in London bestellen oder mithilfe von Fachmännern selbst bauen wird. Vielleicht halten das Dach und das ganze Haus ein solches Leviathan-Gewicht nicht einmal aus, und er hat darum noch das alte, aber ausgebessert.

Irgendwann später am Vormittag hört man das Knarren der Leitertreppe, und die Luke mit der Kette wird aufgeklappt. Beth reicht ein Gefäß mit etwas zu essen und eine Kanne Wasser durch die Öffnung.

Nicht der Frau sagen, sie ist ausgegangen, Besorgungen machen. Verstecke das Geschirr, damit man es nicht sieht.

Ich danke Beth, und sie steigt wieder die Leiter hinunter und scheint außer Atem zu sein. Ich fange sofort an zu essen, noch mehr als Hunger habe ich Durst. Es tut gut, ich fühle mich nicht einmal einsam, so wie auf der *Berkeley Castle* fast die ganze Zeit, obwohl dort mehr als hundert andere um mich herum waren und ich nirgendwo als im Mastkorb und manchmal im Frachtraum allein sein durfte.

Wenn mich Herr Halley als Schützling und Lehrjungen nimmt, bin ich nie mehr allein, sondern diene treu und so gut, wie ich es nur weiß und fertigbringe, und ich helfe Beth bei allen Arbeiten, wo ich kann, und gehorche, mehr gehorche ich Herrn Halley, aber auch Beth gehorche ich, und wenn Frau Halley über ihre falsche Wut hinweggekommen ist, werde ich auch ihr gehorchen, weil Frau und Herr Halley durch die Ehe eins sind. So denke ich mir fertig aus, wie ich sein werde und wie die anderen sein werden, aber wie die anderen sind, ist nicht immer so gewiss wie bei einem selbst.

So bleibe ich bis weit in den Nachmittag ruhigen Sinnes. Mal sitze ich, und mal gehe ich auf dem Podest von Rand zu Rand und schaue und lausche auf die rauschende und schnarrende Stadt.

Als unten Geräusche vom Hochsteigen und eine männliche Stimme zu hören sind, bin ich mir schon sicher, dass es Herr Halley ist, aber ein fremder Mann öffnet die Luke. Zuerst fremd, dann erkenne ich ihn. Es ist Herr Clarke, auch wenn er sich sehr verändert hat und im Gesicht runder geworden ist als Herr Halley. Auf diese Art altern diejenigen, die über zwanzig sind, und verändern sich schnell.

Das hätte ich nicht geglaubt, sagt er als Erstes und lächelt oder grinst mit offenem Mund.

Guten Tag, Herr Clarke, entgegne ich und verbeuge mich höflich.

Du erinnerst und erkennst mich, ich bin mir bei dir nicht sicher. An die Rotznase erinnere ich mich, du bist uns wie eine Plage hinterhergerannt und hast dich aufgedrängt. In welcher Angelegenheit bist du hier, und wer hat dich geschickt?

Ich habe eine Briefbotschaft an Herrn Halley überbracht, sage ich.

Und von wem?

Von Herrn Pastor Burch.

Und über welche Angelegenheiten?

Über Angelegenheiten der Insel.

Und über Angelegenheiten deiner Mutter?

Nein, Herr Clarke, sage ich.

Warum hat Burch den Brief dann nicht einem Schiff mitgegeben, sondern musste dich schicken, um hier zu betteln?

Die Lage ist die, dass Briefe nicht mehr befördert, sondern gelesen und weggenommen werden.

Bei euch auf der Insel gibt es keine Lage, dort gibt es nichts weiter als Dummheit, sagt Herr Clarke und zählt an den Fingern ab, wie viele Jahre die Reise zurückliegt.

Ich stehe vor ihm und höre zu.

Und Field ist als Gouverneur ein völliger Versager und Gauner ohne Manieren, auch uns hat er auszunutzen versucht, obwohl wir die höchsten Empfehlungen hatten und eine echte Ernennungsurkunde der Regierung.

Dann macht Herr Clarke einen Schritt nach vorn, sodass er direkt vor mir steht, packt mich an den Schultern und fängt an, mich zu schütteln.

Also was tust du hier, du könntest längst weg sein, fragt oder sagt er wütend und hört keinen Moment lang zu, dass ich antworten könnte. Er zerrt mich an den Rand des Podestes und hebt mich hoch, dass meine Kleidung aufreißt. Als er mich über den Rand auf die Dachschräge drückt, schreie ich laut, weil dabei der gleiche schreckliche Schauer über mich kommt wie in der Sacknacht am Abhang.

Sei still, Bengel, sagt er, aber ich muss einfach weiterschreien. Er zieht mich zurück auf den ebenen Boden, und ich kann noch sehen, dass unten der Schmied stehen geblieben ist und heraufschaut.

Jetzt hörst du mir zu. Dies war nur eine Warnung. Wenn du nicht von selbst gehst, wirst du weggeschickt. Niemand fragt hinter dir her. Du kannst nicht einfach herkommen und bleiben, um Frau Halley zu quälen.

Da vergesse ich alle Sitten der Höflichkeit und sage ohne jede Demut, als würde ich zu einem Gleichaltrigen sprechen, dass mir Herr Halley die Erlaubnis gegeben hat, hierzubleiben, und dass er mich als Gehilfen für die Untersuchung des Himmels aufnimmt.

Da hält Herr Clarke zuerst inne, aber dann macht er den Mund einen Spalt weit auf und fängt an zu lachen, stößt mich zurück und geht in die Mitte des Podestes, an die Stelle, wo das Teleskop an seinem stabilen Stativ befestigt ist.

Solche wie du sind für Beobachtungen weniger zu gebrauchen als eine Ratte. Einer Ratte kann man das Bein aufschneiden und Adern und Blut herauskramen, das ist interessant und macht Spaß, aber einer wie du taugt nur zum Bodenfegen. Und da du jetzt weißt, was Mary über dich und deine Sippschaft denkt, kannst du schon diese Nacht gehen und komplett verschwinden. London ist groß, und die Provinz reicht weit. Irgendwo wirst du schon Verwandte haben, sagt Herr Clarke zum Schluss und wartet nicht ab, dass ich antworte, sondern geht an der Luke schwerfällig in die Hocke und auf die Knie und steigt aus dieser Altmännerhaltung die Leiter hinunter.

Schlimm verschreckt bleibe ich allein auf dem Dach zurück. Dann schaue ich zufällig genau in dem Moment in den Nachbarhof, als der Schmied mit seiner Lederschürze zum Abkühlen herauskommt, und als ich sehe, dass er heraufschaut, fasse ich aus irgendeinem Grund Mut und winke mit der Hand einen Gruß, als würden wir uns kennen. Als auch der Schmied winkt, fühle ich mich richtig gut, so gut, dass ich anfange zu weinen.

SÄMTLICHE ANGELEGENHEITEN DER ERWACHSENEN sind voller Windungen und Schatten. Wenn man einen normalen Schatten sieht und woran er hängt, dass er zum Beispiel von einem Baum als Schatten des Baums auf die Erde geworfen wird, dann weiß man Bescheid, aber wenn man nicht sieht, woran er hängt, weiß man nichts.

Auf dem Dach hat man eigentlich nicht mehr als viel Zeit zum Denken und Gucken. Am Nachmittag färbt das Licht London anders als am Morgen. Auch sonst muss es sich in jedem Augenblick ein bisschen verändern, weil ständig so viele Menschen in alle Richtungen laufen. Nie können dieselben Leute gleichzeitig an derselben Stelle sein.

Ich sehe die Fußgänger auf den nahen Straßen und die Straßen, die gerade verlaufen und nicht gleich an Hauswänden abbrechen, und die Boote auf der Themse, diese aber nicht die ganze Zeit, sondern hier und da in den Häuserlücken und nur so klein wie Erbsenschoten, weil die Entfernung so groß ist.

In Ruhe gucken ist eine sehr gute Übung für die Augen. Auf die gleiche Art müsste man viele Dinge üben, denn wenn Herr Halley mich als Lehrjungen nimmt, bringt er mir schwierige Aufgaben bei, die man können muss.

Herrn Clarke mag ich nicht, ich habe ihn auch damals nicht gemocht, aber das kann ich nicht sagen, weil er ein Freund und Gehilfe von Herrn Halley war und wahrscheinlich immer noch ist, weil er auch aufs Dach gekommen ist, als Vertrauter von

Frau Halley und von ihr geholt. Darum ist es besser, nicht zu erzählen, dass er mich übers Geländer gehoben und mir befohlen hat, wegzugehen.

Als ich Herrn Halley auf der Straße sehe, habe ich schon vollkommen vergessen, was ich beschlossen habe, und warte nur, dass er heraufkommt. Es dauert lange. Vielleicht will er zuerst essen. Oder sie unterhalten sich zuerst untereinander, bis meine Angelegenheit geklärt ist. Wenn man wartet, fängt man unnötig an, darüber nachzudenken, was andere Menschen tun und denken.

Dann kommt Herr Halley. Er hat noch den Stadtanzug an und dasselbe schwarze Seidenband der Trauerzeit um den Arm gebunden, das ich schon gestern angeschaut habe und vor dem ich erschrocken bin, denn im Tod liegt Gefahr für alle, die in der Nähe sind, die Todesgrenze ist offen, und von dort können verschwundene Krankheiten und Giftdämpfe auf die Erde gelangen.

Es kann sein, dass ich wegen des Schreckens und des Trauerbandes sofort anfange zu reden. Ich erzähle, was Herr Clarke getan hat, höre selbst an meiner Stimme, dass ich so erbärmlich bin wie ein Kleinkind, aber ich kann einfach nicht mittendrin aufhören, sondern mache mit all dem weiter, von dem ich beschlossen habe, nicht zu reden. Petzen ist nicht mannhaft und über die Taten anderer zu lästern keine Tugend. In der Bibel ist für Petzen und Jammerer kein guter Platz reserviert, hat der Herr Pastor gelehrt, aber ich kann nicht anders als darüber reden, weil es mir auf der Zunge liegt.

Herr Halley schaut nur. Er befiehlt mir nicht, aufzuhören, und wendet sich auch nicht ab, er sieht mich nur an. Ich muss mir Augenwasser von den Wangen wischen, weil es mir erbärmlich vorkommt und gleichzeitig guttut, reden zu dürfen, während Herr Halley nur schaut und mich an keiner einzigen Stelle unterbricht.

Nun gut, sagt er dann, als ich fertig bin, und legt mir die rechte Hand auf die Schulter. Dadurch fange ich richtig stark zu weinen an, obwohl ich schon fast ein Mann bin und immerhin weit gereist und alles hinter mir gelassen habe und in London bin.

Du hast das sicher falsch verstanden, sagt Herr Halley so sicher, dass ich selbst anfange zu zweifeln. Für einen Moment bin ich so, dann kehrt es zurück, und ich antworte Nein.

Vielleicht wollte Clarke dich etwas lehren, ich glaube, so war es auch, ich glaube und bin mir sicher, dass er dir zur Lehre zeigen wollte, dass man auf einer Sternwarte keine Höhenangst haben darf, man darf überhaupt keine Angst haben, sondern muss sich daran gewöhnen, und sei es durch harte Übung, wenn man nicht von Natur aus den passenden Kopf dafür hat. Aber Clarke hat es dir nicht erklären können, sondern gleich mit praktischen Übungen angefangen, sagt Herr Halley und legt beide Hände auf meine Schultern und schaut mir von oben direkt in die Augen. Er ist größer als fast jeder Mann auf der Heimatinsel, ein paar Soldaten sind vielleicht so groß wie er, und Hof-Oliver, aber der ist im Alter krumm geworden, ansonsten keiner. Ich nicke ein bisschen, weil ich nicht anderer Meinung sein will.

Vielleicht fangen wir mit der gleichen Übung an, sagt er und führt mich vor sich her an den äußersten Rand des Dachpodestes, unter dem das Schieferdach schwarz-rot und steil abfällt.

Ich halte dich ganz fest, du brauchst überhaupt keine Angst zu haben, sagt er und hebt mich an den Achseln hinüber, sodass ich fast über dem Leeren hänge. Sofort bekomme ich einen

Krampf in den Fußsohlen, und ich mache die Augen zu, damit ich das Dach und den Abgrund unter mir nicht sehe.

Herr Halley lässt die Hände aus den Achseln gleiten, sodass er mich kurz nur an den Armen festhält und dann an den Ellenbogen und dann nur noch an den Handgelenken. Schließlich hänge ich so da, dass wir uns an den Händen drücken, ich drücke, so fest ich kann, und auch Herr Halley hält nicht wenig. Er lehnt mit der Brust auf dem Geländer und ist so noch stärker, als er ist.

Dann hebt er mich ohne Vorwarnung hoch und stellt mich auf die Bretter des Podestes.

Was war das für ein Gefühl?

Ich antworte, dass mir schwindlig war.

Aber hattest du noch Angst?

Ich bewege den Kopf von einer Seite auf die andere, weil ich das Gefühl habe, immer derselben Meinung sein zu wollen und dass Herr Halley will, dass ich keine Angst mehr gehabt habe.

Gut, aber vielleicht machen wir es trotzdem noch ein zweites Mal, sagt er und packt mich an den Händen, mit seiner Linken an meiner Rechten und mit seiner Rechten an meiner Linken, und hebt sie schon in die Luft, aber ich muss selbst übers Geländer klettern und mich an Herrn Halleys Händen hängen lassen. Ich möchte nicht nach unten schauen, halte die Augen geschlossen und drücke so fest, dass es in den Fingerknöcheln und den Handgelenken wehtut.

Ich glaube, das reicht, sagt er und hebt mich mit Leichtigkeit zurück. Mein Herz hämmert, und die Beine zittern, aber das darf ich nicht zeigen, sondern versuche zu lächeln, weil man in London fröhliche Menschen mag, bestimmt auch Herr Halley.

Ich glaube auch, sage ich, und Herr Halley klopft mir genauso auf die Schulter, wie ich es von damals im Gedächtnis habe und wie es guttut, weil es ein Lob ist und ich etwas geschafft und das Schlimmste überstanden habe.

Hier wird Vertrauen gebraucht. Observatorien sind oftmals wacklige Orte, die Leitern sind, was sie sind, aus morschem Holz billig gemacht. Die Podeste und Böden dürfen trotzdem nicht schwanken, sie sollten es jedenfalls nicht. Auf dem Schiff hast du sicher gesehen, wenn der Boden sich auch nur ein bisschen bewegt, dann bewegt sich der Horizont viel, und die Sterne bleiben keine Punkte, sondern wackeln und blinken, und man bekommt sie nicht genau zu fassen und an ihren Stellen gemessen.

Außer dem Turm muss man dem anderen vertrauen, wenn man die Beobachtungen zusammen macht, der eine schaut, und der andre misst oder notiert zumindest die Grade. Auf diese Weise kann man sich aufs Schauen konzentrieren und muss das Auge nicht die ganze Zeit von fern zu nah und von nah zu fern und vom möglichst Dunklen ins Licht der Kohlenpfanne hin und her bewegen. So etwas stört, obwohl ich gelernt habe, so nach den Sternen zu schauen, dass ich das eine Auge geschlossen halte, während ich im Licht der Glut die Aufzeichnungen mache. Bei Hevelius in Danzig sah ich, dass seine Frau Elisabeth zu der gleichen Arbeit fähig ist wie jeder gelehrte Mann, weil zwischen ihnen vollkommenes Vertrauen herrscht und sie seit Jahren zusammenarbeiten. Durch sie begriff ich, dass ein guter Kopf und Genauigkeit wichtiger sind als ein Studium. Und dass man dabei ist und nicht zweifelt und nachlässt.

Aufgrund dieser Inspizionsfahrt nach Danzig und meiner guten Erfahrung werde ich dich wohl als Lehrjungen zum Üben aufnehmen und dergestalt unter meinen Schutz stellen, dass du im Haus wohnen und essen darfst. So erhofft es sich auch Pastor Burch in seinem Brief, und er scheint mir kein dummer Mann zu sein, auch wenn Pfarrer das oft sind. Ich werde es Mary so erklären, dass sie es versteht. Sie ist für Elisabeths Arbeit und als Helferin bei meinen Observationen nicht geeignet, aber das braucht sie auch nicht zu sein. Sie ist eine großartige Frau und im Grunde gutherzig. Denke daran, ihr in allem zu gehorchen, in kleinen wie in großen Dingen und Aufgaben, die sie dir überträgt, bereite ihr keinen Verdruss, sie ist ohnehin schon außer sich. Und sage mir, wenn Clarke in Zeiten zu Besuch kommt, in denen ich nicht da bin. Clarke ist zwar ein guter Freund von mir und in vielen Situationen mein Gehilfe gewesen, aber ich möchte nicht, dass er allein die Beobachtungen studiert, die ich gemacht habe, und auch sonst möchte ich nicht, dass er nach Islington kommt, wenn man ihn nicht eingeladen hat, sagt Herr Halley.

Und sage nie anderen weiter, was ich dir sage, erzähle nicht, was du gesehen hast, und plappere niemandem gegenüber von den Resultaten, ganz gleich, wer fragt, verrate nicht einmal, welchen Teil des Himmels oder welche Angelegenheit der Welt ich erforsche. Aber mir erzählst du, was die anderen über mich reden, und du stimmst nie zu, wenn man dich fragt, ob du alles erzählst, was du hörst. Verstehst du jetzt, was Vertrauen ist?

Ja, Herr Halley, sage ich wieder und sofort und ohne darüber nachzudenken, worauf ich alles antworte.

Aus diesem Grund habe ich dich ein bisschen unterwiesen, wie du gemerkt hast. Auf Sternwarten muss man sich auch auf seinen geringsten Hilfsburschen verlassen können. Und der Helfer muss sich auf seine eigenen Füße verlassen können, damit sie nicht abrutschen, aber noch mehr auf seinen Herrn, sodass er alle Anweisungen und Befehle befolgt. Verstehst du, und was hast du verstanden?

Ja, Herr Halley. Dass ich lernen muss, hohe Stellen auszuhalten, antworte ich und fange an, von der Araukarie zu erzählen, wie ich schließlich bis in ihren dünnen Wipfel geklettert bin, ich erzähle vom Mastkorb, dass ich mich dort versteckt und fast drei Wochen von Jamestown bis Ascension darin gewohnt habe.

Tatsächlich? Wie hast du da oben gepisst und geschissen?, fragt Herr Halley und fängt laut zu lachen an.

Das lässt sich einrichten, Herr Halley.

Darüber lacht er noch mehr, und ich finde es richtig gut, dass er lacht und nicht traurig ist, heute trinkt er nicht einmal, sondern steht fest mitten auf dem Podest, setzt sich überhaupt nicht auf den Schemel, sondern steht und schaut, ob sich in dieser Nacht zwischen den Wolken genügend Löcher auftun.

WAS IST DIE WAHRSTE WAHRHEIT und die sicherste Sache unter den Dingen?, fragt mich Herr Halley. Solche sehr schweren Fragen stellt er manchmal. Ich weiß, dass er sie mir zur Lehre stellt, sodass ich nachdenken muss und meine Gedanken übe, damit sie wachsen und einmal so segelnadelscharf werden, wie es gut gedrillte Augen sein können.

Gib mir eine Antwort darauf, Angus, was ist auf der Welt und außerhalb der Erdkugel die wahrste Wahrheit und sicherste Gewissheit?

Ich kann auf so etwas nicht antworten, und Herr Halley weiß das auch, aber er will mich nur auf die Probe stellen, bis er selbst die Antwort gibt und mir beibringt. Es kann sein, dass derjenige, der gefragt wird, mehr lernt und sich merkt, wenn auf diese Weise zunächst gefragt und erst dann die Antwort gegeben wird, und Herr Halley weiß, dass es so ist.

Die wahrste Wahrheit und sicherste Sache ist die Bewegung, dass sich die Himmelskörper bewegen und wir uns mit ihnen, sagt Herr Halley und schaut mich so an, dass ich nicken muss, zum Zeichen, dass ich verstanden habe, was er meint.

Ich gehe sogar so weit in meiner Annahme, dass sich absolut alles in Bewegung befindet. Denn auch der Stein bewegt sich, er macht selbstverständlich die großen Bewegungen mit, aber er ist sogar selbst in Bewegung. Wenn der Sandstein zu Stücken und Sand zerfällt, was ist das anderes als Bewegung? Was sagst du dazu, Angus?

Er will mich auf die gleiche Art unterrichten, wie mich der Herr Pastor unterrichtet hat, aber die sichersten Dinge sind nicht dieselben. Ich habe die Lehren des Herrn Pastors noch in mir, aber jetzt kommen die Lehren von Herrn Halley auf die vorigen drauf und erscheinen mir mittlerweile wahrer zu sein. Es ist trotzdem schwer, weil beide in mir sind und ich beiden gehorchen will. Ich weiß nicht, was daran so unangenehm ist und am Gemüt reibt, und ich muss ein ums andere Mal darüber nachdenken, aber ganz klar wird es mir nicht.

Ich kann nicht einmal Herrn Halley recht fragen, aber ich tue es trotzdem, weil er sagt, frag, wenn du etwas nicht weißt. Ich frage wenigstens ungefähr. Er versteht mich sofort, obwohl ich es nicht besser kann.

Ja, Angus, es ist so, dass wir in zwei Wirklichkeiten leben. Zunächst ist da diejenige, in der wir uns befinden. Dann gibt es die, von der wir glauben, dass sie existiert. Zuerst sind da die harten Steine und das salzige Meer, und die Erde dreht sich und kreist um die Sonne. Dann gibt es unsere starken Vorstellungen, dass es auch noch etwas anderes geben muss. Das versuchen wir zu finden und zu beweisen. Verstehst du?

Ja, Herr Halley, sage ich, aber bin mir überhaupt nicht sicher, ob ich es verstehe.

Wenn die Dinge gleichzeitig in Gedanken und außerhalb der Gedanken existieren, kann man sie messen. Wenn etwas nur in der Vorstellung und im Glauben existiert, ist es ein bisschen anders. Aber darüber solltest du noch nicht mit anderen reden, es genügt, wenn du es in deinem jungen Kopf keimen lässt.

Ja, Herr Halley, sage ich, und genau da habe ich das Gefühl, dass ich es doch verstehe. Das ist ein großer Augenblick. So als wäre ich bis dahin auf einem langsamen Fluss gewesen, auf einem wie der vor Schmutz trüben unbeweglichen Themse, aber dann fällt die Erde im Flussbett am Felsen ab, es wird steil, und das langsame Wasser wird zur Stromschnelle und zum Wasserfall und schäumt weiß auf.

Ich bin fast sicher, dass ich mich an Herrn Halleys Zweiteilung der Dinge bis ans Ende meines Lebens erinnern werde. Dass das Erste das ist, wo der Mensch ist. Und das Zweite das, was der Mensch denkt. Dass das Erste mehr ist, weil es in Gedanken und gleichzeitig da ist, aber das andere nur in Gedanken.

SEHR SCHNELL NACH DIKTAT SCHREIBEN ist eine Kunst, in der man ständig schneller und besser wird, wenn man sich nur die Mühe macht, zu üben. Herr Halley lässt mich oft üben, wenn er zwischen seinen vielen Beschäftigungen und seinen Besuchen in der Stadt bei anderen Gelehrten und Rechtskundigen Zeit dafür findet. Auch wenn er keine regelmäßigen Beobachtungen des Himmels und des Mondes auf seinem Dach mehr anfängt, so bereitet er andere Sachen vor und notiert sich die ganze Zeit, was wichtig und nützlich sein könnte und was er über welches Thema schon weiß und wo er durch angeordnete Versuche und Experimente mehr darüber entdecken könnte.

Er liest seine Aufzeichnungen laut vor, und ich muss sie Wort für Wort ohne große Fehler und Tintenkleckse erneut aufschreiben. Ich lerne es ziemlich gut, weil ich als Grundlage ähnliche Übungen des Herrn Pastors habe und auch schwierige Wörter ungefähr richtig übertragen kann, selbst wenn ich sie gar nicht verstehe. Latein kann und beherrsche ich nicht, weil es eine andere Sprache ist und von anderen anderswo gesprochen wird. Briefe und gelehrte Schriften in der Sprache gehen nur Herrn Halley etwas an und diejenigen, denen er sie schickt.

Wenn ich dich zum Schreiber ausbilde, wird dir das zum Nutzen gereichen, weil solche, die schnell schreiben, und noch mehr solche, die fehlerfrei schreiben können, in London immer gebraucht werden, weil die großen Städte und Länder nur bestehen bleiben und aufblühen, wenn alles aufgeschrieben und aus dem Besprochenen etwas Dauerhaftes gemacht wird, indem man Verträge unterzeichnet und Preise und Schuldenzahlungen mit Tinte auf Papier vermerkt, sagt er und macht sich oft die Mühe, laut zu diktieren und mich üben zu lassen.

Innerhalb eines Monats habe ich mich daran gewöhnt, in dem Haus in Islington zu wohnen, und möchte nicht mehr fort, aber der Tod von Herrn Halleys Vater und die fortgesetzten Erbstreitigkeiten mit der Witwe führen unweigerlich dazu, dass der Umzug näher rückt.

Herr und Frau Halley mögen die Witwe überhaupt nicht. Herr Halley sagt jedem Besucher, der ins Haus kommt, dass die Hochzeit seines Vaters das schlimmstmögliche Unglück gewesen sei, der Ausgangspunkt und wahre Grund für den Tod seines Vaters. Witwe Joane ist ein geldgieriges und ungehobeltes Miststück, das nicht einmal bereit ist, die hundert Pfund zu zahlen, die in der Zeitungsanzeige als Finderlohn ausgesetzt waren. Auch wenn das viel ist, so erhält die Witwe bei der Erbaufteilung Bargeld, und davon muss die Belohnung für den armen Jungen von Stroud bezahlt werden. Ist das nicht gerecht und angemessen?, fragt Herr Halley, und die Besucher stimmen immer zu und sind der gleichen Meinung, und ich bin es auch, obwohl ich die Witwe noch nie gesehen habe.

Über den schlimmen Tod, den Mord und das Versenken im Fluss wird im Haus oft gesprochen, obwohl das alles nun schon eine Weile zurückliegt. Köchin Beth will, dass ich mir alle schrecklichen Einzelheiten anhöre, die man über das Verschwinden des älteren Herrn Halley und über das Auffinden der Leiche herausfinden kann. Nachdem man endlich die Schuhe von den geschwollenen Füßen bekommen hatte, sah man, dass Herrn Halley sämtliche Zehen abgeschnitten worden waren, sodass nur noch die Stümpfe übrig waren. Die Fische hatten die Augen und die Nase gefressen, die Möwen Löcher in die aufgedunsene Haut gehackt. Die Leiche hatte mitten im grauen Lehm in einer Blutpfütze gelegen.

Mehr als das, was sie weiß, erzählt Beth das, was sie reden gehört hat. Um sich neue Informationen zu beschaffen, hat sie zwischendurch den Markt gewechselt und angefangen, die Vormittagseinkäufe in der Nähe der Winchesterstraße zu machen.

Es kann sein, dass nichts, was mit einem Menschen zu tun hat, jemals die sicherste Sache und die eine Wahrheit ist, weil Beth an verschiedenen Tagen unterschiedliche Erkenntnisse hat. Sicher ist, dass der alte Herr Halley als geachteter Kaufmann in das Ehrenamt eines Wächters der königlichen Leibgarde gewählt wurde, aber Beth hat gehört, dass man ihn genau aus dem Grund in einen abgelegenen Wald in der Provinz lockte, angeblich, um billige Grundstücksgeschäfte zu tätigen, wo er dann aber aus Neid oder nur aus Hass auf den König ermordet wurde. Nach Beths Erkenntnissen hat man ihn mit Dreschflegeln, die für das Verscheuchen von heimlichen Katholiken gemacht worden waren, bewusstlos geschlagen und dann ausgeraubt und in den Fluss gestoßen. Die fanatischsten Gläubigen haben Patrouillen zusammengestellt und sich mit ihren Flegeln nachts auf die Suche nach Katholiken gemacht, und in so eine Schar hat sich der alte Herr Halley zu seinem Unglück verirrt, wenn er nicht angelockt worden ist.

Als man ihm das leinene Totenhemd anlegte, waren die Spuren der Schläge noch immer zu sehen, und man hatte eine dickere Schicht Spreu in den Sarg schichten müssen als sonst, damit die Leiche nicht nass in ihren eigenen Flüssigkeiten liegen musste. Beth sagt, das wisse sie sicher, weil sie selbst bei der Beerdigung gewesen ist und den schwarz gestrichenen Eichensarg gesehen hat, als man ihn zum Tragen angehoben und gekippt hat und Flecken am Boden zu erkennen gewesen sind.

Das Begräbnis war das größte, das Beth je aus der Ferne zu Gesicht bekommen hat. Es fand mitten in der Nacht statt, aber entlang der Strecke standen so viele Fackeln, vielleicht Hunderte, dass der Weg zum Friedhof der heiligen Margaret so hell leuchtete wie am Tag. Obwohl die Witwe und Herr Halley im Streit liegen, ist an den Begräbniskosten nicht gespart worden, sondern alles war so, wie es sich gehört.

Ein herrliches Sargtuch und ein silberner Kerzenleuchter auf dem Sarg. Und er wurde in irischem Leinen beerdigt, auch wenn der Herr und die Witwe deswegen Strafe zahlen mussten, erzählt mir Beth, weil auf Anweisung des Königs niemand mehr anders als mit Wolle bedeckt begraben werden darf, aber alle, die es sich leisten können, die Toten in feineres Leinen oder über die Meere gebrachte Baumwolle oder Seide zu kleiden, zahlen die Strafe.

Es war ein herrliches großes Begräbnis, sagt Beth und lächelt.

Ich habe noch nie von einer solchen Vornehmheit im Tod gehört, von schwarzen Emailringen, schwarz umrandeten Goldringen, mit schwarzem Stoff verhüllten Spiegeln und Kristallen.

Tragen die vornehmen Frauen hier deshalb schwarze Sterne und Halbmonde im Gesicht?, frage ich.

Nein, die Monde und Sterne sind in Mode, sagt Beth und malt sich mit dem Finger ebensolche Zeichen auf Stirn und Wangen, dass ich sie fast sehen kann.

Zu Frau Mary passen sie auch, weil der Herr in dem Metier tätig ist, aber sie passen auch gut zu ihrer Haarfarbe, sagt Beth.

Beth weiß viel, aber über manche Dinge weiß sie gar nichts.

Sie erzählt von der Winchesterstraße, in der Herr Halley

viele Häuser erben und fortan besitzen müsste, und auch die Herberge Zum Hund bekommt Herr Halley nach seinem Vater, wird sie aber gewiss nicht selbst betreiben, sondern an denselben Wirt verpachten, der sich auch jetzt um sie kümmert und in Billingsgate Seemännern und Säufern die Münzen abknöpft.

Aber als Beth dann erzählt, in der Nähe der Winchesterstraße sei das großartige Bethlehem-Krankenhaus gebaut worden, kennt sie Bethlehem gar nicht, sondern glaubt, der Name kommt von einer adligen Dame namens Elisabeth. Darum sagt sie, sie habe auf dem Markt gehört, dass der Architekt des Krankenhauses, Herrn Halleys Freund Robert Hook, ein unstatthaftes Verhältnis mit einer Beth gehabt habe. Über dieses Gerücht kichert sie und glaubt und versteht nicht, als ich sage, Bethlehem ist der heilige Geburtsort von Jesus in Judäa.

Nein, Angus, nein, warum hätte man die Geburtsstätte von Jesus nach London verlegen sollen?

Genau wie zu Hause gibt es auch hier unwissende Menschen, aber sie sind auf andere Art unwissend. Hier gibt es so viele Dinge, dass man auch dann, wenn man viel weiß, über vieles nichts weiß. Auf St. Helena gibt es weniger Dinge, und über die weiß man dann mehr. Aber in welchem Fall weiß man insgesamt mehr? Oder hat das Wissen ganz und gar damit zu tun, in welchem Winkel der Welt man wohnt? Oder hat es damit zu tun, was ein Klügerer zu unterrichten bereit ist, so wie ich mich mit Judäa besser auskenne als mit England, weil der Pastor mich hauptsächlich die Bibel gelehrt hat?

Jetzt lerne ich auch anderes, weil Herr Halley nicht die Bibel zu unterrichten scheint, aber das Lesen schwieriger Bücher schon und das Schreiben nach Diktat, so wie es mich der Herr Pastor gelehrt hat. Das ist bei ihnen gleich, aber der Unterschied liegt in dem, was ich schreibe und lese.

Über solche Wissensangelegenheiten habe ich angefangen nachzudenken, nachdem Herr Halley viel darüber geredet hat. Lesen und Schreiben sind nicht nur ein Wissen wie über einen Weg oder eine Fahrt, ob so entlang und ob mit Pferden. Durch Lesen und Schreiben erlangt man ein Wissen, das zweierlei ist. Ringsum gibt es Sichtbares und Messbares, aber in Gedanken gibt es Unsichtbares, das man noch nicht messen kann. Auf etwas Neues zu kommen, heißt, dass man etwas messen kann, nachdem man die Art gefunden hat, wie man es misst. So wächst das Wissen vom bloßen Denken zum Durchführen von Versuchen und dann zum Rechnen mit Zahlen und Rechenzeichen auf Papier.

Nicht alles kann man zu Versuchen mitbringen und schon gar keine Himmelskörper, aber von Sternen und Mond und Sonne kann man Positionen und Entfernungen messen und mit ihnen weitere schwierige Rechnungen anstellen. Solche komplizierten Himmelsberechnungen macht Herr Halley an seinem Schreibtisch manchmal viele Stunden hintereinander, bis er unruhig wird. Das hindert ihn am Aufzeichnen der Sterne, weil man da vor allem still stehen und Ausschau halten und in allen Nächten messen muss.

Die zwischenmenschlichen Angelegenheiten lassen sich durch Rechnen nicht klären, hat Herr Halley mitten in den Diktatübungen zu mir gesagt. Wer ist imstande, genau die Menge an Habgier und gemeiner Schadenfreude zu messen?, hat er gefragt, aber ich habe bereits gelernt, dass es zweierlei Fragen gibt. Auf die einen soll man antworten, aber die anderen sagt man nur um des Sagens willen.

Herrn Halley bedrücken der endlose Streit mit Witwe Joane und der Tod seines Vaters und der Tod seines Bruders und alles. Der Tod der kleinen Katherine ist ebenfalls noch zu nah, hat

Beth mir erzählt und gesagt, der Herr könne sich nicht mehr auf das Machen von Beobachtungen konzentrieren. Das sehe auch ich, einen unruhigen Menschen kann man von einem unterscheiden, der innerlich Ruhe hat, und ich habe Herrn Halley auch anders gesehen und erinnere mich gut daran, obwohl ich so klein war, dass ich mir selbst jetzt nur bis zum Nabel reichen würde.

ICH WEISS NICHT, OB ES SICH SCHICKT, aber weil Herr Halley die Angelegenheiten von St. Helena und den Brief vom Herrn Pastor nicht zur Sprache bringt, außer einmal und zu kurz, frage ich direkt, ob er schon mit den wichtigen Männern gesprochen hat, damit auf der Insel Eintracht und Gesetzmäßigkeit einkehren und die Menschen keine Angst mehr haben müssen, dass bei Nacht die Soldaten kommen und die Männer in den Kerker der Garnison bringen und sie mit Stöcken und Fäusten schlagen, so lange, bis die Farmer sogar ihre Nachbarn anschwärzen. Wenn Gouverneur Blackmore gegen einen besseren Gouverneur ausgetauscht würde, könnten Mutter und Ann und Adam wegziehen und würden hierherkommen, sage ich direkt, was ich hoffe, obwohl auch im Brief des Herrn Pastors nichts davon gestanden hat.

Hierher?, fragt Herr Halley.

Nicht gerade hierher, aber sicher in die Gegend von Kent, weil sie mit dem Herrn Pastor kämen, und der hat dort Verwandtschaft und seinen Bruder als Propst in der größten Gemeinde, und die alten Ländereien seiner Familie liegen in der Nähe. Auch wenn es Streitigkeiten in der Familie Burch geben mag und zwischen dem Herrn Pastor und der Familie, würden sie trotzdem dorthin gehen, gebe ich an Herrn Halley weiter, was ich durch die nächtlichen Worte des Herrn Pastors und meiner Mutter weiß, die ich, ohne hinzuhören, durch die dünn gekratzte Stelle an der Wand mitbekommen habe. Vielleicht habe ich auch ein bisschen selbst mit der Messerspitze und den Fingernägeln daran weitergeschabt.

Ich werde darüber sprechen, sobald sich die passende Gelegenheit ergibt. Man kann nicht ins Hauptquartier in der Leadenhall gehen und etwas verlangen, ohne über volle Beweise zu verfügen. Man muss genau die richtigen Leute in der Kompanie kennen. Die kenne ich auch, aber es muss der richtige Moment sein. Er wird noch kommen, kleiner Angus, sei nicht traurig.

Ich bin nicht traurig, außer darüber, dass meine Mutter nicht einmal weiß, dass ich angekommen bin, sage ich.

Ich schreibe, ich schreibe, ich vergesse es nicht, sehr bald werde ich einen Antwortbrief an Burch schicken, mit der Nachricht, dass du hier bist und bei mir in guter Obhut. Ich werde zum Teil auf Latein schreiben, das können wenigstens nicht alle, wenn sie den Brief aufmachen und Verdacht hegen. Ich fange auf Englisch an und berichte von gewöhnlichen Neuigkeiten, von Naturbeobachtungen, wegen einer nistenden Drossel wird kein Brief konfisziert, und dann gehe ich mittendrin ins Lateinische über, als schriebe ich über den nördlichen Sternenhimmel, ich könnte zum Beispiel den Namen des verehrten Flamsteed erwähnen, aber dazwischen schreibe ich eine geheime Botschaft an den Pastor und in dieser Botschaft als Ermutigung die Mitteilung, dass gewisse administrative Dinge Fortschritte machen. Falls sie Fortschritte machen, das weiß ich noch nicht, weil der passende Moment zu sprechen ebenso überraschend kommt, wie an der Küste der Regen einsetzt. Aber sei nicht traurig, denn das schöne Wetter ohne Regen hält am Meer nie lange an.

Immer wenn Herr Halley Zeit hat, länger auf diese Art mit mir zu reden, beruhige ich mich und bin sicher, dass sich alles auf die richtige Weise ordnen wird. Herr Halley ist ein guter Redner. Ich habe gehört, wie er durch Reden andere selbst zu schwierigen Entscheidungen bewegt. Wenn er nur will und nicht wegen der Dummheit der anderen mittendrin wütend wird, kann er jeden überzeugen.

Beth hat erzählt, dass Herr Halley schon mit dem König selbst hat sprechen dürfen. Das ist für Beth eine große Sache, auch wenn es nicht ganz sicher ist, weil solche Dinge höchste Vertrauensangelegenheiten sind und sehr geheim und wichtig, und die gibt man nicht direkt zu und plappert auch nicht darüber.

Der König interessiert sich für Naturphilosophie und die Experimente der *Royal Society* und besucht gelegentlich deren Versammlungen, um zuzuhören, was die hervorragendsten Gelehrten dem Land und dem Ansehen des Landes an neuem Guten bringen können. An den Tagen nach seinen Besuchen ist Herr Halley immer heiterer Stimmung, auch wenn der Abend zuvor sich nach dem Abgang des Königs lange hingezogen hat, weil man seinen Besuch wohlwollend rekapituliert und einen Nachttrunk eingenommen hat.

Es ist ein großes Privileg, dass wir von allerhöchster Stelle eine so bedeutsame Gewogenheit und Unterstützung erfahren dürfen, sagt Herr Halley einmal richtig feierlich, obwohl niemand außer mir zuhört.

Wenn er so zu mir spricht, spüre ich, wie sich das Herz in mir vor Stolz aufbläht. Wenn ich meine Mutter noch einmal sehe, kann ich ihr erzählen, dass unser Wohltäter oft in der Nähe des Königs hat sein dürfen und mit ihm gesprochen hat.

So kann ich auf einem Umweg stolz auf mich sein. Selbststolz bringt das Herz dazu, sich schneller zu bewegen, ich habe gelernt, das experimentell zu erfühlen und die Schläge zu messen. Das Herz spürt man an sechs Körperstellen: an der Brust, am Hals, an beiden Handgelenken und an beiden Fußgelenken. Irgendwie wandert das Herz die Adern entlang und tickt wie eine Pendeluhr.

Wenn Herr Halley dem König gelegentlich so nahe kommt, bedeutet das für mich, dass zwischen mir und dem höchsterhabenen König Karl nur ein einziger Mensch steht. Das ist Herr Halley, und der hat mich als Schützling aufgenommen, und wenn er manchmal mein Alter und meine Position vergisst, spricht er mit mir wie mit seinesgleichen. So habe ich barfuß und auf Laufhundbeinen den weiten Weg vom kleinen Balg in die größte und großartigste Stadt der Welt zurückgelegt und bin als Gehilfe und Schützling eines wichtigen Mannes des Königs fast bis zum König gelangt.

Zur Zeit des Umzugs fort von Islington findet Herr Halley alte Schuhe aus seiner Jugend und schenkt sie mir. Ihr gutes Oberleder hat sich, ohne hart zu werden, gehalten, die Sohlen haben keine Löcher, und die Nähte klaffen nicht. Sie passen mir fast perfekt, wenn ich zwei Wollsocken übereinander trage.

DER HOF ZUM GOLDENEN LÖWEN ist eine vornehme Adresse und ein vornehmes Haus neben dem Kronenhof, aber in Islington hat es die Sternwarte auf dem Dach gegeben und schwärzere Nächte.

In London lerne ich das mit den Adressen. Auf der Insel gibt es so etwas nicht, weil jeder weiß, wo die wenigen feineren Häuser stehen und wer darin wohnt, aber in London muss man nur die Adresse und die Gegend kennen, dann weiß man sofort Bescheid.

Nach dem Tod seines Vaters wird Herr Halley wohlhabend, und auch deshalb muss umgezogen werden, weil man über den schlimmen Tod hinwegkommen und den anderen zeigen muss, dass es keine falschen Gründe dafür gegeben hat, sondern bloß ein furchtbares Schicksal und traurige Zufälle. Herr Halley kann die Witwe nicht direkt wegen der schlechten Behandlung seines Vaters und wegen der Streitigkeiten beschuldigen, aber er gibt den anderen zu verstehen, dass das Leben seines Vaters in dessen letzten Jahren mit der neuen Ehefrau keineswegs glücklich war.

Witwe Joane hat ihre schwarzen Kleider bereits gegen rote und weiße getauscht. Zu früh, wie eine Dirne, sagt Herr Halley zu seinen Freunden in einer Gesprächsrunde, als er zur Einweihung und zum Umzugsfest im neuen Haus empfängt. Ich serviere mit Beth und den neuen Dienstmädchen verschiedene feine Speisen in Messingschüsseln und auf Lackholztabletts.

Sie hat kaum einen Tag länger als ein halbes Jahr abwarten können, obschon erst ein Jahr die anständige Zeitspanne ist. Darum existiert diese Frau für mich nicht mehr, sagt Herr Halley, und Frau Mary steht daneben und nickt, zum Zeichen, dass sie mehr als der gleichen Meinung ist.

Zum Glück ist Richter Jeffreys ein Mann der Ordnung und lässt die Frau dem Finder der Leiche die Belohnung zahlen, natürlich nicht dem Jungen selbst, sondern den Schatzmeistern der Kirchengemeinde von Stroud, die sich um den Jungen kümmern, bis er erwachsen ist. Und Adams, der die Nachricht überbracht hat, für die Mühe und Beanspruchung ein Fünftel, zwanzig Pfund, erzählt Herr Halley seinen Gästen als Neuigkeit, und auch andere als Frau Mary nicken zufrieden, weil wenigstens in diesem Fall Gerechtigkeit geschieht und Richter Jeffreys ein Mann von Zucht und Ordnung ist.

Zuerst sind so viele Gäste da, dass alle stehen. Herr Halley ist freundlich zu jedem, und wenn er etwas sagen will, sodass es alle hören, erhebt er nur leicht die Stimme, und sogar an den Seiten drehen sich alle in seine Richtung und hören zu. Nur Herr Wren, Herr Hooke und Herr Talbot scheinen höher geachtet zu sein als er, sie sind Ehrengäste und stehen in der Gesprächsrunde Herrn Halley gegenüber, und Herr Halley weiß diese Ehre in seiner Rede zum Ausdruck zu bringen und dafür zu danken, dass es alle hören. Ich habe da gerade Zeit, zuzuhören, um etwas zu lernen, weil ich im Türrahmen mit meinem Tablett auf ein Winkzeichen von Beth oder ein schnelles Nicken wie das Hacken eines Vogels von Frau Halley warte.

Wenn man zu vielen gleichzeitig spricht, muss man seine Worte so fein wählen, dass man trotzdem auf solche Art unterschiedlich spricht, dass es der eine anders hört als der andere. Was man laut zu anderen sagt, muss aus kleinen Halmen gemacht und aus diesen zur Rede geflochten werden, aber zuerst muss man genau seinen eigenen Platz kennen und wissen, wer in der Gesprächsrunde die Höheren sind. Man muss ihnen genau die richtige Beachtung zukommen lassen, aber nicht zu viel, damit man von den anderen nicht für einen hohlen Schmeichler gehalten wird. Ich höre genau hin, weil Herr Halley alle Sitten richtig beherrscht.

Als Herr Talbot später vor den anderen geht, begleitet ihn Herr Halley bis hinaus zur Kutsche. Meine Aufgabe ist es, die Haustür aufzuhalten und mich zu verbeugen. Wie ich so dastehe, hält Herr Halley Herrn Talbot an und weist mit der Hand in meine Richtung.

Dieser Junge kommt übrigens von St. Helena. Er war dort mein Gehilfe und kletterte zum Spähen auf Bäume, wie ein kleiner, flinker Affe, sagt Herr Halley, aber das ist nur der Auftakt, denn er fängt an, sich bei Herrn Talbot zu bedanken, und Herr Talbot unterbricht ihn nicht mit einer Handbewegung, sondern hört sich das Lob gerne an.

Ich bin wirklich zutiefst dankbar für die finanzielle Unterstützung meiner Reise durch Euch und Herrn Moore. Mithilfe dieser Unterstützung und Eurer klugen Ratschläge ist es mir gelungen, den *Catalogus Stellarum Australiumini* fertigzustellen, obschon Wolken und Nebel alles versuchten, um meine Arbeit auf der Insel zu behindern.

Herr Talbot bleibt auf der obersten Stufe stehen, um seine Handschuhe besser anzuziehen.

Falls wieder mal etwas ist, sagt er, sonst nichts.

Einige interessante Pläne bin ich in der Tat am Entwickeln. Darüber vielleicht später, denn das Beobachtungszubehör und Ausrüstungen im Allgemeinen werden sehr schnell teurer, sagt Herr Halley.

Alles ist heutzutage teuer, sagt Herr Talbot.

Da habt Ihr vollkommen recht, sagt Herr Halley.

Tatsächlich von St. Helena? Und findet sich hier zurecht? Herr Talbot schaut auf mich oder ein bisschen zur Seite, sodass ich denke, dass seine Augen vielleicht so sind.

Ich stehe regungslos da und halte noch immer die Tür auf, den Kopf leicht gebeugt, aber nicht zu tief.

Ja, das tut er, er kann sogar lesen und schreiben. Ich bilde ihn zum Schreiber aus und eventuell zum Observationsgehilfen, falls er sich als pfiffig genug erweist. Seine Sehfähigkeit ist gut, geradezu außerordentlich, in den abgelegenen Gegenden dürfte es für die Entwicklung des Sehens eigene, spezielle Voraussetzungen geben.

Ach ja, was für welche denn?, fragt Herr Talbot, aber dann höre ich nichts mehr, weil sie nebeneinander auf dem Hofweg zur Kutsche gehen, die der Kutscher gewendet hat, und weil der farbige, zu Streifen gerechte Kies knirscht und die Worte übertönt.

Als Herr Halley zurückkommt, sagt er mir im Vorbeigehen, ich könne jetzt in der Bibliothek die besten Gläser bereitstellen. Ich tue es sofort, gehe durch die Nebentür in die Küche und sage, was man mir aufgetragen hat, und Beth lädt Kristallgläser aus der abgeschlossenen Kammer auf ein Tablett. Die Anzahl der Gläser kann ich nicht nennen, weil Herr Halley es nicht gesagt hat, und Beth gibt mir reichlich davon mit.

Auch wenn es im Hof zum Goldenen Löwen kein Observatorium auf dem Dach gibt, bestehen in den Innenräumen bessere Voraussetzungen zum Arbeiten. So hat Herr Halley es gesagt, als er die Räume vorgestellt hat. Neben dem großen Saal gibt es eine gesonderte Bibliothek und ein Arbeitszimmer. Für das Arbeitszimmer hat er ein großes Schreibpult angeschafft, an dem er mathematische Berechnungen macht und geometrische Bilder und mögliche Bahnen zeichnet, auf denen die Himmelskörper ziehen und somit in der Bewegung an ihrem Platz bleiben können.

Genau das will Herr Halley zeigen. Dass etwas, was sich in rasender Geschwindigkeit bewegt, trotzdem auf seiner festen Bahn läuft und nicht endgültig abweicht, sondern jedes Mal von Neuem zurückkehrt.

Als auch alle anderen Gäste gegangen und nur noch Herr Wren, Herr Hooke und Herr Muggleton aus dem Engelhofhaus in der Nachbarschaft übrig sind, führt sie Herr Halley in die Bibliothek und öffnet dort die Tür zu seinem Arbeitszimmer. Weil alle Frauen schon fort sind und Herr Halley Beth und den Dienstmädchen befohlen hat, den Speisesaal aufzuräumen und sich nach dem Aufräumen der Küche zur Ruhe zu begeben, erleichtern die Herren ihre Garderoben so weit, dass sie es bequemer haben, und ich gieße Gin in die Gläser. Ich habe bereits gelernt, wie viel, Herr Halley hat mir die wichtigen Sitten und Sachen und Mengen beigebracht. Nachdem ich die erste Runde serviert habe, warte ich neben dem Pflanzengestell auf den Beginn der nächsten. Auf den verschiedenen Brettern des Gestells züchtet Herr Halley unterschiedliche Forschungspflanzen und misst, wie ihre Triebe länger werden und sich dem Licht zudrehen.

Er fängt an, seine Zeichnungen über die Himmelsmechanik zu zeigen, und erklärt Herrn Muggleton, dass er mit Wren und Hooke eine Wette über die endgültige Aufklärung der Planetenbewegung und deren Beweis durch Berechnung offen hat.

Ich muss nun zugeben, dass ich nicht in der Lage gewesen bin, das Problem aus eigener Kraft vollkommen zu lösen, obwohl wir Zeit gehabt haben, sagt Herr Halley. Dennoch habe ich das Ganze vorangebracht und glaube, dass ich Euch in allernächster Zeit die Lösung und Antwort mitteilen kann. Ich will die Ehre nicht für mich beanspruchen, sondern bin im August in Cambridge gewesen, um Herrn Newton zu treffen. Er sagte, er habe das Problem schon gelöst, wollte mir aber seine Berechnungen nicht zeigen, jedenfalls glaube ich das, obwohl er sagte, er habe die Papiere mit den Rechnungen verloren. Es ist jedenfalls eine Ellipse, hat er gesagt.

Natürlich ist es eine Ellipse, sagt Herr Hooke.

Aber ich glaube, dass er es jetzt gelöst hat, sagt Herr Halley.

Dieser Dieb, sagt Herr Hooke, und das plötzlich mit so weit veränderter Stimme, dass Herr Muggleton die beiden anderen, Herrn Hooke und Herrn Halley, ansieht, ob der eine ungehalten ist und der andere es wird.

Falls er ein Dieb ist, wird es sich herausstellen, sobald ich die Berechnungen erhalte. Er hat versprochen, mir die Papiere baldigst zukommen zu lassen, sagt Herr Halley und hebt die eine Hand ein wenig.

Schien er in guter Verfassung zu sein? Und studiert er noch immer das Buch Daniel?, fragt Herr Wren.

Meines Erachtens ja, und er war bereit, sich mit mir zu unterhalten, er hätte sich sogar noch länger mit mir unterhalten, er klagte darüber, in Cambridge gebe es nicht einmal unter den Kollegen genügend höhere Gesprächspartner, und die Studenten seien dumm und faul.

Meistens stimmt etwas mit der Milch nicht, wenn sie auf dem Tee gerinnt, sagt Herr Hooke.

Oder mit der Milchkanne, falls alte Säuerung auf dem Boden zurückgeblieben ist, sagt Herr Wren.

Genau, gut gesagt, bemerkt Herr Halley.

So äußern sie sich immer der Reihe nach, auch wenn Herr

Muggleton weniger redet als die anderen. Herr Wren und Herr Hooke sind die Ältesten, bestimmt viele Dutzend Jahre älter als Herr Halley, und kennen ihren Rang. Ich verstehe ganz und gar nicht alles, was gesagt wird und warum es gesagt wird, aber sie sprechen ja auch nicht zu mir, sondern zueinander und sind klug und schnell, und ich muss nur die Gläser auffüllen und neben dem Pflanzengestell stehen und auf den richtigen Auffüllmoment warten. Das ist mein Platz, und ihr Platz ist rund um das Schreibpult und die Papiere mit den Berechnungen, aber ich werde vom Warten nicht müde und habe auch keine Angst, dass ich es nicht kann. Eher habe ich das Gefühl, dass ich schon neben ihnen stehe.

AM KRÜPPELTOR GIBT ES KEINE KRÜPPEL, und im Kartäuserkloster wohnen keine Mönche mehr, aber dennoch stapfen wir noch immer mit einem Bein bis zu den Knöcheln im Lehm der alten Zeiten, sagt Herr Halley einmal, als wir allein sind und er mich vom Alten Testament weglehren will. Über das Neue spricht er nicht so schlimm, aber über das Alte sagt er, dass eindeutige Fehler darin sind, und wenn es durch Tatsachen nachweisbare Fehler gibt, wie kann ein solches Wort dann aus dem unfehlbaren Gott heraus entstanden sein.

Aber wenn dich irgendjemand einmal fragt, habe ich nie etwas Derartiges gesagt. Denke daran! Erinnere dich daran, dass du dich an nichts erinnerst!

Ja, Herr Halley, sage ich sofort.

Obwohl sich ja eigentlich niemand auf das verlassen sollte, was du redest, aber weißt du, warum ich dich überhaupt unterrichte?, sagt Herr Halley, und jetzt steht am Ende eine Frage, auf die ich richtig antworten können muss.

Ich weiß nicht, Herr, aber ich glaube, Ihr probiert aus und macht einen kleinen Menschenversuch, weil Ihr das zu dem verehrten Herrn Wren gesagt habt, als Ihr mit ihm einen Spaziergang in Bowling Green gemacht habt.

Habe ich das gesagt?, fragt Herr Halley.

Ja, und ich habe es bestimmt gehört, weil ich hinter Euch die Sachen und den Proviantkorb getragen habe, antworte ich, und zwar kein bisschen naseweis, sondern genau so, wie es sich gehört. *Faktum* ist *faktum*. Dieses großartige Wort habe ich von Herrn Halley gelernt, aber selbst denke ich, wenn man beim Reden seine Stimme auch nur ein bisschen falsch färbt, ist nicht einmal *faktum* mehr *faktum*, sondern nur Stichelei und ein falsches Verständnis der eigenen Stellung.

Der Mensch ist ein Gefäß. Du bist nur mit dem Wissen deiner Insel gefüllt worden und ein bisschen darüber hinaus mit den Erzählungen deiner Mutter über ihr früheres Leben hier in der großen Welt. Und natürlich mit den Kenntnissen und dem Glauben deines Elementarlehrers, des Pastors. Dafür kannst du nichts. Aber je früher man das Gefäß anders füllen kann, desto anders wächst der junge Mensch heran. Verstehst du mich überhaupt, wenn ich in bildhaften Vergleichen spreche?

Ja, ich verstehe, antworte ich.

Herr Halley scheint mir nicht zu glauben, dass ich ihn verstehe, sondern bleibt in seinen eigenen Gedanken und mustert an mir vorbei die feinen Werke mit den Lederrücken in seiner Bibliothek. Ich habe heimlich welche davon aus dem Regal genommen und vorsichtig darin geblättert.

Wenn ich sie alle lesen könnte, käme alle Weisheit in mich, aber viele sind auf Lateinisch und in anderen Sprachen geschrieben. Auf Holländisch sind die Darstellungen der Winde. Von der griechischen Sprache verstehe ich nicht einmal die Buchstaben.

Herr Cassini vom Observatorium in Paris hat vornehm eingebundene Bücher geschickt, in die Herr Halley zusammengefaltet seine eigenen Messungen über die Breite und Länge von Paris und seine Berechnungen über die Bevölkerungsmenge gelegt hat. London ist größer als Paris, aber in Paris werden mehr Kinder geboren, und zwischen den Seiten derselben Büchlein liegen auch Berechnungen und ein Säulenbild mit Zollmaß aus Rom. Herr Halley hat die Längen des Fußmaßes im alten Rom und im alten Griechenland gemessen und nebeneinander aufgeführt. Der römische Fuß ist vier zehntel Zoll kürzer, aber der griechische Fuß ein zwanzigstes Zoll länger als der gewöhnliche Londoner Fuß.

Ich kann Herrn Halleys Handschrift inzwischen gut lesen. Sie ist sauber und gleichmäßig, und fast immer schreibt er über interessante Dinge aus der Natur. Solche Aufzeichnungen und Bücher könnte ich wer weiß wie lange lesen, auch wenn ich oft nur wenig verstehe. Ich verstehe die meisten englischen Wörter, aber ich weiß nicht, was die seltsamsten von ihnen bedeuten, und an manchen Stellen nicht einmal, wovon da geschrieben wird.

Trotzdem möchte ich Latein und Französisch lernen und vielleicht auch Holländisch, aber ich kann es nicht, und darum blättere ich diese Bücher nur durch. Ich habe mich nicht getraut, um Erlaubnis zu bitten, die Bücher frei zu lesen, sondern lese sie heimlich, wenn es niemand sieht. Wenn Beth aus Versehen hereinkommt, kann ich sie anlügen und sagen, Herr Halley hat mir aufgetragen, den Staub von den Büchern zu wischen.

Warum hast du dann keinen Staubwedel?, hat Beth gefragt.

Als ich gesagt habe, Herr Halley habe mir geraten, den Staub nur wegzublasen, damit die Bücher nicht beschädigt werden, habe ich innerlich gleich gespürt, dass ich etwas Falsches sage, aber Beth hat nur den Mund verzogen und mich in Ruhe gelassen. Ich habe weiterlesen dürfen, aber nach der Lüge war es nicht mehr so ein gutes Gefühl, und ich bin zu Beth gegangen und habe sie gefragt, welche Arbeit es für mich als Nächstes gibt.

Beth mag mich, obwohl sie zulässt, dass mich die Dienstmädchen ärgern. Nach dem Umzug ins Löwenhofhaus musste das vorige Dienstmädchen, die stumme Meriall, gehen, und für sie sind zwei redselige, schnelle und etwas jüngere eingestellt worden, Margie und Willow. Sie versuchen, mich zu scheuchen und herumzukommandieren, aber das mache ich nicht mit, weil sie mir keine Befehle geben können, auch wenn sie drei Jahre älter sind als ich, aber ich bin von Herrn Halley ausgewählt worden und lerne jeden Tag, damit ich sein Gehilfe werde.

Als Willow einmal mit Beth auf dem Markt ist, nimmt mich Margie an der Hand und führt mich in die schrankgroße Dienstmädchenkammer. Sie bittet mich, nachzusehen, ob sie noch einen blauen Fleck am Bein hat, weil sie am Freitag beim Putzen des Saals gegen einen Stuhl gestoßen ist. Sie hebt die Säume ihres Kittels, und ich stehe hinter ihr und sehe, wie weiß und fein die Haut oberhalb der Wollstrümpfe ist. Als ich sage, dass kein blauer Fleck zu sehen ist, rafft sie ihren grauen Kittel noch weiter nach oben und stellt sich breitbeinig hin. Oben ist vom blauen Fleck noch ein Schatten zu erkennen. Margie fordert mich auf, mit der Hand auszuprobieren, ob er noch wehtut. Ich fasse sie an und lege die Hand auf die Haut und lasse sie dort. Das fühlt sich gut an, vielleicht auch für Margie, denn sie steht ganz regungslos da, aber die Haut unter meiner Hand zittert ein bisschen. Als ich anfange, die Haut rund um den blauen Fleck zu streicheln, lässt Margie ihren Kittel fallen und dreht sich um und gibt mir einen Klaps auf die Wange. Kein Wort zu Willow, sagt sie, schiebt mich aus der Kammer und schließt die Tür.

Frau Halley mag mich nicht, duldet mich aber. Sie mag auch meine Mutter nicht, obwohl sie sie noch nie gesehen hat. Es kann sein, dass eine Frau, die eine andere Frau nicht leiden kann, auch deren Kinder nicht mag. Ich denke so, weil das eine Sache ist, die mich plagt und an mir hängt, obwohl ich es nicht will.

Frau Halley wartet darauf, eigene Kinder zu bekommen, aber die kleine Katherine ist gestorben, und die anderen sind fehlgegangen, und nach dem letzten hat Frau Halley lange krank und mit starkem Fieber dagelegen und ihre Kindbettkrankheit in die Laken geschwitzt. Das Schwitzhemd und alles, einschließlich der Matratze, hatte nasse Flecken und Streifen, sodass man sie im Waschkessel in kochendem Wasser einweichen musste. Die im Fieber trocken gewordene Haut von Frau Halley ist in großen Placken abgeschabt und die rötliche neue Haut mit feinem Öl eingerieben worden.

So hat Beth es erzählt und gleichzeitig gewarnt, man dürfe nie mit Frau Mary über Kinderangelegenheiten sprechen, weil das schwer für sie sei, man dürfe nicht einmal aus Versehen eine Bemerkung über andere Kinder machen, nicht einmal über die Kinder der Bettlerin, die in den Hof kommen, über niemanden. Daran halte ich mich, obwohl ich gar nicht oft mit Frau Halley spreche.

Einmal hat sie mich in ein anderes Zimmer mitgenommen, damit Beth und die Dienstmädchen nichts hören. Sie wollte nach meiner Mutter fragen und nach dem Herrn Pastor, wie er ist, welches Alter er hat und ob er ein echter Christ ist. Über meine Mutter hat sie genau gefragt, wie sie aussieht und wie alt sie ist, welche Farbe ihre Haare haben, ob sie lesen kann, ob sie schön ist oder hässlich.

Ich habe so gut und richtig geantwortet, wie ich konnte. Nach der Befragung habe ich mich den ganzen Tag sonderbar und anders gefühlt, und noch am Abend beim Einschlafen sind mir lauter kleine Dinge von daheim in den Sinn gekommen, von vor vielen Jahren, als ich erst sechs oder sieben Jahre alt war, all das hat mich traurig gemacht.

Das Erinnern braucht kein Licht, auch das Denken nicht und die Träume ebenfalls nicht, obwohl im Traum innerlich Tageslicht herrschen kann. Auch im Frachtraum des Schiffes hatte ich solche Träume. Im Stockfinsteren und mit geschlossenen Augen habe ich von draußen geträumt. Obwohl ich regungslos auf zugedeckten Stoffballen lag, habe ich mich schnell rennen und weit nach oben klettern gesehen. Was sind Träume, wenn sie nicht aus dem gemacht sind, wo man ist? Ich kann nicht auf einen Baum klettern, wenn ich in einem Schiff oder unter einer Treppe liege und schlafe. Nach so etwas Schwierigem könnte ich Herrn Halley fragen, weil er bestimmt auch darauf eine Antwort weiß.

Und wenn das jetzt erst das Heimweh ist, wenn der vorige Zustand noch gar keines war, wenn ich das niemals loswerde, habe ich gedacht, als ich versucht habe, auf der Strohmatratze einzuschlafen, aber soviel ich auch überlegt habe, so habe ich doch angefangen, im Dunkeln zu weinen.

HERRN HALLEY IST DER BRIEF beim Umzug abhandengekommen, und er findet ihn nicht mehr, obwohl er ihn überall gesucht hat. So sagt er es mir, als ich mich traue, ihn noch einmal zu fragen, ob er schon mit den wichtigen Männern gesprochen hat.

Obwohl ich ihn mit Sicherheit aufbewahrt habe, kann ich mich nicht auf die Einzelheiten besinnen, die mir Pastor Burch geschrieben und anvertraut hat, sagt Herr Halley. Es gab so vieles zu regeln, und dazu die Erbstreitigkeiten, da ist es in Vergessenheit geraten. Es gibt unerledigte Arbeiten, aber auch viele neue Sachen, darum erinnere ich mich nicht recht, und man müsste sich schon erinnern, wenn man im Ostindien-Haus vorspricht oder sich mit Männern der Kompanie im Kaffeehaus trifft, darum bin ich noch nicht hingegangen, obschon ich es sonst getan hätte, sagt Herr Halley und blickt nicht direkt auf mich, sondern an mir vorbei.

Aus diesem Grund ist der Herr Pastor vorausschauend gewesen. Der Brief ist nicht aus seinem Versteck gerutscht und im Atlantik versunken. Die mit Talg eingefettete Lederrolle ist nicht brüchig geworden und nicht an den Nähten aufgegangen, sie ist nicht durchnässt worden, sodass die Tinte zerlaufen und die Schrift in Flecken verschwunden wäre, und sie ist mir auch nicht mit Gewalt abgenommen worden. Für den Fall solcher Gründe bin ich ein doppelter Bote, deswegen ist der Brief in mich eingenäht worden. Der Herr Pastor hat ihn mir so oft eingelernt, dass ich ihn auswendig kann, selbst wenn man mich mitten in der Nacht aufweckt. Jetzt ist diese Maßnahme klug gewesen, auch wenn der Herr Pastor den richtigen Grund gar nicht gewusst hat.

Ich überlege kurz, bevor ich es sage und Herrn Halley vorschlage, ihm den Brief aus meinem Gedächtnis vorzulesen.

Herr Halley möchte das vielleicht nicht, auf seinem Gesicht ist ein entsprechender Schatten zu erkennen. Als er trotzdem nickt, fange ich an, vor ihm den Brief aufzusagen. Ich muss die Augen zupressen, weil ich es auf die Art geübt habe und sehe, an welcher Stelle des Blattes ich bin, und mich erinnere.

> An Magister Edmond Halley, auf St. Helena, am zwanzigsten Tag im Mai sechzehnhundertvierundachtzig.
>
> Sehr geehrter Herr,
>
> ich nehme mir die Freiheit, mache es mir aber auch zur festen Aufgabe, Euch die ganze Wahrheit über die derzeitigen Umstände unseres Lebens zu berichten, die nach etlichen negativen Veränderungen nunmehr hier auf unserer fernen, von unserem guten König der Verfügungsgewalt der Ostindischen Handelskompanie anheimgestellten und zur Verwaltung bestimmten Insel herrschen.
>
> Ihr erinnert Euch gewiss allein aufgrund Eures eigenen, äußerst wichtigen, die Naturphilosophie weit voranbringenden Besuches hier noch gut der allgemeinen Verhältnisse wie auch der schlecht organisierten Verwaltung. Obschon Eure Abreise bereits mehr als sechs Jahre zurückliegt, muss ich Euch zu meinem Kummer berichten, dass sich mit dem Wechsel des Gouverneurs nichts ge-

ändert hat. Im Gegenteil, die Bedingungen haben sich erschwert, der Willkür wird großer Raum gegeben, und der Hochmut und die Rücksichtslosigkeit des Gouverneurs kennen keine Grenzen.

Eure wertvollen Beobachtungen des Sternenhimmels, das von Euch zu Ehren unseres guten Königs auf den Namen Karls Eiche, also *Robur Carolinum*, benannte neue Sternbild und auch im Allgemeinen Eure umfassende Kenntnis der großen Geheimnisse der Natur haben Euch in unserem Land wie auf dem Kontinent zu einer solchen Anerkennung verholfen, dass ich mich erkühne, Euch höchst vertraulich um Hilfe zur Lösung der unerträglichen Lage auf St. Helena zu bitten.

Hier hat sich vor allem unter den Farmern, den freien Landbesitzern und anderen selbstständigen Männern ein großer Widerstand gegen die rücksichtslose Alleinherrschaft des Gouverneurs und der von ihm geführten Regierung breitgemacht. Wachsoldaten von Fort James haben Inselbewohner erschossen, mehrere Farmer sind verhaftet worden, und ihnen droht das Todesurteil. Gouverneur Blackmore schränkt den Informationsfluss mit allen ihm zur Verfügung stehenden Mitteln ein. Bestechung und das Trachten nach dem eigenen Vorteil blühen wie dorniges Unkraut auf eigentlich gutem Boden.

Ich bitte Euch aus ganzem Herzen, falls es Euch möglich ist, dergestalt zu wirken, wie Ihr bei der Ablösung des vorigen Gouverneurs Field gewirkt habt. Alle, die das Beste für unsere Insel wollen, wären Euch zutiefst dankbar.

Eine zweite, mit dem oben Gesagten an sich nicht in Verbindung stehende Sache ist die Ausbreitung der geheimkatholischen Sekte auf der Insel. Deren altertümliche

Irrlehren vergiften die Gemüter und sorgen dafür, dass sich Menschen gegen Menschen wenden. Auch über dieses Thema möchte ich Euch bitten in London mit rechtgesinnten und einflussreichen Personen zu sprechen.

Ich verfüge über unwiderlegbare Beweise, aus denen hervorgeht, dass Verschwörer, die ein Schweigegelübde abgelegt haben, zu Störmaßnahmen und sogar zu äußerster Gewalt bereit sind. Sie legitimieren ihre Irrlehre so weit, dass sie sich auf den Weg unfassbarer Rache und erbärmlichen Kindesmords begeben haben.

Auch der zu meiner Hilfe entsandte Kaplan muss in enge Verbindung mit ihrer Aufwiegelungstätigkeit gebracht werden. Er mag die größten Fanatiker von neuen Mordtaten abgehalten haben, aber seine ketzerische Unterstützung für sie und das Verstecken von Schuldigen sind unverzeihliche Faktoren. Obschon ich sowohl Gouverneur Blackmore als auch den Garnisonskommandanten vor ihm und der Ausbreitung besagter Sektiererei persönlich und direkt gewarnt habe, haben sie meine Warnungen nicht ernst genommen, sondern durch ihr Verhalten eher zum Ausdruck gebracht, dass sie jene schrecklichen Vorfälle wie das Verschwinden und die mutmaßliche Ermordung des kleinen Sohnes von Ann, der Tochter von Frau Catherine, in irgendeiner Form mit meiner Tätigkeit als Diener unserer Gemeinde und Bewahrer des rechten Glaubens in Verbindung bringen. Ich hoffe, Ihr werdet die Möglichkeit besitzen, zu überprüfen, dass Lügen besagter Art keine Verbreitung im Mutterland gefunden haben.

Ich sende Euch meine Botschaft durch Angus, den Sohn von Frau Catherine, damit er sie Euch ohne Mittelsperson direkt überbringe. Von Frau Catherine übermittle ich Euch die besten Grüße und mit diesen die demütige Bitte, den Jungen unter Eure gütige Obhut zu nehmen, damit er in Eurem Haushalt Hilfsdienste leiste. Diese Bitte entspricht auch meinem Wunsch.

Hochachtungsvoll Euer Pastor Martin Burch,
Zweihäuserhof, Kapellental, Jamestown, St. Helena.

Ich mache die Augen auf. Herr Halley sitzt so vor mir, dass ich zu ihm herunterschauen muss, und hält sich die Hände vors Gesicht. Als er hört, dass ich fertig bin, lässt er seine Finger langsam herabrutschen und schaut mich an. Für einen Moment sieht er so müde und alt aus, dass ich Angst bekomme, aber dann kommt er wieder zu sich, richtet sich auf dem Stuhl auf, räuspert sich wie gewöhnlich zum Zeichen, dass er anfängt zu sprechen, und sagt als Erstes meinen Namen. Da weiß ich gleich, dass ich es richtig gemacht habe.

Angus. Du bist ein Gedächtnisapparat. Du bist ein Beispiel dafür, dass es möglich ist, in unserem Innern Wörter vollkommen aufzubewahren wie Münzen auf der Bank, wo sie unverändert bleiben und mit demselben Metallgewicht, wie wenn sie aus der Münzanstalt kommen. Meinem eigenen Gedächtnis nach bin ich mir sicher, dass der Brief von Pastor Burch genau diese Wörter und Sätze in genau dieser Reihenfolge enthält. Du bist in der Lage, sie unverändert wiederzugeben und genauer, als wir als Jünglinge in der Schule von St. Paul die Beispielsätze aus dem Ovid und dem Vergil auswendig konnten.

Dann sitzt er eine Weile schweigend da. Er erklärt, er denke noch über die Sache mit dem Gedächtnisapparat nach, dann steht er auf, geht zu seinem Schreibpult und fängt an, kleine

Bilder und neben die Bilder Buchstaben auf einen Bogen Papier zu zeichnen.

Er könnte wie eine Uhr sein, mit Rädchen darin. Gleichzeitig könnte er wie eine kleine Schleuse in einem sehr kleinen Kanal sein, in der das Wasser auf Befehl steigt und sinkt und Hölzchen oder klitzekleine Schwimmer anhebt und in Löcher einschließt. Wenn es in dem Apparat eine unbestimmte Anzahl solcher Teile gäbe, dann würde vielleicht alles, was zu erinnern ist, in der Position des Räderwerks und an den Stellen und in der Anzahl der leeren und vollen Löcher aufbewahrt, und alles darin Verwahrte könnte unverändert wiederholt werden, so wie der Wert des Geldes sich im harten Metall hält und in den Wertbezeichnungen, die ins harte Metall geschlagen worden sind.

Glaubst du, das könnte gehen, Angus? Oder ist das Erinnern doch nur wie eine Wolke, die sich bewegt, die bloß flockiger, im Wind zerstiebender Nebel ist, obwohl sie als Wollhaufen, der wie das geschorene Fell eines Schafes aussieht, und als weißer Flaumringel über den Himmel segelt? Was glaubst du? Was von beidem kommt dem Erinnern am nächsten?

Ich weiß es nicht, Herr, sage ich sofort, weil solche Worte und die schnellen Zeichnungen doch zu viel für mich sind.

Ich beabsichtige, den Themenbereich, der mir soeben in den Sinn gekommen ist, nach der nächsten Versammlung der *Royal Society* zur Sprache zu bringen. Ich werde die gleiche Frage stellen wie dir und meinen Freunden als Beispiel erzählen, wie du einen sehr langen und wendungsreichen Brief auswendig gekonnt hast. Indem man anderen berichtet, indem man andere Gelehrte befragt und indem man sich gemeinsam über etwas wundert, kann etwas entstehen, wenn es entstehen soll, und ein neuer Gedanke kann seinen Anfang nehmen, wenn die Zeit für einen solchen Anfang empfänglich ist. Wenn es ein günstiger Abend ist und es dazu passend bestes Bier gibt, kann die folgende Nacht die Gedanken klarer machen, und dann kann sich ein noch so kleiner Aspekt und Problempunkt, der gescheuert hat, zum Besseren auflösen.

Weil Herr Halley schon in andere Gedanken zu versinken und den Brief zu vergessen scheint, frage ich ihn, ohne um Erlaubnis zu bitten, obwohl ich weiß, dass ich es nicht dürfte, weil es unhöflich und frech ist.

Werdet Ihr zum Ostindien-Haus gehen?

Ja?

Ob Ihr hingeht, nun, da Ihr wisst, was der Herr Pastor in seinem Brief berichtet?

Ich werde hingehen, und ob ich hingehen werde, ich gehe, sobald der richtige Zeitpunkt und Augenblick kommt.

* VI *

Seiten über den Winter
und von der Forschungsreise

Auch von den Hängen
des Snowdon, aber das geschieht,
als der König schon gestorben ist.
Immer liegen viele Dinge übereinander,
das Kleine kann der Grund für das Große sein,
so wie das Schweben von Fischblasen
und der am Himmel gleitende Komet,
der verursacht,
dass ich Angst haben muss.

Ich verlasse mich trotzdem darauf,
dass Herr Halley die anderen nichts tun lässt,
was nicht zu meinem Besten wäre
und zum Besten von meiner Mutter und Ann
und Adam und auch des Herrn Pastors,
aber diese Verwandtschaftsangelegenheiten
sind schwierig und langsam,
und auch vom höchsten Punkt aus
kann ich nicht mehr bis nach Hause sehen.

DER ERSTE SCHNEE MEINES LEBENS fällt im Dezember, unmittelbar vor Weihnachten, unmittelbar bevor ich dreizehn werde. Das ist ein Zeichen, dass ich jetzt ein anderes Leben lebe.

Er fällt aus der Luft und verändert die Erde genau so, wie meine Mutter es vom Schnee im Norden erzählt hat. Zuerst ist es den ganzen Morgen richtig kalt. Ich bin unterwegs, um den bestellten Honig abzuholen, als kalter Regen einsetzt, aber zuerst ganz wenig, als würde Wasser aus einer trockenen Wolke gepresst. Dann sieht man die ersten weißen Punkte in der Luft. Die allerersten noch nicht, aber die folgenden bleiben an den Grashalmen haften. Ich versuche, welche zu fangen, aber ich erwische sie nicht, weil sie vorbeischweben und schaukeln, und gehe dazu über, mit dem Mund nach ihnen zu jagen, mit dem Kopf im Nacken, so wie ein Huhn trinkt. Als ich den ersten Punkt kriege, löst er sich sofort auf, aber kurz kann ich auf der Zunge eine sehr kleine kalte Stelle spüren.

Einen Tupfen, der an der Spitze eines Halms hängen geblieben ist, schaue ich mir an, er ist wie aus brüchigem und ein bisschen zerschnipseltem Papier oder etwas noch Dünnerem, Durchscheinendem. Als ich Smithfield erreiche, gehe ich mitten auf das Feld. Dort wird der Niederschlag so dicht, dass die Ränder der offenen Fläche hinter Schneestreifen verschwinden, weil die dicken Flocken so schnell fallen, dass sie in Reihen und Streifen herunterkommen müssen.

Ich bin fast dreizehn, und fast alles ist gut, denke ich über meine unfertigen Angelegenheiten. Was im Frühling war, ist nicht mehr. Als ich wegging, wusste ich von hier so gut wie nichts richtig. Jetzt weiß ich nicht mehr, wie es daheim ist. Dreizehn ist mehr als zwölf. Ich kann nicht mehr weinen und renne nicht mehr zum Ausguck hinauf, und die Fußsohlen werden nie mehr sohlenhart, weil ich Schuhe und Strümpfe habe.

Gleich beim ersten Mal gerate ich in den Schnee, auch wenn im Hof zum Goldenen Löwen nur Flecken davon zu sehen sind. Die Honigtasche ist durchnässt. Ich bringe sie Beth, die die Gläser ins oberste Regal der Kammer stellt und die Tasche zusammengefaltet ans Eisengeländer am Herd hängt.

Die Kälte geht an jedem einzelnen Tag weiter, sodass die Fingerspitzen rissig werden wie manchmal daheim und anfangen zu bluten, aber dort kam es von der feuchten Erde, wenn man im Regen Unkraut gejätet hat, und jetzt kommt es von der Luft und davon, dass ich die Fußböden schrubben muss und die Schmierseife die Haut rot und kaputt brennt. Wenn die Wunden einmal aufgehen, gehen sie einfach nicht mehr zu, sondern brennen und reißen immer wieder auf, weil meine Mutter nicht da ist, um Salbe zu mischen, und hier nicht einmal Aloe wächst, ich habe auch noch keinen einzigen Kaktus gesehen.

England ist ein kaltes und feuchtes Land, auch wenn es noch so reich und vornehm ist, seit meiner Ankunft ist es nasskalt gewesen, und auch der Wind ist kalt und nicht wie daheim, wo man manchmal auf ihn wartete. Ich höre von dort nichts. Ich traue mich nicht mehr, Herrn Halley zu fragen, und bitte ihn auch nicht, einen Brief hinzuschicken, nachdem er böse geworden ist und mir befohlen hat, ihn nicht zu stören und ihm nicht immer wieder mit derselben Sache in den Ohren zu liegen.

Er ist wegen der Streitigkeiten und der Prozesse mit Witwe Joane verärgert. Die Witwe hat im Haupthaus wohnen bleiben dürfen, obwohl sie laut Herrn Halley schon genug an sich gerissen und vom Tod profitiert hat. Das Geschäft mit dem Zerlegen der Rümpfe und dem Seifesieden aus dem übrig bleibenden Fett ist mit allen guten Messern und kupfernen Kochtöpfen aus der Winchesterstraße, mit den Formen aus Holz und den glänzenden Sieben und gelöcherten Schöpfkellen zusammen verkauft worden, damit der Käufer es weiterbetreiben kann.

Frau Mary erwartet ein neues Baby und hat Angst, dass es zu früh herauskommt oder bald stirbt, und sie hat Angst vor dem Kindbett, davor, dass sie selbst stirbt. Ich kenne diese Frauensachen inzwischen, denn seit der Herbst zum Winter abgekühlt ist, gehört es zu meiner Arbeit, die Öfen zu heizen, und dabei hört man im Saal und in der Kammer alles, was Frau Halley ihrer jüngeren Schwester Frau Tooke erzählt, allerdings weiß ich auch, dass die Schwester noch niemandes Frau ist, aber man muss sie der Höflichkeit wegen so nennen, und ich nenne sie auch so und mache in diesen Dingen niemals mehr einen Fehler.

Die Öfen müssen morgens und abends lange geheizt werden. Frau Halley fröstelt in ihrer Angst, will sich aber nicht bewegen, damit ihr warm wird, weil durch das Schwingen das Ungeborene abgehen könnte. Ihr Bauch wölbt sich bereits. Ich bin nur ein Dienstbursche für sie, und manchmal sehe ich sie in wenigen Kleidern, wenn ich komme, um die Abendglut zu schüren oder um ihr im Topf heißes Wasser zum Waschen zu bringen.

Einmal sitzt Frau Halley am Bettrand, und man sieht Blut auf dem weißen Stoff. Ich erschrecke, aber es war wohl nichts, weil sie nur dasitzt und mir befiehlt, das Wasser zum Abkühlen an seinen üblichen Platz zu stellen.

Mir hat man einen Schlafwinkel unter der Treppe zum Obergeschoss gegeben. Das ist ein guter Platz, und ich darf dort auch tagsüber meine eigenen Sachen haben, weil sie niemandem im Weg sind. In den Strohmatratzensack habe ich zusätzliche Füllung aus neuem, sauberem Stroh gestopft, und auch die Decke ist sauber. Beth ist gut zu mir, nimmt es aber mit der Arbeit genau, und manchmal wird sie böse, wenn ich etwas Neues nicht kann oder wenn ich mich verstecke, um zu lesen, obwohl ich das Arbeitszimmer oder den Saal aufräumen soll.

Ich kann nicht einschlafen, bevor Herr Halley spät von seinen Versammlungen zurückkehrt. Ich lausche immer auf die Schritte über mir auf der Treppe und weiß, dass auch Beth wach ist und darauf lauscht, wie die Schritte im Hausflur klingen. Sind sie fest und schnell, geht Beth hin und nimmt Herrn Halley die Überkleider ab, und dann eilt er direkt ins Obergeschoss und zögert und schwankt kein bisschen.

EINMAL, ALS HERR HALLEY IN DER KNEIPE ZUM HUND in Billingsgate gewesen ist, um seinen Besitz zu inspizieren, sagt er, er habe zufällig den ehemaligen Zweiten Steuermann der *Berkeley Castle* getroffen und sich mit ihm unterhalten. Der Steuermann ist vorläufig an Land geblieben, um sich um die Ausrüstung und die Probefahrten neuer Schiffe für die Kompanie zu kümmern. Herr Halley erzählt, er habe sich nach Schiffsangelegenheiten erkundigt, weil er sich dafür interessiere, aber er habe auch mich erwähnt, weil ich mit der *Berkeley Castle* auf deren letzter Fahrt von St. Helena hierhergekommen bin.

Deinen Namen hat er nicht gekannt, sagt Herr Halley.

Ich bekomme sofort Angst, dass er mich für einen Lügner hält, dass ich das mit der Reise erfunden habe und von irgendwo hier aus der Nähe stamme, vom Land, wie ein mieser Bettler, der versucht, mit allen Mitteln nach London und in bessere Verhältnisse zu gelangen. Ich komme aber nicht dazu, den Mund aufzumachen.

Er fiel ihm aber ein, als ich ihm erzählte, dass du als blinder Passagier an Bord warst, sagt Herr Halley und erklärt es ausführlicher, weil Steuermann Gallwey sich dann sogar gut an mich erinnerte und erzählt hat, dass ich auf Ascension mit bloßem Auge süßes Wasser entdeckt habe.

Angeblich hast du besser gesehen als die anderen mit dem Schiffsfernrohr. Ist das so?

Ja, sage ich, sonst nichts, weil es so ist, und dann ist es kein Selbstlob, sondern wahr.

Es gibt zwar solche und solche Schiffsfernrohre, aber Gallwey hat behauptet, er hätte deine Sehfähigkeit sogar getestet.

Ja, Herr, gebe ich wieder zu.

Mir ist im Hund gleich in den Sinn gekommen, dass ich es auch testen werde. Gehen wir dafür in den Hof. Ich teste es, weil es ziemlich stark vom Sehen abhängt, wie die Grenzen am Himmel sich verschieben. Auch wenn man mit einem noch so großen Teleskop schaut, ganz gleich, wie gut es geschliffen ist, sieht man damit nichts, wenn man nicht sieht, also wenn man nicht zu sehen weiß, sagt er und nimmt zwei Bücher und das kleine Spähfernrohr mit hinaus, das er zuletzt auf dem Dach des Hauses in Islington benutzt hat, beim Ausrichten des großen Fernrohrs auf die Objekte, aber für nächtliche Beobachtungen hat er es lange nicht mehr benutzt. Wenn es Streitigkeiten gibt, hat man keine Ruhe, und an dem Haus im Hof zum Goldenen Löwen gibt es auch gar nicht so ein Dach, auf dem man leicht ein Observatorium errichten könnte.

Ohne die Fähigkeit, hinzuschauen, erreicht man nichts. Ein gutes Teleskop allein reicht also nicht aus, sondern es muss sich mit der Sehfähigkeit des Beobachters ebenso verbinden wie mit den günstigsten Umständen. Vielleicht sollte man gar bis über die Wolkenschleier hinaus nach oben steigen, so wie wir es auf deiner Insel vergebens versucht haben, oder was glaubst du, oder glaubst du überhaupt etwas, sagt Herr Halley und fragt mich beinahe, oder vielleicht doch nicht.

Darum antworte ich nicht gleich, sondern warte ab und schaue, ob er es als Frage gemeint oder nur so gesagt hat. Er hat es nur so gesagt, denn er schaut mich nicht an und wartet, sondern redet über andere Dinge weiter. Ich bin zufrieden, dass ich nicht mit einer Antwort angefangen habe, weil es nicht richtig gewesen wäre und er mich für dumm gehalten hätte.

Im Hof liegt Schnee an den kalten Stellen auf Steinen und Eisen. Dazu sagt Herr Halley, dass auch dieser Winter wieder streng ist und es oben in den Bergen so viel geschneit hat, dass es Schneewehen gibt. Dieses Wort kenne ich nicht, aber ich denke mir, dass man es benutzt, wenn man auf der Erde kein Grün und kein Schwarz mehr unter dem Weiß sieht.

Herr Halley zieht 20 und 40 Fuß von der Haustür entfernt mit der Schuhspitze Linien in die harte Erde. Die Bücher lehnt er aufgeschlagen an eine Treppenstufe und befiehlt mich an die 20-Fuß-Linie.

Aus der Entfernung lese ich die Titelseite leicht und ganz. Herr Halley schlägt eine Stelle auf, wo es nur eine Überschrift und ansonsten ziemlich kleine Druckereischrift gibt. Darauf muss ich mich konzentrieren, aber das Sonnenlicht fällt passenderweise so, dass das Schwarz schwärzer ist und die Zeichen sich vom weißen Papier abheben.

Ich kann es sehen. Soll ich vorlesen?, frage ich, und weil mir Herr Halley die Erlaubnis gibt, lese ich.

»Gott hat alles nach Gewicht, Zahl und Maß gemacht.« Darüber steht etwas in einer fremden Sprache, ich glaube, in Latein. Wenn Ihr wollt, lese ich es so vor, wie es geschrieben worden ist, sage ich und lese: »Deus fecit omnia in pondere, in numero, et mensura.«

Ja, sagt Herr Halley und befiehlt mir, an die 40-Fuß-Linie zu gehen.

Von dort aus ist es schwieriger, zu lesen oder auch nur die Buchstaben voneinander zu unterscheiden. Herr Halley hat eine neue Stelle aufgeschlagen. Ich kann die Zeilen erkennen, weil es schwarze Linien sind, ich zähle sie und sage das Ergebnis laut. Herr Halley nimmt das Buch in die Hand und prüft und zählt.

Richtig, wenn man die Überschrift mitzählt, sagt er.

Dort steht *Über Terme in der Geometrie*, sage ich.

Wir setzen den Versuch so fort, dass ich von der 40-Fuß-Linie aus näher an die 20-Fuß-Linie herangehe und nach jedem Schritt stehen bleibe, um zu schauen, bis ich Buchstaben und Wörter erkenne. Herr Halley ist neben mich getreten und versucht es auch zu sehen, aber mit bloßen Augen sieht er nicht einmal die Anzahl der Zeilen. Er setzt das Fernrohr an und schafft es mit seinen Kräften und mit seinem Willen, das Wackeln so gut zu beherrschen, dass er etwas sieht und lesen kann.

Erstaunlich, sagt er und kneift mich ins linke Ohr. Dadurch bekomme ich das stolze Gefühl, etwas zu können. Auf die gleiche Art hat er mir ins Ohr gekniffen, als ich klein war, und das war ein gutes Gefühl, weil er gemerkt hat, dass ich da bin, obwohl ich nur losgerannt bin, um etwas für ihn aufzuheben, das auf den Boden gefallen war, oder ihm eine Schüssel mit Süßkartoffelscheiben, die meine Mutter auf dem Feuer draußen gebraten hat, gebracht und angeboten habe.

Du scheinst im Sehen besonders tüchtig zu sein. Der Steuermann hatte recht. Ich nehme dich mit auf eine Forschungsreise. Dort können wir keine schweren Apparate hintragen, die bloßen Augen und ein kleines Fernrohr müssen genügen. Vielleicht schaffe ich mir anstelle von diesem hier etwas Besseres an. Mein guter Vater wird mir vom Friedhof der heiligen Margaret aus dabei helfen, sagt er.

DERSELBE STEUERMANN GALLWEY hat gewusst und im Hund erzählt, dass der Kaplan von St. Helena mit der *Berkeley Castle* nach England zurückgekehrt ist. Herr Halley fragt, ob ich den Mann kenne.

Ich kenne ihn nicht, aber ich habe ihn gesehen, antworte ich.

Ich hätte gedacht, du kennst ihn, weil mir der Herr Pastor über ihn geschrieben hat.

Da sage ich, weil sie gesagt und ausgesprochen werden muss, die ganze Wahrheit, die ich kenne und im Notizbuch des Herrn Pastors gelesen habe.

Er ist ein Fanatiker, er hetzt die Unwissenden auf und ist als Aufpasser geschickt worden, sage ich schnell, damit Herr Halley keine Zeit hat, das Thema zu wechseln.

Er schaut mich auf eine Art lange an, dass er vielleicht der gleichen Meinung ist oder mir zumindest glaubt und es nicht bestreitet.

Der König ist schwach und schwankt. Angeblich hat er sogar viele ehemalige Katholiken gebeten, mit ihm dafür zu beten, dass er seine Gesundheit wiedererlangt. Vielleicht sammeln sie im Land ihre Kräfte, sagt Herr Halley, als würde er erst überlegen, was er sagt.

Das ist ein guter Augenblick. Ich frage ihn, ob er schon bei der Kompanie vorgesprochen hat.

Ich habe sie einmal getroffen und bin ein zweites Mal hingegangen, um andere Dinge zu klären. Aber man ist dort vorsichtig und wartet ab. Wir leben in einer Zeit, Angus, in der es keinen richtigen Zeitpunkt gibt, weil alle abwarten. Darum kann auch ich nichts anderes tun, als zu warten und unserem guten König, der auch mir vieles gewährt hat, treu und dankbar zu sein.

Als er das sagt, wird etwas Unfertiges ein bisschen fertiger, aber ich habe auch gleich das Gefühl, dass nicht mehr alles so werden kann, wie ich geglaubt habe. Mein Herz fängt an zu pochen, das macht es auch, wenn ich zum Beispiel im Dunkeln vor einem aufflatternden Vogel erschrecke.

Ich kann dem Pastor noch nicht schreiben, obwohl ich es ins Auge gefasst habe. Du verstehst bestimmt, dass die Briefe durchgesehen werden, sagt Herr Halley zu mir, als wäre ich von gleichem Wert wie er. Ich weiß nicht, was ich tun soll, ich kann nicht antworten, nicht einmal nicken, ich schaue nur erschrocken nach unten, weil Herr Halley ein großer Mann ist und ich noch am Wachsen.

HERR CLARKE IST NICHT im Haus in Islington und auch nicht im neuen Haus gewesen, seit Frau Halley ihn gerufen hat, um mich zu verhören und mir mit Runterfallenlassen zu drohen. Durch die Worte von Herrn Halley und anderen Herren habe ich verstanden, dass er in die Stadt Cambridge übergesiedelt ist und dort die Tätigkeiten eines geringen Beamten verrichtet.

Vor der Forschungsreise bittet ihn Herr Halley jedoch zu Besuch. Das weiß ich, und darauf weiß ich zu warten, weil ich es gehört habe, ohne absichtlich hinzuhören, aber weil ich im Arbeitszimmer und in der Bibliothek serviere, höre ich oft, wie sie über die Angelegenheiten anderer Männer und die Ämter, die diese bekommen haben, reden, und Herr Halley hat erzählt, dass er die Absicht hat, Clarke zu bitten, zur Messexpedition mitzukommen. Über mich hat er zu den Herren nichts gesagt, aber ich bin sicher, dass er hält, was er versprochen hat, und auch mich als Helfer mitnimmt, um nach Sternen Ausschau zu halten.

Herr Halley hat seinen Freunden von der Reise erzählt, als sie zusammen um den Schreibtisch herum und in der Bibliothek am Klapptisch des Bücherschranks gestanden und sich Schemata und Berechnungen angesehen haben, und Herr Halley hat ihnen seine Skizzenzeichnungen von den Messinstrumenten gezeigt. Zur Route der Forschungsreise hat er die anderen nach ihrer Meinung und ihren Ratschlägen gefragt, weil sie viel gereist sind und die Natur und das Land kennen. Die meiste Zeit ist damit vergangen, zu überlegen, in welcher Gegend man am schnellsten und am selben Tag möglichst weit nach oben und nach unten ans Meeresufer gelangen kann.

Ich habe die neuen Karten gesehen, die Herr Halley mit dem geerbten Geld angeschafft hat. Sie reichen von der Cardiganbucht an der Küste bis zu den Bergen von Wales im Binnenland.

Als Herr Clarke zur vereinbarten Zeit zu Besuch kommt und schon auf dem langen Hofweg ist, befiehlt mir Herr Halley, mit ihm nach draußen zu gehen. Wir kommen Herrn Clarke auf der untersten Stufe entgegen, Herr Halley jedenfalls, denn ich stehe hinter ihm.

Du erinnerst dich gewiss an Angus, wie ich höre, seid ihr euch schon begegnet, als du in meinem Haus in Islington gewesen bist?, fragt Herr Halley, oder sagt es mehr.

Besser als an den Yamsbengel erinnere ich mich an die Schwester und die Mutter des Yamsbengels, erwidert Herr Clarke, und darüber lachen sie zusammen, und das ist überhaupt kein gutes Gefühl.

Dann gibt es sofort Abendessen für sie. Frau Halley hat sich seit Langem wieder einmal schwarze Halbmonde auf die Schläfen und sehr kleine Sterne auf die Wangen gemalt. Über die höre ich Herrn Clarke etwas Höfliches sagen, als Frau Halley mit ihrer Schwester die breite Treppe herunterkommt und sie sich an der Tür zum Saal begrüßen, wie die besseren Menschen einander begrüßen.

Das nächste Mal höre ich von dem, was sie reden, erst wieder etwas, als ich die Vorspeisenteller abräume, denn für das Servieren sorgen Beth und die Dienstmädchen. Ich hole das Geschirr und mache in der Küche, was Beth mir aufträgt.

Als ich einmal etwas holen gehe, reden sie über Altersgenossenschaft. Herr Clarke ist genauso alt wie Herr Halley, beide sind achtundzwanzig, aber Herr Clarke ist dicker und sieht darum älter aus. Er neckt Frau Halley und nennt sie Mädchen, und Frau Halley scheint zufrieden zu sein und lächelt.

Ich weiß nicht ganz, warum, aber ich fange an zu hoffen, dass Herr Clarke ablehnt und nicht mit auf die Forschungsreise kommt.

Als ich jedoch das nächste Mal hineingehe, um das Geschirr von der Hauptspeise und die Knochenschüsseln vom Vogelbraten abzuräumen, haben sie schon alles vereinbart und denken nur noch über den Abreisetag nach.

Wir müssten Alpenpferde haben, weil denen breitere Hufe und Fellränder an den Fesseln wachsen, sagt Herr Clarke.

Das weiß ich nicht, aber ich bin auch früher schon mit schweißgeschmierten Gliedern geklettert. Schließlich ging auch Jesus unter seinem Kreuz zu Fuß, sagt Herr Halley.

Edmond, unterbricht ihn Frau Halley und legt ihre Hand auf Herrn Halleys Hand. Herr Halley nimmt das Glas in die andere Hand und trinkt einen Schluck Franzosenwein.

Was ich sagen wollte, ich habe zum Spaß das Gewicht des Kreuzes berechnet, weil ich ohnehin gerade die Zeitverhältnisse in der Bibel nach den natürlichen Tatsachen überprüft habe. Jesus ist ein kräftiger Mann gewesen, nahezu ein Herkules von der Tragkraft her. Oder sogar Atlas. Denn ich habe nach dem Eigengewicht des Hartriegels gerechnet, beziehungsweise ich fand dessen Gewicht und Dichte nicht in den Büchern und konnte ihn auch nicht wiegen, denn wo soll man hier Hartriegel aus der Levante herbekommen. Aber ich habe nach der Dichte von Eichenholz ausgerechnet, dass ein Kreuz aus einem Längsbalken von zwei Mannslängen und einem Querbalken von mehr als zwei Armlängen über dreihundert Pfund gewogen hat.

Vielleicht sollten wir nicht zu mathematischen Übungen übergehen, wenn Gäste da sind, sagt Frau Halley und lächelt schön.

Oder vielleicht sind solche Glaubensfragen nichts für die Ohren eines Yamsbengels, sagt Herr Clarke und lächelt ebenfalls, schaut aber nicht auf mich, sondern auf Frau Halley.

Ich trödle absichtlich am Nebentisch, weil ich die Berechnungen zu Ende hören will.

Wie dem auch sei und für welche Ohren, Tatsachen sind Tatsachen, und das Gewicht kann selbstverständlich gewogen werden, und die Ausmaße und die Dichte sind genau bekannt. Was ist schlimm daran, wenn ich mir das anschaue und berechne? Ich bin in vielen Kirchen gewesen. Ich weiß nicht mehr, wo, aber vom Altarbild her geschätzt sind die Balken des Kreuzes etwa sechs oder höchstens sieben Zoll stark. Und die Tatsachen mindern nicht die Botschaft der Bibel. Hoffentlich hat sich in Cambrigde nicht der Nebel alten Sauerteigs über das Wissen gelegt, sagt Herr Halley ganz ruhig.

Nein. Er hat sich nicht bis vor mich hin ausgebreitet. Und ich bin auch nicht zur Alchemisten-Gesellschaft gegangen, um die Hoffnungen des Glaubens zu erforschen, antwortet Herr Clarke und sieht Herrn Halley direkt an.

Über dreihundert Pfund, so viel wie drei große Getreidesäcke. So viel muss er mindestens auf dem Rücken getragen haben, sagt Herr Halley.

Du kannst jetzt gehen, befiehlt mir Frau Halley und deutet mit dem Finger auf die Küchentür, wie man einem Hund seinen Platz zeigt. Ich verneige mich leicht und gehe mit den Schüsseln in den Händen hinaus.

Der Herr hat doch nicht wieder mit der Bibel angefangen?, fragt mich Beth ganz leise, sobald die Tür zu ist.

Er hat weitere Sachen untersucht und berechnet, sage ich.

Das ist nicht gut, sagt Beth.

Ist es nicht gut, zu rechnen? Oder nicht gut, zu wissen? Ich kann nicht fragen, aber während ich das Geschirr abwasche, versuche ich zu verstehen, was für Beth an Herrn Halley nicht gut ist. Dann fange ich aber doch an, über die Alpenpferde nachzudenken. Die Alpen sind hohe Berggipfel zwischen den Ländern der Preußen und Roms, aber trotzdem ist Hannibal mit seinen afrikanischen Kriegselefanten darüber hinweggeritten, sodass es zwischen den Bergen Verbindungswege geben muss. Elefanten können nicht durch Schnee stapfen. Schnee ist von den Stoffen auf der Erde der zweitglatteste, und man sinkt darin ein, nur Eis ist noch glatter. Nicht einmal die Alpenpferde können in so etwas ohne an die Hufeisen genagelte Stollen oder Zinken vorankommen. In Islington hat mir der Schmied in der Nachbarschaft gezeigt, wie er für Grubenpferde besondere Hufeisen macht, weil die Lastpferde in den Bergwerken Pritschenwagen steile, glatte Rampen hinauf- und hinunterziehen müssen. Mit solchen Stolleneisen müssen auch die Alpenpferde beschlagen werden.

Als ich das Fett von den Tellern gescheuert habe und nicht gleich neue Befehle kommen, spiele ich mit den Fischblasen. Ich habe die runden Schwimmblasen vorsichtig an mich genommen, als ich am Vorabend die Fische fürs Abendessen aufgeschnitten und mit der Fingerspitze die Innereien herausgepult habe.

Schon daheim habe ich von solchen kleinen, ovalen Säckchen oft das Blut abgewaschen und sie Adam und Thomas gegeben, und sie haben begeistert gejuchzt, wenn sie sie anstießen und die Blasen dann leicht wie trockene Strauchblätter im

Wind schwebten. Dann habe ich ihnen gezeigt, wie sie knallen, wenn man sie plötzlich kaputt drückt, und bei dem Geräusch hat der arme Thomas noch mehr gelacht als Adam.

Ich werfe die Blasen zum Spaß in die Luft und lasse sie schweben. Eine treibt aus Versehen über den heißen Herd und bleibt für einen Moment wie auf der Stelle in der Luft stehen. Dann steigt sie langsam zur Decke auf. Margie und Willow schauen auf die aufsteigende Fischblase und fragen mich, warum.

Ich weiß es nicht, sie will es so, antworte ich.

Die Blase ist schon so weit oben, dass ich auf einen Stuhl steigen muss, um dranzukommen. Ich greife vorsichtig nach der dünnen Luftkugel und hole sie herunter, aber als ich sie durch die Finger gleiten lasse, schwebt sie wieder zur Decke hinauf.

Hat die versteckte Flügel, so wie ein Schmetterling sichtbare hat?, fragt Willow.

Nein, das ist etwas anderes, sage ich und steige wieder auf den Stuhl, fange die Fischblase und hole sie herunter, lasse sie nicht los, sondern betrachte sie, aber sie sieht genauso aus wie die anderen grauweißen kleinen Säckchen, die auf dem Tisch liegen geblieben sind.

Als ich sie loslasse, hoffe ich, dass sie wieder aufsteigt, aber sie tut es nicht. Zuerst treibt sie kurz in der Luft, aber dann sackt sie ab, sie fällt nicht, sondern schwebt langsam auf den Fußboden.

Ich denke darüber nach, was das ist. Dann frage ich mich, warum sie so geworden ist, als hätte man Leben in sie hineingeblasen. Ich denke rückwärts und komme auf die heißen Eisenscheiben auf dem Herd. Ich hebe die Blase vom Boden auf und nehme eine andere vom Tisch, führe sie zwischen den Fingern vorsichtig über den Herd und warte ein wenig ab. Dann lasse ich los, und beide schweben nach oben, nebeneinander und in der gleichen langsamen Geschwindigkeit. So kommt es einem beim Rennen manchmal vor, wenn man träumt, dass man rennt, aber nicht wirklich rennt, sondern langsam fast auf der Stelle schwebt, etwas über der Erdoberfläche, und alles ringsum ist leicht und lautlos.

Ich mache dasselbe mehrmals und mit verschiedenen Blasen und auf verschiedene Art, und dadurch merke ich, dass alle über dem Heißen aufsteigen, aber nur ein Teil steigt von Neuem auf, nachdem ich sie unter der Decke gefangen habe. Diejenigen, die ich länger im Warmen gehalten habe, steigen auch anderswo in der Küche in die Luft auf, aber nicht diejenigen, die ich nur kurz über den Herd gehalten habe. Die steigen dort in die Luft auf, aber kein zweites Mal anderswo. So ein Unterschied kommt mir sonderbar vor, aber ich beschließe, Herrn Halley nicht zu fragen, warum das so ist, bevor ich es selbst weiter aufgeklärt und Versuche gemacht habe.

DAS MATERIAL DER FISCHBLASEN ist das leichteste, das ich irgendwo finden kann. Etwas Ähnliches könnte die allerobserste Lage der Haut sein oder die dünne Schicht auf der Zunge, aber beide kann man nicht leicht lösen, nicht von der Zunge einer Kuh, nicht von der Haut eines Schweins, obwohl ich versuche, sie von Stücken, die zum Essen eingekauft worden sind, abzuschneiden. Die dünne Schicht geht überhaupt nicht ab, und obwohl sich die Haut vom Fleisch löst, wenn man mit einem scharfen Messer schneidet, ist sie zu schwer, als dass ein daraus genähtes Luftsäckchen von der Erde aufsteigen würde.

Ich jage langsame Winterfliegen am Fenster und reiße ihnen die durchsichtigen Flügel aus. Deren Material scheint eigentlich gut und raschelnd leicht zu sein, aber man bräuchte Hunderte oder Tausende Fliegenflügel, und die kann man dann beim besten Willen nicht zusammenkleben.

Am Rand von Smithfield wachsen blattlose Bäume mit weißen Stämmen, die Birken heißen. Die haben auf der Rinde einen Flaum, den ich vorsichtig abschabe, aber der bekommt Löcher und Risse, und auch daraus kann man keine Säckchen machen. Wegen der gleichen Unmöglichkeit, sie miteinander zu verbinden, habe ich damit aufgehört, Fischblasen fliegen zu lassen, weil es bloß Stümperei war.

Nach den vergeblichen Versuchen komme ich durch irgendetwas auf Orientseide und danach auf Papier. Beides sind dünne und feine Materialien, aus denen man Schwebesäckchen machen könnte, die größer sind als Fischblasen.

Ich habe keinen wohlhabenden Vater, der mir die Versuchsmaterialien bezahlen würde. Herrn Halleys Vater hat ihm seine Apparate bezahlt und alle großartigen Studien finanziert. Herr Halley hat erzählt, er ist zu Hause unterrichtet worden, weil ein Feuer die Schulen und Kirchen zerstört hatte, aber dann hat er in der vornehmen St. Paul angefangen, wo ab sieben Uhr morgens Latein gelesen wurde. Ich habe zugehört, wie er von den Rektoren erzählt hat, von Herrn Cromleholme und Herrn Gale, und von seinen anderen strengen Lehrern. Er hat von morgens bis abends neue Sachen lernen dürfen, und sein Vater hat die Lehrer bezahlt und für zu Hause Apparate und Bücher angeschafft.

Darum weiß Herr Halley so viel über alles und kann Latein und Griechisch und versteht sogar das Hebräisch der Bibel und schreibt Briefe an Astronomen in Observatorien und an andere kluge Männer in anderen Ländern auf Französisch und Italienisch. Er hat erzählt, dass er auch Deutsch spricht und versteht, was die Holländer meinen.

Mir sind von den fünf im Saum versteckten Königsmünzen drei geblieben. Weil ich weiß, dass sie für ein ordentliches Stück Seide nicht reichen, gehe ich Fensterpapier kaufen. Das ist mit einem aus Linsen gepressten Öl bepinselt, sodass es durchscheinend ist und Licht ins Zimmer kommt, aber kein Wind. Im Haus des Hofes zum Goldenen Löwen gibt es solche Fenster nicht, aber bei den Armen und in den alten Vierteln sieht man sie viel in den Fensteröffnungen. Sie sind gelblich verschossen und oft an den Rändern eingerissen.

Ich kaufe zwei große Bogen dünnes, durchscheinendes Papier und traue mich schon gut zu feilschen. Wenn ich beim

Einkaufen dabei war, habe ich von Beth gelernt, dass man feilschen muss, weil der Kaufmann immer einen höheren Preis ansetzt, als er zu bekommen glaubt. Neben der Schlachterei gehe ich Knochenleim kaufen, obwohl es unangenehm ist, von dem Geld, das meine Mutter mir gegeben hat, etwas zu kaufen, von dem man nichts Sicheres weiß.

Manche Fischblasen sind runde Kugeln, aber die meisten etwas längliche, aufgeblähte Säckchen. Die sind zunächst meine Vorlage, als ich das Fensterpapier zu einem geschlossenen Behälter zusammensetze und falte, bei dem man die Ränder kleben kann, aber daraus wird nichts. Ich muss den guten Plan fallen lassen und glätte das Papier wieder zu so geraden Bogen, wie es durch Drücken und Streichen mit der Hand geht.

Aber ein paar Tage später, als ich beim üblichen Saubermachen bin und mit dem Wedel aus Entenfedern die Regale abstaube und gerade über Herrn Halleys teuren Globus wische, fällt mir eben bei dem Globus etwas ein, als wäre es schon fertig im Kopf gewesen und hätte nur gewartet. Ich lege den Wedel auf den Tisch und betaste den Globus. Obwohl er glänzend lackiert und mit verschiedenen Farben so bemalt ist, dass Kontinente und Meere entstehen, spürt man die Säume. So ist er gemacht worden, so hat man ihn vollkommen rund gekriegt.

Am selben Abend schneide ich das mit Linsenöl eingepinselte Papier in gebogene Streifen und versuche sie genauso gleichförmig zu kriegen, wie ich es beim Betasten des Globus zwischen den Säumen entdeckt habe. Willow und Margie stellen Fragen, ich lüge, dass ich eine Aufgabe erledige, die mir Herr Halley gestellt hat. Es kommt mir nur kurz wie eine Lüge vor, denn als ich das Ganze eine Weile bedenke, scheint es mir, dass mir eben gerade Herr Halley hätte befehlen können, das zu tun und auf diese Weise etwas zu lernen.

Als ich den ganzen Papierbogen zerschnitten habe, fange ich an, die Teile mit Knochenleim zusammenzukleben. Bei den ersten Stücken scheint es unmöglich, dass daraus etwas werden könnte, aber dann lerne ich es und habe Geduld, zu warten, bis die Ränder getrocknet sind, es kommt ein etwas eckiger Beutel dabei heraus, wie eine große Wasserrübe, von der Spitze und Wurzel abgeschnitten worden sind.

Ich kann nicht bis zum nächsten Tag warten, bis die Ränder ganz trocken sind, sondern probiere es sofort über dem heißen Herd aus, aber es wird nichts. Auch wenn ich den Papierball noch so lange zwischen den Händen halte, steigt er nicht in die Höhe, so wie es die Fischblasen getan haben. Die Haut wird an den Handgelenken heiß, und ich muss den Ball zwischendurch höher halten, damit ich mir nicht die Hände verbrenne.

Enttäuscht gehe ich zum Schlafen in meinen Winkel unter der Treppe und versuche zu denken, dass ein aus Stücken zusammengeleimter Ball an sich schon großartig ist, wenn auch nicht so glatt und so vollkommen rund wie Herrn Halleys Globus. Dennoch könnte ich Insel und Kontinente daraufmalen, und ich sehe es vor mir, obwohl es ringsum dunkel ist.

Ich glaube, ich habe mir so lange überlegt, mit welchen Farben ich ihn bemalen werde, bis ich eingeschlafen bin. Am nächsten Morgen erinnere ich mich an meinen letzten Traum. Darin haben Herrschaften auf dem Feld gekegelt, aber die Kugel ist gegen einen großen Stein gerollt und in der Mitte zerbrochen.

Als ich mich beeile, die Öfen und den Herd zu heizen, weiß ich bereits, was ich tun muss. Ich hole Holz und mache Feuer, aber das ist nur die übliche Arbeit, weil ich mehr daran denke, wie viel ich von dem Papierball unten abschneiden muss.

Ich kann es erst am Abend ausprobieren, weil ich über den ganzen langen Tag verteilt Arbeit bekomme. Ich sitze am Küchentisch und schneide mit einem alten Rasiermesser ein kleines rundes Loch ins Papier.

Irgendwie bin ich mir sehr sicher. Nachdem ich das Loch ausgeschnitten habe, halte ich den Papierball über den Herd. Er glüht nicht mehr, weil das Kochen schon lange her ist und das Feuer erloschen. Als mit dem Ball nichts passiert, probiere ich es mit einer kleinen Fischblase, aber auch die steigt nicht auf.

Weil die Hitze vielleicht nicht ausreicht, zünde ich eine Kerze auf dem Küchentisch an und halte den Ball so darüber, dass sich das ausgeschnittene Loch genau über der Flamme befindet, weil sonst das Papier brennen würde. Dann führe ich den Ball noch weiter nach unten und probiere es so, dass die Kerze in dem Ball brennt.

Ich halte ihn nur mit den Fingern ganz leicht oben fest, bis ich kurz loslasse. Der Ball bleibt erst auf der Stelle, dann steigt er auf und schwebt ganz langsam weiter nach oben, bis an die Decke.

Willow und Margie lassen ihre Stricknadeln auf den Tisch fallen. Margie macht das Kreuzzeichen, Willow schlägt mit der Hand nach ihr und ruft Beth ins Hinterzimmer. Beth kommt an die Tür gerannt und sieht dasselbe wie wir, den Papierball, der sich wie ein großer Kloß zur Decke bewegt, als wäre er ein lebendiges und schreckliches Geschöpf.

SIE NENNEN MICH ZAUBERER VOM KRÜPPELTOR und Hexer von St. Helena, aber das Schwebeexperiment ist noch nicht so fertig, dass ich es Herrn Halley zeigen könnte.

Er hat erzählt, er habe die Sternbilder des Himmels schon im Schulalter so gut gekannt, dass ihn der jetzige königliche Astronom Herr Flamsteed gelobt und zu den anderen gesagt habe, auf gezeichneten Karten und drehbaren Himmelsgloben könne es keine Fehler mehr geben, weil der junge Herr Edmond sie garantiert finden und zeigen und laut benennen würde. Ich weiß nicht, ob das Steigenlassen eines aus Fensterpapier gemachten Balls die gleiche Art von Wissen ist, aber ich glaube, dass nicht einmal Herr Halley diesen Versuch machen kann und dass er darum staunen und mir danken und mich sehr loben wird.

Weil ich für mich und allein noch ein bisschen probieren will, sage ich zu Beth und den Mädchen, dass nichts Besonderes dabei ist, und verstecke den Schwebeball in der Kammer. Es gelingt mir, ihn vorsichtig auf die Hälfte zusammenzudrücken, sodass er gut ins oberste Fach passt. Ich weiß nicht recht, was für Versuche ich machen soll, aber ich habe vor, den Ball mit nach draußen zu nehmen und darin ein Feuer zu befestigen, aber was für eines, das weiß ich noch nicht.

In der Woche fangen jedoch die eiligen Vorbereitungen für die Forschungsreise an, und darüber gerät der Ball fast in Vergessenheit. Während er sich um die Ausrüstung kümmert, wirkt Herr Halley munterer als je zuvor in den fünf Monaten, die ich bei ihm in London gewohnt habe. Das ist eine so lange Zeit, dass die Farben von daheim zu verblassen beginnen.

Von der Handelskompanie ist wohl keine Nachricht gekommen, jedenfalls hat Herr Halley nichts erzählt. Dort sind sie vorsichtig und warten lieber ab. Allzu oft kann man den Gouverneur nicht wechseln, weil das den allgemeinen Ruf schwächt, hat Herr Halley gesagt.

Die Zeit ist durch die Veränderungen ins Schwanken geraten und bewegt sich an dem Gewicht eines schweren Pendels, habe ich Herrn Halley zu seinen Gästen sagen gehört.

Das Schlimmste ist, dass der König zwischendurch krank im Bett liegt und die Ärzte nicht sagen können, in welche Richtung sich die Lage wendet. Herr Halley kennt auch die höchsten geheimen Dinge des Reichs, weil er viele Freunde hat, die sich gern mit ihm unterhalten. Er selbst ist vorsichtig, aber er hat keine Angst und redet laut und flucht manchmal, doch er ist selten wütend und nie unfreundlich, und darum reden viele mit ihm, und er geht noch öfter in die Stadt, um in Kaffeehäusern und Herbergen Bekannte, aber auch fremdere Berichterstatter zu treffen.

Inzwischen darf ich manchmal mitkommen. Auf diese Weise führt mich Herr Halley in die größeren Welten ein. Selten darf ich mit nach drinnen gehen, stattdessen warte ich an der Tür.

Durch seltsame und beängstigende Dinge, die ich gehört habe, weiß ich, dass die Katholiken die Wiederherstellung ihrer Ehre vorbereiten und verlangen. Sie wollen ihren Glauben anstelle des rechten Glaubens einsetzen. Sie werden von feindlichen Ländern unterstützt und haben Waffen in Adelsschlössern versteckt.

Weil der König schwach ist, schwirren Heilsversprecher und lauter letzte Öler um ihn herum, sagt Herr Halley einmal nach einer Abendeinladung im Bibliothekszimmer zu seinen engsten Freunden. Als die anderen sich noch viel schlimmer äußern, muss sich Herr Halley räuspern und ein Zeichen geben, dass ich anwesend bin und zuhöre.

Am nächsten Morgen ruft er mich ins Arbeitszimmer, schließt die Türen und teilt mir mit, dass er beschlossen hat, mich zu seinem Vertrauten zu machen. Dann erklärt er mir, was das bedeutet. Dass ich anwesend sein und Dinge hören darf, als wäre ich sein eigener Sohn, aber nichts von dem, was ich höre, weitererzählen darf.

Es ist gut, dass du hier niemanden hast. Ich werde dich zum Gehilfen meines Vertrauens und zum Schreiber der Resultate ausbilden. Auch wenn du von weit her kommst und aus einer unbedeutenden Familie stammst, habe ich festgestellt, dass du das Zeug dazu hast. So wächst etwas aus dem trockenen Samen, zuerst das Keimblatt, dann der Schössling, dann gar eine Eiche in York. Ich bin sicher, keine falsche Entscheidung zu treffen. Verstehst du?

Ja, ich verstehe, Herr, sage ich, und das ist ein feierlicher, großartiger Augenblick.

Herr Halley legt mir die Hand auf die Schulter, als wäre sie ein Schwert und er würde mich adeln. Das mit dem Schwert habe ich erst in der Woche zuvor gesehen, als eine Truppe Komödianten am Rand des Marktplatzes auf einem Podest eine Szene vorgespielt und Karten für die ganze Aufführung verkauft hat. Darum weiß ich, was zu tun ist, und verneige mich höflich nach allen Regeln der guten Sitten, aber vielleicht zu tief, weil Herr Halley mich am Schlafittchen nach oben zieht.

Gut, Angus, das reicht wohl, und jetzt wieder an die Arbeit!

(Denke daran, Gus, dass wir keine Landlosen sind, sondern noch immer im Besitz von ein paar guten Acre. Was dein Vater gerodet hat, werden wir nie so weit verkaufen, dass nichts mehr übrig ist, aber das ist kein Grund für dich, eingebildet zu sein. Diene, aber krieche nicht, das mögen nur die Schwachen und die Verlierer.)

Meine Mutter hat gesagt, ich darf sie nicht vergessen, ganz gleich, wohin ich gehe.

Der Tag, an dem ich zum Vertrauten werde, ist bis spät am Abend seltsam und besonders. Ich liege wach in meinem Winkel und erinnere mich an Dinge, die weit weg sind. Der Nebel vor dem, was lebendig war, hat sich verzogen. Meine Mutter kocht aus Beeren und Honig durch Eindicken süße Marmelade. Der Herr Pastor lehrt die Sprüche der Weisheit aus dem Buch Salomon. Wohl dem, der Weisheit erlangt, und dem, der Einsicht gewinnt. Weise den Bedürftigen nicht zurück, denn in deinen Händen liegt es, Gutes zu tun. Zucht und Vermahnung sind der Weg des Lebens.

Mutter sitzt zu Füßen des Herrn Pastors, und der Herr Pastor streichelt Mutters weißen Hals. Adam tappelt draußen um die Steine des Kochplatzes herum und lernt gerade erst sprechen. Thomas lebt noch, watschelt aber beim Rennen wie eine aus dem Ei geschlüpfte Ente.

Seit Langem mache ich meinen Bündelbeutel wieder auf und sehe nach, ob noch alles Alte und Wenige da ist. Ich nehme das schwarze Renntier, das mir Ann gegeben hat, heraus und drehe es im Dunkeln hin und her. Es ist aus seltsamem Holz geschnitzt und so vollkommen glatt und fein, dass ich anfange zu weinen.

AN EINEM ABEND kurz vor dem Aufbruch zur Forschungsreise nehme ich mir dann die Zeit und gehe im hinteren Hof an eine Stelle, wo man mich nicht sehen kann. Ich schiebe die Hand in das Loch, das ich in den Schwebeball geschnitten habe, und drücke und streiche das Papier wieder in seine runde Form.

Dann befestige ich an den Rändern des Lochs welche von den Stöckchen, mit denen Beth probiert, ob der Teig unter der heißen Kruste schon ganz gar ist oder ob noch etwas Feuchtes am Hölzchen hängen bleibt. So bekomme ich eine kleine leichte Brücke in das Loch und an die Brücke dünn geschnittene Wacholderspäne.

Ich habe heimlich eine Öllampe aus dem Saal mit nach draußen genommen und zünde sie an, um damit den Ball durch das Loch von innen aufzuwärmen. Obwohl sie von der Größe nicht mit dem Herd zu vergleichen ist, strömt von der Lampenöffnung sogar mehr Hitze in den Ball, als in der Küche in den Ball und in die Fischblasen hineingekommen ist.

Als der Papierball warm wird, zünde ich einen mit Öl befeuchteten Span an. Seine niedrige Flamme auf der Hölzchenbrücke ist wie eine falschfarbige, umgekippte Kerze. Von der Lampe steigt Hitze auf und von der Flamme noch mehr. Ich halte den Ball mit den Fingerspitzen fest und lasse zwischendurch kurz los, warte wieder und lasse erneut los.

Der Schwebeball bleibt in der Luft stehen und fällt nicht

herunter. Er dreht sich ein bisschen im Licht und zuckt, bis er ganz langsam und lautlos aufsteigt. Die Späne und das Öl brennen und erleuchten den Ball von innen wie einen großen, kloßförmigen Lampion.

Er schwimmt in der Luft, aber als ich einen Schritt zurück mache, saust er durch den Luftstrom so weit nach oben, dass ich nicht mehr drankomme, und er steigt noch weiter auf, und als er über den Schuppen hinausgelangt, ergreift ihn der Wind, und er wird zur Seite und noch höher getrieben und streift das Dach des Nachbarhauses, überquert es jedoch. Ich lösche die Flamme der Öllampe und renne durchs Tor auf die Straße.

Der erleuchtete Ball ist gut zu sehen, obwohl weiter oben Nebel in der Luft liegt, er ist im Nebel sogar als noch größerer, zitternder runder Kloß und als gleitender Lampion gegen die Dunkelheit zu erkennen. Vom Windhauch getrieben, wandert er über die Dächer, und an keiner Stelle werden ihm Grenzen gesetzt, sondern er zieht dahin, wie er will, und in seine eigene Richtung.

Ich folge in Schrittgeschwindigkeit, aber zwischendurch muss ich laufen, damit der Abstand nicht größer wird, weil ich in den Stadtvierteln um Ecken gehen muss, während der Schweball im Wind geradeaus fliegt. An den Straßenecken bleiben Leute stehen, um zu schauen, sie lamentieren und stoßen erschrockene Rufe aus.

Das ist das Licht Gottes, das ist ein Komet und ein Zeichen vom Himmel, das ist die Botschaft, dass der König stirbt, höre ich einen Mann, der am Fischmarkt auf eine Treppe gestiegen ist, den anderen laut erklären. Auf dem offenen Platz glotzen alle nach oben, als der Ball höher als die Dächer über sie hinwegfliegt. Ich renne zur nächsten Straße und wieder zur nächsten Straße hinterher und versuche ihn noch zu sehen, obwohl er immer weiter aufsteigt und kleiner wird und das Licht nur zwischendurch blinkt, weil aus der vollkommenen Dunkelheit noch dickere Nebelfetzen darüberfallen.

Dann verschwindet er im Wolkenmeer, und es gibt keinen Lichtfleck an dieser Stelle des Himmels mehr. So habe ich ihn ganz verloren, ich hätte ein Band an den Hölzchen befestigen müssen, um ihn herunterholen und den Versuch fortsetzen zu können. Vor lauter Dummheit habe ich meine teuren Materialien verloren und die schwere Klebearbeit umsonst gemacht, und am allermeisten geht mir immer wieder im Kopf herum, dass ich es nun nicht Herrn Halley vorführen kann, so wie ich es gekonnt hätte, und ihm nicht zeigen kann, wie der Ball durch die heiße Luft aufsteigt, und Herr Halley hätte gestaunt und aufgeregt gefragt, wie ich das gemacht habe und warum er aufsteigt, er hätte angefangen, Zeichnungen und Berechnungen auf Papier zu machen, aber ich hätte nur wie beiläufig bescheiden gesagt, das sei eben ein Experiment, ich hätte schon mehrere davon gemacht. Die habe ich zum Spaß gemacht, hätte ich gesagt.

Als ich über den Fischmarkt zurückkehre, höre ich, wie die Menschen sich auslassen und darüber streiten, wer es zuerst bemerkt hat und ob es ein Zeichen ist und warum ein gelblicher Gottesstern und Himmelslampion über London erschienen ist und was das mitten im kalten Winter zu bedeuten hat. Als ich Kriegsprophezeiungen höre und Reden über die Pest und einen neuen Großen Brand, bekomme ich es selbst mit der Angst zu tun. Alle haben Angst, erzählen aber den anderen, dass sie ihn gesehen haben.

Ich hebe im hinteren Hof die Öllampe auf und nehme sie mit hinein, achte aber genau darauf, dass mich niemand sieht, als ich sie wieder an ihren Platz bringe. In mir ist ein unruhiges und schlechtes Gefühl zurückgeblieben, so verworren, als hätte ich gleichzeitig gewonnen und verloren, das Gewonnene sofort wieder verloren und etwas schrecklich falsch gemacht und schlimmer gelogen als je zuvor, obwohl ich immer versucht habe, das Lügen zu umgehen, denn die Sünde des Lügens duldet niemand, nicht der gute Gott, nicht meine Mutter und nicht der Herr Pastor, Herr Halley nicht und auch sonst kein guter Mensch.

Ich warte, bis Herr Halley nach Hause kommt, obwohl ich normalerweise nur lausche, wenn er die Treppe hinaufgeht und die Stufen über meinem Kopf knarren. Ich warte voll angezogen, und sobald ich die Haustür höre, eile ich in die Eingangshalle, um Herrn Halley Mantel und Hut abzunehmen, und bringe sie in die Kammer zum Kleiderständer und auf die Ablage.

Was bist du noch wach, Angus? Ist etwas, oder bist du wegen der Forschungsreise aufgeregt?, fragt er.

Nein, sage ich, und das ist dumm gesagt, weil es keine Antwort und nicht richtig ist, aber Herr Halley dürfte ein bisschen getrunken haben und bemerkt meine Dummheit wohl nicht, sondern plaudert ganz gewöhnlich und begibt sich bereits zur Treppe nach oben.

Ist Mary noch wach?

Wohl nicht, die Frau war müde, sage ich.

Ich schlafe auch schon tief und fest, sagt Herr Halley und geht die Treppe hinauf.

EIN KOMET KANN DURCHAUS EIN ZEICHEN SEIN, aber er ist keines, absolut nicht, die Himmelskörper kreisen nicht als Zeichen für das menschliche Geschlecht, sondern ziehen ihre Bahnen, wie es ihrer Bestimmung entspricht. Das lässt sich genau berechnen, wenn nur die Bahnbeobachtungen genau sind. Ein Teil kehrt auf seiner Runde zurück, vielleicht alle, inzwischen denke ich das, aber ein Teil verirrt sich vielleicht doch und kommt in der Finsternis abhanden. Das von gestern Abend kann kein Komet gewesen sein. Eine Feuerkugel vielleicht, aber dafür war es zu langsam und zu zittrig, nichts, was über den Himmel saust, so wie es die Feuerkugeln tun, und angeblich hat es die Richtung geändert und sich seine Route gewissermaßen überlegt, also über welches Haus es als Nächstes fliegt, so haben sie es erzählt, ich hätte es selbst gern gesehen, immerhin habe ich mich danach erkundigt.

In der menschlichen Natur steckt einfach so tief der Sauerteig der Omina, dass sie wieder einen Großen Brand weissagen. Oder den Tod des Königs. Oder dass die Pest oder der Krieg wieder die Macht ergreifen. Aber nichts dergleichen kündigte das gestrige Ereignis an, absolut nicht. Wir erinnern uns daran, dass London brannte, auch ich erinnere mich daran, obwohl ich nicht einmal zehn war, vom Besitz meines Vaters wurde eine wertvolle Immobilie in der Innenstadt zerstört, aber er brachte uns in Sicherheit und wollte uns von der oberen Wiese aus zeigen, wie im Westen der ganze Horizont brannte und das

Lodern aufstieg. Auch damals wurden Vorzeichen gelesen, im Nachhinein werden sie ja immer gelesen, demgemäß, was bereits geschehen ist.

So kann ich auf der Grundlage dessen, was ich gehört habe, sagen, dass das von gestern Abend vielleicht nur ein brennender Vogel war. Wenn eine Dohle sich an ihr altes Nest erinnert hat und in einen Schornstein geflogen ist, um sich zu wärmen, dann haben vielleicht ihre Federn Feuer gefangen, und der arme Vogel ist über London hinweg geflohen, sagt Herr Halley laut denkend, und die anderen Herren nicken und sind bei allem derselben Meinung.

Ich habe mich nicht getraut, etwas zu sagen, ich sage nichts, obwohl es auch gelogen ist, wenn man etwas nicht erzählt. Zu viele haben das Himmelslicht gesehen. Als ich am Morgen für Beth auf den Bauernmarkt gegangen bin und versucht habe, im Gedränge Frau Hartley zu finden, bei der wir immer den gelblich braun gebratenen Käse kaufen, habe ich gehört, wie über den Kometen geredet worden ist. Die Nachricht hat sich verbreitet, es hat viele Augenzeugen gegeben, noch mehr haben ihn fast gesehen oder sind sicher, dass sie ihn zumindest von Weitem gesehen haben.

Sie haben gesagt, Anfang Februar friert die Themse bis auf den Grund zu. Der König stirbt, hat ein anderer gesagt. Feuer am Himmel bedeutet, dass Feuer auf die Erde kommt, darum passt mit den Flammen auf, vergesst nicht den geringsten Stummel einer Fackel in der Nähe von Stroh. Das habe ich vernommen und mir angehört, wie es verkündet worden ist. Männer in langen Mänteln haben Zuhörer um sich versammelt. Anderswo ist mit bösen Wörtern geflucht und laut über die Spekulierer gelacht worden. Frau Hartley hat im Schutz ihrer wollenen Winterjacke heimlich das Kreuzzeichen gemacht. Wenn der Käse an den Rändern geronnen ist, dann kommt das vom Kometen, hat sie geflüstert und befohlen, es Beth auszurichten.

Herr Halley hat seine Freunde eingeladen, über die Aufgaben der Forschungsreise zu reden, aber der Anfang vergeht mit Reden über den Kometen, oder die anderen hören zu, weil Herr Halley der Gastgeber ist und als Einziger eine lange Serie beobachtet und genau den Verlauf der Kometen in den Jahren 1682 und 1683 gemessen hat.

Was ich sicher weiß, ist, dass derzeit kein sichtbarer Schweifstern den Himmel quert, sagt er und sucht in den Papierstapeln nach den richtigen Seiten und zeigt den anderen Herren seine Bahnzeichnungen der vorigen Jahre.

Obschon ich diesen Winter keine regelmäßigen Observationen machen kann, weiß ich es dennoch. Und es ist noch kein Jahr her, dass ich Nacht für Nacht aufs Dach ging. Darum vermisse ich Islington ein bisschen, weil es dort ruhig war und ich bis zu hundert Observationsnächte hintereinander hatte, also unter Berücksichtigung der Umstände und dementsprechend gezählt fast hundert gute, ehrenhafte Nächte, sagt Herr Halley mit etwas anderer Stimme als gewöhnlich, feierlicher, dröhnend wie eine große Glocke.

Ehrenhaft fürwahr, sagt einer der Herren. Ich kenne nicht alle, aber ich serviere die Getränke gleichrangig, weil Herr Halley diesmal nicht vor ihrer Ankunft erklärt hat, wer von den Gästen der wichtigste ist und wer wo in der absteigenden Reihenfolge.

Diese fünf kennen die Naturphilosophie und Englands Geografie, weil zu diesen Themen übergegangen wird, sobald Herr Halley die Reden über den Kometen als reine Gerüchte und Einbildungen von Unwissenden, als brennende Dohle abgetan hat. Mir wird sofort leichter, als hätte ich gar nicht gelogen, indem ich schwieg. Viel schlimmer wäre es, wenn Herr Halley und die Gelehrten das Licht von gestern für einen wandernden Kometen gehalten hätten und für einen von Gott als Lichtzeichen auf die Erde gesandten leuchtenden Speistreifen. Das wäre Verfälschen von Wissen und das Verleiten der Menschen auf Irrwege gewesen.

Herr Halley müsste auch Beth und den Dienstmädchen gegenüber den Kometen als nicht existierend bezeugen, denn als sie am Morgen gehört haben, dass ein Feuer über die Stadt geflogen ist, sind sie erschrocken wie die Spatzen hin und her geflattert, haben nach draußen geguckt und sich gegenseitig und in der Nachbarschaft nach neuen Krümeln von Gerüchten gefragt.

Herr Halley breitet die Karten aus, und einer von seinen Freunden zeigt mehr als die anderen mit dem Finger auf den Karten von England und Wales, wie die verschlungenen Flüsse verlaufen. Sie fangen an, über aufeinanderfolgende Frosttage zu reden und gesondert über den letzten Winter, als die kalte Witterung ohne Pause und erleichterndes Tauen andauerte. Zwei Herren sind vorigen Winter auf ihrer großen Rundreise in Frankreich und Italien gewesen, und darum berichtet man ihnen, was sie hier verpasst haben.

Auf der Themse wurde von Westminster bis Temple ein Eismarkt aufgebaut. Das kommt mir so erstaunlich vor, dass ich beinahe meine Aufgabe als Kellner vergesse und nur zuhöre. Wie kann sich auf dem Fluss und dem Wasser eine solche Kruste bilden, dass sie das Gewicht von Stieren und von Hunderten Menschen, die sich gleichzeitig um die Marktstände drängen, aushält, wie kann sie galoppierende Rennpferde und sich im Kreis drehende Holländerschlitten aushalten, die ins Eis schneidende Kufen haben?

Ein Stier, der angepflockt war, damit die Hunde nach ihm schnappen konnten, brach dann auch tatsächlich beim Toben ins Eis ein, aber zum Glück so dicht am Ufer, dass er nur bis zum Bauch unterging, und eigentlich war es nur gut, dass das Eis nachgab, weil ihn die Bulldoggen dann noch besser beißen und quälen konnten und ihm sogar über den Rücken rannten. Als der Stier im Wasser steif wurde und die Hunde nicht mehr mit den Hörnern verscheuchen konnte, rissen sie ihm abwechselnd Fetzen von den Lippen und vom Backenfleisch.

Einer der Herren zieht eine Karte aus seiner Geldbörse und liest laut vor. Darauf wird bezeugt, dass die Karte auf der Themse gedruckt worden ist, mit einer Druckmaschine auf dem Eis, und das Datum ist ein Tag im Januar vor einem Jahr. Die anderen fangen an zu lachen, aber nicht spöttisch, sondern fröhlich, und sind der Meinung, dass sechs Pence ein kleiner Preis sind für so ein zuverlässiges Beweisstück und auch noch schwarz auf weiß.

Auf dem Oberlauf und weiter oben hält das Eis auch so, da bin ich mir ganz sicher, aber an den Strömungsstellen überhaupt nicht, da hält es nicht, man muss auf das Geräusch lauschen und auf die Farbe achten, auch wenn da eine geschlossene Decke ist, sagt der, der die Flüsse und die Karte zu kennen scheint.

Reicht es, wenn man mit der Axt ein Loch hineinschlägt und an dessen Rand die Dicke misst? Oder muss die ganze Zeit ein Fußsoldat vorangehen und mit einem Stab die Strecke abklopfen? Das würde nämlich die Fahrt mit dem Wagen auf Schrittgeschwindigkeit und noch weniger verlangsamen. Diesen Umstand kann ich selbst nicht im Voraus wissen, sagt und fragt Herr Halley.

Ich gehe davon aus, dass der Severn in seiner ganzen Länge

zugefroren ist, außer dort, wo er auch im Sommer an Strömungsschwellen strudelt, und die Nebenflüsse, die langsam ihr Wasser wechseln, sind es natürlich auch. Aber verlasst euch an keiner Stelle voll auf die alte Themse, sie ist eine faule Hure und daran gewöhnt, zu betrügen, sagt der, der von Geografie am meisten weiß, und zeigt zuerst mit dem Finger und dann noch genauer mit der scharfen Spitze des Zirkels auf der Karte die Routen und an den Flussschleifen die Stromschnellen mit den schlimmsten fließenden Gefahrenstellen.

Herr Halley schaut genau hin, um es zu lernen, und macht sich Notizen. Ich bin bereit, falls er mich zur Schreibertätigkeit befiehlt, aber er tut es nicht.

Als die Herren gehen, dankt ihnen Herr Halley sehr für die Ratschläge, und sie klopfen ihm auf die Schulter und wünschen ihm Gelingen bei den Messungen und eine gute Reise. Herr Halley begleitet sie zur Eingangstreppe und schaut ihnen nach, bis sie hinter dem Hoftor verschwunden sind. Dann blickt er schräg nach oben zu den Wolkenfetzen am Winterhimmel und zieht hörbar Luft durch die Nasenlöcher ein.

Die Kälte stinkt, sagt er leise.

Ich versuche, es nachzuahmen und auf die gleiche Art von schräg oben so einzuatmen, dass die ganze Lunge voll ist. Es kommt mir erstaunlich vor, als würde ich schon auf dem zugefrorenen Fluss stehen und auf meine Füße und die Rücken der Fische, die unter der Glasdecke schwimmen, schauen. In mir drin entsteht ein kalter Punkt, und es ist viel mehr frische und reine Luft da als der billige Gestank der Seekohle.

HERR CLARKE KOMMT UND BRINGT DIE AUSRÜSTUNG mit dem Pferdewagen, so wie sie es am frühen Nachmittag vereinbart haben, weil die Abfahrt für Montagmorgen ausgemacht ist, und Herr Halley nimmt es genau mit im Voraus vereinbarten Zeiten und Aufgaben, denn das Vereinbaren ist Teil des Planens, und genaue Messungen der Natur macht man nicht ohne Plan.

Auch mir hat er vorab Aufgaben erklärt und aufgetragen, und ich habe sie erfüllt, so gut ich konnte. Die Wanderausrüstung, die Herr Clarke gebracht hat, prüft Herr Halley nicht, aber den Proviant, den ich besorgt habe, und das Zinngeschirr aus der Kammer, das ich eingepackt habe, sieht er durch, bevor er es billigt und auf seiner Liste Kreuzchen macht. So bin ich also ein deutlich geringerer Gehilfe, aber Herr Clarke ist ebenfalls ein Gehilfe, wenn auch ein höherer und einer, auf dessen Tun sich Herr Halley vollkommen verlassen kann.

Wenn Herr Halley befiehlt, kommt es einem nie so vor, als würde er befehlen, sondern ich warte schon darauf und versuche vorher zu ahnen, was er als Nächstes will. Aber wenn Herr Clarke befiehlt, habe ich das Gefühl, dass er mich absichtlich und unnötig umherscheucht. Manche Menschen haben diesen Fehler, mir fällt Merrill vom Schiff ein, lange habe ich nicht mehr an die Reise gedacht und auch nicht an den dunklen Frachtraum, aber am Abend vor der Abreise, als die Sachen zusammengestellt und die Instrumente in weiche Leinenbeutel und wasserdichte Lederhüllen gewickelt werden, merke ich, dass Herr Clarke auf die gleiche Art fehlerhaft ist wie Merrill.

Herr Halley bringt das Pferd zum Hufschmied, weil er noch einmal selbst üben will, ein Stollenhufeisen, das sich gelöst hat, zu wechseln, falls es unterwegs notwendig sein sollte. Er ist in praktischen Arbeiten geschickt und stark und verlässt sich auch beim Zusammensetzen der Forschungsgeräte am meisten auf sich selbst. Wenn man die Apparate auf Papier zeichnet, ist der Plan schon zur Hälfte ausgeführt, da ist es leichter, das Ganze selbst zu bauen, als anderen zu erklären, was zu tun ist, hat er mir als Ratschlag gegeben.

An den dunklen Tagen im Januar hat er viel mehr Zeit gehabt, mich zu unterrichten, als im Herbst, und dabei hat er auch von vielen Dingen erzählt, die er selbst in jungen Jahren getan hat. Er ist noch immer nicht richtig alt, auch wenn er sich selbst für alt hält. Ab und zu denkt er an die Schulzeit zurück und an seinen Vater und seine Mutter und an die Seifentöpfe in der Winchesterstraße, fast so wie der Herr Pastor sich an die warmen Sommer in seinem heimischen Pfarrhaus in Kent erinnerte, so werden die Menschen also wohl, wenn sie zwanzig sind oder ein bisschen darüber, und dann bleiben sie so, dass sie sich erinnern und anderen erzählen wollen, woran sie sich erinnern.

Ann ist acht Jahre jünger als Herr Halley und schon zwanzig geworden, aber ich glaube nicht, dass sie bereits angefangen hat, sich zu erinnern, weil sie sich sowieso nicht alles richtig merken kann. Meine Mutter ist bald vierzig, was viel ist, und der Herr Pastor ist bald fünfundfünfzig, und das ist sehr viel und mehr als viermal mehr, als ich alt bin.

Man muss lernen, aus verschiedenen Richtungen zu denken und bisweilen auch über einen großen Umweg, hat mich Herr

Halley gelehrt und es mir als Regel und Richtschnur genannt. Er hat mir erklärt und gezeigt, wie er selbst die ganze riesige Fläche von England und Wales allein mit der Pulverwaage des Drogisten gemessen hat.

Zuerst hat er England und Wales entlang der Landgrenze und der verschnörkelten Küstenlinie aus einer großen Karte ausgeschnitten. Dann hat er auf derselben Karte mit dem Zirkel Land um zwei Grad ausgemessen und dessen Fläche genau mit dem Schema der Fläche eines Kreises, das auch ich beherrsche, berechnet, und dann hat er auf der Waage nur noch zuerst England und Wales und danach gesondert den ausgeschnittenen Kreis gewogen und ausgerechnet, dass das Landgebiet in England und Wales etwas unter 39 Millionen Acre betragen muss. Auf die gleiche Art hat er alle Grafschaften ausgemessen.

In der Zeit, in der Herr Halley beim Hufschmied seine Kenntnisse im Beschlagen auffrischt, kann mir Herr Clarke mehr Befehle erteilen und ruft mich wieder mit unschönen Namen. Die Frauen scheinen das lustig zu finden, aber ich zeige mit keiner Miene, dass mich die Beschimpfungen stören, sondern bin, wie es ein Dummer und Tauber ist, der sich aussucht, was er versteht. Die Befehle höre ich, aber ich zeige nicht, dass ich höre, was hinzugefügt wird.

Herr Clarke versucht, in der Gesellschaft von Frauen gewitzt zu sein, darum denkt er sich Dinge über St. Helena aus und erzählt Lügen, an die er sich nach vielen Jahren angeblich erinnert, über elende Hütten ohne Wände und vom Arrak benebelte Yamsbengel, die auf der Erde sitzen und diejenigen, die übers Meer gekommen sind, wie Wunder anglotzen, anstatt anständig zu antworten, wenn man sie etwas fragt. Er ahmt den Dialekt ziemlich gut nach, in dem daheim viele sprechen. Aber hier reden die Leute noch undeutlicher, möchte ich zwischendurch widersprechen, weil ich noch immer nicht alles verstehe, wenn man mich losschickt, um etwas zu erledigen oder auf dem Markt Essenssachen zu kaufen. Erst auf dem Schiff und in London ist mir das schlechte Reden richtig aufgefallen, nicht schon auf unserer Insel, aber wenn Herr Clarke den Mund verzieht, um die Frauen zu belustigen, und undeutliche Wörter lallt, erinnere ich mich und fange an, mich dafür zu schämen, in so einer rückständigen Gegend geboren worden zu sein, auch wenn ich sie verlassen habe.

Davon bekomme ich ein unangenehmes Gefühl. Als wäre ich an zwei Orten gleichzeitig und könnte an keinem von beiden ganz sein. Ich schäme mich, auch für die gute Sache, dass mich zuerst meine Mutter und dann der Herr Pastor gelehrt und von mir verlangt haben, dass man immer gut reden muss und die Wörter nicht hässlich verdrehen und nicht fluchen darf, weil Gott die schlechten Reden und Flüche hört und die anderen sie hören, aber wenn man immer richtig spricht, kann man im Leben weit kommen. Mir wird auf mehrere Arten wirr zumute, weil ich selbst schon ein bisschen mitlachen muss über Herrn Clarkes dumme Witze und auf diese Weise meine Insel und meine Mutter und alle anderen nicht mehr in Schutz nehme.

Bestimmt haben sie auch Angus in zerrissenen Kleidern umherlaufen lassen und haben in Hütten gehaust. Falls sie in dem Dschungel überhaupt Kleider anhaben? Jedenfalls keine sittsamen und sauberen, Seife gibt es dort ja bestimmt nicht. Und die Hündin hat sich nicht um ihre Welpen geschert, sondern neue gemacht und Bettelbriefe und ihre Lügen hinterhergeschickt, sagt Frau Halley zuerst scheinbar ebenso leichthin, wie Herr Clarke es getan hat, aber es ist nichts anderes als schiere Gemeinheit. Die Gemeinheit eines Menschen sieht man direkt an den Augen. Mir reicht es, einmal hinzuschauen, denn ich sehe nicht nur in die Ferne, sondern auch in die Nähe gut.

Frau Halley hat unter ihren Kleidern schon einen prallen Bauch und scheut sich vor Herrn Clarke nicht, sondern streicht darüber und atmet ab und zu lang ein, damit alles gut ist und drinnen bleibt. Auch das mit dem Atmen kenne ich, weil ich gehört habe, wie Beth es den Dienstmädchen erzählt und für die Zukunft geraten hat.

Zum Glück kommt Herr Halley fast mittendrin schon zurück. Seine Haare sind durcheinander und seine Hände schmutzig. Herr Clarke redet sofort wieder normal, und die Frauen eilen ins Obergeschoss, nachdem sie kurz über die Flecken auf der Jacke und den starken Pferdegeruch lamentiert haben.

Jetzt sind die Ersatzeisen im Sack, und die Nägel sind durchgesehen, und Barry hat mir Werkzeuge geliehen, nicht seine besten, aber die zweitbesten. Ich kann unterwegs die Hufe schneiden, wenn es sein muss, und Eisen ohne Stollen draufmachen, kein Problem, wenn sich die Reise in die Länge zieht und die Steine zum Vorschein kommen, sagt Herr Halley und sieht zufrieden aus, weil er in der Schmiede seine Kräfte erproben und Kenntnisse sammeln konnte. Er will alles selbst können und würde jederzeit die besten Seifenstangen von London sieden, das hat er einmal selbst gesagt, und ich bin mir dessen ganz sicher. Herr Halley ist kein gewöhnlicher Gelehrter, sondern auch körperlich stark und zu jeder schweren Männerarbeit fähig, die er in Angriff nehmen will. Ich muss zu einem heranwachsen wie er, und für so einen Kopf und Körper muss man sowohl die lateinische Sprache als auch das schwierige Beschlagen von Pferden lernen.

ES IST EINE GROSSE SACHE, MIT DEM WISSEN AUFZUWACHEN, dass es der Morgen des zweiten Februar ist und dass nach dem Frühstück der Aufbruch ins ferne Wales bevorsteht und ich dabei bin. So hat Herr Halley es am Ende des Abends gesagt, Angus, du bist jetzt ein Mitglied der Expedition und weißt bestimmt, was das bedeutet und wie man sich zu benehmen hat. Ja, das weiß ich, Herr, habe ich geantwortet und den Kopf so weit geneigt, wie man es bei einem Diener machen muss.

Obwohl es noch früh ist, ist auch Frau Halley zur Mahlzeit heruntergekommen. Frau Tooke nicht, weil sie lange aufbleibt und nachts unruhig hin und her geht, sodass der Boden über mir knarrt, und sie wacht immer erst am Vormittag auf und isst später als die anderen.

Ich darf im Speisesaal am Tisch sitzen und muss nichts aus der Küche hereintragen, sondern Margie und Willow und Beth servieren und bringen die Sachen. Herr Halley isst gern Brei mit sahniger Milch, und daher wird ihm immer der sahnige Teil oben in der Kanne eingegossen. Er ist richtig guter Dinge, kein bisschen düster und traurig wie im Herbst.

Hier wird alles gut laufen, Mary, sagt er und tätschelt Frau Halleys Hand. Sie haben auch sonst ein gutes Verhältnis, das merkt man meistens. Weil Herr Halley Frau Mary mag, mag auch ich sie mehr, als ich sie sonst mögen würde.

Seit es kalt geworden ist, prunkt Frau Halley nicht mehr mit

Kleidern. Sie sitzt leicht zurückgelehnt da, und die dicken Wollsachen machen ihren Bauch noch runder. Als sie noch immer ein bisschen versucht, ihn am Aufbruch zu hindern, erklärt Herr Halley ein weiteres Mal ruhig, dass er jetzt losmuss, weil der Fluss eine Straße ist und solche kalten Winter vielleicht nicht mehr kommen werden.

Versprich mir, dass du dich in Acht nimmst. Lasst Edmond nicht an die Steilhänge. Ich hatte letzte Woche einen schlimmen Traum, sagt Frau Halley. Da war eine hohe Mauer, ein gezackter Rand aus grauem Stein, weiter unten auch Schießscharten, Schwalben sausten umher und schrien. Auf der Mauer rannte ein kleiner Junge und sprang immer von Zacke zu Zacke, obwohl er taumelte. Eine Reihe Posaunenspieler kam anmarschiert, aber sie bliesen nicht, sondern sangen ein Begräbnislied. Der Himmel war bewölkt und wurde schwarzbunt. Mehr habe ich dann nicht gesehen.

Das bedeutet, dass es ein Junge wird, sagt Herr Halley und legt seinen Löffel in die leere Schüssel, sodass er mit beiden Händen Frau Halleys Hände ergreifen kann.

Bedeutet es das?, fragt Frau Halley.

Ja.

Aber was ist mit den Bläsern und dem Begräbnislied? Und warum das Schwindelgefühl, ob er fällt oder springt?

Träume sind Träume, sagt Herr Halley und schaut zwischendurch auf Herrn Clarke.

So ist es, sagt Herr Clarke, und dann steht Herr Halley vom Tisch auf und listet für Beth auf, was sie an Frischem als Proviant einpacken soll.

Als die Sachen schon auf dem Wagen sind und das Pferd eingespannt ist, bin ich allein auf dem Hof, da kommt ein mir unbekannter Mann ans Tor geeilt, der so heftig gestikuliert, dass ich schnell zu ihm hingehe. Er fragt nach Herrn Halley. Ich komme nicht einmal dazu, zu antworten, da fragt er verärgert schon ein zweites Mal.

Der Herr ist dort, wo auch die Könige allein hingehen, sage ich schließlich, so wie ich es manchmal gehört habe.

In dem Fall sagst du ihm Folgendes, sag Herrn Halley, dass der alte Hengst heute Morgen einen Schlaganfall erlitten hat.

Von wem darf ich das ausrichten?, frage ich, weil der Mann schon wieder am Gehen ist.

Das spielt keine Rolle, sag, von einem, der es weiß, sagt er und eilt davon, ohne sich noch einmal umzudrehen.

Ich kontrolliere, ob Sindy mit einem ordentlichen Knoten am Treppengeländer festgemacht ist, und warte, dass Herr Halley aus der hinteren Hofecke kommt.

Dann richte ich ihm aus, was der Mann gesagt hat, genau so, in derselben Reihenfolge. Herr Halley zuckt zusammen und fragt, wer die Nachricht überbracht hat.

Ich habe ihn nicht gekannt. Er hat gesagt, einer, der es weiß.

Hatte er noch beide Augen? War er groß und blond?

Er war kleiner als Ihr und mehr rothaarig, er war ein Herr und daran gewöhnt, zu bestimmen, und er hat mit beiden Augen gleich geschaut.

Als Herr Clarke aus dem Haus kommt, teilt ihm Herr Halley sofort mit, dass der König einen Schlaganfall erlitten hat.

Einen schweren?

Einen schweren oder etwas dazwischen, einen guten Schlaganfall gibt es nicht. Das war zu erwarten.

Sie fangen an, sich mit dem Fall zu befassen, aber mich scheuchen sie in die Küche, um noch eines von den am Morgen gebackenen warmen Broten zu holen. Als ich zurückkomme, treffe ich in der Tür auf Herrn Halley. Er sagt, er gehe noch einmal kurz hinein, um Anweisungen zu geben, aber dann würden wir fahren und ich solle das Pferd losbinden. Herr Clarke setzt sich schon auf die Wagenbank, und ich führe Sindy aus der engen Stelle heraus zum Hofweg.

Als Herr Halley wieder herauskommt, setzt er sich zum Lenken neben Herrn Clarke, und ich setze mich auf das kleine Stück Seitenbank, mit den Füßen auf den verpackten Ausrüstungsbündeln.

Die Benennung *Robur Carolinum* kann man nicht als Fehler anrechnen, das wird keine Folgen haben, ein Bruder kann nicht wegen des Namens seines Bruders bekümmert sein, sagt Herr Clarke.

Nicht wegen der Ehrung durch eine Sternenkonstellation, aber wegen der Erinnerung an die Eiche. Und vielleicht nicht der Bruder, aber die schwarzen Brüder hinter dem Bruder, sagt Herr Halley und scheint nicht derselben Meinung über das zu sein, was Herr Clarke über die zu Ehren des Königs vermerkten Sterne gesagt hat.

Es ist ein nasskalter, düsterer Vormittag, der nach einem guten Morgen so geworden ist. Ich höre aus dem, was gesprochen wird, heraus, dass sich vieles ändern kann, wenn es schlecht ausgeht. Der gute König ist ein hoher Gönner gewesen, er hat Herrn Halley unterstützt und selbst die Versammlungen besucht, um sich anzuhören, was für neue erstaunliche Dinge auf der Welt entdeckt worden sind, und hat sich nicht abgewendet.

So hat er einen weiteren Blick und ist in keiner Weise ein Fanatiker mit brennenden Augen. Ich will nichts Schlimmes prophezeien, Clarke, aber ich glaube, wenn es schlecht ausgeht, wenn es also noch schlechter kommt, wovor die Vorsehung den König behüten möge, kann es passieren, dass schon bald zuerst das Gesetz der Fünf außer Kraft gesetzt wird, zuerst die fünf Meilen und dann die fünf Leben. Oder was glaubst du?

Darauf erwidert Herr Clarke, dass diese Gesetze keine Bedeutung mehr haben.

Aber als Zeichen, wie die Bilder auf dem Wappenfeld, das meinte ich, dass nach und nach das Alte zurückkehrt und von jenseits des Meeres wieder das Gespenst Roms Fuß fasst.

Als Zeichen für das Vergangene, das verstehe ich vollkommen, aber kann man die Geschichte zurückdrehen?

Die Zeit hat eine Richtung, aber die Geschichte ist genau das, was jeweils aufgeschrieben wird, sagt Herr Halley, und Herr Clarke nickt neben ihm. Sie sitzen auf der verbreiterten Kutscherbank, Herr Halley hält die Zügel, aber er lässt Sindy in ihrem eigenen Gang und langsam vorwärtstrappeln, damit die Eisstollen sich nicht abnutzen.

Sie beschließen, doch am Whitehall-Palast vorbeizufahren, nicht direkt davor, aber in der Nähe, und dann halten wir an einer geeigneten Stelle an und hören uns um, weil immer jemand etwas weiß und umso mehr Wissen vorhanden ist, aus je geringerer Entfernung es kommt. Das ist klug gesagt, so wie alles klug gesagt ist, was Herr Halley sagt, nachdem er nachgedacht hat. Nur ganz selten stößt er schnell etwas aus, ohne es zuvor bedacht zu haben, und meiner Meinung nach spricht er auch dann gut und vernünftig.

Das Leben kann eine Garbe sein, in die alles Mögliche hineinpasst, kommt mir auf einmal in den Sinn. Auf der schaukelnden Seitenbank kann man gut nachdenken. Um etwas zu lernen, höre ich zu, wenn die Herren ausführlicher über etwas sprechen, denn beim Zuhören lernt man die ganze Zeit, aber die übrige Zeit kann ich für mich sein. Sindy klappert leicht über die hart gewordene Straßenerde und die gefrorenen

Schlammpfützen, nicht einmal an den Anstiegen rutscht sie aus. Die Zunge an den Gaumen und schnalzen, so kann man den Takt von Sindys Hufen nachahmen, und im selben gleichmäßigen Schaukeln ziehen die Gedanken von einer Zeit zur anderen.

Ich fühle mich sonderbar gut, obwohl der König gelähmt ist.

IN DER NÄHE VON WHITEHALL sind die Tore von St. Martin ganz offen, und davor stehen gut angezogene Männer und Frauen, als wollten sie hineingehen, um sich den Gottesdienst anzuhören, aber das scheinen sie nicht zu tun, sondern sie stehen nur da und unterhalten sich ernst. Herr Halley lenkt Sindy in einigem Abstand auf die Seite und sagt, er gehe kurz ein paar Worte mit Bekannten wechseln. Er trägt warme Reisekleider, gut und praktisch fürs lange Sitzen im Kalten, aber als Kirchenkleider sind sie grob und hässlich. Herrn Halley scheint das nicht zu kümmern, auch nicht, dass er mit einem Lastkarren fährt und nicht mit einer herrschaftlichen Chaise, denn er geht geradewegs zur Kirchentür und gibt den am Rand stehenden Männern die Hand und nickt in die Runde.

Herr Clarke betrachtet das Volk, das sich dort versammelt hat, und schnaubt etwas von den Londoner Snobs. Weil ich glaube, dass ich aus Höflichkeit etwas antworten soll, antworte ich, indem ich zurückfrage: Tatsächlich, Herr Clarke?

Das hätte ich nicht tun sollen, sondern schweigen, denn Herr Clarke wird böse.

Was bildest du Trampel dir ein? Von zu Hause abgehauen und von unbedeutendem Geschlecht. Aus Gnade darfst du hier herumlümmeln und die Krümel essen, die von Halleys Tisch auf den Fußboden fallen.

Ich senke den Kopf und antworte nicht. Jetzt weiß ich wieder, wie ein Geringerer zu sein hat, und zeige, dass ich mich schäme, weil ich den Mund aufgemacht und mir etwas eingebildet habe.

Als Herr Halley von seinen Erkundigungen an der Kirchentür zurückkommt, macht er ein ernstes Gesicht, befiehlt Herrn Clarke, die Zügel zu nehmen, und setzt sich selbst so, dass er die behandschuhten Hände unterm Kinn hält und überlegt.

Heute Morgen um acht hat er geschrien wie beim Todesschrei, da war das Rasieren erst im Gange, hat geschrien und ist wie geschlagen zu Boden gestürzt, von einer großen Lähmung geschlagen, sagt er sehr leise, aber ich höre es, weil ich mich vorbeuge, auch wenn sie das nicht merken.

Eine Legion von Ärzten gibt sich die Klinke in die Hand und erteilt Ratschläge, keiner wagt es, sich über die anderen zu erheben, obwohl es alle möchten und die Ehre der Heilung für sich beanspruchen wollen. Man hat es mit Aderlass versucht und viele Unzen Blut abgelassen. Mehr weiß ich nicht, wussten sie nicht, sagt Herr Halley. Sie reden beide mit der Hand vor dem Mund und so, als würden sie über irgendetwas anderes reden.

Wir kehren trotzdem nicht um, obwohl sie auch das in Erwägung ziehen. Herr Halley trifft die Entscheidung erst am Stadttor. Es ist eine so gute Entscheidung, dass mich wieder Schauer von der Reise und der Aufregung überlaufen.

Der dünne Rauch von Brennholz und der schwere Geruch von Kohle schwelen ringsum in der Luft, obwohl die Rauchsäulen in der Kälte fast senkrecht zum Himmel aufsteigen. Die Sonne ist durch einen Schleier hindurch hell und grünlich gelb, und der Himmel ist ein Winterhimmel. Alles ist anders, als es daheim jemals war. Ich bin hier, inmitten von alldem. Ich bin Angus, und Angus ist ich, und Ich-der-Totholz-Angus ist auf dem Weg zu den verschneiten Bergen.

ALS HERR HALLEY HINTER KINGSTON Sindy eine leicht abfallende Böschung hinunterlenkt, sagen beide Herren für eine Weile kein Wort, und ich bin genauso gespannt wie sie, ob die grauweiße Kruste das Pferd und die Fuhre und uns, also zusammen mehr als vierhundert Pfund, tragen kann, aber das Eis knackt nicht einmal, nur die Stolleneisen kratzen, und die Metallfelgen an allen vier Rädern fangen an, ein brummendes Geräusch zu machen. Der wenige Schnee ist vom Wind am Ufer zusammengeweht worden, und die Themse tut sich wie eine geglättete Straße vor uns auf, eine riesig breite Straße, wie sie auf der Welt noch nicht gebaut worden ist. Gott hat den Winter geschaffen und für den Winter den Pilgerweg. So etwas kann ich nicht laut sagen, weil ich sicher bin, dass sich Herr Halley nichts daraus machen würde.

Ich erinnere mich an die Stimme des Herrn Pastors, als er von den schlammigen Erntefeldern Englands erzählt hat und von dem Schnee, der an Weihnachten raschelnd auf den Buchenwald fällt, aber über Eis hat er nie gesprochen. Vielleicht frieren in der Gegend von Kent die Flüsse nicht zu, oder sie frieren so dünn zu, dass sie kein Pferd und auch keinen Menschen tragen, oder aber er hat im Lauf seiner Jahrzehnte einen Teil vergessen.

Sollten meine Mutter und Ann und Adam und der Herr Pastor hierherziehen dürfen, erzähle ich ihnen gleich, dass im Januar aus den Flüssen Straßen werden und aus unbeweglichen

Pfützen Glasspiegel. So geschieht, was Gott beabsichtigt hat, wird der Herr Pastor mit feierlichem Ernst sagen und mir danken, dass ich sie im Hafen abhole und in die neuen Verhältnisse einführe. So werde ich zum Stellvertreter meines Vaters und zur Stütze und zum Schutz meiner ganzen Familie.

Immer wenn ich mich zu tief in meinen Gedanken verirre, verpasse ich etwas von dem, worüber die Herren gerade reden. Sie haben angefangen, über die Stadt Cambridge und Herrn Newton zu sprechen. Herr Clarke hat ein Amt in Cambridge inne, absolut kein hohes, aber ein sicheres und leichtes, wie ich mitbekomme.

Herr Newton ist sonderbar und mürrisch und weicht jemandem, der ihm entgegenkommt, nicht unbedingt aus, sondern starrt vor sich hin, als sehe er nicht, dass da jemand kommt. Es heißt, er koche in seinem Keller Gold, aber das sagt Herr Clarke in einem Ton, dass er selbst zumindest nicht ganz daran glaubt, und es ist auch besser, dass er es so sagt, denn Herr Halley schnaubt und atmet auf einen Schlag aus, wie er es zu tun pflegt, wenn er aufbraust, weil jemand etwas Dummes und Unnützes sagt.

Wie ich dir erzählt habe, hat Newton die Bahnen der Planeten berechnet. Solche Modelle macht man mit dem Verstand und nicht mit dem Jenseitigen.

Ich glaube das gar nicht, sondern erzähle nur, was die Leute in Cambridge reden. Herrn Newton achte ich sehr, auch wenn er mir nicht mal einen Blick gönnt, wenn wir uns auf der Straße begegnen, sagt Herr Clarke.

Ich meine nicht dich, Clarke. Du hast die Finger im Lehm gesunden Tuns, wenn ich das so sagen darf, du versuchst nicht, einem leblosen Vogel aus Ton Leben einzuhauchen.

Das versuche ich nicht, Edmond, ich habe solche Zauberkünste nie ausprobiert und bin auch nicht bei Sitzungen dabei gewesen.

Gehe auch nicht hin. Ich bin von der Wandelbarkeit von Metall nicht überzeugt und halte die Venus nicht für eine bildhafte Darstellung des Kupfers und den rostfarbenen Mars nicht für eine des Eisens. Wenn man in geheimsprachlichen Rezepten nach einem Schlüssel sucht, kann es sein, dass man auf einem langen Weg der Reue zurückkehren muss. Aber mit solchen Reden unterziehe ich Newton selbstverständlich keinerlei Kritik, vergiss das nicht. Ich habe selbst einen Blick auf das Werk von Eirenaeus Philalethes werfen können. Für denjenigen, der es versteht, mögen die verschlungenen Gedankengänge faszinierend sein, aber trotz aller Faszination bin ich mir nahezu vollkommen sicher, dass die Naturschlüssel nicht verborgen sind, sondern in den Beobachtungen liegen, in langen, wiederholten Beobachtungsreihen und dann in den Erkenntnissen und mathematischen Lösungen, die sie mit sich bringen. Es wird nicht so sehr Glaube verlangt, sondern einfach das Sammeln von Wissen, sagt Herr Halley.

Herr Clarke scheint nur zu nicken, als ob er in allem der gleichen Meinung ist. Vielleicht versteht er nicht viel mehr als ich, denn er ist in seinem Denken nicht auf der Höhe von Herrn Halley. Ich versuche mir immer alles einzuprägen, was Herr Halley ausspricht. Wenn ich es jetzt nicht verstehe, verstehe ich es vielleicht später.

Sie sprechen darüber, dass die Reise lang ist, und planen die Übernachtung. Die Räder des Wagens und Sindys Hufeisen kratzen und dröhnen. Ich beuge mich die ganze Zeit etwas nach vorn, damit ich bei den Geräuschen kein Wort verpasse. Die Herren müssen nicht mehr die Hand vor den Mund halten und leise sprechen, wie in der Stadt, sondern reden, wie sie reden, und ohne Vorsicht, und Herr Halley lenkt gerade so viel, wie es Sindy bei der gleichmäßigen Fahrt braucht. Er fährt jedoch nicht mitten auf dem Fluss, sondern dicht am rechten Ufer, wo er die unnötigen Kurven und Buchten abkürzt. Der Fluss ist eine Winterstraße und an den schmalen Stellen ein Halbtunnel, weil die Büsche und Bäume sich von den Böschungen wie Wände über ihn biegen.

Dörfer gibt es entlang der Themse nur spärlich, es gibt mehr Wald und von Matsch und Schnee bedeckte Wiesen, bei denen man nicht sicher sieht, ob unter dem Weiß Feldparzellen oder strauchlos gefressene Weiden liegen. Ich habe nicht gewusst, dass England so leer von Gebäuden sein kann. Es sieht genauso unbewohnt aus wie die schlechtesten Anbaugebiete auf St. Helena. Auch wenn man hinter den Pappeln und Weiden, die sich übers Eis neigen, nicht alles erkennen kann, können sich dort nicht so viele Dörfer verstecken, dass es mehr wären als Wald und Wiesen, aber in London ist es anders, weil es endlos viele Häuser gibt und nur zwischen ihnen ein offenes Feld oder eine Wiese, die man zu einem gepflegten Park gemacht hat.

Herr Halley berechnet die zurückgelegte Strecke und vergleicht sie mit der vor uns liegenden Strecke und mit der Zeit, die bis ans Ziel vergeht. Sie fangen an, darüber zu diskutieren, ob die Anfangsgeschwindigkeit forsch oder langsam gewesen ist. Die Reisegeschwindigkeit kann man auf der Eiskruste mit einem dünnen Knotenseil berechnen, so wie man es auf dem Meer mit einer Leine macht. Herr Halley hat auch eine sicher gehende Uhr mitgenommen. Sie ist in leinenen Wickelstoff eingeschlagen und auf dünnen Strohkissen in einer Holzkiste verstaut. Auf der könnte man genau die zwischen den Knoten vergangene Zeit ablesen und dann mit Messleine und Karte und der vergangenen Zeit die Fahrtgeschwindigkeit berechnen.

Wenn man die Stromschnellen an den Flussengen und die schwachen Stellen dort, wo Strömung ist, nicht auf dem Land umgehen und weiter weg nach Wegen suchen müsste, würde Sindy auf ebenem Eis gut und gern fünf Meilen in der Stunde schaffen, aber bisweilen vergeht viel Zeit damit, sich genau die Spalten anzuschauen und die Tragfähigkeit durch Klopfen mit dem Stab zu prüfen. Diese Aufgabe überträgt Herr Halley nicht mir und auch nicht Herrn Clarke, sondern geht an den unsicheren Stellen selbst 100 Fuß voran, stößt mit der Stabspitze auf und lauscht auf das Geräusch, so wie man ihn gelehrt hat, das Flusseis zu hören und zu lesen.

In kälteren Ländern, in Gebirgsländern und im Norden, werden mit dem Pferd Schlitten gezogen, die lange, gleitende Bretter haben. Man nennt sie Skier, und die Pferde sind niedriger und haben breitere Rücken, und ihr Fell ist dick wie ein Bärenpelz, erzählt Herr Halley, was er auf seiner großen Rundreise gehört hat, als er am Fuß der hohen Berge und vor den Pässen gewesen ist.

Hätten wir einen Schlitten und an Sindys Hufen wären breite Filzschuhe befestigt, könnten wir sogar auf Eis von einem Zoll Stärke langsam dahinfahren, sagt Herr Halley. Herr Clarke will das nicht glauben, sondern fragt nach der Begründung. So unterhalten sie sich oft, dass der eine etwas behauptet und der andere eine Erklärung verlangt, warum es so ist.

Weil sich das Gewicht dann verteilt. In dieser Hinsicht gibt es keinen Unterschied zwischen Wasser und Eis. Der große Unterschied liegt in der Tragfähigkeit, aber so, wie das Meer kein Schiff an der Oberfläche halten kann, wenn das Schiff umgedreht wird und auf dem Knauf seines Großmastes steht, hält auch das Eis kein großes Gewicht auf einem Punkt aus. Darum muss man bei der Tragfähigkeit berechnen, wie weit sich das

Gewicht verteilt. Je breiter, desto dünneres Eis hält es aus, das wirst du doch verstehen.

Wenn Herr Halley so spricht und erklärt, kann Herr Clarke nur nicken. Herr Halley ist fähig, immer überzeugend zu sprechen, das habe ich oft gehört. Zuerst weiß er die Sachen, und dann kann er etwas Neues mit dem in Verbindung bringen, was er anderswo gesammelt hat. Ich möchte auch darin, wie er mit anderen redet, so werden wie er, weil er sie auf seine Seite bringt und immer um das Stück, das er ihnen erzählt, klüger macht.

Auf dem Wagen ist mir oft in den Sinn gekommen, dass das Eis aufreißen und sich zu schwarzem Wasser öffnen könnte. Sindy könnte zwischen dem Eis nicht schwimmen, sondern würde in der Kälte erstarren wie der auf dem Eismarkt ins Loch gefallene Stier und sterben. Wir könnten uns vielleicht retten, weil zumindest ich schwimmen kann, aber die Schuhe und Kleider würden einfrieren, und es würde schrecklich kalt werden, wenn kein Dorf oder wenigstens die Hütte eines Holzhackers in der Nähe wäre.

Ich erinnere mich an Jesus, wie er in der Nähe von Genezareth auf dem Wasser gegangen ist. Auch Petrus hat es getan, ist aber in der Tiefe versunken, sobald er angefangen hat zu zweifeln.

Ich denke nicht lange genug nach, sondern fasse Mut, um Herrn Halley zu fragen, ob es sein kann, dass Jesus auf dünnem Eis gegangen ist. Die Zuschauer haben es bloß aus der Ferne nicht gesehen und auch nicht gekannt, weil Eis für die Leute in der Ferne etwas Fremdes sein kann. Auf St. Helena hat es ja auch nie Eis gegeben, sage ich noch.

Herr Halley lächelt. Herr Clarke fängt an zu lachen, schaut aber zuerst auf Herrn Halley, ob er auch anfängt.

Eis war es vielleicht nicht. Aber vielleicht war das Wasser so niedrig und die Gegensonne so grell? Es hat sich vielleicht nicht jede Szene in der Bibel Buchstabe für Buchstabe abgespielt, nicht jede Stelle so, wie sie aufgeschrieben worden ist, sondern man hat bildhafte Vergleiche eingefügt. Ich zweifle nicht an der Botschaft, natürlich nicht. Es kann sogar gefährlich sein, so zu reden, und darum vergiss es, Angus, vergiss du es auch, Clarke, vergesst sicherheitshalber, was ich gesagt habe. Aber über gewisse Jahreszahlen und Mengen von Jahrtausenden in der Bibel werde ich noch einmal andere Beweise vorlegen, als im Alten Testament geschrieben stehen, sagt Herr Halley und blickt zuerst auf mich, weil ich gefragt habe, aber zum Schluss blickt er nur auf Herrn Clarke und sucht nach einer Veränderung in dessen Gesicht. Herr Clarke nickt nur, beeilt sich aber nicht, auf seine übliche Art zuzustimmen und einer Meinung zu sein.

An der Stelle ist ein kleiner Grenzstein zwischen ihnen. Ich spüre es, aber ich verstehe es nicht. Ist mir vom langen Sitzen auf der Seitenbank kalt geworden, oder was ist es, aber mir laufen kalte Schauer über den Rücken.

ZUM ÜBERNACHTEN FAHREN WIR INS DORF HENLEY, oder es ist eigentlich kein Dorf, sondern eine große Stadt, wenn man es mit Jamestown vergleicht, aber wenn man es mit London vergleicht, ist es wie ein Dorf. Weil sich hier die Straßen kreuzen, gibt es reichlich Herbergen. Darum will Herr Halley dorthin, auch wenn es ein langer Tag wird und schon dunkelt, als wir ankommen.

Herr Halley kann Henley auf der Karte erkennen und genau die richtige Stelle aussuchen, um ans feste Ufer zu fahren. Es sind noch Leute unterwegs, und wir fragen nach der Richtung. Aus dem Schornstein der ersten Herberge steigt Rauch auf, und daran erkennt man, dass es drinnen warm ist. Gleich im Flur wird das Gesicht heiß, noch nicht wegen der Innenwärme, sondern weil wir vom Vormittag bis zum Abend draußen und in der Zugluft des Wagens gewesen sind.

Herr Halley weiß mit allen zu reden, es spielt keine Rolle, ob es ein Geringerer oder einer vom Rang her Hoher ist, das habe ich oft gehört. Auch jetzt geht er einfach in die Stube und fängt an, und es kommt mir so vor, als würden wir das Gasthaus Zu den zwei Füchsen schon kennen, und der Wirt wird aus dem Hinterzimmer geholt, und er kommt und gibt Herrn Halley und Herrn Clarke die Hand, und die Wirtin lächelt, als Herr Halley den kleinen Zierrat auf dem Kamin bewundert.

Wir dürfen uns gleich zum Essen setzen, weil Abendessenszeit ist. Auch ich darf in derselben hinteren Ecke sitzen, an der Wand, aber doch an einem richtigen, aus Eichenbrettern gemachten großartigen Herbergstisch. Die Wirtin bringt Bier, und der Wirt setzt sich dazu und bietet aus einem Korb Brot und aus einer Tonschüssel getrockneten Fisch an. Während der große Eisentopf am Haken im Kamin warm wird, gießen die Herren das Bier hinunter und schneiden mit den Messern Brotscheiben ab. Auch ich habe großen Hunger und esse mir den Bauch voll und trinke dazu das dünnere Bier für die Bediensteten, das mir ein kleines Mädchen auf Befehl der Wirtin aus der Küche holt.

Herr Halley erkundigt sich nach dem Eis und den Strömungsstellen von hier bis zum Oberlauf, aber der Wirt kann eher Ratschläge geben, an welchen Stellen man die Schleifen der Themse auf den Hauptwegen abkürzen kann. Herr Halley nennt Wales als Ziel der Reise, sagt aber nichts vom Messen und Beobachten der Natur. Man lügt nicht, wenn man etwas erzählt, aber nicht alles sagt. Man lügt, wenn man etwas falsch sagt, aber sonst nichts erzählt.

Der Eisentopf ist bis über die Hälfte voller Kaninchenbraten, der so lange erhitzt und gegart worden ist, dass sich das Fleisch gelöst hat und zu Häcksel geworden ist und auch die Knochen das Salz und den Geschmack aufgesogen haben. Wir essen viel davon, und Herr Halley lobt die Wirtin und den Wirt so, dass beide zufrieden sind und der Wirt bestimmt ebenso viele Krüge trinkt wie die Herren.

Mich haben die frische Luft und das viele Essen so müde gemacht, dass ich nicht mehr zuhören kann, sondern an der Wand kauere und die Ellenbogen auf den Tisch stütze. Weil die Herren noch nach Gin fragen, bringt mich die Wirtin zum Schlafen in den Stall. Er grenzt mit der offenen Wand hinter dem Nebenraum der Küche an die Herberge und ist darum mehr warm als kalt. Sindy hat einen Platz im Verschlag neben den zwei Pferden des Hauses bekommen und erkennt mich, als ich mir aus Stroh eine Matratze zusammenraffe und mich mit Säcken und losem Stroh zudecke.

Als ich zitternd aufwache, kommt es mir vor, als hätte ich eine unbestimmte Zeit an einem unbestimmten Ort geschlafen. Es herrscht noch immer Dunkelheit, aber ich weiß nicht, ob es Morgen oder Nacht ist. Fensteröffnungen gibt es im Stall nicht, und aus dem offenen Ende des Nebenraums fällt auch kein gelblicher Schein mehr herein.

Ich taste mich nach drinnen und finde die dicke Holztür zur Küche. Als ich sie aufmache, ist noch mattes Flammenlicht in der Küche, und Herr Clarke schnürt einer schwarzhaarigen Frau die Kleider auf. Die Frau bemerkt mich, Herr Clarke nicht, die Frau bedeutet mir mit der Hand, dass ich weggehen soll, und ich kehre sofort ins Dunkle zurück und ziehe die Tür lautlos zu, damit Herr Clarke nicht böse wird. Ich kenne keinen anderen Weg, also kehre ich in den Stall zurück und taste mich um die Pferdeverschläge herum zur Tür nach draußen. Es herrscht tiefe Nacht, ein vollkommen klarer Sternenhimmel, schwärzere Finsternis als in London und eistrockene, alles einhüllende Kälte.

Irgendwo bellt und jault ein Hund. Falls hier *Banshees* umherziehen, dann suchen sie sicherlich in dieser Nacht etwas Essbares. Ich möchte wissen, in welchem Zimmer Herr Halley untergebracht ist, ob er sich auch bestimmt in Sicherheit befindet oder, verführt von der Verkleidung, einer als Frau maskierten *Banshee* den Putz auszieht und darunter zerrissene Fetzen und ein Gerippe ohne Fleisch vorfindet.

UNSERE ABFAHRT VERZÖGERT SICH AUS GRÜNDEN, die ich nicht wissen will, aber Herr Halley und Herr Clarke sind am Leben, auch wenn sie erst spät zum Frühstück kommen und ihre Augen blutunterlaufen sind und ihr Atem riecht.

Das war das einzige und letzte Mal, sagt Herr Halley. Herr Clarke sagt, er habe seine besten Kleider verloren, und flucht wie ein Flegel. Er muss mitten beim Essen in den Hof gehen und spuckt in der Eingangshalle auf den Boden.

Als wir zu zweit sind, ist Herr Halley lange still und drückt sich die Schläfen. Dann nimmt er einen zusammengefalteten Zettel aus der Tasche seiner Jacke und legt ihn vor mir auf den Tisch.

Ich habe nicht daran gedacht, bin vorher nicht dazu gekommen. Von deiner Mutter ist ein Brief an die Adresse in Islington gekommen. Das sollst du wissen.

Als Herr Halley das mit diesen Worten sagt, erschrecke ich fürchterlich, und auch wenn ich das Blatt Papier zwischen Speiseschüssel und Brotkorb an mich heranziehe, traue ich mich nicht, es aufzufalten, sondern lasse die Hand darauf liegen und schaue Herrn Halley nicht an und eigentlich auch sonst nirgendwohin.

Du darfst ihn lesen, muss er sagen, bevor ich mich traue und den Brief aufmache. Ich schaue auf die obersten Zeilen. Meine Mutter kann nur ihren Namen schreiben und nach Vorlage den Anfang des Gebets des Herrn. Und die Handschrift ist überhaupt nicht wie die Handschrift des Herrn Pastors, sodass ein anderer den Brief geschrieben haben muss.

»Hoch geachteter und verehrter Herr Hawley im Haus in Islington in der Stadt London.

Darum schreibe ich einen Brief weil ich in Sorge um das Schicksal meines lieben Sohnes bin. Er heißt Angus und ist ein anständiges und folgsames Kind geboren im Jahr 1671 und ist also 12 oder 13 falls die Ankunft des Briefs mit dem Schiff lange dauert. Er ist hellhaarig und hat am Hals quer ein Muttermal auf der rechten Seite.

Er ist im Frühling mit einem Schiff Name Berkeley Castle abgefahren. Sollte zu Euch kommen und eine Briefbotschaft überbringen. Wir haben nichts gehört. Ist er angekommen? Habt Ihr meinen Sohn Angus gesehen? Wo ist er jetzt? Lebt er überhaupt?

Ich schicke dies ohne dass Pastor Burch es weiß. Er kennt Euch. Ihr erinnert Euch vielleicht an ihn und vielleicht an mich als Ihr auf wichtiger Reise hier auf der Insel wart vor vielen Jahren. Pastor Burch lässt uns freundlicherweise im anderen Haus auf seinem Hof wohnen aber sagt dass die Lage so ist dass er keine Briefe nach England schicken kann sie werden aufgemacht und vernichtet. Auf der Insel herrscht strenge Zucht und strenges Kommando auf viele Männer wartet die Hinrichtung. Vor Aufstand wird gewarnt dass man sterben muss oder in Verbannung auf die Insel Barbados die ist weit weg und man darf nicht zurück.

Ich schicke dies, um Euch nach meinem Sohn zu fragen. Ist er angekommen und wo ist er jetzt? Ist er am Leben das ist das Wichtigste?

Könnt Ihr ihm auch ausrichten dass meine Tochter gestorben ist. Sie wurde heruntergefallen in der Rupertschlucht gefunden Angus weiß dass die tief ist und Steine hat am Grund. War meine einzige Tochter war gut und hat geholfen.

Mit hochachtungsvollen Grüßen Catherine Totholz-Steven Witwe von St. Helena.«

Als ich das Blatt zu Ende gelesen habe, fange ich an zu weinen. Ich versuche, anders zu sein, aber ich weine. Herr Halley geht um den großen Eichentisch herum und legt mir die Hand auf die Schulter.

Nun, da kann man nichts machen, sagt er.

Vergebens versuche ich aufzuhören, aber weil das Weinen einmal angefangen hat, lässt es sich einfach nicht abbrechen. Herr Halley sagt etwas vom Packen, aber ich bin nicht richtig fähig, ihm zuzuhören.

Ja, Herr, antworte ich trotzdem und stehe sofort auf und gebe ihm den Brief zurück.

Du hast ja tatsächliche eines, auf der rechten Seite, solche Male bleiben dem Menschen erhalten, schaut er und sagt er und geht davon.

SO FAHREN WIR TAG FÜR TAG auf leerere Gegenden zu, und Nacht für Nacht ist es schwerer, ein anständiges Quartier zu finden. Beim Fluss weiß man nicht immer, wie er heißt, oft müssen Heiden überquert werden, und wir müssen versuchen, die verschlungenen Schleifen des Flussbetts abzukürzen, indem wir über verschneite Weiden fahren. Ein Rad geht an einem Stein kaputt, aber unterm Wagen sind Ersatzräder befestigt, und Herr Halley kann sie so leicht wechseln, als hätte er sein Leben lang die Arbeit eines Stellmachers oder Kutschers gemacht. Herr Clarke und ich halten während des Wechselns die eine Seite des Wagens mit Hebelstangen in der Luft.

Als wir Wales erreichen und bei Pool vom Bett des Severn abweichen, sagt Herr Halley, er spüre in den Knochen, dass der König gestorben ist. Wodurch kann er das spüren? Oder ist es so, dass, wenn man in seinem Leben einen wichtigen Menschen getroffen hat, den man hoch achtet, von dessen Tod eine Botschaft durch die Luft kommt, als wäre eine gelehrige Taube oder eine sausende Schwalbe losgelassen worden, sie zu überbringen?

Ich habe von Ann nichts gewusst, alles ist gewesen, wie es war, jedenfalls kann ich mich an nichts erinnern. Ich weiß nicht, wann Ann gestürzt ist, es muss schon eine Weile her sein. Hätte ich es gleich gewusst, würde ich mich daran erinnern können.

Ich kann nach solchen Dingen nicht fragen, auch wenn ich

Herrn Halley zu Herrn Clarke sagen höre, er wird seine Vorahnung nicht los, bis er Mitteilung erhält, in welche Richtung sich die Lähmung des Königs gewendet hat. Darum beschließt er, dass wir einen Abstecher zur Burg Powis machen, um zu hören, ob man dort etwas weiß.

Powis ist ein bekannter Name für mich, und ich erschrecke. Der Herr Pastor hat darüber einmal zu meiner Mutter mit den schlimmsten Worten als Schlupfwinkel des Beelzebubs gesprochen. Der nach St. Helena entsandte Kaplan stammt genau von dort.

Darum höre ich genauer zu als sonst und beuge mich auf der Seitenbank so weit nach vorne, dass ich trotz des Ratterns auch bestimmt alles verstehe. Herr Halley spricht von einer Verschwörung von fünf katholischen Aristokraten und fragt, wie man von einem solchen Verbrechen freigesprochen werden und der Earl von Powis seinen Rang und die großen Ländereien seiner Burg behalten kann.

Aber sie sind doch gar nicht verurteilt worden, man hat nur ermittelt und sie in Verwahrung genommen, sagt Herr Clarke.

Eine Ermittlung ist eine unvollständige Strafe, niemand verbringt im Tower eine unbestimmte Zeit als Gast, sagt Herr Halley.

Zwei sind trotzdem ums Leben gekommen, und der Baron von Belasy kam wegen seiner Gicht raus, sagt Herr Clarke.

Sie reden weiter über die Gicht. Auch die hat Herr Halley untersucht, so wie fast alles, was auf der Welt des Untersuchens wert und interessant ist. Er ist der Meinung, dass die Gicht vom Zerspringen der Knochen kommt, dass sich beim Altern scharfe Splitter von den Knochen lösen, die wie ganz kleine Rasierklingen Schmerzen verursachen, wenn sie sich in den Gelenken bewegen.

Von Pool ist es nur ein kurzer Abstecher zur Burg Powis, und die roten Mauern und Türme der Burg sind schon von Weitem im Sonnenschein zu erkennen. Obwohl der Tag schon weit fortgeschritten ist, sieht man in den Fenstern Beleuchtungsflammen und auf den Eckpunkten der Mauer brennende Signalfeuer.

Herr Halley lenkt Sindy direkt vor das Haupttor und hält dort an, säubert seine Kleidung ein wenig, obwohl das nicht viel nützt, weil die Reise für Falten und Knicke und Ruß gesorgt hat. Von der äußeren Erscheinung her könnte er irgendein Fuhrmann oder vagabundierender Messerschleifer sein, aber als er näher an die Torwachen herangeht und seinen Namen und Rang nennt, hört man an der Stimme, dass er ein Herr ist und daran gewöhnt, Befehle zu erteilen.

Für Sindy wird sofort ein Platz etwas abseits bereitgestellt, wo die Reitpferde angebunden und Stallburschen bei der Arbeit sind. Als er sich mit Herrn Clarke auf den Weg in den Burghof macht, bedeutet mir Herr Halley, dass ich ihnen folgen darf.

Weiter drinnen im Hof hängen Fahnen an den Stangen, und es sind mehr Menschen da. Es scheint ein Aufbruch im Gange zu sein, es herrscht Betrieb, und Sachen werden hin und her getragen. Herr Halley schaut zuerst genau, wer von den Männern bestimmt, und geht dann hin, um mit ihm zu sprechen.

Sind Nachrichten aus London bis hierher vorgedrungen?, fragt er, nachdem er gesagt hat, wer er ist und wie sein akademischer Grad lautet.

Gerade gestern erst hat ein berittener Bote Neuigkeiten gebracht, antwortet der Mann aus der Burg höflich, aber seine Augen sind Schlitze, als würde er lauern, wer da fragt und warum.

Und?, sagt Herr Halley.

Der König ist tot, sagt der Mann noch immer lauernd.

Ist er an seiner Lähmung gestorben?, fragt Herr Halley, aber ich glaube, dass er weniger fragen will als sagen, dass er mehr weiß.

Vielleicht ist er daran gestorben, jedenfalls ist davon die Rede.

Warum wehen dann hier die Feststandarten?, fragt Herr Halley und deutet mit der Hand auf den Hof und den gezackten Rand der Mauer.

Der König hat sich zum rechten Glauben bekehrt. Aber nicht deshalb sind die Fahnen gehisst, sondern weil der Earl heute gen London aufbricht. Das Begräbnis findet bald statt, und es beginnt eine neue Zeit.

Geht der Earl von Powis zur Beerdigung?, fragt Herr Halley.

Ja, vielleicht, wenn er bei der langen Strecke von hier aus rechtzeitig hinkommt. Aber zur Krönung auf jeden Fall, das wird ein großes Fest.

Gott möge auch den neuen König beschützen, sagt Herr Halley, Herr Clarke wiederholt es und auch das Schlitzauge, weil alle ganz und gar einer Meinung über so eine Sache sein müssen, an der Gott und der König beteiligt sind.

Dann verabschiedet sich Herr Halley höflich und den Sitten gemäß, sagt aber nur, dass wir unsere Reise fortsetzen, und nichts über das Ziel, allerdings freundlich und bestimmt, damit keine Misshelligkeit und kein Zweifel entstehen.

Ich trete vor den Herren zur Seite, damit ich ihnen aus dem Burghof ans Tor und durch den Torbau aus rotem Stein nach draußen folgen kann.

Zuerst reden sie kein Wort miteinander. Erst als die Burg außer Sichtweite gerät und Sindy gleichmäßig auf der leeren Straße vorwärtstrappelt, fangen sie an, sich über das von vorhin und über den Tod des Königs zu unterhalten. Herr Halley überlegt, wie schnell es anständig ist, die Ehre wiederherzustellen, und welche von denen, die ihre Ehre wiedererlangt haben, als Erste in hohe Ämter befördert werden.

Glaubst du, dass sich der König bekehrt hat?, fragt Herr Clarke.

Ich hoffe, dass ich es nicht glaube, aber ich glaube, dass ich es nur hoffe. Auf jeden Fall wird seinem Bruder bereits der Mantel angepasst. Vielleicht kommt man um das Schicksal eines Andersgläubigen nicht mehr ganz herum. Nehmen wir es also als gegeben, aber wir dürften London zu einer schlechten Zeit verlassen haben, um den Luftdruck zu messen, sagt Herr Halley und fängt an zu lachen, beide fangen sie damit an, und auch ich stimme mit ein.

London ist voller Gerüchte und brodelt. Um uns kann es noch sehr still werden, sagt Herr Halley und spricht damit vielleicht in der Zeit voraus oder auch nur über die Fahrt tiefer ins Land Wales hinein.

EIN UNGEHEUER, das keinen Kopf hat, der alles überragt, sondern nur Klumpen auf den Schultern und einen schweren Leib. Bald sieht man vorne und an den Seiten nicht mehr als Gebirgsfalten und Berghänge und Schnee. Es ist sinnlos, die verstopften Wege weiter aufwärtszufahren. Herr Halley trifft die Entscheidung, umzukehren, und wir machen einen weiten Bogen über Chester, weil man im Tal des Dee leichter voran- und an die Küste kommt. Auch die Übernachtungen lassen sich leichter einrichten, weil man zwischendurch von Stadt zu Stadt fahren kann und nicht auf Bänken oder im Stroh in den verwanzten Hütten schlafen muss, auf die wir zuletzt bei Einbruch der Dunkelheit in der Waldregion von Hereford und im Schatten der Schwarzen Berge gestoßen sind.

Herrn Halleys Freunde kennen den Winter hier und wussten uns zu dem Umweg zu raten, denn man kann die Berge und den Winter nicht lernen, wenn man nicht vorher da gewesen ist und sie gesehen hat. Herr Halley hat Karten und auch die Ergebnisse der Expeditionen anderer dabei. Abends blättert er in dem dünnen Heft, das er Caswell-Papiere nennt, in das Schrift und Ziffernfolgen kopiert worden sind.

An jedem Tag wiegen wir dreimal die Luft mit Quecksilber. Zuerst lerne ich, es zu tun, und dann erst, es zu verstehen. Obwohl er mir dieselbe Sache zweimal erklären muss, wird Herr Halley nicht über meine Dummheit böse, sondern unterrichtet mich. Der Luftdruck wird weniger, je weiter oben man ihn wiegt. Die Kriechtiere in den Tälern haben eine schwerere Last auf ihren Schultern zu tragen.

Das Forschen ist ein Vogel mit zwei Köpfen. Erst wenn man genügend Messungen hat und diese vermerkt sind, kann man aus den Zahlen neue Zahlen zusammensetzen und ein Gesetz finden. Mit dieser Methode kommt man von einer Sache zur anderen. Ein Vogel mit zwei Köpfen muss den Kopf nicht drehen. Wenn man auf einem Berg am Quecksilberglas abliest, auf wie viel Zoll die Säule steigt, weiß man auch, wie hoch der Berg ist.

Besser als jeder andere weiß Herr Halley, wie man das Wissen auf wer weiß was für Umwegen sucht, wenn der erste Weg eine Sackgasse ist. Er sieht von einer Sache zur nächsten, als könnte er um die Ecke schauen. Indem er mit der Drogistenwaage die Landkarte gewogen hat, hat er die Millionen von Acre des Landes ausgemessen.

Er erklärt mir den Gebrauch der Luftwaage und sieht kein bisschen ungeduldig aus, obwohl ich dazwischen die dümmsten Kinderfragen stelle. Die Glasröhre, die vor Stößen geschützt werden muss und von allen Instrumenten am sorgfältigsten verpackt ist, ist nicht nur dabei, wenn das Gewicht des Luftmeeres gemessen wird, sondern sie ist auch ein Maßband, mit dem man die Berge in eine Höhenordnung bringen kann.

So beginnt eine neue Zeit. Bald ist von dem, was war, nichts mehr übrig, und man blickt auch in die dunkelsten Ecken. Man kann alles durch Messen herausfinden, wenn man nur die Methoden kennt, wie man in die richtige Richtung geht. So hat es Herr Halley gesagt, und bei diesem Entdecken des Neuen will ich dabei sein. Herr Halley leitet mich an, aber lernen muss ich selbst, und alles ist noch am Anfang. Ich weiß noch so gut wie nichts, aber ich muss beginnen, Mathematik zu studieren und Versuche zu machen und Messungen von Dingen, die ich selbst in der Welt finde.

Als Sindy schließlich aufs Eis des Dee gelangt und es leichter vorwärtsgeht, fühle ich mich auf die gleiche Art unbezwingbar, wie ich mich im Aufzeichnungsbaum und manchmal auf den Felsen gefühlt habe, als wäre ich innerlich größer, als ich eigentlich in mich hineinpasse. Ich fange an zu planen, wie zuerst alles sein könnte und wie danach, wenn ich schon mehr kann als fast jeder andere.

ICH SEHE EINEN PECHSCHWARZEN VOGEL, der aber einen schlangengleichen Hals hat. Zuerst taucht er an einer eisfreien Stelle mitten im Strom auf, als würde er aus seiner Unterwasserbehausung aufsteigen. Rundum an dem rissigen Eisloch hängen Äste und Wurzeln von Sträuchern, an denen brauner Schaum und Schlamm festgefroren ist. Ich versuche, den kletternden Schlangenvogel zu zeigen, und sage es laut, aber die Herren haben keine Zeit, hinzuhören, weil schnell eine weniger steile Stelle an der Flussböschung gefunden werden muss, damit Sindy den Wagen an Land ziehen kann, bevor das Eis so dünn wird, dass es nicht mehr trägt.

Ich kann bei dieser Arbeit nicht helfen, also drehe ich mich auf meiner Bank um und schaue nach dem Vogel, falls es ein Vogel ist und nicht etwas, das zur Warnung vor der Dunkelheit geschickt worden ist. Er klettert auf seinen Krummbeinen aus dem Wasser und aufs Gestrüpp. Oben breitet er die Flügel aus, versucht aber gar nicht erst zu fliegen, sondern hält sie nur in den Wind und lässt sie leicht flattern. Ich erinnere mich daran, wie ich in der Genickbruchschlucht geklettert bin und die Fregattvögel aus der Nähe gesehen habe. Bei denen habe ich immerhin gewusst, was sie sind. Wenn sie vom Teufel geschickte Kriegsvögel sind, Vorzeichen einer Zeit der Vernichtung und des Schreckens, was ist dann dieser etwas ähnliche, der unter dem Eis emporkommt und mich anschaut?

Ich möchte, dass Herr Halley einen Blick auf ihn wirft und

mir den Namen sagt, aber er kommt einfach nicht dazu, sondern lenkt Sindy mit beiden Händen an den Zügeln an eine Stelle, wo man zwischen den Büschen eine offene Stelle nach oben führen sieht. Die Böschung ist aber zu steil, sodass die Last nach hinten rutscht und wir abspringen müssen. Herr Halley gibt mir die Zügel und fängt an, mit Herrn Clarke zusammen mit aller Kraft an der Seite zu schieben, damit die Zuglast leichter wird, und ich versuche, Sindy an den Riemen an eine weniger steile Stelle zu lenken, und sie schnaubt in ihrer Not und schlägt mit den Stollenhufeisen in den rutschigen gefrorenen Schlamm, bis sie es über das kurze Steilstück geschafft hat und mit einem Ruck den Wagen hinter sich herzieht.

Oben auf der Böschung keuchen wir alle so, dass der Atem die Luft vernebelt. Herr Halley hat noch mehr an der Seite schieben und zerren müssen als Herr Clarke, bei ihm sind die Adern an den Stirnseiten hervorgetreten.

Von hinter dem Ufergebüsch aus kann man den schwarzen Vogel nicht mehr sehen. Herr Halley hätte ihn bestimmt gekannt und den Namen sagen können, sodass es vielleicht gar kein Teufelsvogel gewesen wäre, der als böses Zeichen auf die Erde geschickt worden ist, aber ich kann nicht fragen, weil man ihn nicht mehr sieht.

Wir befestigen die Ladung wieder richtig und fahren auf festem Boden weiter nach Chester. Der Fluss neben uns ist an den Strömungsstellen schon offen, und der Schnee wird weniger, das Meer ist so nah, dass es die Luft und die Erde erwärmt, wie ein lauwarmer Kamin ein Zimmer warm macht, obwohl schon seit Stunden kein Feuer mehr darin brennt und manchmal die ganze Nacht nicht und obwohl der Sommer weit zurückliegt.

Die Herren reden auf der Vorderbank noch immer darüber,

was der Tod des Königs für Folgen haben kann. Beide beteuern einander beinahe, nichts Unwiderrufliches getan zu haben, nicht gegen den Glauben geschrieben, auch nicht direkt gegen die Katholiken geschrieben und auch nirgendwo offen Unterstützung für die Kontrolltruppen des rechten Glaubens und die Schwenker der protestantischen Dreschflegel an den Tag gelegt zu haben. Im Gegenteil, ich bin gegen den Fanatismus, schon immer gewesen, sagt Herr Halley.

Aber wenn das Pendel in die andere Richtung ausschlägt, gilt dann weiterhin, was war?

Falls es so ist, rate ich dir zur Vorsicht. Schließe dich nicht sofort an, sondern warte eine Weile ab, aber weigere dich auch nicht strikt. Schwöre nur dem König deine Treue. Ich glaube, damit kommst du weit, jedenfalls auf der Ebene deines Amtes, rät Herr Halley, aber als er anfängt, seinen eigenen Platz in der Zukunft abzuwägen, sagt er, es könne auch so kommen, dass man im Scharnier zwischen zwei Zeiten stecken bleibt und zusammengedrückt und vergessen wird und dann ohne Amt und Lebensunterhalt im Leeren treibt.

Du hast so hohe Fürsprecher, Edmond, die gehen nirgendwohin und werden auch nicht aus ihren Positionen gedrängt.

Dazu sagt Herr Halley nichts. Hier ist die Erde gestreift, Schneezungen und dazwischen braunschwarzer, hart getrampelter Böschungsrand. Die Äcker sind abgeerntet, vom Sommer ist nichts geblieben.

Als wir am Fluss entlang zur Mauer von Chester kommen, wird von oben sofort gerufen, wer wir sind. Herr Halley öffnet den Wollmantel und schiebt die Wärmedecken zur Seite. Er erhebt sich auf dem Wagen, damit der Rufer die besseren Kleider sehen kann und an der Stimme und der Sprache von Herrn Halley hören muss, dass dieser ein Herr ist und kein Vagabund, der versucht, mit seiner Ladung unerlaubt in die Stadt zu gelangen, um zu hausieren und zu betteln.

Es kommen weitere Leute auf den Laufgang auf der Mauer, um zu schauen. Man befiehlt uns, über das Osttor zu fahren, weil wir Engländer sind und auf dieser Seite des Dee. Herr Halley schnalzt mit der Zunge, damit sich Sindy neben der Mauer in Bewegung setzt. Die Mauer ist hoch und aus rötlichem Stein gemacht, aber an den hineingehauenen Scharten und Vertiefungen und Löchern rinnt Wasser herab, weil der fallende Schnee gleich wieder schmilzt.

Als wir in die Stadt hineinkommen, sieht sie zur Hälfte nach Ruinen aus. Häuser sind zusammengefallen, und in den stehen gebliebenen Wänden sieht man Spuren von Geschossen. Herr Halley dreht sich zu mir um und fragt mich, ob ich weiß, was das bedeutet.

Hier ist mit Haubitzen geschossen worden, sage ich.

Der schlimmste Wahnsinn ist los, wenn sich in einem Volk die Leute gegenseitig umbringen. Das hier war der eingekesselte Stützpunkt des Königs und die Stadt der Cavaliers, ihnen hat man die Niederlage mit Zinsen vergolten, so machen es die Sieger, Angus, sagt Herr Halley zu mir, aber mehr zu Herrn Clarke. Ich habe gelernt, zu hören, zu wem etwas mehr gesagt wird, weil der Unterschied manchmal so dünn ist, dass es ihn fast gar nicht gibt, aber immer ist er da.

Als wir tiefer in die engen Gassen hineinfahren, sind von den Innenstadtvierteln schon viele repariert, und ganz innen sind manche Häuser auch heil geblieben. An deren Wänden sieht man, dass Chester einmal reich gewesen sein muss. Über den Türen der geschlossenen Geschäfte und Herbergen sind aus Ziegeln gemauerte Zeichen und alte, kaputtgegangene Schilder zurückgeblieben.

Herr Halley wählt unter den offen gebliebenen das Gasthaus Zum Stiergut aus und hält davor an. Nachdem die Herren sich drinnen umgesehen und nach dem Preis gefragt haben, befiehlt man mir, Sindy in den Stall der Herberge in der nächsten Nebengasse zu bringen.

Ich führe sie hin, ohne mich vor den entgegenkommenden Leuten zu scheuen, denn man hat mir einen Auftrag gegeben, und das kann ich sagen, wenn mich jemand fragt. Weil Herr Halley die Übernachtung vereinbart hat, betrifft das auch mich, und Sindy darf hinein. Unterwegs haben wir den Wagen oft über Nacht sicher unterstellen können und nicht abladen müssen. In den Nächten, die wir in Hütten von Leuten verbringen mussten, ist Sindy unter ihrer Pferdedecke im Freien geblieben, und alle teuren Sachen mussten hineingebracht werden, neben die Schlafplätze.

England ist ein großes Land und London weit weg, anderthalb Wochen sind wir unterwegs und haben gerade erst einen Abstecher nach Wales gemacht und sind dann wieder auf dem Umweg zurückgekommen. Ich habe mir die Route auf Herrn Halleys Karten angesehen und weiß ziemlich gut, wie wir gefahren sind, das ist nicht schwer. Wenn man eine Karte einmal versteht, versteht man sie immer und alle anderen Karten dazu.

Ich finde den richtigen Stall, und der ist im Mittelteil so groß, dass ich Sindy direkt hineinführe, ohne ihr das Zaumzeug abzunehmen und draußen den Wagen auszuspannen. Drinnen ist es schummrig, und es riecht nach Stroh und Pferdeschweiß und Pisse, aber es ist ein guter Stall, das weiß ich sofort, weil der Stallbursche als Erstes einen Eimer Wasser bringt und freundlich mit mir spricht, auch wenn ich nicht alles verstehe, weil die Wörter wieder andere sind, als ich es von

London inzwischen gewohnt bin, oder die Wörter sind dieselben, aber sie werden anders ausgesprochen, als würde der Stallbursche gleichzeitig an einem Brot knabbern und von dem, was er sagt, den Anfang und das Ende verschlucken.

In die Herberge kommt man auch über den Hinterhof hinein. Ich muss mich ermannen, zu fragen, was mit der Ladung passiert, weil die Herren sicher nicht in den Stall kommen werden, um weitere Anweisungen zu geben. Die Instrumente und die übrige Ladung dürfte man nicht unbewacht lassen, aber ich beschwöre den Stallburschen, so lange dazubleiben, bis ich wiederkomme.

Das Haus ist verwinkelt und uralt, die Balken an den Decken sind so stark wie Baumstämme. In der Stube ist die Decke ganz und gar schwarz vom Rauch aus dem Kamin. Herr Halley und Herr Clarke haben bereits Zinnkrüge vor sich stehen und auf einem Tablett Brot und Käse.

Herr Clarke fängt an, mich zu rügen, weil ich die Ladung allein lasse, aber ich bin darauf vorbereitet und antworte, wie es ist, dass ich dem Stallburschen befohlen habe, dabeizubleiben, und nur gekommen bin, um zu fragen.

Du hast bestimmt auch Hunger, setz dich, sagt Herr Halley und vergewissert sich auf der Stelle beim Wirt, ob der Wagen in Sicherheit ist oder ob man die Ladung in die Schlafzimmer tragen muss. Der Wirt versichert, dass das gesamte Personal ehrlich ist und keine Unbekannten ohne Grund in die Ställe gelassen werden.

Die Leute aus Chester kennt man. Aus dem Hafen kommen Fremde, und Waliser kommen übers Brückentor. Wenn man aufpasst, richten sie nichts an, aber die Iren sind schlimmer, die haben den Diebstahl und den Aufstand im Blut, erklärt der Wirt vom Stiergut und lehnt sich an die dicken Bretter, auf denen das Essen und das Trinken durch die Küchenöffnung gereicht werden.

Herr Clarke ist der gleichen Meinung. Herr Halley zeigt mir einen Platz und bittet darum, mir dünneres Bier zu bringen, weil ich halbwüchsig bin, mir aber mein Bier verdient habe.

Der Junge ist übers Meer von St. Helena gekommen, sagt er zum Wirt. So einen Ort auf der Welt kennt der Wirt nicht.

Einer von den kleinen Flecken auf der Ostindien-Route, sagt Herr Halley.

Ist das ein gekaufter Sklave, obwohl er weiß ist?

Auf die Frage des Wirtes gibt Herr Clarke einen Ton von sich, als wollte er anfangen zu lachen, bricht aber ab.

Nein, er ist der Sohn eines Siedlers, der nach dem Großen Brand aus London weggegangen ist und Land zum Bebauen erhalten hat, sagt Herr Halley.

Und seine Mutter und seine Schwester kultivieren die kleinste Parzelle, unterbricht Herr Clarke und lacht selbst über das, was er gesagt hat, sodass er anscheinend betrunken sein muss, obwohl auf dem Tisch nicht mehr Getränke als die Bierkrüge zu sehen sind. Der Wirt lacht ein bisschen, aber Herr Halley nicht. Ich möchte nicht mehr dabei sein und weiß nicht, ob ich fragen darf, aber dann frage ich, ob ich das Essen mitnehmen darf, wenn ich zum Aufpassen in den Stall gehe.

Warum nicht, sagt Herr Halley.

Der Käse liegt in einer vornehmen gelb-braunen Porzellanschüssel und das Brot unter einem Tuch. Ich schneide von dem Brot eine große Scheibe ab, obwohl der Wirt aufpasst, und mit einem kleineren Messer drücke ich einen Randbrocken vom Käselaib ab. Ich kann alles mit der rechten Hand tragen, indem ich sie an die Brust halte, und mit der linken Hand nehme ich den Zinnkrug mit dem schaumlosen Dienerbier mit.

ALS WIR FRÜH AM NÄCHSTEN MORGEN ÜBER DIE STEINERNE BRÜCKE nach Wales fahren, schäumt und poltert es unten, weil vom Oberlauf her Eis über den Damm ins braune Wasser und gegen die Brückenpfeiler gespült wird. Die Eiskruste ist irgendwo weiter weg ganz aufgebrochen, und so weit man den Dee überblicken kann, treiben zu Splittern und Platten gebrochene Schollen auf seiner Oberfläche.

Links ist Winter und rechts Frühling, aber so ist es nicht in Wirklichkeit, sondern rechts ist das Meer, und links sind die Berge, und darum ist es so. Herr Halley hat mir unterwegs beigebracht, dass die Temperatur vielleicht immer von der Höhe abhängt. Auch wenn die Berge oben näher an der Sonne sind, ist es an den Hängen kälter als am Meeresufer. Das ist eine seltsame Angelegenheit für mich, weil es daheim auf den höchsten Höhenzügen brütend heiß sein konnte und am Ufer der feuchte Wind alles eingehüllt und gekühlt hat.

Als Chester hinter den Mauern zurückbleibt, sieht es aus wie ein geschlossenes Burglager, vor dem der winterliche Fluss als unüberwindbarer Wassergraben liegt. Danach wird das Land leer, haben Herrn Halleys Freunde erzählt, weil sie es von ihren Forschungsreisen her wissen. Sie haben auf der Karte die Uferroute gezeigt, für den Fall, dass der Schnee die Abkürzung verstopft, und nach ihren Hinweisen teilt Herr Halley den Rest der Reise bis nach Caernarfon in Etappen auf.

Sindy muss man hier kein bisschen lenken, sie geht auf der

Sandstraße, als wüsste sie den Weg, weicht von sich aus den größten Vertiefungen aus und gibt zwischendurch Lachtöne von sich, als würde sie zu uns sprechen, wenn wir sie verstehen würden. Sie hat normale Eisen an den Hufen, weil Herr Halley im Stall des Stierguts die Stolleneisen abgemacht hat. Ich habe beim Zuschauen gelernt, wie und in welcher Reihenfolge, aber diese Lehre ist erst für die Zukunft, weil die Kraft in meinen Armen noch nicht reicht und jedes Pferd das sofort merken würde, wenn ich versuchen würde, sein Bein zwischen meine Beine zu nehmen.

Die Aussicht rundum ist seltsam, weil von der Meerseite Nebel aufsteigt, gleichzeitig aber auf der Bergseite der Winter anfängt. Wales ist leerer als England, und in keinem Dorf sieht man Fensterscheiben aus Glas.

In diesen Gegenden haben früher Raubtiere gewütet, und es verstecken sich noch immer welche in den Bergen. Auch das Volk ist gerade erst gezähmt worden, sagt Herr Halley. Sie reden über Aufstände und Waffenverstecke in den Uferhöhlen, aber dann kommen sie wieder auf all das Schreckliche zurück, das den Menschen im Dunkeln packen kann. Herr Halley glaubt nicht an die Existenz böser Geister, aber Herr Clarke widerspricht ihm und erzählt, er habe als kleiner Junge gesehen, wie hinter der heimischen Kapelle gelblicher, nach Schwefel riechender Rauch aufgestiegen ist, als dort einem armen Mann in der Stunde seines Todes der böse Geist ausgetrieben wurde.

Auch ein kranker Zahn geht nicht, ohne zu knirschen, raus, sagt Herr Halley darauf.

Durch das, was sie sagen, bekomme ich das Gefühl, dass ich die Gegend sicherheitshalber im Auge behalten sollte. Ich kann nach hinten schauen und passe auf, dass uns kein Unbekannter als Schatten nachreitet. In den Bergen gibt es Verstecke, und viele Senken sehen nach solchen aus, wenn die vom Meer heranziehenden Wolken dunklere Stellen auf den Schnee werfen. Wenn irgendein Raubtier, das sich hinter Felsbrocken versteckt, angreift, kann Sindy uns nicht in Sicherheit bringen. An die Deichsel gespannt, kann sie nicht einmal galoppieren, lauter solche unnötigen Dinge aus der Zukunft gehen mir durch den Kopf, obwohl ich weiß, dass nichts Schlimmes passieren kann, weil Herr Halley von allem mehr weiß und sonst nicht hierhergekommen wäre und uns mitgenommen hätte.

Mir fällt das schwarze Renntier ein, das Ann mir gegeben hat, damit es mich vor den Gefahren der Reise schützt. Ann hat es nicht selbst behalten, sondern mir mitgegeben. Es ist im Haus zum Goldenen Löwen geblieben, ich habe es im Bündelbeutel vergessen, und das war falsch, und jetzt kann es sein, dass es verloren gegangen ist und ich es nicht mehr finde, wenn wir zurückkehren.

Am Vorabend in Chester ist Herr Halley in den Stall gekommen, um zu kontrollieren, ob die kostbaren Forschungsinstrumente gut geschützt sind. Dabei hat er mit mir geredet und gesagt, dass ich mir aus Clarke nichts machen soll, weil Clarke nicht immer meint, was sein Mund redet, und dann hat er von Ann und Thomas angefangen, dass sie vielleicht nicht durch Gottes Willen gestorben sind, sondern weil so etwas eben vorkommt. Wir können nicht in die Länge des Lebens eingreifen, Angus. Aber sei nicht traurig, bei anderen Dingen können wir es vielleicht tun. Auf die Regentschaft von Gouverneur Blackmore kann ich mit meinem Wort vielleicht Einfluss nehmen. Auf seinem Kopf hat sich ohnehin schon glühende Kohle angesammelt, ein so geringes Amt erträgt nicht viele Fehler, hat Herr Halley gesagt und mich beim Gehen an der Schulter berührt.

So vergeht der lange und schnelle Fahrttag bis dicht an den Abend heran. Sindy hat, fast ohne anzuhalten, ziehen müssen, aber die Strecke zwischen den Stechginstersträuchern ist eben. In der Luft liegt der süße Rauch von Torf, und ab und zu riecht es nach Algen und Meer.

Wir machen eine kurze Rast, und da erst erzähle ich, dass der nach St. Helena entsandte Kaplan von der Burg Powis kam.

Warum hast du das nicht gesagt? Sie haben ihren Vertrauten in Sicherheit gebracht, haben sich auf der Flucht versteckt und sind jetzt bereit, zurückzukehren, sagt oder fragt Herr Halley, ich komme nicht dazu, zu antworten, und weiß nicht, ob ich es soll, der Kaplan stand auf dem Deck und rieb den Sklaven mit Öl glänzende Flecken auf die Stirn, seine Haare hatten eine lodernde Farbe, ich weiß nicht, ob ich das erzählen soll, und dass der eigentliche Kaplan des Schiffes sich nicht einmal traute, den Sklaven nahe zu kommen. Jetzt ist der Kaplan nicht mehr auf St. Helena, sondern irgendwo hier. Ist Ann vielleicht gestorben, weil niemand im Sandbuchttal auf die Fanatiker aufpasst, und breitet sich wieder die Verfolgung aus, weil der Kaplan weg ist und das Befehlen anderen überlassen hat?

Ich möchte Herrn Halley fragen, aber ich komme nicht dazu, weil er nun Herrn Clarke rät, von jetzt an vorsichtiger zu sein und genau in dem, was er sagt.

Darum darfst du keinem vertrauen. Behalte die Glaubenssachen für dich.

Herr Clarke verspricht es, so wie er es oft tut, wenn ihm Herr Halley etwas Wichtiges sagt, aber ich habe das Gefühl, dass er es nicht eigentlich verspricht, sondern nur zustimmt, weil er Herrn Halleys Gehilfe ist und unter ihm steht, aber ebenso weit hinaufkommen und ebenbürtig sein will.

Zwischen den Menschen gibt es große Unterschiede, niemand ist ganz der andere, und Herr Clarke ist in allem weniger. Ich bin näher an Herrn Halley, als Herr Clarke es je gewesen ist und je sein wird.

Als wir durch Bangor fahren und an der Kathedrale vorbei, flüstert Herr Halley, vielleicht planen sie bereits, in welchen Seitenschiffen sie wieder Heiligenaltäre einbauen.

HERR CASWELL HAT die Höhe des Snowdon mit 3720 Fuß berechnet, aber er hat es mit Geometrie berechnet, indem er den Hang in vorgestellte Dreiecke aufgebrochen hat. Herrn Halleys Kopie in dem Caswell-Heft ist voller Tinteneintragungen, Rechenformeln und Ortsnamen. Auch ein paar Zeichnungen, die wie Karten aussehen, sind darin. Herr Halley hat in Oxford die Papiere von Herrn Caswell lesen und sich die Route und die Messergebnisse von dessen Forschungsreise von vor drei Jahren aufschreiben dürfen.

Als wir es ins Dorf Caernarfon geschafft und dort eine Unterkunft im Haus des Kaufmanns gefunden haben, nehmen wir noch im Dunkeln die dritte Luftdruckmessung des Tages vor. Das Quecksilber steigt im Glas fast genau bis auf 30 Zoll. Das ist das Maß des Meeresspiegels, und damit und mit der Neumessung am Morgen beim Aufstieg wird dann verglichen.

Herr Halley geht den Plan durch, obwohl alles schon besprochen ist, aber er will, dass jeder Punkt noch einmal bedacht wird. Bis hinauf zu kommen, ist der schwierigste Teil. Herr Caswell hat die Hänge des Snowdon im Sommer erklommen, aber Herr Halley will sehen, wie sich die Anzahl der Sterne verändert, wenn die Luft dünner wird, und die Sommernächte sind dafür zu hell.

In dieser Nacht bin ich ein lebendiges Messgerät. Vielleicht hat man mich nur deswegen mitgenommen. Herr Halley erklärt mir im Haus des Kaufmanns von Caernarfon meine Aufgabe. Angus sieht alles, was man am Himmel mit bloßem Auge erkennen kann, sagt er.

An dem Abend bleiben wir lange auf und auch ich länger als während der gesamten bisherigen Reise. Die Herren trinken Bier und Gin im Wohnzimmer des Kaufmanns, und ich sitze neben dem Kamin im Warmen, weil der Lagerraum, in den man für uns Matratzensäcke und Decken zum Schlafen gebracht hat, ein düsteres und kaltes, fensterloses Loch ist.

Sie erkundigen sich beim Kaufmann nach Nachrichten aus London, aber es gibt nicht viele. Von der Burg Caernarfon ist ein ehrwürdiges Gefolge aufgebrochen, aber nicht in Eile und nicht die Feststandarten schwenkend. Zwischendurch hält Herr Halley nach den Wolken Ausschau und kehrt gut gelaunt zurück, weil es immer noch klar und windstill ist. Die gute Sicht in den dunklen Winternächten und das Zufrieren der Flüsse zu ebenen Wegen haben sich noch nicht viele auf ihren Forschungsreisen zunutze gemacht, sagt er.

Kurz vor Mitternacht, als es draußen bestimmt dunkel ist, trinken die Herren die letzten wärmenden Schlucke, und wir gehen hinaus. Gleich auf der Treppe ist es stockfinster, weil die Augen noch drinnen im Licht von Kamin und Lampen sind. In der Nähe des Ufers gibt es keinen einzigen Flecken Schneelicht, das Meer im Sund ist Schwarz im Schwarzen, und nur ganz wenige Lichter spiegeln sich darauf. Auch wenn man nicht wüsste, wo es ist, und nicht einmal einen Fleck davon sehen würde, wüsste man, dass das Meer da ist. Man nimmt den Geruch wahr und ein bisschen auch den Geruch nach Fisch, und obwohl Caernarfon an einem Sund liegt und es ein Stück Weg ist bis aufs offene Meer, kabbelt der Atlantik und gibt mitten in der Finsternis seine eigenen Geräusche von sich.

Ich kann der Nacht lange lauschen, weil Herr Halley nach der dunkelsten Stelle weit genug von den Häusern weg sucht, damit der Rauch aus den Schornsteinen nicht die Sicht verdeckt. An seinem Ärmel hängt das Kontrollfernrohr, mit dem er auf dem Dach in Islington das Teleskop auf das richtige Sternbild ausgerichtet hat.

Zuerst werden alle Augen verglichen, weil ich glaube, dass meine ein bisschen schwächer geworden sind, die Schärfe des ständigen Übens schwindet so leicht, sagt er, zeigt uns einen Observationsbereich in Richtung Stier und schaut selbst als Erster und beschreibt genau die Stelle.

Ich sehe leicht die größten der Plejaden, aber es gibt dort auch getrennt von ihnen so viele Sterne, dass ich nicht einmal anfange, sie zu zählen. Herr Clarke tut es und sagt laut, welche er erkennt, Herr Halley schaut zuerst mit den Augen und dann mit dem Fernrohr und vergleicht. Sie reden von Stern zu Stern miteinander, was sie sehen. Herr Clarke findet mit den Augen mindestens zehn, aber Herr Halley schafft mit bloßem Auge bestimmt nicht mehr als acht.

Ich höre, was sie sehen, und das ist nicht viel. Von den Plejaden sehe ich alle und auch zwischen ihnen noch viele. Als mich Herr Halley nach ihren Vergleichen fragt, fange ich darum an, aufzuzählen, ich zähle nur auf, lobe mich nicht, aber ich kann nicht so tun, als würde ich nicht viel besser sehen als jeder von den beiden. Herr Halley versucht es mit dem Fernrohr zu überprüfen und bei meiner Aufzählung mitzukommen, aber er ist nicht einmal durch die geschliffenen Linsen zum Gleichen fähig.

Da beginnt Herr Clarke, an mir zu zweifeln, und sagt, ich bilde mir mehr ein, als ich sehe, aber Herr Halley hört nicht auf ihn, sondern fragt mich, ob ich den Nebel um Merope herum erkenne.

Silbergrauer Nebel oder ein leuchtender Schatten? Ist er nah oder weit weg?, frage ich.

Ich glaube, weit weg, aber auf jeden Fall tief, sagt Herr Halley.

Bevor sich Herr Clarke einmischen kann, kann ich fragen, was das bedeutet, aber dann fällt mir Herr Clarke ins Wort. Er zählt noch einmal seine eigene Liste auf und fügt zwei neue hinzu, sodass er von den Plejaden jetzt schon zwölf gesehen hat.

Gut, Clarke, vier mehr als ich. Aber im Vergleich zu Angus ist das so gut wie nichts. Der Himmel beginnt in den Augen, und Angus hat die Augen des tiefen Himmels. Was denkst du darüber?, sagt Herr Halley, im Dunkeln weiß ich nicht, ob er mich fragt oder Herrn Clarke, und antworte zuerst nicht, aber als er mir die Hand auf die Schulter legt, sage ich, danke, Herr.

Nichts zu danken. Du darfst unser Sichtmessgerät sein. Präge dir genau ein, wie die Plejaden auf der Meereshöhe aussehen. Ich merke mir, was du erkannt und genannt hast, weiter oben vergleichen wir dann. Morgen wird ein langer Tag, und wir müssen bis in die Nacht oben bleiben.

AM FUSS DES BERGES steigt das Quecksilberglas auf 29,5 Zoll. Bis Llanberis haben wir schon ein gutes Stück gehen müssen, nachdem wir am Anfang noch mit Sindy fahren konnten. Dann hat der Schnee den Weg verstopft, und man ist mit dem Karren bald nicht einmal mehr weitergekommen, indem wir nebenhergegangen sind und Sindy versucht hat, nur das Gepäck und die in Bündel verschnürten zusätzlichen Kleider zu ziehen. Sobald das nicht mehr ging, ist der Sohn des Kaufmanns zurück nach Caernarfon gefahren, und wir haben den Weg zu Fuß fortgesetzt.

Herr Halley hat eine genaue Karte, auf der die Aufstiegsroute mit Punkten eingetragen ist. Sein Geografenfreund hat sie von seiner eigenen Wegkarte abgezeichnet und ihm mitgegeben. So legt sich das Wissen übereinander, es muss Freunde geben, auf deren Worte und Hilfe man sich verlassen kann, wenn man selbst losgeht. Das Besteigen eines Berges ist leichter, wenn vorher ein anderer hinaufgestiegen ist und es aufgezeichnet hat.

Wir versuchen, in gleichmäßiger Bewegung zu bleiben, weil es sonst kalt wird. Nur zu den Messungen halten wir an und essen dann immer auch ein bisschen und trinken erhitztes Wasser und Fettbrühe. Obwohl die Lägel mit Stoffen geschützt und die Ersatzkleider darumgewickelt sind, wird zuerst das Wasser und dann auch die Brühe kalt, sodass man durch sie keine zusätzliche Wärme ins Innere bekommt. Dennoch muss getrunken werden, damit nimmt es Herr Halley in den Pausen genau und befiehlt es entsprechend, damit uns nicht die Kraft zum Gehen in den Beinen abhandenkommt. Zwischendurch bekommt man auch Durst, weil wir als Proviant nur eingesalzene Räucherforelle und Brot dabeihaben. Das Gepäck ist um das übrige Essen erleichtert worden, weil die Beobachtungsinstrumente so viel wiegen und man sie nicht ohne Schutzabdeckung transportieren kann.

An den offenen Stellen liegt weniger Schnee, der Wind hat ihn zu harten Schollen und Wehen in den Senken des Hanges zusammengekehrt. Herr Halley sagt zu Herrn Clarke, man müsste auch mal untersuchen, warum Schnee als Niederschlag weich wie Daunen ist, aber auf der Erde hart wie Eis wird.

Herr Clarke antwortet nicht viel. Weil er dicker ist, kommt er an den steileren Stellen außer Atem und wird mürrisch.

Herr Halley macht mit der Erforschung des Himmels weiter und verteilt Aufgaben, dabei reserviert er viel für sich selbst und versucht, Herrn Clarke zu den geringeren Beobachtungen zu überreden. Wenn sie reden, spreche ich nicht dazwischen, weil ich nichts gefragt werde, aber es fällt mir schwer, still zu sein, denn ich möchte dabei sein, wenn sie den Himmel aufteilen. Herr Halley möchte, dass Herr Clarke die Positionen der Fixsterne überprüft, und sagt, er selbst werde mit dem Saroszyklus des Mondes und den Bahnen der Planeten und Kometen weitermachen.

Aber das Gebiet meines Interesses möge dennoch die gesamte Ausdehnung des Himmels bleiben, von dem unter der Sonne bis zu dem darüber und bis in die Tiefe seines fernen Bereiches hinein, sagt er.

Ich nehme die Flecken, sage ich dann laut, obwohl ich beschlossen habe, nichts zu sagen.

Die Flecken?, fragt Herr Halley, und sie fangen an, untereinander zu lachen.

Die *Nebulae*. Die meint er wohl. Wo hat er das eigentlich alles gelernt?

Du hast ihm zu viel beigebracht, sagt Herr Clarke, und auch darüber lachen sie.

Du solltest keine Observationen planen. Aus dir wird ein guter Träger für Expeditionen. Solche wie du sind perfekt für solche Arbeiten geeignet, wendet sich Herr Clarke an mich. Ich nicke nur und bin still und schäme mich, aber vielleicht gelingt es mir nicht, ein Gesicht aufzusetzen, das höflich genug ist, denn er scheint böse zu werden und schaut zumindest gemein.

Glaube nicht alles, was Clarke sagt. Immerhin hast du von klein auf Sterne aufgezeichnet, und deine Sehfähigkeit ist äußerst gut, weil deine Augen auf die richtige Art geübt haben. Somit bist du zum Observieren vollkommen in der Lage. Und man kann nie wissen, ob du nicht doch einmal zur Schule gehst, sagt Herr Halley.

Yamsbengel gehen nicht zur Schule, du hast doch nicht etwa vor, dem da eine teure Schule zu bezahlen, sagt Herr Clarke.

Herr Halley hebt leicht die Hände, und das bedeutet, dass nicht weiter über dieses Thema gesprochen wird. Als Herr Clarke trotzdem noch etwas sagt, räuspert sich Herr Halley zum Zeichen, dass er hier entscheidet und der Leiter der Expedition ist.

Die *Nebulae* also? Die sind allerdings tiefe und schwierige Objekte, nicht schlecht gedacht, überhaupt nicht, sagt Herr Halley direkt zu mir und überhaupt nicht in die Richtung von Herrn Clarke.

Als wir beim nächsten Halt Messungen machen, fällt das aus der Schutzhülle geschälte Luftdruckglas schon etwas unter 28 Zoll. Herr Halley ist zufrieden, obwohl er sich in die bloßen Hände blasen muss, weil er das Glas mit seinen dicken Arbeitsfäustlingen nicht handhaben kann. Der Wind kommt stechend dünn vom Meer und fühlt sich zusammen mit dem Frost an, als würde einem Eis ins Gesicht gedrückt werden. Wir wickeln die Stoffstücke vom Kopf bis über die Wangen, so wie die alten Weiber auf dem Markt im Winter ihre Kopftücher tragen.

Herr Halley weiß von den Reisen anderer an hohe Stellen, dass die Luft weiter oben noch rauer wird, und auf dem Gipfel, falls wir es bis dorthin schaffen, können sogar die Wimpern so schlimm zusammenfrieren, dass man die Augen nicht aufmachen kann, bevor man die Augenhöhlen mit den Fingerspitzen gewärmt hat. In Herrn Clarkes Stimme klingt Angst mit, als er entgegnet, dass er so etwas nicht erleben will.

Es ist die größte Kälte, in der ich je gewesen bin. Wäre ich gleich im Herbst ins Gebirge geraten, hätte es die Haut nicht ertragen, und der Hals und die Brust auch nicht. Der Atem hätte geglaubt, dass er Eiswasser atmet, aber der englische Herbst und Winter haben mich abgehärtet, und ich halte alles aus, solange ich nur Herrn Halleys Gehilfe und dabei sein darf.

Die Laufhundbeine sind mir beim Aufstieg eine große Hilfe. Alles, was ich daheim geübt habe, ist mir jetzt eine Hilfe. Ich bin nicht vergebens über Felsen gerannt und viele Male den Weg zur Araukarie hinauf und zurück. Ich bin überhaupt nicht müde wie Herr Clarke, der als Erster müde wird und schnauft und im Schnee ausrutscht. Obwohl ich einen Kopf kleiner bin als Herr Clarke, muss ich bald welche von seinen Sachen tragen. Zuerst frage ich Herrn Halley leise, ob ich es tun soll, und er schlägt dann vor, dass wir das Gepäck anders verteilen.

Angus kann eines deiner Rückenbündel und das Etui mit dem Barometer nehmen, sagt er. Herr Clarke antwortet nicht, sondern starrt Herrn Halley und mich an einer steilen Stelle in verdrehter Haltung an. In dieser schiefen Position sieht er streng aus, und am Hals hat er eine große, verzerrte Falte. Er keucht vor sich hin und eigentlich zu keinem von uns, dass er noch nicht so weit ist, die Hilfe eines Halbwüchsigen zu benötigen.

Du warst doch selbst der Meinung, dass die sich am besten als Träger eignen, sagt Herr Halley.

Aber ich bin bei Kräften und kein Tattergreis, erwidert Herr Clarke und unterbricht damit Herrn Halleys Überredungsversuche. Für kurze Zeit bezieht er noch etwas zusätzliche Kraft aus seinen Worten, aber sie reicht nicht einmal bis zum Erklimmen des nächsten steilen Stücks, sondern ich binde mir mitten auf einem von der Sonne geglätteten Schneefeld einen Teil seiner Last auf den Rücken.

So bin ich also stärker als ein erwachsener Mann. Zumindest bin ich zäher als Herr Clarke, und das freut mich. Falls ich im Winter sogar viel gewachsen und beim Wachsen stärker geworden sein sollte, so merkt man selbst so etwas vielleicht nicht, und kann man überhaupt wissen, dass man wächst, wenn man nicht misst und die Resultate aufschreibt, und wenn man nicht misst, weiß man dann überhaupt etwas? Solche Sachen überlege ich mir, während ich durch den Schnee stapfe und auf dem Rücken das Gepäck von anderthalb Männern trage.

Darum wird auch der Luftdruck gemessen, damit man Wissen erhält. Man spürt ihn ja nicht als Druck auf dem Kopf. Als ich richtig darüber nachdenke, fallen mir die Kleider als Maßstab des Wachsens ein. Das Ersatzhemd, das ich daheim in den Bündelbeutel gepackt habe, passt mir noch, aber meine Mutter hat es auch so gemacht, dass ich hineinwachsen kann. Die anderen Kleider sind schon während der Schiffsfahrt durchgescheuert worden, und ich kann sie nicht mehr richtig gebrauchen, weil sie überhaupt nicht sauber sind, sondern geflickt und somit Lumpen, und Köchin Beth erlaubt mir nicht, solche im Haus der Herrschaften zu tragen, außer bei schmutzigen Arbeiten im Freien und wenn man die Asche hinaus- und Kohle hineinträgt.

Von Herrn Halley habe ich welche von seinen eigenen alten Kleidern bekommen. Weil er ein großer Mann ist, sind sie zu groß für mich, aber sie sind enger gemacht und die Ärmel und Hosenbeine umgeschlagen worden.

Von jetzt an werde ich mich meinetwegen einmal im Monat messen. Ich markiere es mit Strichen am Türrahmen, stelle mich an den Rahmen und mache einen Strich, messe mit dem Maß vom Strich bis zur Schwelle und schreibe die Länge auf. Da sehe ich dann, wie ich wachse, weil ein Mensch ja wohl nicht zwischendurch kürzer werden kann. Oder kann das passieren, wenn man alt geworden ist? Dem Herrn Pastor ist es vielleicht schon passiert, denn er hat meiner Mutter oft erzählt, er sei als junger Mann ein stolzer Anblick gewesen und die Zierde der Gemeinde. Ich habe gehört, wie er das gesagt hat, und Mutter hat ihn ein bisschen trösten müssen, dass er sich gut gehalten hat und immer noch gut aussehend und bei Kräften ist, aber ich habe an Mutters Stimme gehört, dass es nicht mehr ganz stimmt.

Weil Herr Halley der gezeichneten Karte folgt und sie mit den Formen und Steilhängen im Gelände vergleichen kann, habe ich keine Angst, dass wir uns verirren, aber Herr Clarke bekommt Zweifel, weil es immer weiter bergauf geht und kein endgültiger Berggipfel in Sicht ist, sondern viele Gipfel und

Rücken und viele in den Schatten geduckte Hänge. Zwischendurch ist es windstill, aber wenn man aus dem Windschatten herauskommt, weht der Wind roh und so stark, dass der Schnee sich zu Wehen zusammengeballt hat, die wie Wellen aussehen. Zwischen den Schneefeldern sind leere Stellen geblieben, an denen der schwarze Fels offen daliegt wie mit großen Klauen herausgekratzt.

Ein fürchterlicher Ort, ich habe nie etwas Schlimmeres gesehen, sagt auch Herr Halley, als wir wieder eine Felsschulter überwinden, auf deren anderer Seite der Hang steil abfällt und der Wind in Böen stößt und zerrt. In den hart gewordenen Schnee haben sich tiefe Hufspuren von wilden Ziegen gedrückt. Herr Clarke fängt an, vom Umkehren zu reden. Er schwankt auf dem Grat so schlimm, dass Herr Halley ihn stützen muss.

An der Stelle beschließe ich, dass ich es bestimmt weiter nach oben schaffe als Herr Clarke. Auf diese Weise zeige ich, dass ich ein besserer Gehilfe bin, als er es je gewesen ist. Ich mache jeden Schritt genau und drücke den Schuh in den Schnee. Ich beklage mich mit keinem Wort, obwohl die Sonne am Himmel gewachsen zu sein scheint und sogar durch die Kälte hindurchbrennt. Zwischendurch friert man, dann wieder ist es unter den Kleidern zu heiß. Man dürfe nicht schwitzen, damit einem nicht kalt wird, hat Herr Halley unten geraten, aber wohl eher Herrn Clarke als mir, weil Herr Clarke als Dicker mehr schwitzt.

Das Gehen ist kein bisschen angenehm mehr und auch nicht leicht, aber dennoch halte ich durch, weil ich es beschließe. Ich denke an das schwarze Renntier und bin fähig, mit dem Gepäck auch die steilsten Stellen zu erklimmen, doch als wir durch Schnee waten müssen, der bis über die Knie reicht, kenne ich diese Art von Gehen nicht, und als unter dem Schnee auch noch das zur Kruste zusammengedrückte Eis glatt ist, überkommt mich schlimme Müdigkeit, aber trotzdem möchte ich nirgendwo anders sein, nicht einmal mehr daheim.

SO WEISS ICH, WAS ICH im Leben tun werde. Ich will in allem wie Herr Halley werden und auf Expeditionen unterwegs sein dürfen, zuerst mit ihm und irgendwann später dann allein, sodass ich eine eigene Expedition anführe. Ich werde den Luftdruck und die Temperatur und die Wolken und das Wasser erforschen, einfach alles, was es zwischen Meeresgrund und Sternen gibt, so tief, wie man in beide Richtungen sehen und greifen kann.

Als kleiner Junge habe ich einmal wie der Herr Pastor werden wollen, und ich kann noch immer lange Stellen aus der Bibel auswendig, weil ich sie gelesen und fleißig geübt habe, weil ich sie üben wollte und auch damit der Herr Pastor nicht enttäuscht sein musste, sondern mich als gehorsamen und guten Jungen meiner guten Mutter loben konnte. Aber seit meiner Ankunft in London hat mich niemand mehr auch nur nach einer einzigen Stelle aus der Bibel gefragt, und Herr Halley möchte wahrscheinlich am wenigsten, dass ich die ganze Bergpredigt auswendig kann und Vers für Vers die wichtigsten Psalmen.

Der Herr Pastor hat mich das Lesen gelehrt, und Herr Halley lehrt mich noch mehr, nämlich das Denken. Auf der Welt liegen so viele Dinge hinter der Unwissenheit verborgen, dass man nicht alles durch Lesen lernt, sondern darüber nachdenken und zum Beispiel Versuche machen muss, wenn man nicht im Kopf abwägen und entscheiden kann, welches Ergebnis das richtige ist.

Herr Clarke ermüdet immer schlimmer, und wir müssen so langsam gehen, dass für das Ersteigen eines einzigen steilen Rückens von 100 Fuß eine Stunde zu vergehen scheint. Er hat auch nicht mehr die Kraft, mit Herrn Halley zu reden, so wie am Anfang, also waten und klettern wir alle still und in eigenen Gedanken hintereinanderher. Es kann sein, dass der Mensch umso mehr allein ist, je höher er steigt, weil er schnaufen muss und genau schauen, wo er hintritt, damit er nicht ausrutscht.

Dann gibt Herr Clarke auf und sagt, er geht nicht weiter hinauf. Das Herz macht nicht mit, und die Knie tun weh, sagt er. Herr Halley sieht zuerst besorgt aus, denkt aber nicht lange nach, sondern setzt sein eigenes Gepäck ab und befiehlt uns, das Gleiche zu tun. Wir müssen alles auspacken, was beim weiteren Aufstieg überflüssig ist, aber für Herrn Clarke notwendig, damit er im Windschatten warten kann, bis wir zum Messen auf dem Snowdon gewesen sind.

Herr Clarke fängt an, unnütze Fragen zu stellen, was er tun soll, wenn wir nicht zurückkommen und es dunkel wird, und wie er sich allein trauen soll und wegkommt.

Den Fußspuren nach, und Caernarfon liegt dort, antwortet Herr Halley wie einem kleinen Kind und zeigt mit dem Finger auf den Atlantik, der als riesige Wölbung glitzert. An dem Rand, der uns am nächsten ist, ist Land und am fernsten Rand die Grenze von Meer und Himmel.

Es muss noch eine geschützte Senke für Herrn Clarke gesucht werden, wo der Wind nicht hinkommt. Herr Halley gibt genaue Warteanweisungen und befiehlt Herrn Clarke, zu essen, damit ihm warm wird, und in Bewegung zu bleiben.

Geh von mir aus im Kreis und trample einen Wachpfad in den Schnee.

Es kommt mir vor, als hätte ich gewonnen. Herr Halley steigt in so kleinen Schritten voran, dass ich in die Fußlöcher treten kann und es etwas leichter habe, weil ich nicht in die geschlossene Schneedecke treten muss. Die Sonne hat sich hinter unseren Rücken gesenkt, aber die Route schlängelt sich an den Hängen so sehr, dass die Richtungen von Licht und Schatten sich zwischendurch ganz umkehren.

Lange steigen wir, fast ohne etwas zu sagen, auf. Herr Halley folgt seiner gezeichneten Karte und versucht, sie mit der Landschaft zu vergleichen, obwohl ein Teil der Landmarken vom Sommer unter dem Schnee verschwunden ist.

Man muss noch einmal im Frühsommer herkommen, oder schon zu Pfingsten, und an denselben Stellen messen, dann kann man vergleichen. Wenn man in derselben Höhe zweimal dieselben Werte bekommt, kann man ziemlich sicher rechnen und eine Formel machen, sagt Herr Halley unter dem letzten Steilstück unmittelbar vor dem höchsten Gipfel des Snowdon. Ich kann nicht fragen, ob ich bei der Pfingstreise dabei sein darf, weil Herr Halley es nicht sagt oder fragt.

Wir essen kleine Stücke hart gefrorene Forelle und trinken Fettwasser, das an der Oberfläche schon fest und weiß geworden ist und so kalt, dass es im Hals brennt. Alles Brot ist im Beutel von Herrn Clarke zurückgeblieben, das hätte ich jetzt am liebsten, aber Herr Halley redet nur über den Einbruch der Dunkelheit.

Auf Schnee ist es nie ganz dunkel. Auch da weiß ich nicht, woher das kommt, ob der Schnee aus Licht ist oder ob er Licht in seinem Inneren sammelt oder ob er wie ein schrundiger Spiegel ist, dass er das Sternenlicht und das Himmelslicht zurückwirft.

Nach der Pause setzen wir das Gepäck wieder auf, und der

eine überprüft beim anderen, was er auf seinem Rücken nicht sehen kann.

Der Wind trifft jetzt ungehindert den Hang, weil es nichts Höheres mehr zum Schutz gibt. Obwohl ich von der heimischen Insel an Stürme gewöhnt bin, die an einem zerren, kommt mir hier viel weniger Wind schlimmer vor, und ich muss mich abwechselnd mit den Händen am Hang abstützen und dann wieder die Handschuhe reiben und gegeneinanderschlagen, damit die Finger nicht erfrieren. Vor der Gefahr warnt Herr Halley, weil er in der *Royal Society* einen Vortrag über eine Reise hinter den Nordpol ins Land der Skritfinnen gehört hat, wo es immer kalt ist und jeder Niederschlag als Schnee fällt.

Er blickt immer wieder hinter sich, ob ich nachkomme und durchhalte. Darum muss ich durchhalten und müsste selbst dann weiterklettern, wenn ich überhaupt keine Kraft mehr in den Beinen hätte.

Die letzte steile Spitze muss auch Herr Halley mit den Händen am Hang erklimmen. Er sucht unter dem Schnee nach festem Stand für die Füße, und ich folge in diesen Spuren und suche an den oberen Tritten mit den Händen Halt und setze erst den einen Fuß und dann den anderen in die unteren Spuren.

Herr Halley schafft es bestimmt zwanzig Tritte früher auf den Gipfel. Dort steht er und dreht sich in alle Richtungen, er hat bereits sein Gepäck im Schnee abgesetzt und ruft mir über das Heulen des Windes hinweg als Aufmunterung zu, dass es nicht mehr weit ist.

Als ich auf dem Gipfel ankomme, setze ich mich in den Schnee und kann nicht mehr. Herr Halley hilft mir, vorsichtig das Barometer und das übrige Gepäck vom Rücken zu nehmen. Er richtet die Röhre für die Messung aus und schützt sie zwischen den Bündeln möglichst gut vor den Windböen. Weil man abwarten muss, bis sich das Quecksilber gesetzt hat, sucht er uns inzwischen eine geschützte Senke unterhalb des Gipfels auf der anderen Seite und holt mich dorthin. Obwohl es sehr kalt ist, kommt es einem an der windstillen Stelle sofort wärmer vor, und man kann sich umsehen.

Herr Halley hält die Karte in der Hand und dreht sich mit ihr hin und her und zeigt die Richtungen. Zwischendurch muss man aus dem Schutz hinter dem Hang wieder in den Wind aufstehen, damit man alles sieht. Fast die ganze westliche Seite ist blendend glänzendes Meer, und nur mehr in der Nähe erhebt sich entlang des Horizonts etwas wie hügelartige weiße Wolken. Herr Halley sagt, dass es die Berge Irlands sind, und er zeigt in nördlicher Richtung auf andere Berge, die ganz niedrig im Gegenlicht liegen und deutlicher zu erkennen sind, das sind überhaupt keine Wolken, sondern beschneite Gipfel, ein gezacktes Sägeblatt hinter dem anderen, und dazwischen hier und da Fetzen von Flachland.

Das sind die Seen und Täler der Seenregion, sagt er.

Auch dort muss einmal zum Messen hingereist werden. Ich habe vor, eine dreidimensionale Karte von England anzufertigen, das wird die Summe der Geografie, die *summa geographica*, sagt er.

Weil Herr Halley beim Planen der nächsten Expeditionen und seiner Karte von Bergen und Tälern so milder Stimmung ist, traue ich mich seit langer Zeit wieder zu fragen, ob er in der Handelskompanie vorgesprochen hat, damit meine Mutter und Adam und der Herr Pastor abreisen dürfen. Über Ann sage ich nichts mehr, obwohl Ann neben Mutter steht.

Ich bin dort gewesen, mach dir keine Sorgen. Alles kann noch gut ausgehen. Ich sage nicht, dass es bestimmt so sein wird, weil Pastor Burch vielleicht schon ein abgestempelter

Mann und der König tot ist. Die Wortmacht des Kaplans von Powis wird gewiss nicht weniger werden, falls er Botschaften überbracht hat. Vielleicht erhalten deine Mutter und dein Bruder die Erlaubnis, wegzuziehen, aber auch das weiß ich nicht, und das Schicksal von Burch ahne ich noch viel weniger, weder in die eine noch in die andere Richtung. Vielleicht wäre es für ihn möglich und für die anderen sogar schwieriger, wegzukommen. Kirchenmännern gestattet man oft leichter etwas, sie haben ihren Gott als Fürsprecher. Aber die Kompanie will ihren Stützpunkt auf jeden Fall bewohnt und die Ländereien ringsum bewirtschaftet haben.

Meine Mutter hat gesagt, dass uns Herr Halley bestimmt hilft, sage ich.

Ich helfe euch, natürlich helfe ich, soweit ich kann. Mach dir keine unnötigen Sorgen. Wenn der Gouverneur ausgetauscht wird, kann alles auch ganz leicht vonstattengehen. Ich erinnere mich sehr gut an Frau Catherine. Ich helfe euch im Rahmen dessen, was schicklich ist. Wenn du deiner Mutter einen Antwortbrief schreibst, füge die besten Grüße von mir hinzu. Aber versprich nichts, nicht von dir aus und schon gar nicht in meinem Namen. Weil die Zeit an einer Wendekante ist, müssen wir wohl eine Weile abwarten, bis der Machtwechsel die Erde umgegraben hat.

So sagt er, und ich sehe, dass ich nicht mehr auf einmal erbitten kann. Ich verbeuge mich zum Dank so weit, wie ich es in meinen dicken Kleidern umständlich kann. Herr Halley denkt nach und blickt sich um. Alles ist von Schnee bedeckt. Daheim gibt es keinen Augenblick wie diesen.

Wir warten ab, bis sich das Quecksilber im Glas bestimmt gelegt hat, dann klettern wir wieder nach oben. Am steilsten

Rand muss mich Herr Halley stark festhalten, damit mich die seitlichen Böen nicht umwerfen.

In der Zeit, in der er das Schreibzeug aus dem Bündel holt, stehe ich breitbeinig auf der höchsten Erhebung und drehe mich in alle Richtungen. Außer dem Himmel ist alles, was man sieht, unter uns, alle anderen hohen Berge, alles Land und der Schnee und weiter unten das ebene Meer.

Die ganze Größe der Welt öffnet sich unter den Füßen, und Ich-der-Totholz-Angus steht da und sieht es. Auf einmal kommt es mir so gewaltig vor, dass ich nicht alles für mich behalten kann, sondern anfange zu sprechen, und als Erstes, noch bevor ich mich hüten kann, fange ich von den Fischblasen an, dass ich schon auf St. Helena Versuche mit ihnen gemacht habe, obwohl ich das eigentlich nicht getan, sondern nur mit Adam und Thomas gespielt und zu ihrem Vergnügen die Blasen durch Pusten und Anstoßen in der Luft gehalten habe. Dann erzähle ich, genau wie es wahr ist, dass die Dorschblasen aus Versehen vom heißen Herd im Haus zum Goldenen Löwen bis zur Decke aufgestiegen sind, und ich erzähle, wie ich aus wasserdicht eingefettetem Fensterpapier gebogene Streifen ausgeschnitten und einen Ball wie einen Globus gemacht habe, aber unten offen, und brennende Späne daran befestigt habe.

Auf diese Weise angewärmt, stieg der Ball auf, entwischte mir aber im Hof. Das war der Komet über London, sage ich, werde aber gleich still, weil sich Herr Halley umgedreht hat und mich anschaut, und ich bekomme schon Angst, dass er sagt, so etwas ist Unfug und erschreckt die Leute, aber Herr Halley sagt zuerst nichts, sondern reibt sich das Kinn und den Hals unter der Kältekleidung.

Er ist von selbst in die Höhe gestiegen?, fragt er.

Ja. Über dem Heißen ist er aufgestiegen, sage ich.

Und er war leicht. Aber war es windstill?

Der Wind hat ihn nicht mitgenommen, weiter oben hat er sich in seitliche Richtung und fortbewegt, aber die Erwärmung hat ihn hochgehoben, sage ich wieder, aber sicherer und mit stärkerer Stimme, weil Herr Halley überhaupt nicht angefangen hat, mich zu tadeln, sondern nachgefragt hat wie bei seinesgleichen.

Interessant. Ein solches Experiment könnte man bauen und durchprobieren. Würdest du einen neuen Ball machen können?

Da bin ich mir sicher und antworte auch so.

Aber für das mit Linsenöl bestrichene Fensterpapier habe ich kein Geld mehr, sage ich auch.

Als Herr Halley nickt und antwortet, als sein Gehilfe müsse ich nicht mein eigenes Geld benutzen, werde ich so glücklich, dass mir Tränen aus den Augen rinnen, und ich wische sie schnell ab, damit sie nicht gefrieren und bleiben.

Es war also kein Komet. Das habe ich ja auch jedem gesagt, der mich gefragt hat, dass es natürlich kein Komet war und auch keine langsame Sternschnuppe, kein Komet kann so schnell sein, dass man seine Bewegung mit den Augen sieht, und keine Sternschnuppe so langsam, dass man unter ihr die Straße entlangspazieren kann, sagt Herr Halley, und ich habe das Gefühl, dass er mich immer noch lobt und wegen nichts tadelt.

Aber dann bekomme ich Angst, dass ich es vielleicht doch nicht mehr kann. Oder dass der Papierball nicht in die Luft aufsteigt, auch wenn man ihn noch so von innen wärmt. Oder dass er mittendrin Feuer fängt und alle Arbeit umsonst gewesen ist und Herr Halley Geld für den Kauf des Zubehörs und Zeit zum Nachdenken verloren hat. Ich fange an, es herunterzuspielen, dass es vielleicht bloß ein Kinderspielzeug ist und nicht viel mehr als die Fischblasen, die ich zum Vergnügen der Zwillinge in der Luft springen ließ.

Es spielt keine Rolle, Angus, ob es ein Spielzeug ist. Ein Versuch kann es trotzdem sein. Und da fällt mir jetzt etwas ein, ich erinnere mich, dass ich über das Land der Chinesen gelesen habe, dass man an ihrem Himmel fliegende Fische gesehen hat, fliegende Lampions aus Papier und dicke papierne Fische, die im Luftmeer schwimmen. Aus Reispapier oder vielleicht auch aus Seide gemacht, das weiß ich jetzt nicht mehr, vielleicht kann man auch Seide luftdicht bekommen, denn ich glaube, dass es so sein muss, dass das Ganze luftdicht ist und innen eine andere Luft als rundum, sagt Herr Halley und wieder zu mir: Gut, Angus, sehr gut. Genau so muss man vorgehen, wenn man etwas erfindet.

Das ist direktes Loben. Mein Gesicht wird heiß, von der Winterluft und vom Wind, aber auch von innen, ich fühle mich ganz und gar gut, weil Herr Halley ganz und gar auf meiner Seite ist und lobt, dass ich etwas gut und richtig gemacht habe.

Als Luftdruck des höchsten Gipfels misst er 26,1 Zoll und schaut in den Spalten, die er gestern und am Morgen geschrieben hat, nach dem Wert des Meeresspiegels von Caernarfon und berechnet nach dem Unterschied von 3,8 Zoll die Höhe des Snowdon. Er kann nicht mittendrin aufhören, sondern zeichnet in der Kälte mit einem Stummel Kohlenstift in den bloßen Händen Zahlen, bis er sagt, dass er das Gefühl in den Fingern verliert, und erst dann zieht er wieder die Arbeitsfäustlinge an, schreibt aber nun mit dem Daumen die gleichen Zahlen in den Schnee.

Ein Zoll Unterschied beim Quecksilber sind 1000 Fuß in der Höhe, ein bisschen weniger, auf jeden Fall ist der Snowdon niedriger, als es Caswell mit der Triangulierung ausgerechnet hat. Caswell bekam als Resultat 3720 Fuß heraus, aber ich würde sagen, dass es ungefähr 3300 Fuß sind, spricht Herr Halley zu mir und nicht nur zu sich selbst, weil er so laut redet, dass ich es höre.

So hoch?, sage ich.

Das ist die Höhe des Daches von Wales, sagt Herr Halley.

Wenn man von hier aus bis nach Irland sieht, sieht man dann auch bis St. Helena?, frage ich und versuche, die Augen an den Winkeln sehender zu drücken, und starre gerade nach Süden, weil irgendwo in der Richtung die heimische Insel liegen muss.

Das nun doch nicht, mein guter Junge, da müsste der Berg bis in den Himmel wachsen, antwortet Herr Halley, fängt dann aber an, ernsthaft zu überlegen und im Kopf auszurechnen, wie hoch ein Ausguckberg sein müsste, damit der Horizontrand des Sichtbaren weit genug wegrücken würde. Mit dem Handschuh zeichnet er einen Kreis in den vom Wind verkrusteten Schnee und in den Kreis zwei Linien, die eine nach draußen den Bogen streifend und die andere vom Mittelpunkt aus gerade nach oben.

Von sehr weit oben würde man sie sehen, weil die Strecke von hier aus nicht mehr als ein Fünftel der Erdkugel beträgt. Aber da würde ein Berg von hundert Meilen nicht reichen, nicht einmal einer von tausend. Wenn ich es auch nur annähernd richtig gezeichnet habe, dann müsste die Höhe zweitausend Meilen betragen. So etwas wäre dann kein Berg mehr, sondern ein Haltegriff der Erde. Auf der Erde gibt es nicht einmal hundert Meilen hohe Gebirge, da bin ich mir fast sicher. Wenn nicht ein ganzer großer Kontinent und Erdteil unentdeckt geblieben ist, die *Terra Australis Incognita*, weil man von der bislang nur einen Streifen Ufer gesehen hat. Sie kann voller Berge aus Eis sein, und die können sehr hoch sein, und zwischen ihnen kann in einer Talsenke ein wer weiß wie großes Binnenmeer liegen. Vielleicht reglos an der Oberfläche, aber ewig eisfrei, so salzig, dass es nicht zufriert, und so starr, dass nicht einmal Stürme die Oberfläche bewegen können. Ich habe letzten Winter bei Frost mit Wasser in einem flachen Gefäß ausprobiert, was für eine Menge Salz man braucht, damit es an der Oberfläche nicht gefriert.

Gibt es dort so ein Land?, frage ich mittendrin, weil Herr Halley im Schnee und im Kreis St. Helena als Punkt eingezeichnet hat und darunter viel Leere, er aber unter der Leere mit dem Daumen des Fäustlings eine Linie mit schrägem Rand eindrückt.

Ich glaube, ja, sodass es nicht unmöglich ist, sogar einen riesigen Kontinent zu entdecken, schon wegen des Gleichgewichts, damit die Erdkugel nicht auf ihrer Bahn schwankt. Man müsste dicht genug an seine Küste heransegeln, dann würde ich die Entfernungen messen und eine genaue Karte zeichnen, sagt er.

Ich weiß nicht, wie weit Herr Halley auf der Erdkugel gekommen ist, aber jedenfalls weiß er, bis wohin ihr Rand reicht, und will dorthin. Einem solchen Menschen sieht man an: Auf das, was er will, geht er zu. Und das will ich auch tun.

Von Männern und Menschen

Sommer 1972 in der finnischen Provinz: Als sein Vater erkrankt, wird der 17-jährige Erzähler von einem Tag auf den anderen in die Pflicht genommen – vorbei sind die unbeschwerten Tage seiner Kindheit. Anstatt Krebse zu fangen, verbringt er die Ferienmonate mit dem Bau von Regenrinnen und taucht ein in die bislang fremde und oft raue Welt der Erwachsenen. Doch der Arbeit am Tag folgen lange, warme Abende und Nächte, in denen heimliche Unternehmungen zu Abenteuern ganz anderer Art führen. Mit großer menschlicher Wärme, Weisheit und subtilem Witz erzählt Olli Jalonen von einem finnischen Sommer in den Siebzigern, in dem Piratensender ihre Hochphase erleben, die ganze Welt von den Olympischen Spielen in München redet – und der unvergessliche Held der Erzählung zum Mann wird.

»In einem Sittenbild des Sommers 1972 beschreibt Olli Jalonen humorvoll ein Finnland, das noch tiefe Provinz ist.«
Neue Zürcher Zeitung

»Meisterhaft, wie Olli Jalonen sich in seinen 17-jährigen Helden einfühlt und dessen Innenleben schildert. Eine wunderbare Sommerlektüre, tiefgründig und luftig-leicht zugleich.«
Radio Bremen